万水 ANSYS 技术丛书

ANSYS Workbench 结构分析理论详解与高级应用

尚晓江　孟志华　等编著

中国水利水电出版社
www.waterpub.com.cn
·北京·

内 容 提 要

作者将 ANSYS Workbench 结构分析用户常见的各种疑难问题,结合 ANSYS 官方资料和长期从事 ANSYS 技术支持工作的经验,归纳为十余个技术专题,形成本书。本书基于 ANSYS 2019R2 及以上版本。内容包括结构分析的理论背景、仿真几何模型的准备、部件的装配与连接、网格划分与网格编辑、外部模型的装配、载荷和边界条件、应力奇异和应力解答的精度问题、高级接触选项、非线性分析的监控与故障诊断、结构动力学分析专题、流固耦合分析、多体动力学分析与动力子结构方法、热传导与热应力计算、APDL Command 对象使用、结构优化设计、Workbench 建模选项对应的 ANSYS 单元与选项说明等。

本书的特色是结合算例对相关问题进行分析和讲解,可以帮助读者有效地提升理论水平和软件应用水平,在使用 ANSYS 进行结构分析过程中做到概念清晰、心中有数。

本书适合作为机械、车辆、航空、土木、力学等相关工科专业研究生或高年级本科生学习有限元分析及 ANSYS 软件应用课程的参考书,也适合从事结构分析的工程技术人员和 ANSYS 软件用户作为自学教材使用。

图书在版编目(CIP)数据

ANSYS Workbench结构分析理论详解与高级应用 / 尚晓江等编著. -- 北京 : 中国水利水电出版社,2020.6
(万水ANSYS技术丛书)
ISBN 978-7-5170-8630-7

Ⅰ. ①A… Ⅱ. ①尚… Ⅲ. ①有限元分析-应用软件
Ⅳ. ①O241.82-39

中国版本图书馆CIP数据核字(2020)第110881号

责任编辑:杨元泓　　加工编辑:王开云　　封面设计:李 佳

书 名	万水 ANSYS 技术丛书 ANSYS Workbench 结构分析理论详解与高级应用 ANSYS Workbench JIEGOU FENXI LILUN XIANGJIE YU GAOJI YINGYONG
作 者	尚晓江　孟志华　等编著
出版发行	中国水利水电出版社 (北京市海淀区玉渊潭南路 1 号 D 座　100038) 网址:www.waterpub.com.cn E-mail: mchannel@263.net(万水) 　　　　sales@waterpub.com.cn 电话:(010)68367658(营销中心)、82562819(万水)
经 售	全国各地新华书店和相关出版物销售网点
排 版	北京万水电子信息有限公司
印 刷	三河市铭浩彩色印装有限公司
规 格	184mm×260mm　16 开本　29.25 印张　779 千字
版 次	2020 年 6 月第 1 版　2020 年 6 月第 1 次印刷
印 数	0001—3000 册
定 价	99.00 元

前　言

近年来，由于 ANSYS Workbench 分析环境为用户提供了更加高效、直观以及工程化的 GUI，使有限元分析变得更容易上手，显著降低了操作难度和应用门槛，使得应用 Workbench 进行结构分析的用户数量有了很大的突破。但是相应地，一系列问题也随之出现。一方面，大量初级用户尽管很快掌握了基本的界面操作，但由于缺乏系统的理论知识，在建模和分析过程中经常感觉到心里没底，不清楚相关的操作和选项对分析结果会产生什么样的影响，对计算结果经常无法给出合理的判断和解释；另一方面，由 ANSYS 传统界面迁移来的老用户也有各种新的疑惑，比如，不清楚 Workbench 的界面操作与传统的 ANSYS 命令选项之间的对应关系，不清楚计算中具体使用的单元类型及选项等。加之，ANSYS 结构分析模块的软件授权方式也有所改变，将通用结构分析、疲劳分析、多体动力学分析、显式动力学分析、水动力学分析、复合材料前后处理、高级几何建模与编辑等模块作为一个整体，为用户提供了更加全面综合的解决方案，因此也涉及更为广泛的应用问题。

为了帮助广大 Workbench 环境下的结构分析用户能够系统和全面地提升应用水平，作者根据长期从事 ANSYS 软件应用以及技术支持工作的经验，针对用户经常遇到的疑难问题，结合 ANSYS 官方培训手册、理论手册及软件操作手册等内容，归纳形成了本书中的十余个技术专题。在每一专题中均结合算例，对相关的概念原理、易错问题和疑难问题进行系统地讲解和阐释，旨在帮助读者较快地提升理论水平和软件应用水平，以便后续在 Workbench 环境下进行结构分析的过程中做到概念清晰、心中有数。

本书第 1 章结合 ANSYS 理论手册系统地介绍 Workbench 结构分析用户必备的理论基础和相关背景知识。第 2 章介绍 2019R2-R3 版本中 Mechanical 组件的界面更新情况。第 3 章系统地介绍与仿真分析模型有关的问题，涉及建模的二次映射思想、单元类型及选择、仿真几何模型的准备、部件的装配与连接、网格划分与网格编辑、Named Selection、Remote Point 技术、External Model 与 Mechanical Model 的导入与装配等问题。第 4 章介绍 ANSYS 结构分析的求解过程组织、载荷步设置、边界条件与载荷等问题，对 Mechanical 中的各种边界条件、载荷类型进行了详细地解释和说明，并结合算例介绍了一些实用的加载方法。第 5 章围绕结构的应力解答相关的问题，讨论了提高应力解答精度的几种方法，对应力奇异问题也进行了讨论。第 6 章为结构非线性分析专题，主要介绍了非线性分析建模注意事项、几何缺陷的引入、屈曲分析、高级接触选项、一般非线性分析选项、求解监控方法和故障诊断排除等问题，并通过典型例题来讨论相关的问题。第 7 章介绍 ANSYS 结构动力学分析专题，内容包括模态分析、谐响应分析、瞬态分析、响应谱分析以及随机振动分析的实施要点及结果的解释，结合典型算例进行了讲解。第 8 章介绍基于 System Coupling 组件的流固耦合动力分析方法与应用。第 9 章介绍多体动力学分析的有关问题，包括刚体动力分析、刚柔混合动力学分析、CMS 方法等内容，并结合实例进行了讲解。第 10 章介绍固体结构热传导和热应力计算的技术要点和注意事项，重点介绍了各种热分析的边界条件及热应力计算的选项。第 11 章介绍在 Mechanical 组件中使用 APDL Command 对象的方法,并提供了计算例题。第 12 章介绍基于 DesignXplorer 的结构优化设计方法与应用要点。书后提供了几个附录,分别介绍 Workbench 建模选项与 ANSYS 单元类型的对应关系、Engineering Data 中自定义材料及自定义材料库的方法、高级几何处理工具 SCDM 基本使用方法。书末列出了本书编写过程中的主要参考文献。

本书主要由尚晓江、孟志华编写,邱峰、胡凡金、王文强、夏峰等参与了讨论及部分算例测试工作,并为本书提供了很多好的思路,谨致谢意。此外,还要特别感谢中国水利水电出版社杨元泓编辑对本书的大力支持和帮助。

由于 ANSYS 技术涉及面广,加之时间仓促和编者认识水平的局限,书中不当和疏漏之处在所难免,欢迎广大读者朋友批评、指正,作者微信:83032081。

编 者

2020 年 1 月

目　录

第1章

ANSYS Workbench 结构分析的
理论背景

本章结合 ANSYS 软件理论手册和相关理论文献，系统地介绍了与 ANSYS Workbench 结构分析相关的必需的理论背景知识，内容包括有限单元法的基本概念、ANSYS 结构静力学有限元分析的理论背景、ANSYS 结构动力学有限元分析的理论背景、ANSYS 热分析及热应力计算的理论背景、ANSYS 结构屈曲分析的理论背景、ANSYS 结构非线性分析的概念和理论背景、ANSYS 流体-结构耦合分析的理论背景等。

1.1 ANSYS 结构静力学有限元分析的理论背景

1.1.1 有限单元法概述

ANSYS Workbench 结构分析的理论基础是有限单元法（Finite Element Method）。有限单元法是结构工程师和应用数学研究人员共同智慧的结晶，其基本概念起源于杆系结构的矩阵分析法。1956 年，Turner 和 Clough 等人首次将刚架分析的矩阵位移法应用于飞机结构的分析中。1960 年，Clough 将这种处理问题的思路推广到求解弹性力学的平面应力问题，给出了三角形单元求解弹性平面应力问题的正确解答，并且首次提出"有限单元法"的名称。之后，应用数学家和力学家们则通过研究找到有限元方法的数学基础——变分原理，进而将这一方法推广应用于求解各种数学物理问题，如热传导、流体力学、电磁场以及各种耦合场问题，使有限单元法逐步发展成为一种多物理场计算的通用数值计算方法。

有限单元法通过矩阵方法求解物理问题的控制偏微分方程，其基本思路根本不同于求解数学物理方程的解析方法。有限单元法首先把连续的求解域分割为有限数量的子区域，即单元，相邻的单元之间仅通过有限个点联系起来，这些点被称为节点。在每个单元内通过节点值和近似函数对场变量进行插值，在各单元上应用变分方法或加权余量法建立离散的单元特性方程。单元特性方程的系数矩阵和常数项经过组集后形成离散系统的整体控制方程，引入定解条件求解方程得到离散系统节点处的场变量近似值。在有限单元法计算过程中，连续的无限自由度的问题经离散化后被转化为有限自由度的问题,连续域上的控制偏微分方程转化成关于离散节点自由度的线性代数方程组（或常微分方程组）。

对于结构力学问题，场变量通常选择结构的位移。有限元方法处理结构力学问题通常包括下面几个基本步骤。

1. 结构离散化

结构首先被离散为有限数量的单元，单元之间仅通过节点相联系，于是力和变形也仅通过这些节点传递。通过结构的离散化得到由若干单元在节点处连接并受节点载荷作用的离散受力体系，这一体系就是有限单元法计算采用的数学模型。

2. 单元分析

对单元选择近似的位移函数，单元内各点位移用节点位移插值来近似。通过虚功原理结合几何关系、物理关系得到单元刚度方程，即单元的节点力和节点位移之间的关系。单元受到的各种分布载荷也按照虚功等效的原则等效移置到节点上，成为节点力。

3. 整体分析

对各个节点进行受力分析，同时考虑节点外载荷以及包含此节点的各单元对该节点的作用力，得到一组以节点位移为基本未知量的总体平衡方程（又称为总体刚度方程）。这一步称为整体分析。

4. 引入约束条件计算位移解

在总体刚度方程中引入支承条件，求解结构平衡方程，求解节点位移。

5. 计算其他量

基于计算出的节点位移，结合几何关系及物理关系，计算应变、应力等其他关系的量。

下面以图 1-1 所示的简单桁架结构的矩阵分析为例,介绍与有限单元法相关的一系列基本概念。

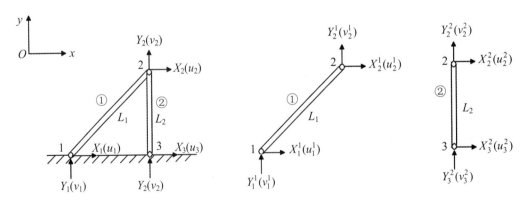

图 1-1　桁架结构有限元分析的原理

如图 1-1 所示，由两根杆件①和②组成的平面桁架，杆件的截面积均为 A，材料的弹性模量都是 E，长度分别为 L_1 和 L_2。图中，X_i 和 Y_i 分别为桁架结构在第 i 个节点处所受到的水平以及竖向外力，u_i 和 v_i 分别为结构中节点 i 的水平和竖向节点位移，u_i^j 和 v_i^j 分别为单元 j 杆端节点 i 的水平和竖向杆端位移（上标 j 表示单元号，节点编号采用结构中的节点编号），X_i^j 和 Y_i^j 分别为单元 j 的杆端节点 i 处的水平和竖向杆端力。

由于杆件在节点处均为铰支，因此杆端无力矩作用，每个节点的力和位移均有两个分量，或者说，一个节点具有两个自由度。我们取以上与坐标方向平行的正交分量，分析杆端节点力和节点位移之间的关系。

对于杆件①，设其轴线方向（由节点 1 指向节点 2）与 x 轴正向成 α 角，则其杆端力（节点力）与杆端位移（节点位移）之间的关系可以表示为：

$$\begin{Bmatrix} X_1^1 \\ Y_1^1 \\ X_2^1 \\ Y_2^1 \end{Bmatrix} = \frac{EA}{L_1} \begin{bmatrix} \cos^2\alpha & \cos\alpha\sin\alpha & -\cos^2\alpha & -\cos\alpha\sin\alpha \\ \cos\alpha\sin\alpha & \sin^2\alpha & -\cos\alpha\sin\alpha & -\sin^2\alpha \\ -\cos^2\alpha & -\cos\alpha\sin\alpha & \cos^2\alpha & \cos\alpha\sin\alpha \\ -\cos\alpha\sin\alpha & -\sin^2\alpha & \cos\alpha\sin\alpha & \sin^2\alpha \end{bmatrix} \begin{Bmatrix} u_1^1 \\ v_1^1 \\ u_2^1 \\ v_2^1 \end{Bmatrix}$$

其中，杆端力与杆端位移之间的系数矩阵称为单元刚度矩阵，我们用 k_{ij} 来表示刚度矩阵中位于第 i 行第 j 列的元素。下面，我们以位于第 1 列的各元素 k_{i1}（$i=1$、2、3、4）为例，说明刚度矩阵元素的计算方法和力学意义。

首先，令单元①节点力与节点位移关系式中的 $u_1^1 = 1$，$v_1^1 = v_2^1 = u_2^1 = 0$，则得到：$X_1^1 = k_{11}$，$Y_1^1 = k_{21}$，$X_2^1 = k_{31}$，$Y_2^1 = k_{41}$，这表明：当单元①的节点 1 发生单位微小水平位移（$u_1^1 = 1$）且同时约束单元①的其他所有节点位移（$v_1^1 = v_2^1 = u_2^1 = 0$）时，单元①在各节点处受到的杆端力在数值上（以与坐标轴正向一致为正值）就等于刚度矩阵中的元素，表征单元①抵抗节点 1 水平位移 u_1^1 的刚度。这些力的数值很容易由材料力学求得，如图 1-2 所示。

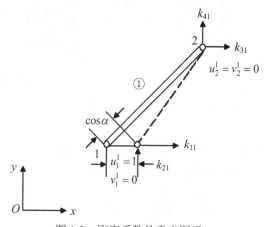

图 1-2 刚度系数的意义图示

当 $u_1^1 = 1$，其余节点位移分量 $v_1^1 = v_2^1 = u_2^1 = 0$ 时，杆单元①的缩短量为 $\Delta l = \cos\alpha$，于是杆件受到的轴向压力为 $EA\cos\alpha / L_1$，这就是杆件①在节点 1 处受到的节点力，其在 x 方向和 y 方向的分量分别为：

$$k_{11} = EA\cos^2\alpha / L_1, \quad k_{21} = EA\cos\alpha\sin\alpha / L_1$$

杆件①在节点 2 处受到的力，其大小等于杆件的轴力，且方向与节点 1 处的节点力相反，其在 x 方向和 y 方向的分量分别为：

$$k_{31} = -EA\cos^2\alpha / L_1, \quad k_{41} = -EA\cos\alpha\sin\alpha / L_1$$

继续对各位移分量做类似的分析，即可得到刚度矩阵的全部元素，完成桁架单元①特性的分析。实际上，通过这一操作，已经得到了平面桁架杆单元的一般刚度特性，对于桁架单元②，其相当于倾角为 90 度的特例，可直接得到单元刚度方程为：

$$\begin{Bmatrix} X_2^2 \\ Y_2^2 \\ X_3^2 \\ Y_3^2 \end{Bmatrix} = \frac{EA}{L_2} \begin{bmatrix} 0 & 0 & 0 & 0 \\ 0 & 1 & 0 & -1 \\ 0 & 0 & 0 & 0 \\ 0 & -1 & 0 & 1 \end{bmatrix} \begin{Bmatrix} u_2^2 \\ v_2^2 \\ u_3^2 \\ v_3^2 \end{Bmatrix}$$

单元分析结束后，就需要进行结构分析，将单元的刚度特性集成得到结构的刚度方程，根据几何条件——相邻单元公共节点位移的协调关系，即：

$$u_1 = u_1^1, \quad v_1 = v_1^1; \quad u_2 = u_2^1 = u_2^2, \quad v_2 = v_2^1 = v_2^2; \quad u_3 = u_3^2, \quad v_3 = v_3^2$$

又根据节点处力的平衡条件，作用于某节点上的外力应等于包含该节点的各单元的杆端节点力的合力，即：

$$X_1 = X_1^1, \quad Y_1 = Y_1^1; \quad X_2 = X_2^1 + X_2^2, \quad Y_2 = Y_2^1 + Y_2^2; \quad X_3 = X_3^2 = 0, \quad Y_3 = Y_3^2$$

以上 3 个节点处沿坐标轴方向的力的平衡条件，就是结构的节点力与节点位移的关系，代入单元杆端力与杆端位移的关系（两个单元的刚度方程），即可得到总体刚度矩阵（简称为总刚）的表达式。

显然，总刚是一个 6×6 的矩阵。由于节点 2 同时连在杆件①和②上，因此两根杆件将共同抵抗公共节点 2 的变位，这在结构总体刚度矩阵中表现为两个单元对应刚度系数的叠加，即：

$$\begin{Bmatrix} F_1 \\ F_2 \\ F_3 \end{Bmatrix} = \begin{bmatrix} K_{11}^1 & K_{12}^1 & 0 \\ K_{21}^1 & K_{22}^1 + K_{22}^2 & K_{23}^2 \\ 0 & K_{32}^2 & K_{33}^2 \end{bmatrix} \begin{Bmatrix} \Delta_1 \\ \Delta_2 \\ \Delta_3 \end{Bmatrix}$$

其中 $F_i = \{X_i, Y_i\}^T$，$\Delta_i = \{u_i, v_i\}^T$，$K_{ij}^m$ 表示单元 m 的节点 i 和节点 j 之间的刚度关系（单元刚度矩阵的子块），即节点 i 的单位位移引起节点 j 处的杆端力。上式可以简写为如下的形式：

$$\{F\} = [K]\{\Delta\}$$

这样就完成了结构分析，得到总体刚度方程，其系数矩阵就是总体刚度矩阵。如果桁架杆件之间夹角为 45°，代入得到上述总体刚度矩阵为：

$$[K] = EA \begin{bmatrix} \dfrac{1}{2L_1} & \dfrac{1}{2L_1} & -\dfrac{1}{2L_1} & -\dfrac{1}{2L_1} & 0 & 0 \\[2mm] \dfrac{1}{2L_1} & \dfrac{1}{2L_1} & -\dfrac{1}{2L_1} & -\dfrac{1}{2L_1} & 0 & 0 \\[2mm] -\dfrac{1}{2L_1} & -\dfrac{1}{2L_1} & \dfrac{1}{2L_1} & \dfrac{1}{2L_1} & 0 & 0 \\[2mm] -\dfrac{1}{2L_1} & -\dfrac{1}{2L_1} & \dfrac{1}{2L_1} & \dfrac{1}{2L_1} + \dfrac{1}{L_2} & 0 & -\dfrac{1}{L_2} \\[2mm] 0 & 0 & 0 & 0 & 0 & 0 \\[2mm] 0 & 0 & 0 & -\dfrac{1}{L_2} & 0 & -\dfrac{1}{L_2} \end{bmatrix}$$

很显然，在引入边界约束条件之前，上述的总体刚度矩阵是奇异的。通过本章后面介绍的方法在总刚方程组中引入约束条件，求解线性方程组即可得到节点位移，进一步得到杆端力等相关导出结果。

回顾上述桁架结构矩阵分析过程，其基本思路可以概括为每一个单元的力学特性被看作是构成整体结构的砖瓦，总体结构作为一系列单元组成的集合体，通过单元特性的组合装配来提供整体结构的力学特性。尽管本节是以平面桁架结构为例介绍杆系结构矩阵分析的基本实现过程，但这其中的一些基本概念同样适用于其他复杂结构系统的有限元分析。理解这些概念对读者正确应用有限元分析软件是十分必要的。

1.1.2　单元分析与结构分析

本节介绍有限元方法结构分析的一般性过程，在本节的相关推导中，不限定具体的单元类型，而是介绍与各种单元类型都相关的基本概念和方程，以帮助读者建立有限单元法最基本的概念体系。

1. 单元分析

根据有限元方法的基本思路，需要首先将连续的求解域离散化为有限数量的单元的组合体。因此当结构被离散化之后，首先就是对其每一个单元进行分析。

假设单元的位移向量（包含各位移分量）为 $\{u\}$，应变向量（包含各个应变分量）为 $\{\varepsilon\}$，单元应变与位移之间满足如下的几何方程：

$$\{\varepsilon\} = [L]\{u\}$$

式中，$[L]$ 为对整体坐标的有关微分算子组成的矩阵，比如对于三维弹性体为如下形式：

$$[L] = \begin{bmatrix} \partial/\partial x & & \\ & \partial/\partial y & \\ & & \partial/\partial z \\ \partial/\partial y & \partial/\partial x & \\ & \partial/\partial z & \partial/\partial y \\ \partial/\partial z & & \partial/\partial x \end{bmatrix}$$

如果单元的节点位移向量为 $\{u^e\}$，根据前述有限元方法的基本思路，单元内部位移通过节点位移及近似插值函数（形函数）表示：

$$\{u\} = [N]\{u^e\}$$

式中，$[N]$ 为形函数矩阵，其展开形式如下：

$$[N] = [N_1[I]_{m \times m}, \cdots, N_n[I]_{m \times m}]$$

式中，$[I]$ 为 m 阶单位矩阵，m 为各节点的位移自由度数，比如平面应力单元的 m 为 2，弹性力学空间单元的 m 为 3；n 为单元所包含的节点个数。形函数矩阵的非零元素为对应各节点的形函数。通过形函数表示的位移代入几何方程，得到：

$$\{\varepsilon\} = \{L\}[N]\{u^e\} = \{B\}\{u^e\}$$

式中，$[B]$ 为应变矩阵，表示节点位移和单元应变向量之间的关系。如果单元的应力向量为 $\{\sigma\}$，则应力与应变之间应当满足如下的物理关系：

$$\{\sigma\} = [D]\{\varepsilon\}$$

式中，$[D]$ 为材料的弹性矩阵，即应力和应变关系矩阵，对于各向同性三维弹性体而言，$[D]$ 的具体形式为：

$$[D] = \frac{E(1-v)}{(1+v)(1-2v)} \begin{bmatrix} 1 & \dfrac{v}{1-v} & \dfrac{v}{1-v} & 0 & 0 & 0 \\ & 1 & \dfrac{v}{1-v} & 0 & 0 & 0 \\ & & 1 & 0 & 0 & 0 \\ & 对 & & \dfrac{1-2v}{2(1-v)} & 0 & 0 \\ & & 称 & & \dfrac{1-2v}{2(1-v)} & 0 \\ & & & & & \dfrac{1-2v}{2(1-v)} \end{bmatrix}$$

根据结构分析的虚功原理，在外力作用下处于平衡状态的弹性结构，当发生其约束条件允许的微小虚位移时，外力在虚位移上所做的功等于弹性体内的虚应变能。如果用 $\{F^e\}$ 表示节点力向量，则对于单元来说，节点力就是外力。如果用 $\{u^{e*}\}$ 来表示单元的节点虚位移向量，用 $\{\varepsilon^*\}$ 来表示相对应的虚应变向量，对任意一个单元应用虚功原理，可以通过下式表示：

$$\iiint_V \{\varepsilon^*\}^T \{\sigma\} \mathrm{d}V = \{u^{e*}\}^T \{F^e\}$$

式中，$\{\sigma\}$ 为实际状态下的单元应力向量；V 为所分析的单元的体积。根据上述应变与节点位移之间的关系，虚应变（虚位移所对应的应变）向量同样可以由应变矩阵乘以节点虚位移来表示，即：

$$\{\varepsilon^*\} = [B]\{u^{e*}\}$$

将上述虚应变、应变、应力等表达式代入虚功方程，得到：

$$\{u^{e*}\}^T \iiint_V [B]^T [D][B] \mathrm{d}V \{u^e\} = \{u^{e*}\}^T \{F^e\}$$

两边消去节点虚位移，得到：

$$\iiint_V [B]^T [D][B] \mathrm{d}V \{u^e\} = \{F^e\}$$

如果令

$$[k] = \iiint_V [B]^T [D][B] \mathrm{d}V$$

则式 $\iiint_V [B]^T [D][B] \mathrm{d}V \{u^e\} = \{F^e\}$ 可以改写为如下更简洁的形式：

$$[k]\{u^e\} = \{F^e\}$$

上式即单元刚度方程，该方程给出了单元节点力向量与单元节点位移向量之间的关系；其中，$[k]$ 为单元刚度矩阵。

对于弹性力学问题的有限元分析而言，节点力向量 $\{F^e\}$ 中包含作用于单元的体积力的等

效载荷 $\{F_p\}$、作用于单元表面的分布力的等效载荷 $\{F_q\}$。按照虚功等效原则,其表达式分别如下:

$$\{F_p\} = \iiint\limits_{V} [N]^T \{p\} \mathrm{d}V$$

$$\{F_q\} = \iint\limits_{S} [N]^T \{q\} \mathrm{d}S$$

式中,$\{p\}$ 和 $\{q\}$ 分别为体积力以及表面分布力向量;S 为表面力作用的单元表面区域。

严格来说,等效节点力中还应包含节点集中外力 $\{F_{\mathrm{nd}}^e\}$ 以及相邻单元交界面内力的等效节点载荷。前者在结构分析时需要叠加到总体载荷向量的对应位置,后者则由于方向相反而在叠加过程中相互抵消。对实体结构而言,一般情况下没有集中载荷。

至此,已经完成对弹性结构的单元刚度方程的形式推导。对于各种具体单元类型,有关的向量 $\{u\}$、$\{\varepsilon\}$、$\{\sigma\}$ 以及 $\{u^e\}$、$\{F^e\}$ 可包含不同的分量个数;相关的各个矩阵,如 $[L]$、$[N]$、$[B]$、$[D]$、$[k]$ 等可具有不同的维数,代入具体的量进行推导即可建立具体的单元刚度方程。

2. 结构分析

下面在单元分析的基础上继续进行结构分析。得到单元刚度方程后,集成各单元的刚度方程,即可建立结构的整体平衡方程。在具体集成过程中,各单元刚度矩阵按照节点和自由度的编号在总体刚度矩阵对号入座,单元等效节点载荷也按照节点和自由度编号在结构总体载荷向量中对号入座。这种方法被称为直接刚度法,其原理是各节点的平衡条件以及相邻单元在公共节点处的位移协调条件(即相邻单元在公共节点处的位移相等)。结构分析中,单元刚度矩阵和单元等效载荷向量按照如下两式进行集成:

$$[K] = \sum_{e} [k]$$

$$\{F\} = \sum_{e} \{F_p\} + \sum_{e} \{F_q\}$$

上面两式中的求和符号表示各矩阵或向量元素放到总体矩阵或向量相应自由度位置的叠加,而不是简单的求和。通过单元刚度方程的集成,得到如下的结构总体刚度方程:

$$[K]\{u\} = \{F\}$$

式中,$[K]$ 为总体刚度矩阵;$\{u\}$ 为结构的整体节点位移向量;$\{F\}$ 为总体节点载荷向量。

集成了各单元体积力和表面分布力的等效载荷,如果在某个节点上作用有集中载荷,还需要在相应自由度方向上叠加节点集中载荷。至此,已经建立了结构的总体方程,完成了结构分析。

3. 节点位移及支反力的求解

由于单元刚度矩阵是奇异的,经过简单叠加集成的总体刚度矩阵也是奇异的,要求解此方程还需引入边界约束条件。通常采用的引入边界的做法是在指定位移节点所对应的刚度矩阵主对角元素乘以一个充分大的数,同时将右端载荷向量的相应元素改为指定节点位移值与同一个大数的乘积。这种处理方式使得 $[K]$ 中被修正行的修正项远大于其他所有非修正项,客观上使得指定位移的节点满足了指定的位移边界条件。这种方式的好处是不仅可以处理零位移边界,也可以处理非零位移边界,且保持了总体刚度矩阵的稀疏和对称的基本特性。

引入了边界条件之后即可求解未知的节点位移，ANSYS 提供了各种常用的矩阵方程求解器，可根据计算模型的规模选择合适的方程求解器。得到位移解之后，即可通过应变矩阵计算应力，再通过物理方程求得应力。由于前述的刚度矩阵的计算实际上是采用数值积分的算法，因此计算的[B]矩阵各元素以及应变和应力均是积分点处的值。在后处理过程中，计算程序会将这些积分点的计算结果经插值及平均化处理后输出节点处的值,其具体计算和处理过程详见第 1.1.5 节。下面介绍 ANSYS 计算支座反力的实现方法。

结构的支反力是在位移求解后得到的。在结构的刚度矩阵中，所有自由度可以被区分为指定的自由度以及需计算的未知自由度，如果采用不同的下标进行区分这两类自由度，用下标 s 表示模型中被指定的自由度（specified），下标 c 表示计算出的自由度（computed），同时，与模型中各节点自由度相对应的节点力向量则被拆分为上标为 a 和上标为 r 的两部分，分别表示施加的力向量（applied）以及支反力（reaction force），节点位移自由度和力向量以及刚度矩阵均根据自由度的性质分块写出，结构刚度方程可重新写成下列形式：

$$\begin{bmatrix} [K_{cc}] & [K_{cs}] \\ [K_{cs}]^T & [K_{ss}] \end{bmatrix} \begin{Bmatrix} \{u_c\} \\ \{u_s\} \end{Bmatrix} = \begin{Bmatrix} \{F_c^a\} \\ \{F_s^a\} \end{Bmatrix} + \begin{Bmatrix} \{F_c^r\} \\ \{F_s^r\} \end{Bmatrix}$$

显而易见，未受到约束的自由度（即计算得到的自由度，下标 c）上作用的支反力 $\{F_c^r\}$ 为 0，代入上式可得：

$$\begin{bmatrix} [K_{cc}] & [K_{cs}] \\ [K_{cs}]^T & [K_{ss}] \end{bmatrix} \begin{Bmatrix} \{u_c\} \\ \{u_s\} \end{Bmatrix} = \begin{Bmatrix} \{F_c^a\} \\ \{F_s^a\} \end{Bmatrix} + \begin{Bmatrix} \{0\} \\ \{F_s^r\} \end{Bmatrix}$$

上式展开后是两式，由展开后的第一式反解得：

$$\{u_c\} = [K_{cc}]^{-1} (-[K_{cs}]\{u_s\} + \{F_c^a\})$$

将上述 $\{u_c\}$ 代入展开后的第二式，可得到：

$$\{F_s^r\} = [K_{cs}]^T \{u_c\} + [K_{ss}]\{u_s\} - \{F_s^a\}$$

由上式计算得到的 $\{F_s^r\}$ 即结构中指定自由度约束方向的支反力，通过 Mechanical APDL 命令 OUTPR、RSOL 或 PRRSOL 列出的支反力以及 Workbench 的 Mechanical 组件的支反力就是通过此方法计算得出的。

1.1.3　等参变换与数值积分

1.　等参变换技术

在实际计算过程中，为了便于程序统一化处理，ANSYS 单元刚度矩阵和等效载荷的各元素实际上采用了等参变换以及数值积分技术来计算。ANSYS 所采用的单元的形函数表达式均是在单元局部坐标系中给出的,这里以三维 8 节点线性实体单元 SOLID185 为例说明等参变换的实现过程。

图 1-3 为三维 8 节点单元的等参变换示意图，坐标及位移的插值采用统一的插值函数，右侧为等参变换的母元，在自然坐标系中的形函数以及坐标、位移的插值表达式如下：

$$N_i = \frac{1}{8}(1 + \xi_i\xi)(1 + \eta_i\eta)(1 + \zeta_i\zeta)$$

$$x = \sum_{i=1}^{8} N_i(\xi,\eta,\zeta)x_i \qquad y = \sum_{i=1}^{8} N_i(\xi,\eta,\zeta)y_i \qquad z = \sum_{i=1}^{8} N_i(\xi,\eta,\zeta)z_i$$

$$u = \sum_{i=1}^{8} N_i(\xi,\eta,\zeta)u_i \qquad v = \sum_{i=1}^{8} N_i(\xi,\eta,\zeta)v_i \qquad w = \sum_{i=1}^{8} N_i(\xi,\eta,\zeta)w_i$$

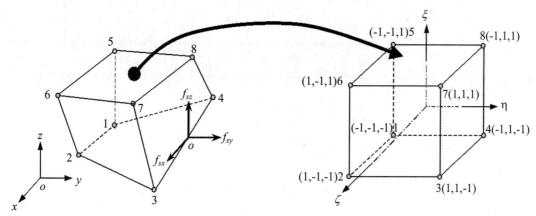

图 1-3　三维单元的等参变换示意图

对自然坐标的导数，可通过链式微分法则表示为对总体坐标的导数的表达式，其系数矩阵 $[J]$ 被称为雅克比矩阵：

$$
\begin{Bmatrix} \dfrac{\partial N_i}{\partial \xi} \\[2mm] \dfrac{\partial N_i}{\partial \eta} \\[2mm] \dfrac{\partial N_i}{\partial \zeta} \end{Bmatrix}
=
\begin{bmatrix} \dfrac{\partial x}{\partial \xi} & \dfrac{\partial y}{\partial \xi} & \dfrac{\partial z}{\partial \xi} \\[2mm] \dfrac{\partial x}{\partial \eta} & \dfrac{\partial y}{\partial \eta} & \dfrac{\partial z}{\partial \eta} \\[2mm] \dfrac{\partial x}{\partial \zeta} & \dfrac{\partial y}{\partial \zeta} & \dfrac{\partial z}{\partial \zeta} \end{bmatrix}
\begin{Bmatrix} \dfrac{\partial N_i}{\partial x} \\[2mm] \dfrac{\partial N_i}{\partial y} \\[2mm] \dfrac{\partial N_i}{\partial z} \end{Bmatrix}
\qquad
[J] =
\begin{bmatrix} \dfrac{\partial x}{\partial \xi} & \dfrac{\partial y}{\partial \xi} & \dfrac{\partial z}{\partial \xi} \\[2mm] \dfrac{\partial x}{\partial \eta} & \dfrac{\partial y}{\partial \eta} & \dfrac{\partial z}{\partial \eta} \\[2mm] \dfrac{\partial x}{\partial \zeta} & \dfrac{\partial y}{\partial \zeta} & \dfrac{\partial z}{\partial \zeta} \end{bmatrix}
$$

为了程序处理得方便，对总体坐标的导数可通过雅克比矩阵的逆矩阵表示为对自然坐标的导数，即：

$$
\begin{Bmatrix} \dfrac{\partial N_i}{\partial \xi} \\[2mm] \dfrac{\partial N_i}{\partial \eta} \\[2mm] \dfrac{\partial N_i}{\partial \zeta} \end{Bmatrix}
= [J]
\begin{Bmatrix} \dfrac{\partial N_i}{\partial x} \\[2mm] \dfrac{\partial N_i}{\partial y} \\[2mm] \dfrac{\partial N_i}{\partial z} \end{Bmatrix}
\qquad
\begin{Bmatrix} \dfrac{\partial N_i}{\partial x} \\[2mm] \dfrac{\partial N_i}{\partial y} \\[2mm] \dfrac{\partial N_i}{\partial z} \end{Bmatrix}
= [J]^{-1}
\begin{Bmatrix} \dfrac{\partial N_i}{\partial \xi} \\[2mm] \dfrac{\partial N_i}{\partial \eta} \\[2mm] \dfrac{\partial N_i}{\partial \zeta} \end{Bmatrix}
$$

在 $[J]$ 的表达式中代入坐标的插值表达式，对于单元内部任意给定的位置 (ξ_i,η_j,ζ_k) 处，$[J]$ 及其逆矩阵均可以显式地算出，对于 8 节点单元有：

$$[J] = \begin{bmatrix} \dfrac{\partial N_1}{\partial \xi} & \dfrac{\partial N_2}{\partial \xi} & \dfrac{\partial N_3}{\partial \xi} & \dfrac{\partial N_4}{\partial \xi} & \dfrac{\partial N_5}{\partial \xi} & \dfrac{\partial N_6}{\partial \xi} & \dfrac{\partial N_7}{\partial \xi} & \dfrac{\partial N_8}{\partial \xi} \\ \dfrac{\partial N_1}{\partial \eta} & \dfrac{\partial N_2}{\partial \eta} & \dfrac{\partial N_3}{\partial \eta} & \dfrac{\partial N_4}{\partial \eta} & \dfrac{\partial N_5}{\partial \eta} & \dfrac{\partial N_6}{\partial \eta} & \dfrac{\partial N_7}{\partial \eta} & \dfrac{\partial N_8}{\partial \eta} \\ \dfrac{\partial N_1}{\partial \zeta} & \dfrac{\partial N_2}{\partial \zeta} & \dfrac{\partial N_3}{\partial \zeta} & \dfrac{\partial N_4}{\partial \zeta} & \dfrac{\partial N_5}{\partial \zeta} & \dfrac{\partial N_6}{\partial \zeta} & \dfrac{\partial N_7}{\partial \zeta} & \dfrac{\partial N_8}{\partial \zeta} \end{bmatrix} \begin{bmatrix} x_1 & y_1 & z_1 \\ x_2 & y_2 & z_2 \\ x_3 & y_3 & z_3 \\ x_4 & y_4 & z_4 \\ x_5 & y_5 & z_5 \\ x_6 & y_6 & z_6 \\ x_7 & y_7 & z_7 \\ x_8 & y_8 & z_8 \end{bmatrix}$$

$$= \begin{bmatrix} \sum_{i=1}^{8} x_i \dfrac{\partial N_i}{\partial \xi} & \sum_{i=1}^{8} y_i \dfrac{\partial N_i}{\partial \xi} & \sum_{i=1}^{8} z_i \dfrac{\partial N_i}{\partial \xi} \\ \sum_{i=1}^{8} x_i \dfrac{\partial N_i}{\partial \eta} & \sum_{i=1}^{8} y_i \dfrac{\partial N_i}{\partial \eta} & \sum_{i=1}^{8} z_i \dfrac{\partial N_i}{\partial \eta} \\ \sum_{i=1}^{8} x_i \dfrac{\partial N_i}{\partial \zeta} & \sum_{i=1}^{8} y_i \dfrac{\partial N_i}{\partial \zeta} & \sum_{i=1}^{8} z_i \dfrac{\partial N_i}{\partial \zeta} \end{bmatrix}$$

对于三维实体单元，其应变计算的微分算子阵和应变矩阵分别为：

$$[L] = \begin{bmatrix} \dfrac{\partial}{\partial x} & 0 & 0 \\ 0 & \dfrac{\partial}{\partial y} & 0 \\ 0 & 0 & \dfrac{\partial}{\partial z} \\ \dfrac{\partial}{\partial y} & \dfrac{\partial}{\partial x} & 0 \\ 0 & \dfrac{\partial}{\partial z} & \dfrac{\partial}{\partial y} \\ \dfrac{\partial}{\partial z} & 0 & \dfrac{\partial}{\partial x} \end{bmatrix}$$

$$[B] = [[B_1][B_2][B_3][B_4][B_5][B_6][B_7][B_8]]$$

$$[B_i] = [L][N_i] = \begin{bmatrix} \dfrac{\partial N_i}{\partial x} & 0 & 0 \\ 0 & \dfrac{\partial N_i}{\partial y} & 0 \\ 0 & 0 & \dfrac{\partial N_i}{\partial z} \\ \dfrac{\partial N_i}{\partial y} & \dfrac{\partial N_i}{\partial x} & 0 \\ 0 & \dfrac{\partial N_i}{\partial z} & \dfrac{\partial N_i}{\partial y} \\ \dfrac{\partial N_i}{\partial z} & 0 & \dfrac{\partial N_i}{\partial x} \end{bmatrix}$$

而局部坐标系中的体积微元素可表示为：

$$dV = \det[J]\,d\xi d\eta d\zeta$$

于是，单元刚度矩阵和等效载荷可变换为自然坐标的三重积分：

$$\left[K^e\right] = \int_{V_e}[B]^T[D][B]dV = \int_{-1}^{1}\int_{-1}^{1}\int_{-1}^{1}[B]^T[D][B]\det[J]d\xi d\eta d\zeta$$

$$\{F_p\} = \int_{V_e}[N]^T\{p\}dV = \int_{-1}^{1}\int_{-1}^{1}\int_{-1}^{1}[N]^T\{p\}\det[J]d\xi d\eta d\zeta$$

$$\{F_q\} = \int_{S}[N]^T\{q\}dS = \int_{-1}^{1}\int_{-1}^{1}[N]^T\{q\}Ad\eta d\zeta$$

上述面载荷的等效节点载荷是作用于自然坐标 $\xi = 1$ 的单元表面，且有：

$$A = \left[\left(\frac{\partial y}{\partial \eta}\frac{\partial z}{\partial \zeta} - \frac{\partial y}{\partial \zeta}\frac{\partial z}{\partial \eta}\right)^2 + \left(\frac{\partial z}{\partial \eta}\frac{\partial x}{\partial \zeta} - \frac{\partial z}{\partial \zeta}\frac{\partial x}{\partial \eta}\right)^2 + \left(\frac{\partial x}{\partial \eta}\frac{\partial y}{\partial \zeta} - \frac{\partial x}{\partial \zeta}\frac{\partial y}{\partial \eta}\right)^2\right]^{\frac{1}{2}}$$

对于作用在局部坐标 $\eta = 1$ 或 $\zeta = 1$ 的单元表面的载荷，对上述 A 的表达式进行坐标轮换。

2. 数值积分

对等参元来说，各种相关量（如单元刚度矩阵的元素、由体积载荷和表面载荷转化而来的等效节点载荷等）均可通过自然坐标表达为在标准区间[-1,1]上的积分，这些积分可以借助数值积分法，通过积分点处被积函数值加权求和计算，即：

$$I = \int_{-1}^{1}\int_{-1}^{1}\int_{-1}^{1}f(\xi,\eta,\zeta)d\xi d\eta d\zeta = \sum_{i=1}^{l}\sum_{j=1}^{m}\sum_{k=1}^{n}w_i w_j w_k f(\xi_i,\eta_j,\zeta_k)$$

ANSYS 采用 Gauss 数值积分，对于 8 节点六面体单元而言，其积分点位置如图 1-4 所示，其中 I、J、K、L、M、N、O、P 为节点，1、2、3、4、5、6、7、8 为积分点，采用 2×2×2 积分方案。

对于三维单元，各坐标方向积分点坐标及权系数列于表 1-1 中。

表 1-1　高斯数值积分的积分点坐标及权系数

积分点个数	积分点坐标 $f(\xi_i,\eta_j,\zeta_k)$	积分权系数 W
1	0.00000 00000 00000	2.00000 00000 00000
2	±0.57735 02691 89626	1.00000 00000 00000

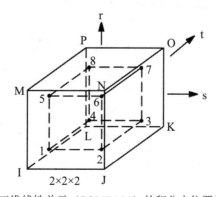

图 1-4　三维线性单元（SOLID185）的积分点位置示意图

3. 常见 ANSYS 体单元的形函数和积分点说明

ANSYS 中除了上述 8 节点等参单元（SOLID185 单元）以外，还有几种常用的体单元，在网格划分时还经常用到一些单元的退化形式。下面给出这几种体单元及其退化元的形函数表达式及积分点位置，供读者参考。

（1）二维线性单元。对于二维单元，常见形状有四边形及其退化形成的三角形。对于四边形的二维单元，形函数一般采用以中心为原点的自然坐标 ξ 和 η，取值范围是-1 到+1；对于三角形的二维单元，形函数一般采用面积坐标 L，取值范围是 0 到 1。

如图 1-5 所示为线性四边形单元（PLANE182）。图中局部坐标轴 s、t 分别与单元自然坐标 ξ 和 η 相对应。积分采用 2×2 积分方案或 1 点缩减积分方案。根据节点编号，其形函数以及位移表达式如下：

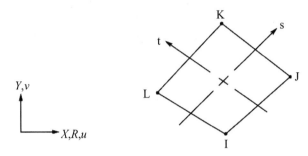

图 1-5　线性四边形单元

$$N_i = \frac{1}{4}(1-\xi)(1-\eta) \qquad N_j = \frac{1}{4}(1+\xi)(1-\eta)$$

$$N_k = \frac{1}{4}(1+\xi)(1+\eta) \qquad N_l = \frac{1}{4}(1-\xi)(1+\eta)$$

$$u = \sum_{node} u_{node} N_{node} = \frac{1}{4}\left[u_i(1-\xi)(1-\eta) + u_j(1+\xi)(1-\eta) + u_k(1+\xi)(1+\eta) + u_l(1-\xi)(1+\eta)\right]$$

$$v = \sum_{node} v_{node} N_{node} = \frac{1}{4}\left[v_i(1-\xi)(1-\eta) + v_j(1+\xi)(1-\eta) + v_k(1+\xi)(1+\eta) + v_l(1-\xi)(1+\eta)\right]$$

（2）二维二次单元。如图 1-6 所示为 8 节点二次四边形单元（PLANE183），采用 2×2 积分方案，其形函数以及位移表达式如下：

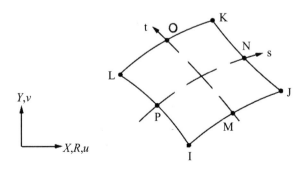

图 1-6　二维二次单元示意图

$$u = \sum_{node} u_{node} N_{node} = \frac{1}{4}[u_i(1-\xi)(1-\eta)(-\xi-\eta-1) + u_j(1+\xi)(1-\eta)(\xi-\eta-1)$$

$$+ u_k(1+\xi)(1+\eta)(\xi+\eta-1) + u_l(1-\xi)(1+\eta)(-\xi+\eta-1)]$$

$$+ \frac{1}{2}[u_m(1-\xi^2)(1-\eta) + u_n(1+\xi)(1-\eta^2)$$

$$+ u_o(1-\xi^2)(1+\eta) + u_p(1-\xi)(1-\eta^2)]$$

$$v = \sum_{node} v_{node} N_{node} = \frac{1}{4}[v_i(1-\xi)(1-\eta)(-\xi-\eta-1) + v_j(1+\xi)(1-\eta)(\xi-\eta-1)$$

$$+ v_k(1+\xi)(1+\eta)(\xi+\eta-1) + v_l(1-\xi)(1+\eta)(-\xi+\eta-1)]$$

$$+ \frac{1}{2}[v_m(1-\xi^2)(1-\eta) + v_n(1+\xi)(1-\eta^2)$$

$$+ v_o(1-\xi^2)(1+\eta) + v_p(1-\xi)(1-\eta^2)]$$

（3）二维退化单元。PLANE182 及 PLANE183 具有三角形退化形式，如图 1-7 所示，注意此处省略了重合的节点并且二次单元的节点采用了新的编号。

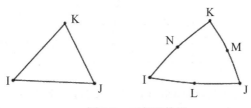

图 1-7 三角形单元

对于三角形退化形式的线性单元 PLANE182，采用单点缩减积分方案，其形函数采用面积坐标表示：

$$N_i = L_i, \quad N_j = L_j, \quad N_k = L_k$$

其各位移分量可通过形函数（面积坐标）表示如下：

$$u = \sum_{node} u_{node} N_{node} = u_i L_i + u_j L_j + u_k L_k$$

$$v = \sum_{node} v_{node} N_{node} = v_i L_i + v_j L_j + v_k L_k$$

对于 PLANE183 单元退化形成的二次三角形单元，采用三点积分方案，其形函数用面积坐标可表示为：

$$N_i = (2L_i-1)L_i, \quad N_j = (2L_j-1)L_j, \quad N_k = (2L_k-1)L_k$$

$$N_l = 4L_iL_j, \quad N_m = 4L_jL_k, \quad N_n = 4L_kL_i$$

其位移分量可以写为：

$$u = \sum_{node} u_{node} N_{node}, \quad v = \sum_{node} v_{node} N_{node}, \quad w = \sum_{node} w_{node} N_{node}$$

式中，$node$ 表示对节点 i、j、k、l、n、m 求和。

（4）金字塔线性退化单元。对于三维单元，常见形状有六面体及其退化形成的金字塔、三棱柱体及四面体等。对于六面体形状的实体单元，形函数一般采用以中心为原点的自然坐标

(ξ,η,ζ)，自然坐标的取值范围均是-1 到+1；对于四面体形状的三维单元，形函数一般采用各节点的体积坐标 L，取值范围是 0 到 1。

图 1-8 为 SOLID185 单元的金字塔形五面体退化单元。当 SOLID185 的节点 M、N、O 及 P 重合时即形成这类单元。这一单元形状可以作为由低阶四面体单元向低阶六面体单元过渡的单元，其形函数如下：

$$N_i^* = N_i = \frac{1}{8}(1-\xi)(1-\eta)(1-\zeta) \qquad N_j^* = N_j = \frac{1}{8}(1+\xi)(1-\eta)(1-\zeta)$$

$$N_k^* = N_k = \frac{1}{8}(1+\xi)(1+\eta)(1-\zeta) \qquad N_j^* = N_j = \frac{1}{8}(1-\xi)(1+\eta)(1-\zeta)$$

$$N_m^* = N_m + N_n + N_o + N_p = \frac{1}{2}(1+\zeta)$$

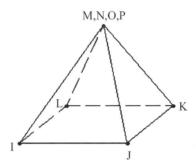

图 1-8　SOLID185 退化金字塔单元

（5）四面体线性退化单元。图 1-9 所示为低阶四面体单元，ANSYS 的 SOLID285 四面体单元或低阶六面体 SOLID185 的退化单元均属此类单元，其形函数采用体积坐标 L。对于退化元，节点 K 和节点 L 重合，节点 M、N、O、P 重合。

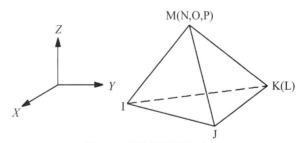

图 1-9　低阶四面体单元

各节点的位移分量可以表示为：

$$u = u_i L_i + u_j L_j + u_k L_k + u_m L_m$$

$$v = v_i L_i + v_j L_j + v_k L_k + v_m L_m$$

$$w = w_i L_i + w_j L_j + w_k L_k + w_m L_m$$

（6）三维二次单元。在 ANSYS Workbench 结构分析中，应用更多的是具有边中间节点的高阶单元。图 1-10 所示为 20 节点的高阶六面体单元 SOLID186，除了 8 个顶点外还包含 12 个边中间的节点，图中 3 个局部坐标轴 s、t、r 分别代表 ξ、η 及 ζ 3 个自然坐标方向。

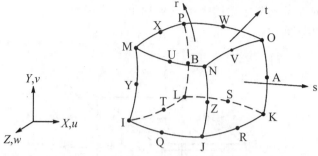

图 1-10　三维二次实体单元示意图

根据节点编号（本书中不区分节点字母的大小写），SOLID186 单元的形函数为：

$$N_i = \frac{1}{8}(1-\xi)(1-\eta)(1-\zeta)\,(-\xi-\eta-\zeta-2)$$

$$N_j = \frac{1}{8}(1+\xi)(1-\eta)(1-\zeta)\,(\xi-\eta-\zeta-2)$$

$$N_k = \frac{1}{8}(1+\xi)(1+\eta)(1-\zeta)\,(\xi+\eta-\zeta-2)$$

$$N_l = \frac{1}{8}(1-\xi)(1+\eta)(1-\zeta)\,(-\xi+\eta-\zeta-2)$$

$$N_m = \frac{1}{8}(1-\xi)(1-\eta)(1+\zeta)\,(-\xi-\eta+\zeta-2)$$

$$N_n = \frac{1}{8}(1+\xi)(1-\eta)(1+\zeta)\,(\xi-\eta+\zeta-2)$$

$$N_o = \frac{1}{8}(1+\xi)(1+\eta)(1+\zeta)\,(\xi+\eta+\zeta-2)$$

$$N_p = \frac{1}{8}(1-\xi)(1+\eta)(1+\zeta)\,(-\xi+\eta+\zeta-2)$$

$$N_q = \frac{1}{4}(1-\xi^2)(1-\eta)(1-\zeta) \qquad N_r = \frac{1}{4}(1+\xi)(1-\eta^2)(1-\zeta)$$

$$N_s = \frac{1}{4}(1-\xi^2)(1+\eta)(1-\zeta) \qquad N_t = \frac{1}{4}(1-\xi)(1-\eta^2)(1-\zeta)$$

$$N_u = \frac{1}{4}(1-\xi^2)(1-\eta)(1+\zeta) \qquad N_v = \frac{1}{4}(1+\xi)(1-\eta^2)(1+\zeta)$$

$$N_w = \frac{1}{4}(1-\xi^2)(1+\eta)(1+\zeta) \qquad N_x = \frac{1}{4}(1-\xi)(1-\eta^2)(1+\zeta)$$

$$N_y = \frac{1}{4}(1-\xi)(1-\eta)(1-\zeta^2) \qquad N_z = \frac{1}{4}(1+\xi)(1-\eta)(1-\zeta^2)$$

$$N_a = \frac{1}{4}(1+\xi)(1+\eta)(1-\zeta^2) \qquad N_b = \frac{1}{4}(1-\xi)(1+\eta)(1-\zeta^2)$$

因此，SOLID186 单元的 3 个位移分量可用形函数表示为：

$$u = \sum_{node} u_{node} N_{node}\,, \quad v = \sum_{node} v_{node} N_{node}\,, \quad w = \sum_{node} w_{node} N_{node}$$

式中，*node* 表示对各节点的值进行求和。

20 节点的六面体单元实际上采用的是一种 14 积分点的数值积分算法，其积分点的位置如图 1-11 所示，积分点相对坐标及权重列于表 1-2 中。

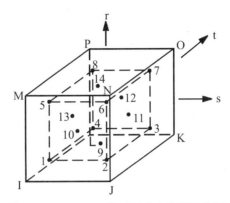

图 1-11　SOLID186 单元积分点位置示意图

表 1-2　SOLID186 单元的积分点自然坐标及权重

积分点类型	积分点坐标	积分点权重
靠近角节点积分点	$s = \pm 0.75878\,69106\,39328$ $t = \pm 0.75878\,69106\,39328$ $r = \pm 0.75878\,69106\,39328$	0.33518 00554 01662
面中心附近积分点	$s = \pm 0.79582\,24257\,54222$, $t=r=0.0$ $t = \pm 0.79582\,24257\,54222$, $s=r=0.0$ $r = \pm 0.79582\,24257\,54222$, $s=t=0.0$	0.88642 65927 97784

（7）金字塔形退化二次单元。SOLID186 单元也支持各种形状的退化单元。如图 1-12 所示为 SOLID186 单元退化的 13 节点金字塔单元，当 SOLID186 单元上表面的 8 个节点 M、N、O、P、U、V、W、X 重合时形成这类退化单元。

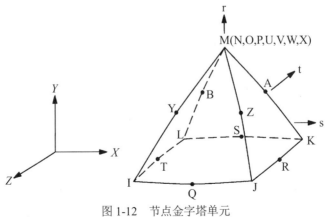

图 1-12　节点金字塔单元

退化的金字塔形状的二次单元可以作为由高阶四面体单元向高阶六面体单元过渡的单元，其形函数如下：

$$N_I = \frac{\gamma}{4}(1-\xi)(1-\eta)(-1-\gamma\xi-\gamma\eta) \quad N_J = \frac{\gamma}{4}(1+\xi)(1-\eta)(-1+\gamma\xi-\gamma\eta)$$

$$N_K = \frac{\gamma}{4}(1+\xi)(1+\eta)(-1+\gamma\xi+\gamma\eta) \quad N_J = \frac{\gamma}{4}(1-\xi)(1+\eta)(-1-\gamma\xi+\gamma\eta)$$

$$N_M = (1-\gamma)(1-2\gamma)$$

$$N_Q = \frac{\gamma^2}{2}(1-\eta)(1-\xi^2) \quad N_R = \frac{\gamma^2}{2}(1+\xi)(1-\eta^2)$$

$$N_S = \frac{\gamma^2}{2}(1+\eta)(1-\xi^2) \quad N_T = \frac{\gamma^2}{2}(1-\xi)(1-\eta^2)$$

$$N_Y = \gamma(1-\gamma)(1-\xi-\eta+\xi\eta) \quad N_Z = \gamma(1-\gamma)(1+\xi-\eta-\xi\eta)$$

$$N_A = \gamma(1-\gamma)(1+\xi+\eta+\xi\eta) \quad N_B = \gamma(1-\gamma)(1-\xi+\eta-\xi\eta)$$

其中，$\gamma = \dfrac{1-\zeta}{2}$，单元的各位移分量可以通过形函数表示如下：

$$u = \sum_{node} u_{node}N_{node}, \quad v = \sum_{node} v_{node}N_{node}, \quad w = \sum_{node} w_{node}N_{node}$$

其中，*node* 表示对各节点的值进行求和。

（8）楔形体退化二次单元。SOLID186 单元的另一种退化形状为 15 节点的三棱柱（楔形体）单元，如图 1-13 所示。当 20 节点单元的右侧面退化为一条线时形成此形状的单元。

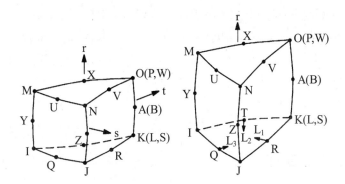

图 1-13　退化三棱柱二次单元

15 节点三棱柱（楔形体）单元的形函数可采用三角形面积坐标及高度方向的自然坐标 ζ（图中 r 方向，其取值范围为-1 到+1）相结合的方式表达，局部坐标下的形函数表达式为：

$$N_I = \frac{1}{2}\left[L_1(2L_1-1)(1-\zeta)-L_1(1-\zeta^2)\right]$$

$$N_J = \frac{1}{2}\left[L_2(2L_2-1)(1-\zeta)-L_2(1-\zeta^2)\right]$$

$$N_K = \frac{1}{2}\left[L_3(2L_3-1)(1-\zeta)-L_3(1-\zeta^2)\right]$$

$$N_M = \frac{1}{2}\left[L_1(2L_1-1)(1+\zeta)-L_1(1-\zeta^2)\right]$$

$$N_N = \frac{1}{2}\left[L_2(2L_2-1)(1+\zeta) - L_2(1-\zeta^2)\right]$$

$$N_O = \frac{1}{2}\left[L_3(2L_3-1)(1+\zeta) - L_3(1-\zeta^2)\right]$$

$$N_Q = 2L_1L_2(1-\zeta) \quad N_R = 2L_2L_3(1-\zeta) \quad N_T = 2L_3L_1(1-\zeta)$$

$$N_U = 2L_1L_2(1+\zeta) \quad N_V = 2L_2L_3(1+\zeta) \quad N_X = 2L_3L_1(1+\zeta)$$

$$N_Y = L_1(1-\zeta^2) \quad N_Z = L_2(1-\zeta^2) \quad N_A = L_3(1-\zeta^2)$$

于是，三棱柱单元的各位移分量可以用上述形函数表示如下：

$$u = \sum_{node} u_{node}N_{node}, \quad v = \sum_{node} v_{node}N_{node}, \quad w = \sum_{node} w_{node}N_{node}$$

其中，*node* 表示对以上各节点的值进行求和。

（9）四面体形状二次单元。图 1-14 所示为 10 节点的二次四面体单元 SOLID187，其位移分量通过体积坐标形式的形函数插值表示如下：

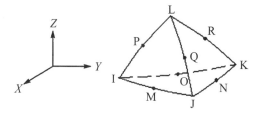

图 1-14　带有中间节点的四面体单元

$$u = u_I(2L_I-1)L_I + u_J(2L_J-1)L_J + u_K(2L_K-1)L_K + u_L(2L_L-1)L_L$$
$$+4u_ML_IL_J + 4u_NL_JL_K + 4u_OL_IL_K + 4u_PL_IL_L + 4u_QL_JL_L + 4u_RL_KL_L$$
$$v = v_I(2L_I-1)L_I + v_J(2L_J-1)L_J + v_K(2L_K-1)L_K + v_L(2L_L-1)L_L$$
$$+4v_ML_IL_J + 4v_NL_JL_K + 4v_OL_IL_K + 4v_PL_IL_L + 4v_QL_JL_L + 4v_RL_KL_L$$
$$w = w_I(2L_I-1)L_I + w_J(2L_J-1)L_J + w_K(2L_K-1)L_K + w_L(2L_L-1)L_L$$
$$+4w_ML_IL_J + 4w_NL_JL_K + 4w_OL_IL_K + 4w_PL_IL_L + 4w_QL_JL_L + 4w_RL_KL_L$$

1.1.4　克服网格锁定的单元技术

完全积分的传统位移实体单元在一些情况下会过度地低估位移，这被称为有限元分析中的网格锁定，常见的网格锁定包括剪切锁定和体积锁定。完全积分的低阶传统位移单元易于发生剪切和体积锁定，完全积分的高阶传统位移单元也易于发生体积锁定。剪切锁定导致弯曲行为过分刚化，这种现象出现在薄壁构件等弯曲变形为主导的问题中，这实际上是一种与结构的几何特性有关的锁定现象。当泊松比接近或等于 0.5 时，体积应变接近于零，易于导致数值计算上的困难，即体积锁定，表现为过度的刚化响应，这是一种与材料特性相关的锁定现象。

ANSYS 采用一系列不同的单元算法来克服网格锁定问题，这些算法包括 *B*-Bar、URI、增强应变、简化增强应变、实体壳算法以及混合 *u*-*P* 等，下面对这些算法的理论背景进行简要地介绍。

1．剪切以及体积锁定问题

如图 1-15（a）所示，以纯弯曲变形为例说明剪切锁定的影响。在纯弯曲变形中，横截面保持平面，上下两边变成圆弧，剪应变为零；而完全积分的低阶单元变形后上下两边保持直线，不再保持直角，剪应变不为零，如图 1-15（b）所示。完全积分的低阶单元呈现的这种"过度刚化"，即剪切锁定问题，其中包含了实际并不存在的寄生剪切应变。

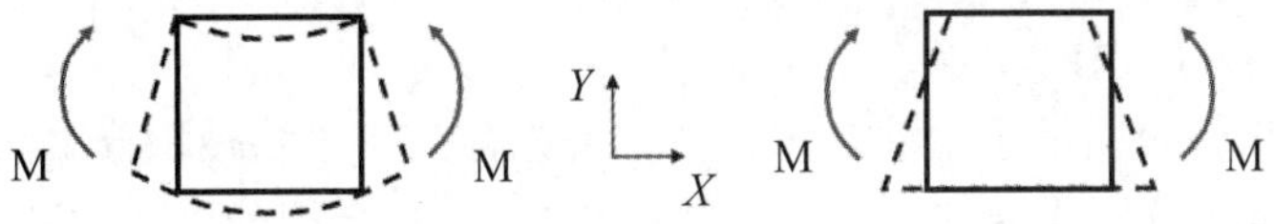

（a）纯弯曲　　　　　　（b）寄生剪切应变

图 1-15　弯曲变形的剪切锁定示意图

根据弹性力学，应力可以分解为体积项以及偏差项，

$$\boldsymbol{\sigma} = -p\mathbf{I} + \mathbf{s}$$

$$\mathbf{s} = 2G\mathbf{e}$$

静水压力与体积应变之间满足如下关系：

$$p = -K\varepsilon_{vol} = -\frac{1}{3}(\sigma_x + \sigma_y + \sigma_z)$$

$$K = \frac{E}{3(1-2\nu)}$$

$$\varepsilon_{vol} = \varepsilon_x + \varepsilon_y + \varepsilon_z = \frac{1-2\nu}{E}(\sigma_x + \sigma_y + \sigma_z)$$

当泊松比接近或等于 0.5 时，体积模量 K 将变得很大直至无穷大，体积应变 ε_{vol} 则接近或等于零，材料行为表现为几乎不可压缩或完全不可压缩，在超弹性材料或塑性流动中常常出现这类不可压缩，这将引起数值上的困难，表现为过度刚化的行为，即体积锁定。此外，体积锁定也会引起非线性分析的收敛问题。

2. 选择缩减积分（B-Bar）方法

在非线性结构分析中，位移增量与应变增量之间的关系为：

$$\Delta\boldsymbol{\varepsilon} = \boldsymbol{B}\Delta\boldsymbol{u}$$

为了"软化"由于网格锁定引起的刚化，将 $\boldsymbol{B}$ 拆分为体积变形相关的体积项 $\boldsymbol{B}_\mathrm{v}$ 以及与形状改变相关的偏差项 $\boldsymbol{B}_\mathrm{d}$，即：

$$\boldsymbol{B} = \boldsymbol{B}_\mathrm{v} + \boldsymbol{B}_\mathrm{d}$$

对体积项采用缩减积分，而偏差项仍然使用全积分，即：

$$\overline{\boldsymbol{B}}_\mathrm{v} = \frac{\int \boldsymbol{B}_\mathrm{v}\mathrm{d}V}{V}$$

$$\overline{\boldsymbol{B}} = \overline{\boldsymbol{B}}_\mathrm{v} + \boldsymbol{B}_\mathrm{d}$$

于是，应变增量可以表示为

$$\Delta\boldsymbol{\varepsilon} = \overline{\boldsymbol{B}}\Delta\boldsymbol{u}$$

由于体积项和偏差项不是以同一积分阶次计算，只有体积项用缩减积分，因此该方法称为选择缩减积分。因为 B 在体积项上平均，因此也称为 B-Bar 法。B-Bar 方法只用于四边形或者六面体形状。对于退化的单元，B-Bar 方法不起作用，此时系统自动使用退化的形函数。

在 B-Bar 方法中，由于体积项采用缩减积分计算，使其因为没有被完全积分而得以"软化"，因此 B-Bar 方法可以求解几乎不可压缩行为并克服由此引起的体积锁定问题。此外，单独的

B-Bar 法对完全不可压缩问题并不适用,但可以和混合 *u-P* 算法结合来分析完全不可压缩问题。另一方面,由于偏差项没有改变,因此仍然存在寄生剪切应变,所以 *B*-Bar 方法不能解决剪切锁定问题。

3. 一致缩减积分(URI)方法

如果对于体积和偏差项都采用缩减积分计算,则称为一致缩减积分算法,即 URI 方法。URI 采用比数值精确积分所需要的阶次低一阶的积分方案,全积分以及缩减积分的积分点个数列于表 1-3 中。

表 1-3 全积分及缩减积分的积分点个数

单元类型	全积分阶数	缩减积分阶数
4 Node Quad	2×2	1×1
8 Node Quad	3×3	2×2
8 Node Hex	2×2×2	1×1×1
20 Node Hex	3×3×3*	2×2×2

*这种情况实际上采用了更有效的 14 点积分公式而不是 3×3×3 数值积分方案。

URI 算法由于其体积项的缩减积分可以求解几乎不可压缩问题,由于其偏差项的缩减积分可以防止弯曲问题中的剪切锁定问题。

URI 算法不需要附加的自由度,因此单元计算使用更少的 CPU 时间,减小了文件大小(如 *.esav 文件),对求解非线性问题的求解尤其有效。由于低阶单元 URI 算法与 ANSYS/LS-DYNA 显式动力学单元具有统一的公式,因此有很好的兼容性,但是低阶 URI 单元偏差项的缩减积分会引起零能变形模式,称为沙漏模式,会导致不符合实际的响应。因此,除非特殊需要(如与 LS-DYNA 单元兼容),对低阶单元不建议采用 URI 算法。对于高阶 URI 单元,只要在每一个方向上有多于一个的单元,就可以克服沙漏模式。缺省情况下,对于 PLANE183 及 SOLID186 等 ANSYS 高阶单元均使用 URI 算法。

由于低阶和高阶 URI 单元的积分公式都比完全积分低一阶,这意味着对低阶单元应力在 1 点求值,对高阶单元在 2×2 或 2×2×2 点求值。因此,URI 算法需要使用更多的单元来捕捉应力集中。此外,URI 算法并不能处理完全不可压缩问题。

4. 增强应变(ES)算法

增强应变算法又被称为非协调模式,通过给低阶四边形/六面体单元添加内部自由度,使得位移梯度用附加的增强项修正,因此得名"增强应变"算法。增强应变单元可以处理剪切锁定或体积锁定,如弯曲变形为主的问题或几乎不可压缩问题。由于增强应变导致网格中产生缝隙和重叠,所以也称为"非协调模式",如图 1-16 所示。

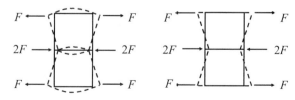

图 1-16 增强应变克服剪切锁定

增强应变算法仅适用于四边形或六面体低阶单元，对于四边形或六面体形状有两种单元可使用增强应变算法，即当 KEYOPT(1)=2 时的 PLANE182 单元以及当 KEYOPT(2)=2 时的 SOLID185 单元。2D 和 3D 单元中的增强应变有两组选项，一组用于处理剪切锁定（分别有 4 个和 9 个内部自由度），另一组用于处理体积锁定（分别有 1 个和 4 个内部自由度）。当和混合 u-P 算法一起使用时，混合 u-P 处理体积项，因此增强应变仅用弯曲项（4 个和 9 个内部自由度）。附加内部 DOF 被凝聚在单元层次，但仍额外消耗计算机时间，并形成更大的 *.esav 文件。

增强应变算法只用于四边形或者六面体形状的单元，对于退化单元不使用增强应变公式，此时系统自动使用退化的形函数。在弯曲变形中，如果单元形状不佳，则增强应变将表现不佳，尤其是梯形单元，这是增强应变方法的一个局限性。此外，增强应变不能用于完全不可压缩分析，但对 PLANE182 和 SOLID185 可以与混合 u-P 算法结合使用。

5. 简化的增强应变（SES）方法

简化的增强应变算法可以认为是增强应变算法的一个子集。简化增强应变对低阶四边形或六面体单元添加内部自由度，可避免剪切锁定。

对于四边形或者六面体单元，当 KEYOPT(1)=3 时的 PLANE182 单元以及当 KEYOPT(2)=3 时的 SOLID185 单元采用简化增强应变算法。二维单元（PLANE182）添加 4 个内部自由度，三维单元（SOLID185）添加 9 个内部自由度，这些内部自由度均凝聚于单元层次。和增强应变相似，在弯曲变形为主的问题中，如果单元形状扭曲，则简化增强应变将表现不佳，尤其是梯形单元。

简化增强应变算法的附加自由度对体积锁定不起作用，因此可用于只存在剪切锁定而不存在体积锁定的情况。由于增强应变在与混合 u-P 算法配合使用时对体积项不增加内部自由度，因此当混合 u-P 算法激活时，应用简化增强应变和增强应变实际上没有区别。

6. 实体壳算法

实体壳算法是另一种处理弯曲变形问题中剪切锁定的方法。实体壳算法可以用来模拟三维的变厚度薄壳以及中等厚度壳。ANSYS 的 SOLSH190 单元即实体壳单元，此单元是一个包含平动自由度的三维 8 节点六面体单元。

实体壳单元与增强应变相似，包含 7 个内部自由度，内部自由度均凝聚于单元层次。该单元通过附加自由度抛物线增强横向剪切应变，然后根据增强的剪切应变计算应力。

应用 SOLSH190 单元时，不需要抽取中面，也不需要指定变厚度。SOLSH190 单元还可直接与实体单元相连接。SOLSH190 单元内部有 2×2×2 个积分点，对于非线性材料，其厚度方向要多于一个单元。

7. 混合 u-P 算法

混合 u-P 算法又被称为杂交单元或 Herrmann 单元，此算法通过内插并求解静水压力（或体积应变）作为附加自由度来处理体积锁定问题。对体积锁定问题，泊松比接近或等于 0.5 引起数值上的困难。由于体积应变由位移的导数计算出，所以其值不如位移精确。将位移 u 和静水压力 P 作为未知数求解，因此称之为"混合 u-P"算法。由于压力可单独求解，所以静水压力的精度与体积应变、体积模量或泊松比无关。将压力作为独立自由度求解，就不必担心大的体积模量或很小的体积应变。静水压力自由度与 ANSYS 生成的"内部节点"相关，对用户而言是透明的（无法获取）。此算法用于 ANSYS 18x 系列单元（PLANE182-183，SOLID185-187）的 KEYOPT(6)>0 的情形。混合 *u-P* 本身能解决体积锁定问题，和其他单元算法（如：*B*-Bar、URI 或增强应变）结合可解决剪切锁定。

ANSYS 中有 3 种不同的混合 *u-P* 算法，可用于几乎或完全不可压缩分析。3 种算法都包含混合 *u-P* 方程和体积变形约束。

（1）混合 *u-P* I 算法。此算法用于几乎不可压缩弹塑性材料，这一算法将位移 {*u*} 和静水压力 {*p*-bar} 作为未知数按下列方程组进行求解。

$$\begin{bmatrix} K_{uu} & K_{up} \\ K_{pu} & K_{pp} \end{bmatrix} \begin{Bmatrix} \Delta \boldsymbol{u} \\ \Delta \overline{p} \end{Bmatrix} = \begin{Bmatrix} \Delta \boldsymbol{F} \\ 0 \end{Bmatrix}$$

体积约束作为附加的约束方程被考虑，对于几乎不可压缩弹塑性材料，体积变形协调方程可以表示为如下形式：

$$\frac{p - \overline{p}}{K} = 0$$

$$p = -\frac{\sigma_{ii}}{3}$$

式中，*p* 为压力 DOF；*K* 为体积模量。求解体积约束方程使其满足给定的容差（缺省为 1e-5）。容差可通过 SOLCONTROL 命令的 V_{tol} 参数指定。

$$\left| \frac{\int_{V_e} \dfrac{p - \overline{p}}{K} \mathrm{d}V}{V_e} \right| \leqslant V_{tol}$$

式中，V_e 为单元体积。把体积约束作为必须满足的附加条件代入最终方程，在输出窗口或输出文件里将记录不满足该约束的单元数。

（2）混合 *u-P* II 算法。这一算法适用于完全不可压缩超弹性材料。与几乎不可压缩情况相似，静水压力作为独立的自由度进行求解。主要的不同是由于完全不可压缩，K_{pp}=0，因此矩阵方程为：

$$\begin{bmatrix} K_{uu} & K_{up} \\ K_{pu} & 0 \end{bmatrix} \begin{Bmatrix} \Delta \boldsymbol{u} \\ \Delta \overline{p} \end{Bmatrix} = \begin{Bmatrix} \Delta \boldsymbol{F} \\ 0 \end{Bmatrix}$$

对超弹性体，当前体积和原始体积的比称为体积比，即：

$$J = \frac{V}{V_0}$$

式中，*V* 和 V_0 分别为单元的当前体积和原始体积。

与前一种情况相似，体积协调约束必须被满足。对完全不可压缩超弹性材料，不应该发生体积变化。体积变化可以利用 *J* 定量描述，对完全不可压缩的情况，*J* 应该等于 1，也就是说，最终体积和初始体积应该一样。体积约束方程可写为：

$$\left| \frac{\int_{V_e} \dfrac{J - 1}{J} \mathrm{d}V}{V_e} \right| \leqslant V_{tol}$$

（3）Mixed u-J 算法。此算法适用于几乎不可压缩超弹性材料。由于存在体积应变，前一种方法不适用。

几乎不可压缩材料的体积模量非常大，会产生病态矩阵。几乎不可压缩材料的体积变化很小，因此体积变化需要被量化。对于几乎不可压缩超弹性材料，采用另一个变量，即体积比（J-bar）作为独立的自由度按下列方程进行求解。

$$\begin{bmatrix} K_{uu} & K_{uJ} \\ K_{Ju} & K_{JJ} \end{bmatrix} \begin{Bmatrix} \Delta u \\ \Delta \bar{J} \end{Bmatrix} = \begin{Bmatrix} \Delta F \\ 0 \end{Bmatrix}$$

由于体积比被量化，所以需要独立的自由度 $\bar{J}$ 等于实际的体积变化 J，即：

$$J - \bar{J} = 0$$

体积变形约束条件可以写为：

$$\left| \frac{\int_{V_e} \frac{J - \bar{J}}{J} \mathrm{d}V}{V_e} \right| \leqslant V_{tol}$$

8. 克服网格锁定的单元算法总结

对于网格锁定没有一种万能的方法，但是 ANSYS 提供了丰富的单元算法，不同场合下用户可以结合使用。对于低阶单元（PLANE182、SOLID185）缺省为全积分 B-Bar 算法，也可选择带有沙漏控制的 URI、增强应变或简化增强应变。对高阶单元（PLANE183 及 SOLID186-187），缺省为 URI 算法。混合 u-P 算法独立于其他算法，所以可以和 B-Bar、增强应变或 URI 联合使用。对于高阶单元，用户仅需考虑的是如果材料是完全不可压缩的，应该采用混合 u-P。相关算法及其特性和适用的问题类型汇总列于表 1-4 中。

表 1-4 克服网格锁定的算法汇总

单元技术	低阶单元	高阶单元	处理剪切锁定问题	处理几乎不可压缩问题	处理完全不可压缩问题
B-Bar	支持	—	不适用	适用	不适用
ES	支持	—	适用	适用	不适用
SES	支持	—	适用	不适用	不适用
URI	支持	支持	适用	适用	不适用
Mixed u-P	支持	支持	不适用	适用	适用

下列单元选项用于控制所采用的算法：

KEYOPT（1）用于选择 PLANE182 的 B-Bar、URI、ES、SES 算法。

KEYOPT（2）用于选择 SOLID185 的 B-Bar、URI、ES、SES 算法。

KEYOPT（2）用于选择 SOLID186 的 URI 或完全积分算法。

KEYOPT（6）用于选择 SOLID182-186、190 单元的混合 u-P 算法。

1.1.5 应变和应力的计算与后处理

本节介绍基于节点位移计算应变、应力以及导出量的方法和有关的重要概念。

1. 单元应变及单元应力的计算

在得到节点位移解之后，首先通过应变矩阵按式 $\{\varepsilon\}=[B]\{u^e\}$ 计算出在积分点上的应变值。

对于线性弹性体，可根据材料的应力-应变关系矩阵，按式 $\{\sigma\}=[D]\{\varepsilon\}=[D][B]\{u^e\}=[S]\{u^e\}$ 计算积分点上的应力值。

计算得到积分点上的应变后，可作为单元解答输出。单元的各节点的应力值，在线性分析中是通过积分点外插计算的。以图 1-17 所示的 2D 四边形单元为例，其节点以及积分点在单元自然坐标系中的坐标列于表 1-5 中。

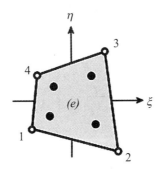

图 1-17　节点单元的积分点

表 1-5　节点以及积分点自然坐标

节点	ξ	η	积分点	ξ	η
1	-1	-1	$1'$	$-1/\sqrt{3}$	$-1/\sqrt{3}$
2	+1	-1	$2'$	$+1/\sqrt{3}$	$-1/\sqrt{3}$
3	+1	+1	$3'$	$+1/\sqrt{3}$	$+1/\sqrt{3}$
4	-1	+1	$4'$	$-1/\sqrt{3}$	$+1/\sqrt{3}$

如果积分点的应力分别为 $\sigma_{1'}$、$\sigma_{2'}$、$\sigma_{3'}$、$\sigma_{4'}$，节点应力分别为 σ_1、σ_2、σ_3、σ_4，则积分点的应力可以按下式外插到节点：

$$\begin{Bmatrix} \sigma_1 \\ \sigma_2 \\ \sigma_3 \\ \sigma_4 \end{Bmatrix} = \begin{bmatrix} 1+\dfrac{\sqrt{3}}{2} & -\dfrac{1}{2} & 1-\dfrac{\sqrt{3}}{2} & -\dfrac{1}{2} \\ -\dfrac{1}{2} & 1+\dfrac{\sqrt{3}}{2} & -\dfrac{1}{2} & 1-\dfrac{\sqrt{3}}{2} \\ 1-\dfrac{\sqrt{3}}{2} & -\dfrac{1}{2} & 1+\dfrac{\sqrt{3}}{2} & -\dfrac{1}{2} \\ -\dfrac{1}{2} & 1-\dfrac{\sqrt{3}}{2} & -\dfrac{1}{2} & 1+\dfrac{\sqrt{3}}{2} \end{bmatrix} \begin{Bmatrix} \sigma_{1'} \\ \sigma_{2'} \\ \sigma_{3'} \\ \sigma_{4'} \end{Bmatrix}$$

对于三维六面体单元，如果 8 个积分点的应力分别为 $\sigma_{1'}$、$\sigma_{2'}$、$\sigma_{3'}$、$\sigma_{4'}$、$\sigma_{5'}$、$\sigma_{6'}$、$\sigma_{7'}$、$\sigma_{8'}$，8 个角顶点的应力分别为 σ_1、σ_2、σ_3、σ_4、σ_5、σ_6、σ_7、σ_8，则积分点的应力可以按下式外插到节点：

$$
\begin{Bmatrix} \sigma_1 \\ \sigma_2 \\ \sigma_3 \\ \sigma_4 \\ \sigma_5 \\ \sigma_6 \\ \sigma_7 \\ \sigma_8 \end{Bmatrix} = \begin{bmatrix} a & b & c & b & b & c & d & c \\ b & a & b & c & c & b & c & d \\ c & b & a & b & d & c & b & c \\ b & c & b & a & c & d & c & b \\ b & c & d & c & a & b & c & b \\ c & b & c & d & b & a & b & c \\ d & c & b & c & c & b & a & b \\ c & d & c & b & b & c & b & a \end{bmatrix} \begin{Bmatrix} \sigma_1' \\ \sigma_2' \\ \sigma_3' \\ \sigma_4' \\ \sigma_5' \\ \sigma_6' \\ \sigma_7' \\ \sigma_8' \end{Bmatrix}
$$

其中，各系数为：

$$
a = \frac{5 + 3\sqrt{3}}{4} \qquad b = -\frac{\sqrt{3} + 1}{4}
$$

$$
c = \frac{\sqrt{3} - 1}{4} \qquad d = \frac{5 - 3\sqrt{3}}{4}
$$

这种由积分点外插而来的应力值，称为单元的节点应力解，一般情况下，在相邻单元的公共节点上是不相等的。此外，对于如图 1-18 所示的退化单元的情况，右边的退化单元有 3 个不重合的节点以及 4 个不重合的积分点，ANSYS Mechanical 在内部实际上是计算了 4 个积分点的应力值，经过外插后得到了单元的 4 个节点应力值，重合的节点 3 和节点 4，其单元节点应力值一般是不相等的，后处理显示中 Mechanical 会保留节点 3 而放弃节点 4 的值。

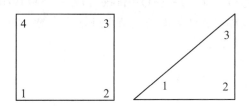

图 1-18　退化单元的节点应力显示

对于非线性情况，积分点的应力通常是直接拷贝到节点作为单元的节点应力输出，而不是通过积分点应力值外插。关于单元积分点应力到单元节点应力值是外插还是直接拷贝，这一选项是由 ANSYS 的 ERESX 命令控制的。ERESX 命令在缺省情况下，对于线性分析采用外插的方式，而对于非线性情形（当单元的全部或部分处于非线性状态时）则采用直接复制积分点的结果数值到节点的方式。对于 SHELL 单元，ERESX 所指定的应力外插仅仅用于计算面内积分点结果而不是厚度方向。

2．节点应力解

对于相邻单元在交界面上应力不相等（不连续）的情形，ANSYS Mechanical 会将公共节点处各单元的应力值进行算术平均后作为节点的应力值输出。Mechanical 显示的结果等值线图通常是经过相邻单元平均后的结果，ANSYS 采用两种平均结果的计算技术。

第一种平均技术是首先计算各个应力分量在公共节点处的平均值，再基于平均的各应力分量值计算等效应力值。ANSYS 对于等效应力、应力强度、应变强度、最大剪应力、最大剪应变、主应力、主应变，采用第一种平均方法。

第二种平均技术是首先计算各个单元的等效应力值，再在公共节点处计算等效应力的平均值。ANSYS 对于等效应变的计算采用第二种平均方法，在随机振动分析中，采用 Segalman 方法计算等效应力时也采用第二种平均方法。

对于存在体的交界面的情形，节点应力还可以通过 Average Across Bodies 选项来指定是否进行跨体平均，缺省为不跨越体平均，如图 1-19 所示。

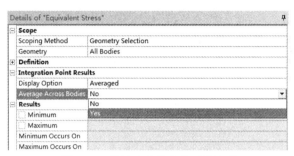

图 1-19　等效应力的跨体平均选项

在 Mechanical 中，对于一个特定的应力结果项目，当 Display Option 选项设置为 Averaged 时，在 Integration Point Results 类别下出现 Average Across Bodies 选项，此选项设置为 Yes 时将会进行跨体的平均。如果体之间没有公共节点，则此选项不起作用。Average Across Bodies 选项在后处理计算中不是对分量结果（如 SX、SY 等）进行跨体的平均，而是直接对各节点的等效应力进行平均，等效应力平均的计算公式如下：

$$SEQV=[SEQV(node\_1) + SEQV(node\_2) +\cdots+ SEQV(node\_N)]/N$$

下列结果项目可以通过体交界面处的公共节点进行跨体的平均计算：

- Principal Stresses（1, 2, 3）
- Stress Intensity（INT）
- Equivalent Stress（EQV）
- Principal Strains（1, 2, 3）
- Strain Intensity（INT）
- Equivalent Strain（EQV）
- Total Thermal Flux

图 1-20 为不进行平均以及进行平均的等效应力计算等值线图的比较。其中，图 1-20（a）为不进行任何平均计算而输出的等值线图，可见，即便是一个体内也存在单元之间的不连续性；图 1-20（b）为进行了单元平均但未进行跨体平均计算而输出的等值线图，在体内不存在不连续性，但在体的交界面处有显著的不连续性；图 1-20（c）为进行了跨体平均计算输出的等值线图，在体内和体之间的交界面上都是连续的。需要指出的是，如果分界面两侧的体具有不同的材料特性，比如泊松比，这样用于计算弹性等效应变的泊松比在两个体上是不同的，因此这种情况下不推荐进行跨体的平均。

需要注意的另一个问题是高阶单元中间节点应力值的计算问题。对于高阶单元而言，应力的节点平均，首先是角节点位置的单元应力解的平均，中间节点的结果则取平均后的角节点结果的平均值。Mechanical 后处理器使用角节点的值来计算中间节点值，这一过程中有 3 种不同的技术。

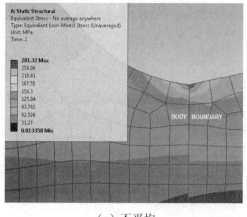

（a）不平均

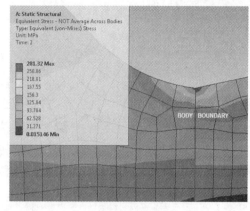

（b）不跨体平均

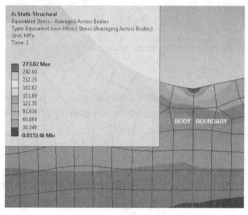

（c）跨体平均

图 1-20   不平均以及平均的应力结果比较

（1）线单元的中间节点应力值计算。第一种技术用于线单元（如 beam、pipe），Mechanical 计算未平均的端节点值的平均值作为中间节点值。对于这种计算方法，下面举例说明。图 1-21 是由 3 个高阶线单元组成的模型。

如图 1-21（a）所示，模型中包含了 Element 1、Element 2 和 Element 3 等 3 个单元。Element 1 包含 3 个节点，即 Node1、Node2 以及 Node12；Element 2 包含 3 个节点，即 Node2、Node3 以及 Node23；Element 3 包含 3 个节点，即 Node3、Node4 以及 Node34。Node12、Node23、Node34 为中间节点。

如图 1-21（b）所示，对于单元 Element 1，假设其未经平均的端节点解为：0.0（Node1）和 0.0（Node2）；对于单元 Element 2，假设其未经平均的端节点解为：100（Node2）和 80（Node3）；对于单元 Element 3，假设其未经平均的端节点解为：3（Node3）和 0.0（Node4）。于是，中间节点 Node12 的值等于相应单元 Element 1 的两个端节点（Node1 和 Node2）解的平均值，也就是 0.0；中间节点 Node23 的值等于相应单元 Element 2 的两个端节点（Node2 和 Node3）解的平均值，也就是 90；中间节点 Node34 的值等于相应单元 Element 3 的两个端节点（Node3 和 Node4）解的平均值，也就是 1.5。

如图 1-21（c）所示，相邻单元公共节点上的值取单元之间的平均，因此节点 Node2 上的值为 50，而节点 Node3 上的值为 41.5。这时注意到中间节点 Node23 的数值（90）超过了所在单元的两个端节点（Node2 和 Node3）的数值。

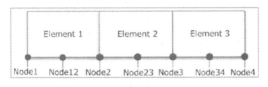

（a）结构示意图

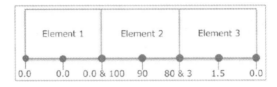

（b）计算边内节点值

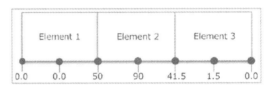

（c）计算公共节点值

图 1-21　线单元中间节点值的计算

（2）SOLID 及 SHELL 单元中间节点应力值的计算。第二种技术用于 SOLID 单元（六面体、四面体、楔形和金字塔单元）和 SHELL 单元，是基于平均后的角节点的数值再取平均来计算中间节点的数值。图 1-22 是这种平均算法的一个图示。

下面来简单说明一下这一算法的计算过程。图 1-22（a）为未经处理的角节点的原始数据，图 1-22（b）是基于原始数据计算相邻单元公共角节点的数值，图 1-22（b）中标注了一系列不同单元公共角节点的计算结果数值，这些数值是由相关单元在此公共角节点上的数值取算术平均值得到的。我们来看几个具体的位置：图 1-22（a）中第三行第三列位置的节点，此节点分属于 4 个不同的单元，这些单元在此节点上的原始结果数值分别为 10、10、20、30，于是此角节点处的数值为(10+10+20+30)/4=17.5；图 1-22（a）中第五行第三列位置的公共角节点，此节点也同样分属于 4 个不同的单元，这些单元在此节点上的原始结果数值分别为 30、40、10、10，于是此角节点处的数值为(30+40+10+10)/4=22.5；图 1-22（a）中第五行第五列的角节点，此节点分属于两个不同的单元，这些单元在此节点上的原始结果数值分别为 50 和 10，于是此角节点处的数值为(50+10)/2=30。其他的分属于不同单元的角节点的数值可类推。

在计算出各单元的全部角节点的数值后，再通过平均各单元的每条边上的角节点值计算边的中间节点的值，图 1-22（c）标注了各单元边中间节点的数值的最后计算结果。我们来看几个具体的位置：比如，图 1-22（c）中第一列正中间的那个节点上标注的数值为 17.5，这个数值实际上是其所在的单元的边的两端角节点数值（10 和 25）的平均，即(10+25)/2=17.5；又比如，图 1-22（c）所示整个模型的正中间的那个节点，由于这个节点属于边中节点，因此取这一条边上下两端的两个角节点的数值的平均值，即(17.5+22.5)/2=20，作为此中间节点处的结果数值。

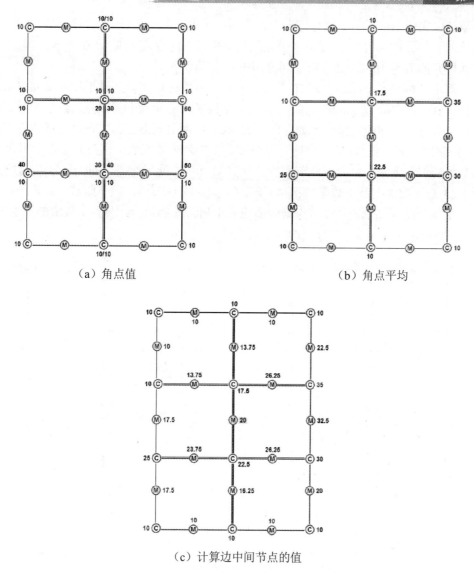

（a）角点值 　　　　　　　　　　（b）角点平均

（c）计算边中间节点的值

图 1-22 　计算中间节点解（SOLID 及 SHELL 单元）

（3）接触单元中间节点值的计算。第三种技术用于接触单元，通过对未平均的相邻角节点值的平均来计算各单元的中间节点值，再取各单元节点值的平均作为相邻单元的公共节点的值。这种情况下，节点应力结果的最大值可能出现在中间节点。图 1-23 为此算法的一个图示。

下面来简单说明一下这一算法的计算过程。图 1-23（a）为未经处理的角节点的原始数据，图 1-23（b）是基于各单元原始角节点数据计算平均值得到各边中间点的数值，图 1-23（b）中标注了全部的边中间节点的数值。我们来看几个具体的位置：比如，图 1-23（b）中第一列正中间位置的 M 节点，此节点是一个边中节点，其数值取所在边上下两端的两个角节点的数值取平均得到，注意到这条边上下两个角节点均分属于两个不同的单元，因此计算中所取的值应为此边所在的单元（即模型的左侧中间的 8 节点单元）的值，分别为 10 和 40，取其平均值 25 作为边中间节点的数值；又比如，图 1-23（b）中由上到下数第二条单元横边左起第二个节点（M 节点），此节点是分属于模型左侧上部和中间两个 8 节点单元的一个公共节点，因此该节点的数值应在两个单元中分别进行计算，上面一个单元两个角节点的数值都为 10，因此该 M 节点在上面单元的值为 10，而中间单元的两个角节点的数值分别为 10 和 20，因此该 M 节点在中间单元的值为(10+20)/2=15。其余的中间节点可类推。

在计算出各单元的全部边中间节点（M 节点）的数值后，再通过平均各单元每条边上的角节点值计算边的中间节点的值，图 1-23（c）标注了各单元边中间节点的数值的最后计算结果。我们来看几个具体的位置：比如，图 1-23（c）中由上到下数第二条单元横边右侧那个标注了 27.5 的 M 节点，此 M 节点实际上是分属于上下两个单元的一个公共节点，因此这个 M 节点的数值应取上下两个单元在此节点位置数值 10 和 45 的平均值，即(10+45)/2=27.5；又比如，图 1-23（c）中由上到下数第二条单元横边中点处的 C 节点，由于此节点系 4 个相邻单元公共的一个角节点，因此这个 C 节点处的值应等于相邻各单元在此节点上数值的算术平均值，即(10+10+20+30)/4=17.5。其余节点的数值可类推。

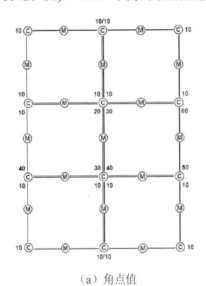

（a）角点值

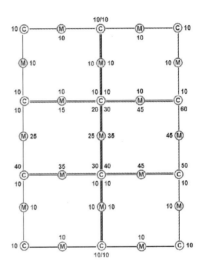

（b）边中间点的值

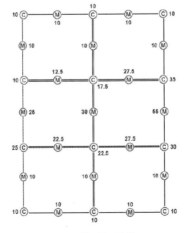

（c）单元间平均

图 1-23　计算接触单元中间节点解

3. 各种其他导出量的后处理计算

下面简单介绍其他各种导出量的后处理计算方法。

（1）各种应变结果的计算。应变结果包括主应变、应变强度、最大剪应变、等效应变等。

1）主应变。主应变通过如下的特征方程计算：

$$\begin{vmatrix} \varepsilon_x - \varepsilon_0 & \dfrac{1}{2}\varepsilon_{xy} & \dfrac{1}{2}\varepsilon_{xz} \\ \dfrac{1}{2}\varepsilon_{xy} & \varepsilon_y - \varepsilon_0 & \dfrac{1}{2}\varepsilon_{yz} \\ \dfrac{1}{2}\varepsilon_{xz} & \dfrac{1}{2}\varepsilon_{yz} & \varepsilon_z - \varepsilon_0 \end{vmatrix} = 0$$

式中，ε_0 为主应变，有 3 个计算值 ε_1、ε_2、ε_3，按由大到小的顺序排列，即满足：

$$\varepsilon_1 > \varepsilon_2 > \varepsilon_3$$

2）应变强度与最大剪应变。应变强度按下式定义：

$$\varepsilon_{\mathrm{I}} = \max\left\{ |\varepsilon_1 - \varepsilon_2|, |\varepsilon_2 - \varepsilon_3|, |\varepsilon_3 - \varepsilon_1| \right\}$$

对于弹性变形体，应变强度在数值上等于最大剪应变，即：

$$\varepsilon_{\mathrm{I}} = \gamma_{\max} = \varepsilon_1 - \varepsilon_3$$

3）等效应变。等效应变（von Mises 应变）按下式计算：

$$\varepsilon_e = \frac{1}{1+v'} \sqrt{\frac{1}{2}\left[(\varepsilon_1 - \varepsilon_2)^2 + (\varepsilon_2 - \varepsilon_3)^2 + (\varepsilon_3 - \varepsilon_1)^2 \right]}$$

式中，v' 为有效泊松比，对于弹性变形问题取输入的材料泊松比，对于塑性变形问题取 0.5。

（2）各种应力结果的计算。应力计算结果包括主应力、应力强度、最大剪应力、等效应力等。

1）主应力。主应力通过如下的特征方程计算：

$$\begin{vmatrix} \sigma_x - \sigma_0 & \sigma_{xy} & \sigma_{xz} \\ \sigma_{xy} & \sigma_y - \sigma_0 & \sigma_{yz} \\ \sigma_{xz} & \sigma_{yz} & \sigma_z - \sigma_0 \end{vmatrix} = 0$$

式中，σ_0 为主应变，有 3 个计算值 σ_1、σ_2、σ_3，按由大到小的顺序排列，即满足：

$$\sigma_1 > \sigma_2 > \sigma_3$$

2）应力强度与最大剪应力。应力强度按下式定义：

$$\sigma_{\mathrm{I}} = \max\left\{ |\sigma_1 - \sigma_2|, |\sigma_2 - \sigma_3|, |\sigma_3 - \sigma_1| \right\}$$

对于弹性变形体，应力强度等于最大剪应力的两倍，即：

$$\sigma_{\mathrm{I}} = 2\tau_{\max}$$

最大剪应力实际上也可根据应力状态莫尔圆（图 1-24）直接写为下式：

$$\tau_{\max} = \frac{\sigma_1 - \sigma_3}{2}$$

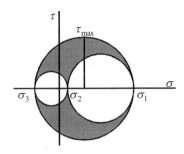

图 1-24　最大剪应力示意图

3）等效应力。等效应力（von Mises 应力）按下式计算：

$$\sigma_e = \sqrt{\frac{(\sigma_1 - \sigma_2)^2 + (\sigma_2 - \sigma_3)^2 + (\sigma_3 - \sigma_1)^2}{2}}$$

也可按下式直接由应力分量计算等效应力：

$$\sigma_e = \sqrt{\frac{(\sigma_x - \sigma_y)^2 + (\sigma_y - \sigma_z)^2 + (\sigma_z - \sigma_x)^2 + 6(\sigma_{xy}^2 + \sigma_{yz}^2 + \sigma_{zx}^2)}{2}}$$

当输入泊松比等于有效泊松比时，弹性等效应力和弹性等效应变之间应满足：

$$\sigma_e = E\varepsilon_e$$

1.2　ANSYS 结构动力有限元分析的理论背景

1.2.1　结构动力学的基本概念与方程

结构动力分析区别于结构静力分析的本质特征是结构中的加速度或惯性力不可忽略。在结构动力学分析中，必须考虑结构的惯性力向量；一般情况下，由于结构具有阻尼，在分析中还需要阻尼力。于是，ANSYS 求解结构动力问题的基本方程为：

$$[M]\{\ddot{u}\} + [C]\{\dot{u}\} + [K]\{u\} = \{F(t)\}$$

式中，$\{\ddot{u}\}$、$\{\dot{u}\}$、$\{u\}$ 分别为节点加速度向量、节点速度向量、节点位移向量；$[M]$、$[C]$、$[K]$ 分别为总体质量矩阵、总体阻尼矩阵、总体刚度矩阵；$\{F(t)\}$ 为节点动力载荷向量。

以上方程可以由基于达朗伯原理的动静法导得，可理解为结构上的各个质量在惯性力、阻尼力、弹性回复力以及动力外载荷共同作用下达到平衡。对于非线性问题，刚度随位移改变而改变，左端的第三项应由实际的结构内力向量代替。

上述结构动力方程中的总体质量矩阵 $[M]$ 与静力分析中的总体刚度矩阵的处理方式相似，也可以由单元矩阵组合装配形成。以 3D 实体单元为例，结构中任一单元的单元质量矩阵 $[M]^e$ 的一般表达式如下：

$$[M]^e = \int_{V_e} \rho[N]^T[N]\mathrm{d}V$$

式中，ρ 为结构材料的密度。

上述形式的单元矩阵通常又被称为一致单元质量矩阵，这些矩阵的元素在 ANSYS 中一般通过数值积分进行计算。如果将结构的质量集中到一些点上，可以形成对角化的质量矩阵，称为集中质量矩阵。尽管一致质量矩阵具有更高的精度，但是集中质量近似因其计算速度快等优势仍然在工程计算中被广泛应用。

对于阻尼矩阵，由于阻尼物理机制的复杂性，比如钢结构连接部位的摩擦、混凝土微裂缝开启与闭合、结构构件与非结构构件之间的摩擦等，一般无法根据结构或构件的尺寸以及材料特性进行阻尼矩阵的计算。结构的阻尼矩阵通常应该根据能够考虑所有能量耗散机制的且能够实测得到的振型阻尼比来构造。目前工程计算中应用最多的是 Reyleigh 阻尼，其表达式如下：

$$[C] = \alpha[M] + \beta[K]$$

结构的振型阻尼比由下式给出：

$$\xi_i = \frac{\alpha}{2\omega_i} + \frac{\beta\omega_i}{2}$$

上式中，$\frac{\alpha}{2\omega_i}$ 称为质量阻尼，或 alpha 阻尼，如果各阶振型取相同的阻尼比 ξ，则系数 α 由下式给出：

$$\alpha = \xi \frac{2\omega_i\omega_j}{\omega_i + \omega_j}$$

阻尼比表达式的 $\frac{\beta\omega_i}{2}$ 称为刚度阻尼，或 beta 阻尼，如果各阶振型取相同的阻尼比 ξ，其系数 β 由下式给出：

$$\beta = \frac{2\xi}{\omega_i + \omega_j}$$

在上述的质量阻尼系数及刚度阻尼系数的表达式中，ω_i 和 ω_j 为结构的第 i 阶和第 j 阶的固有频率，可通过下节模态分析得到。ξ 为结构的振型阻尼比，一般可假设结构各阶振型具有相同的阻尼比，表 1-6 给出了一些常见结构类型在两种不同运动水平下的建议阻尼比取值范围。

表 1-6　不同结构类型的建议阻尼比取值

工作应力水平	结构类型和条件	阻尼比建议取值范围
不超过屈服点的 1/2	焊接钢结构、预应力混凝土结构、轻微开裂钢筋混凝土结构	2%～3%
	开裂较大的钢筋混凝土结构	3%～5%
	螺栓或铆接钢结构、螺栓连接木结构	5%～7%
屈服点或正好低于屈服点	焊接钢结构、预应力完全没有损失的预应力混凝土结构	5%～7%
	无剩余预应力的预应力混凝土结构	7%～10%
	钢筋混凝土结构	7%～10%
	螺栓或铆接钢结构、螺栓连接木结构	10%～15%
	铆接木结构	15%～20%

注：本表引自 Anil K. Chopra 著《结构动力学理论及其在地震工程中的应用》中译版。

实际应用上述振型阻尼比方法确定结构阻尼系数 α 和 β 时，通常不推荐直接通过结构的前两阶固有频率直接代入计算的方式获得，而应当选择能够涵盖问题所关注的整个频率范围的两阶自振频率。

1.2.2　模态分析

模态分析用于确定结构的固有振动特性。通过模态分析，一方面能够计算结构的自振频率，对设计中避免共振提供指导；另一方面，模态分析的结果又是其他基于模态叠加算法的动力学分析的前提和基础。因为结构的固有振动特性对于各种载荷作用下的响应具有内在的决定性作用，因此即便是那些不是基于模态叠加解法的动力学分析，如完全法瞬态分析或流固耦合动力分析等，一般也建议在分析前进行一次模态分析，以便对结构在不同激励作用下可能的动力响应有一个初步的估计。

由于模态分析仅考虑结构自身的特性，与外部作用无关，因此在模态分析中是不需要施加任何动力载荷的。由于常见结构的阻尼比都小于 10%，对固有频率的影响较小，因此模态分析中通常也不考虑阻尼，这种模态分析又被称为实模态分析。此外，模态分析中不考虑任何的非线性特性，认为结构是线性的，即刚度矩阵为常量矩阵。结构构件间的接触界面也一般被处理为绑定接触等线性形式。在这些条件下，结构的动力有限元方程可简化为如下的齐次方程：

$$[M]\{\ddot{u}\} + [K]\{u\} = 0$$

此方程一般被称为结构的自由振动有限元方程。

如果假设模型中各质量按照某个相同的频率 ω_i 振动，即结构各质量对应的动力自由度所构成的位移向量可表示为如下形式：

$$\{u\} = \{\varphi\}_i \sin(\omega_i t + \theta_i)$$

与之相对应的加速度向量可表示为：

$$\{\ddot{u}\} = -\omega_i^2 \{\varphi\}_i \sin(\omega_i t + \theta_i)$$

将上述的位移向量和加速度向量代入自由振动方程，整理得：

$$([K] - \omega_i^2 [M])\{\varphi_i\} = 0$$

上式为一个齐次线性方程组，被称为振动特征方程，其有非零解的条件为：

$$\det([K] - \omega_i^2 [M]) = 0$$

上式被称为结构自振频率特征值方程，通过求解这一方程可得到结构的自由振动特征频率 ω_i，得到特征频率后，代入特征方程即可得到与之相对应的特征向量 $\{\varphi_i\}$，这个 $\{\varphi_i\}$ 在动力分析中被称为振型向量。

ANSYS 提供了表 1-7 所列的一些特征值提取算法，表中列出了各种算法的应用场合。

表 1-7　常用模态计算方法及说明

算法	用法	推荐应用场合
Block Lanczos（Direct）	对称矩阵	提取大模型的多阶模态（40+）的情形，当存在形状不好的实体和壳元时推荐使用。壳或壳和实体的组合情形

算法	用法	推荐应用场合
PCG Lanczos（Iterative）	对称矩阵，但不适用于特征值屈曲	提取非常大的模型（50 万+DOF）的较少阶数的模态（可达 100 阶）的情形，模型由形状良好的 3D 实体单元构成
Unsymmetric	非对称矩阵	声学流体结构相互作用情形
Supernode	对称矩阵，但不适用于特征值屈曲	提取很多阶模态（可达 10000 阶）的情形，对二维平面单元或壳/梁结构提取超过 100 阶模态的情形，对于 3-D 实体结构提取超过 250 阶模态的情形
Subspace	对称矩阵	提取中到大型模型的较少的振型（<40）

关于模态计算的结果，这里作如下的几点讨论。

（1）关于结构的自振频率。计算出的特征值是 ω_i^2，而 ω_i 实际上仅仅是结构自由振动的圆频率。这里需要特别指出的一点是，大部分的结构动力学教材中都将振动的圆频率 ω_i 称为结构的自振频率，但是实际上，圆频率 ω_i 的单位是弧度/秒，与转动角速度的单位一致，并不是频率的单位赫兹（Hz）。在 ANSYS Workbench 模态分析中所打印输出的频率结果是结构的自振频率 f，其单位是赫兹（Hz），而圆频率和频率之间的关系如下：

$$f = \frac{\omega}{2\pi}$$

（2）振型向量的归一化处理。需要在此指出的是，由于模态分析的特征方程的齐次特性，按比例缩放后的特征向量依然是满足特征方程的，因此振型向量（特征向量）实际上有无穷多组，此向量并不能表示结构的实际位移向量，而仅仅表示变形形状或者说表示各质量的相对位移比值。为此，ANSYS 一般对振型向量的计算结果进行归一化处理后再输出。ANSYS 程序提供了两种常用的归一化方法：一种是振型向量的最大分量等于 1，其他的各分量则成比例地缩放；另一种是关于质量矩阵归一化，即满足下面的关系：

$$\{\varphi_i\}^T[M]\{\varphi_i\} = 1$$

缺省条件下，ANSYS Workbench 中显示的模态振型变形结果就是基于上述质量矩阵归一化后的变形。此外，对不同阶的振型还满足正交性条件，即对于任意 $i \neq j$：

$$\{\varphi_i\}^T[M]\{\varphi_j\} = 0 \qquad \{\varphi_i\}^T[K]\{\varphi_j\} = 0$$

（3）振型参与系数及有效质量。除了频率和振型外，模态分析还会计算输出各阶模态的振型参与系数、有效质量等参数。振型参与系数由下式给出：

$$\gamma_i = \{\varphi_i\}^T[M]\{D\}$$

式中，$\{D\}$ 为各自由度方向的单位位移激励向量。参与系数 γ_i 用于表征第 i 阶模态在每个方向上的质量参与程度。一个方向上的数值较高表示该模态将更容易被该方向上的激励所激发。

模态的振型有效质量按下式计算：

$$M_{eff,i} = \frac{\gamma_i^2}{\{\varphi_i\}^T[M]\{\varphi_i\}}$$

对于按质量矩阵归一化处理的振型向量则有：

$$M_{eff,i} = \gamma_i^2$$

在理想情况下，各方向的有效质量之和应等于结构的总质量，但实际情况是依赖于所提取的模态阶数。有效质量与总体质量的比率可用于确定是否提取到了足够阶数的模态。

对于考虑应力刚化效应的模态分析，只需在以上频率特征值方程的刚度矩阵中增加应力刚度项，即：

$$[M]\{\ddot{u}\} + ([K]+[S])\{u\} = 0$$

式中，$[S]$ 为应力刚度，或称为几何刚度，此时的方程依然为齐次线性方程组，因此有预应力的模态分析依然为一个特征值问题。在 ANSYS 预应力模态分析中，需要先进行静力分析以计算应力刚度，这时需施加引起应力刚化的载荷，但是此载荷是一种静力作用，而不是动力激励。随后，再进行模态特征值分析。

ANSYS 还允许基于静力分析或瞬态动力学分析的中间步结果进行所谓线性摄动分析。这类型分析的实质也是特征值问题，只是在分析中用结构的切线刚度矩阵 $[K]^T$ 代替线弹性的结构刚度矩阵 $[K]$。

此外，如果在 ANSYS 模型中定义了阻尼，则成为复模态问题。复模态分析计算的特征值为复数，其虚部表征结构的固有频率，实部表征稳定性，正的实部表示不稳定，负的实部表示稳定。

1.2.3 谐响应分析

作为结构动力分析中一类常见的特殊问题，当结构承受的外载荷为简谐载荷时，ANSYS 提供谐响应分析来计算系统的稳态响应。假设外载荷的频率为 Ω，外载荷和稳态位移响应的相位分别为 ψ 及 φ，简谐外载荷及稳态位移响应分别为：

$$\{F(t)\} = \{F_{\max}\}e^{i\psi}e^{i\Omega t} = \{F_{\max}\}\cos\psi + i\{F_{\max}\}\sin\psi e^{i\Omega t} = (\{F_1\} + i\{F_2\})e^{i\Omega t}$$

$$\{u(t)\} = \{u_{\max}\}e^{i\varphi}e^{i\Omega t} = \{u_{\max}\}\cos\varphi + i\{u_{\max}\}\sin\varphi e^{i\Omega t} = (\{u_1\} + i\{u_2\})e^{i\Omega t}$$

由位移向量表达式得到速度向量和加速度向量的表达式：

$$\{u(t)\} = (\{u_1\} + i\{u_2\})e^{i\Omega t}$$

$$\{\dot{u}(t)\} = i\Omega(\{u_1\} + i\{u_2\})e^{i\Omega t}$$

$$\{\ddot{u}(t)\} = -\Omega^2(\{u_1\} + i\{u_2\})e^{i\Omega t}$$

将以上各式代入结构动力有限元方程，可得简谐载荷作用下结构分析方程：

$$(-\Omega^2[M] + i\Omega[C] + [K])(\{u_1\} + i\{u_2\}) = \{F_1\} + i\{F_2\}$$

对于施加的简谐载荷 $\{F_1\} + i\{F_2\}$，求解此方程组即可求出给定加载频率 Ω 的稳态位移响应 $\{u_1\} + i\{u_2\}$。

ANSYS Workbench 提供两种解法来求解此方程：一种是 FULL 法，直接求解上述方程组；另一种是 MSUP 法，通过模态叠加的方法来计算结构的响应。FULL 法采用 Sparse matrix solver 在复数域中求解谐响应动力方程，是较为精确的解法，一般来说 FULL 法比 MSUP 法计算需要花费更多的时间。

一般情况下，只要施加的载荷之间有相位差或者在模型中定义了阻尼，谐响应分析计算出的位移就是复数解。在 ANSYS Workbench 中，谐响应分析的位移结果通常以幅值和相位角的形式输出。

　　ANSYS 谐响应分析中，除了可以施加力激励以外，还可以施加简谐的位移激励、分布力激励等。但是，包括惯性力（如加速度载荷）在内的各种简谐体积力的相位必须为 0，而力或位移可以有不同的相位。无论施加有何种载荷，其频率都是一致的。由于结构通常是有阻尼的，响应的瞬态部分会被阻尼衰减掉，经过足够长的时间后，系统表现出与所施加简谐激励同频率的稳态响应。ANSYS 谐响应分析中不考虑结构中的各种非线性因素，不计算动力响应的瞬态部分，仅给出响应的稳态部分。

　　下面以如图 1-25 所示的承受简谐载荷 F 的单自由度系统为例来解释谐响应分析结果的物理意义。单自由度系统的动力方程为：

$$m\ddot{u} + c\dot{u} + ku = F_0 \sin \Omega t$$

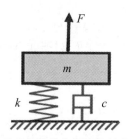

图 1-25　承受简谐载荷作用的单自由度系统

　　根据结构动力学，此单自由度系统在简谐载荷作用下的稳态位移响应幅值 $u_{\max}$ 与相位 φ 由下面的两式给出：

$$u_{\max} = \frac{F_{\max}/k}{\sqrt{(1-(\Omega/\omega_n)^2)^2 + (2\xi(\Omega/\omega_n))^2}}$$

$$\varphi = \arctan \frac{2\xi(\Omega/\omega_n)}{1-(\Omega/\omega_n)^2}$$

式中，$\xi = \dfrac{c}{2m\omega_n}$ 为阻尼比，$\omega_n = \sqrt{k/m}$ 为系统的固有频率。位移幅值分子为 $F_{\max}/k$，相当于简谐载荷幅值作为静载引起的静位移。

　　在幅值表达式两端同时除以静位移得到幅值比（amplitude ratio），并以频率比 Ω/ω_n（frequency ratio）为自变量绘图，得到如图 1-26 所示的不同阻尼比条件下的一组曲线。通过这些幅值-频率响应曲线可知，加载频率接近系统固有频率时发生共振，阻尼的增加会降低响应的幅值，在共振点附近这种降低作用最为显著，阻尼少许的增加能显著降低共振点附近的响应幅值。

　　如果以相位（phase angle）作为纵坐标，以频率比（frequency ratio）作为横坐标，绘制如图 1-27 所示的不同阻尼比条件下的一组曲线。由图中曲线可以发现，对于具有粘滞阻尼的结构体系，无论结构的阻尼比多大，在共振点处的响应与激励的相位差都是 90°。

　　ANSYS Workbench 还支持预应力谐响应分析，其实质是在结构刚度矩阵上叠加应力刚度，具体计算时，可通过一个静力分析计算应力刚度，并在随后的谐响应分析中导入即可。

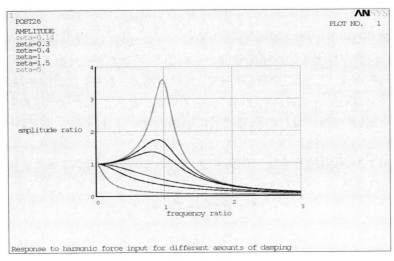

图 1-26　谐响应位移幅值谱曲线族

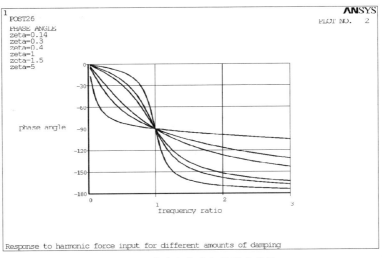

图 1-27　谐响应位移相位谱曲线族

1.2.4　瞬态分析

　　瞬态分析用于计算结构对随时间任意变化的载荷或作用的响应，又被称为时间历程分析，简称时程分析。在瞬态分析中，结构动力有限元分析方程实际上是一个二阶的常微分方程组，需引入初始条件（初位移、初速度）及边界条件才能求解。ANSYS Mechanical 中提供了振型叠加法、缩减法以及完全法 3 种求解方法。目前使用较多的方法是完全法和振型叠加法。

　　下面以 Newmark 递推格式的完全法瞬态分析为例，介绍瞬态分析的计算实现过程。

　　在 $t+\Delta t$ 时刻结构满足如下形式的动力学方程：

$$[M]\{\ddot{u}_{t+\Delta t}\}+[C]\{\dot{u}_{t+\Delta t}\}+[K]\{u_{t+\Delta t}\}=\{F_{t+\Delta t}\}$$

　　Newmark 方法假设 $t+\Delta t$ 时刻的节点速度向量、节点位移向量通过 t 时刻的节点速度向量、节点加速度向量以及节点位移向量按如下两个等式表示：

$$\{\dot{u}_{t+\Delta t}\}=\{\dot{u}_t\}+[(1-\delta)\{\ddot{u}_t\}+\delta\{\ddot{u}_{t+\Delta t}\}]$$

$$\{u_{t+\Delta t}\}=\{u_t\}+\{\dot{u}_t\}\Delta t+\left[\left(\frac{1}{2}-\alpha\right)\{\ddot{u}_t\}+\alpha\{\ddot{u}_{t+\Delta t}\}\right]\Delta t^2$$

后面一个等式可以改写为下面的形式：

$$\{\ddot{u}_{t+\Delta t}\}=\frac{1}{\alpha\Delta t^2}\left(\{u_{t+\Delta t}\}-\{u_t\}\right)-\frac{1}{\alpha\Delta t}\{\dot{u}_t\}-\left(\frac{1}{2\alpha}-1\right)\{\ddot{u}_t\}$$

此式与前面的第一个等式代入 $t+\Delta t$ 时刻结构动力学方程，得到：

$$[\hat{K}]\{u_{t+\Delta t}\}=\{\hat{F}_{t+\Delta t}\}$$

其中，

$$[\hat{K}]=\frac{[M]}{\alpha\Delta t^2}+\frac{\delta[C]}{\alpha\Delta t}+[K]$$

$$\{\hat{F}_{t+\Delta t}\}=[M]\left[\frac{1}{\alpha\Delta t^2}\{u_t\}+\frac{1}{\alpha\Delta t}\{\dot{u}_t\}+\left(\frac{1}{2\alpha}-1\right)\{\ddot{u}_t\}\right]+$$

$$[C]\left[\frac{\delta}{\alpha\Delta t}\{u_t\}-\left(1-\frac{\delta}{\alpha}\right)\{\dot{u}_t\}-\left(1-\frac{\delta}{2\alpha}\right)\{\ddot{u}_t\}\right]+\{F_{t+\Delta t}\}$$

通过上式对 $[\hat{K}]$ 求逆阵，得到 $t+\Delta t$ 时刻的节点位移向量 $\{u_{t+\Delta t}\}$，然后回代到前面的两个等式，即可得到 $t+\Delta t$ 时刻的节点速度向量 $\{\dot{u}_{t+\Delta t}\}$ 以及节点加速度向量 $\{\ddot{u}_{t+\Delta t}\}$。此方法不需要特别的初始化过程，因为在 $t+\Delta t$ 时刻的位移、速度以及加速度均可通过 t 时刻的量表示。

在上述递推格式中，由于刚度矩阵是未知位移向量 $\{u_{t+\Delta t}\}$ 的系数矩阵，因此 Newmark 方法是一个隐式的递推方法。已经证明，当满足如下条件时 Newmark 方法是无条件稳定的。

$$\delta\geqslant\frac{1}{2},\ \alpha\geqslant\frac{1}{4}\left(\delta+\frac{1}{2}\right)^2$$

在 ANSYS 中，积分参数 δ 和 α 一般通过下式计算：

$$\delta=\frac{1}{2}+\gamma,\ \alpha=\frac{1}{4}(1+\gamma)^2$$

式中，γ 为数值阻尼。

由于瞬态分析通常耗费更多的计算时间，因此建议在分析开始前进行一次模态分析，一方面可以对结构的动力特性有所了解，另一方面，也可以正确地估算瞬态分析的合理积分时间步长。对于完全法瞬态分析，可以采用所谓自动时间步（Auto Time Stepping）技术，指定积分步长的初始值、最小值以及最大值，求解器在此范围内自动选择合理的步长。ANSYS 建议的初始积分步长 $\Delta t_{\text{initial}}$ 可以由下式进行估计：

$$\Delta t_{\text{initial}}=\frac{1}{20 f_{\text{response}}}$$

式中，f_{response} 为关心的最高响应频率，其意义是对于最高频率的振动而言，一个振动周期中包含 20 步。

对于模态叠加法的瞬态分析，无法采用变步长技术，只能在分析中固定时间步长。模态叠加法仅计算模态坐标，能够有效降低计算的自由度。如果一个 100 万自由度的结构，采用模态叠加法计算时考虑前 200 阶模态，则仅需计算 200 个广义模态坐标，因此可以极大地降低计算成本。

FULL 法瞬态分析中可以包含各种非线性因素。在非线性瞬态分析中，采用增量形式的方程，由于刚度的变化，在一个积分时间步内必须进行多次迭代，才能达到平衡（收敛）。

在时间积分方面，除了 ANSYS Mechanical 的 Newmark 隐式方法外，另一种常见算法是以 LS-DYNA 或 ANSYS Explicit STR（ANSYS AutoDYN）等求解器为代表的显式方法。下面对其中心差分递推格式进行简单地说明。结构在 t 时刻的动力方程为：

$$[M]\{\ddot{u}_t\}+[C]\{\dot{u}_t\}+[K]\{u_t\}=\{F_t\}$$

根据中心差分，有

$$\{\ddot{u}_t\}=\frac{1}{\Delta t^2}\left(\{u_{t-\Delta t}\}-2\{u_t\}+\{u_{t+\Delta t}\}\right)$$

$$\{\dot{u}_t\}=\frac{1}{2\Delta t}\left(\{u_{t+\Delta t}\}-\{u_{t-\Delta t}\}\right)$$

代入上面的动力方程，得到：

$$\frac{[M]}{\Delta t^2}\left(\{u_{t-\Delta t}\}-2\{u_t\}+\{u_{t+\Delta t}\}\right)+\frac{[C]}{2\Delta t}\left(\{u_{t+\Delta t}\}-\{u_{t-\Delta t}\}\right)+[K]\{u_t\}=\{F_t\}$$

由上式可以解出：

$$\{u_{t+\Delta t}\}=\left(\frac{[M]}{\Delta t^2}+\frac{[C]}{2\Delta t}\right)^{-1}\left(\{F_t\}-\left[[K]-\frac{2[M]}{\Delta t^2}\right]\{u_t\}-\left(\frac{[M]}{\Delta t^2}-\frac{[C]}{2\Delta t}\right)\{u_{t-\Delta t}\}\right)$$

由以上的递推格式可知，$t+\Delta t$ 时刻的位移向量 $\{u_{t+\Delta t}\}$ 的系数矩阵中不包含刚度矩阵，此方法在计算过程中无需对刚度矩阵进行分解，因此中心差分法是一种显式求解方法，甚至在求解过程中仅需要计算内力向量而无需形成刚度矩阵。

应用显式积分方法计算需要考虑起步的问题，计算 $0+\Delta t$ 时刻的解，如果已知初始条件为 $\{u_0\}$ 及 $\{\dot{u}_0\}$，则根据递推格式得到 $-\Delta t$ 时刻的位移向量 $\{u_{-\Delta t}\}$ 为：

$$\{u_{-\Delta t}\}=\{u_0\}-\Delta t\{\dot{u}_0\}+\frac{\Delta t^2}{2}\{\ddot{u}_0\}$$

此外，显式方法是一种条件稳定算法，可证明其稳定求解所需的积分步长应满足如下限制条件：

$$\Delta t\leqslant\Delta t_{cr}=\frac{T_n}{\pi}$$

式中，T_n 为结构系统的最小固有振动周期，可以由模态分析来求得。

由于显式算法本身的特点，比较适合于求解冲击、爆炸等动力载荷引起的应力波的传播问题。对于一般的结构振动而言，由于关心的是低频问题，隐式方法还应是首选。

1.2.5 响应谱分析

响应谱分析是一种用来替代时间历程瞬态分析的方法，可以计算结构对于时间历程载荷或随机载荷作用下的响应，常见应用领域是计算结构在地震、风载荷、海洋波浪载荷、喷气发动机推力、火箭发动机振动等作用下的响应问题。

响应谱分析是基于模态叠加的思想，由结构各阶模态的动力响应按照一定方式组合得到结构的谱响应。尽管时间历程瞬态分析更为精确，但是会耗费大量的时间，而响应谱分析可用来快速计算结构的最大响应。响应谱分析的基本思路是将耗时很长的大模型的瞬态分析拆分为两部分，第一部分是大模型的模态提取，第二部分是简单的单自由度模型的瞬态分析得到所谓响应谱，然后基于模态频率和对应的谱值对各模态的响应按照特定方式进行组合得到结构的最大响应，这一过程与瞬态分析的对比可参考图 1-28。

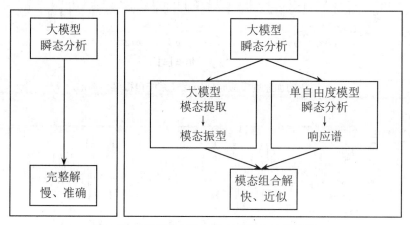

图 1-28　响应谱方法与瞬态分析方法的比较

　　响应谱是响应谱分析的输入条件，这是一条谱值关于频率变化的曲线，它捕获了单自由度系统对输入时间历程载荷的响应最大值和频率相关的信息。图 1-29 给出了响应谱生成方法的一个直观说明。如图 1-29（a）所示的单自由度系统，通过调整 m 和 k 使之具有不同的频率，在图 1-29（b）所示时间历程加速度激励作用下，一系列不同频率 SDOF 系统质量（m）的加速度时间历程响应如图 1-29（c）～图 1-29（e）所示。记下这一系列 SDOF 系统的频率和响应的最大绝对值，这些频率和最大响应值形成的曲线就是关于图 1-29（b）所示瞬态激励作用的加速度响应谱曲线，如图 1-29（f）所示。

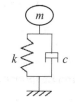

（a）SDOF 系统（m-k-c）

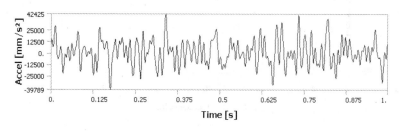

（b）输入时间历程载荷

图 1-29　加速度响应谱计算过程示意图

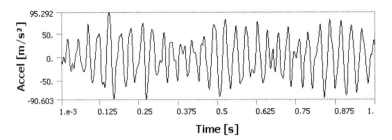

（c）质量的加速度反应时间历程（系统自振频率 30Hz）

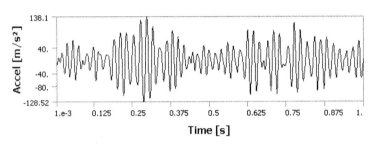

（d）质量的加速度反应时间历程（系统自振频率 50Hz）

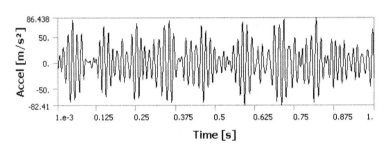

（e）质量的加速度反应时间历程（系统自振频率 70Hz）

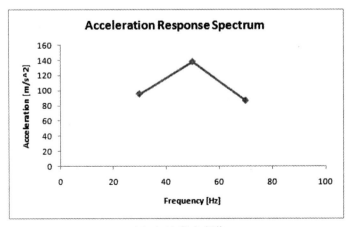

（f）加速度响应谱

图 1-29　加速度响应谱计算过程示意图（续图）

根据响应类型的不同，可以是加速度响应谱 S_a、速度响应谱 S_v 或者位移响应谱 S_d，不同类型的响应谱之间按如下关系转换：

$$S_a = S_d \omega^2 = S_v \omega \qquad S_v = S_d \omega = \frac{S_a}{\omega} \qquad S_d = \frac{S_v}{\omega} = \frac{S_a}{\omega^2}$$

图 1-30（a）至图 1-30（c）分别为一个典型响应谱的位移谱、速度谱以及相应的加速度谱。

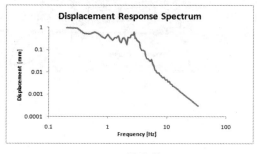

（a）位移谱 （b）速度谱

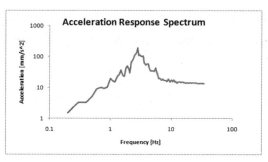

（c）加速度谱

图 1-30　典型响应谱的位移谱、速度谱与加速度谱

在响应谱的形成过程中，实际上进行了一系列 SDOF 系统的瞬态分析。需要指出的是，在以上的瞬态分析过程中是考虑了阻尼的，在不同的阻尼比条件下，对于同一瞬态激励的响应谱是不同的，阻尼比越大，响应谱值越小。注意，在形成响应谱的过程中，不同频率的 SDOF 系统应具有相同的阻尼比。除了通过 SDOF 系统的瞬态分析得到响应谱外，也可以采用行业规范标准中规定的响应谱曲线。

ANSYS 的响应谱分析包括单点响应谱和多点响应谱两类。在结构的所有基础上施加相同的谱称为单点响应谱，如图 1-31（a）所示；在结构的不同基础上施加不同的谱称为多点响应谱，如图 1-31（b）所示。目前，工程中较为常用的是单点响应谱方法，此方法也是结构地震反应计算中的常规性计算方法。多点响应谱仅用于结构尺度较大，各基础的激励有显著相位差或各基础所在地基特性具有显著差异的情形。

下面介绍在地震响应分析中最为常用的单点响应谱分析的实施过程。

首先进行模态分析，得到结构的频率和振型。对于计算出的各阶固有频率 ω_i（rad/s）或 f_i（Hz），在响应谱中插值得到对应的谱值 S_i，如果频率值超出了定义响应谱的频率范围，ANSYS 不会外插，而是采用谱曲线上最近的点。

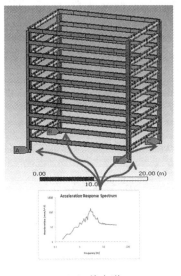

（a）单点谱　　　　　　　　　　（b）多点谱

图 1-31　单点与多点响应谱

在得到谱值后，是模态系数 A_i 的计算。模态系数定义为计算模态位移时模态振型向量的放大系数。对于加速度反应谱，结构的第 i 阶模态的模态系数则由下式给出：

$$A_i = \frac{S_{ai}\gamma_i}{\omega_i^2}$$

式中，γ_i 为第 i 阶模态的模态参与系数；S_{ai} 为对应于第 i 阶频率的加速度响应谱值；ω_i 为结构的第 i 阶自振圆频率。

如果施加的是速度谱，则模态系数为：

$$A_i = \frac{S_{vi}\gamma_i}{\omega_i}$$

式中，γ_i 为第 i 阶模态的模态参与系数；S_{vi} 为对应于第 i 阶频率的速度响应谱值；ω_i 为结构的第 i 阶自振圆频率。

如果施加的是位移谱，则模态系数为：

$$A_i = S_{di}\gamma_i$$

式中，γ_i 为第 i 阶模态的模态参与系数；S_{di} 为对应于第 i 阶频率的位移响应谱值。

模态系数计算完成后，开始计算各阶模态的响应。第 i 阶模态的位移响应按照下式计算：

$$\{R\}_{di} = A_i\{\varphi_i\}$$

第 i 阶模态的速度响应按照下式计算：

$$\{R\}_{vi} = \omega_i A_i\{\varphi_i\}$$

第 i 阶模态的加速度响应按照下式计算：

$$\{R\}_{ai} = \omega_i^2 A_i\{\varphi_i\}$$

以上计算各阶模态响应的过程可以概括为表 1-8 所示的过程，表中每一行分别代表一阶模态的响应计算步骤。注意表中的模态响应可以是位移响应、速度响应、加速度响应等类型，统一表示为 $\{R\}_i$（$i=1,2,3,\cdots$）。

表 1-8　单点响应谱分析之模态响应计算

模态	特征频率	模态振型	模态谱值	模态参与系数	模态系数	模态响应
1	ω_1	$\{\varphi_1\}$	S_1	γ_1	A_1	$\{R\}_1$
2	ω_2	$\{\varphi_2\}$	S_2	γ_2	A_2	$\{R\}_2$
3	ω_3	$\{\varphi_3\}$	S_3	γ_3	A_3	$\{R\}_3$
⋮	⋮	⋮	⋮	⋮	⋮	⋮

各阶模态的分响应 $\{R\}_i$ 计算完成后，下面的步骤是按照一定的规则对各模态的分响应进行合并，计算结构的总响应的幅值。ANSYS Workbench 提供的模态合并方法包括 SRSS、CQC、ROSE 等。

对于 SRSS 模态组合方法，结构的总响应 $\{R\}$ 由下式给出：

$$\{R\} = \sqrt{\sum_{i=1}^{N} \{R\}_i^{\,2}}$$

对于频率间隔充分大的模态而言，采用 SRSS 组合方式是合适的。对于频率间隔不大甚至是分布密集的情况下，各模态之间存在相关性，还采用 SRSS 组合方法就不适合了。

模态频率间隔是否属于密频分布的情况与临界阻尼比有关。对于临界阻尼比≤2%的情况，频率差异不超过 10%被认为是密频的模态，例如，如果第 i 阶和第 j 阶的自振频率 $f_i<f_j$，当 $f_j≤1.1 f_i$ 时被认为是密频。对于临界阻尼比>2%的情况，频率差异不超过 5 倍阻尼比时，被认为是密频的模态，例如，如果第 i 阶和第 j 阶的自振频率 $f_i<f_j$，当阻尼比为 5%时，$f_j≤1.25 f_i$ 被认为是密频；当阻尼比为 7%时，$f_j≤1.35 f_i$ 被认为是密频。

对于模态频率发生密频的情况，引入一个相关系数 ε_{ij} 来表示模态 i 和模态 j 之间的相关程度，其取值范围应在 0 和 1 之间：

当 $\varepsilon_{ij}=0$ 时，模态 i 和模态 j 之间不相关；

当 $\varepsilon_{ij}=1$ 时，模态 i 和模态 j 之间完全相关；

当 $0<\varepsilon_{ij}<1$ 时，模态 i 和模态 j 之间部分相关。

ANSYS 提供的 CQC 以及 ROSE 两种组合方法可用来考虑这种相关性。对于 CQC 模态组合方法，结构的总响应 $\{R\}$ 由下式给出：

$$\{R\} = \sqrt{\sum_{i=1}^{N}\sum_{j=1}^{N} k\varepsilon_{ij}\{R\}_i\{R\}_j}$$

其中的组合参数 k、相关系数 ε_{ij} 以及频率比 r 的取值如下：

$$k = \begin{cases} 1 & i = j \\ 2 & i \neq j \end{cases}$$

$$\varepsilon_{ij} = \frac{8\sqrt{\xi_i\xi_j}\,(\xi_i + r\xi_j)r^{3/2}}{(1-r^2)^2 + 4\xi_i\xi_j r(1+r^2) + 4(\xi_i^{\,2} + \xi_j^{\,2})r^2}$$

$$r = \omega_j / \omega_i$$

式中，ξ_i 及 ξ_j 分别为第 i 阶和第 j 阶模态的阻尼比，r 为 j 阶和 i 阶圆频率之比。

对于 ROSE 模态组合方法，结构的总响应 $\{R\}$ 由下式计算：

$$\{R\}=\sqrt{\sum_{i=1}^{N}\sum_{j=1}^{N}\varepsilon_{ij}\{R\}_i\{R\}_j}$$

如果模型的某阶模态（比如说第 i 阶）的响应中包含了刚体响应，则需要在合并模态响应之前引入一个刚体响应系数 α_i，按下式分离模态响应中的周期响应部分 $\{R_p\}_i$ 和刚体响应部分 $\{R_r\}_i$，即：

$$\{R_p\}_i=\sqrt{1-\alpha_i^2}\{R\}_i$$
$$\{R_r\}_i=\alpha_i\{R\}_i$$

在这种处理方式下，实际上有如下关系：

$$\{R\}_i^2=\{R_p\}_i^2+\{R_r\}_i^2$$

对于各阶模态的周期性响应部分，按前述模态合并方法（SRSS、CQC、ROSE）之一按下式计算各模态总体周期性响应 $\{R_p\}$，即：

$$\{R_p\}=\sqrt{\sum_{i=1}^{N}\sum_{j=1}^{N}\varepsilon_{ij}\{R_p\}_i\{R_p\}_j}$$

对于各阶模态的刚体响应部分，按照下式计算总体刚体响应 $\{R_r\}$，即：

$$\{R_r\}=\sum_{i=1}^{N}\{R_r\}_i$$

考虑刚体效应后，结构的总体响应通过下式计算：

$$\{R\}=\sqrt{\{R_p\}^2+\{R_r\}^2}$$

或者写成更为具体的表达式：

$$\{R\}=\sqrt{\sum_{i=1}^{N}\sum_{j=1}^{N}\varepsilon_{ij}\sqrt{1-\alpha_i^2}\{R\}_i\sqrt{1-\alpha_j^2}\{R\}_j+\left(\sum_{i=1}^{N}\alpha_i\{R\}_i\right)^2}$$

ANSYS 提供 Gupta 方法或 Lindley-Yow 方法来分析模态的刚体响应，这两种方法的区别在于如何计算刚体响应系数 α_i。

Gupta 方法的刚体响应系数按下面的方式计算：

$$\alpha_i=\begin{cases}0 & f_i\leqslant f_1\\ \dfrac{\ln(f_i/f_1)}{\ln(f_2/f_1)} & f_1\leqslant f_i\leqslant f_2\\ 0 & f_i\geqslant f_2\end{cases}$$

此刚体响应系数为固有频率对数的线性函数，其中，关键频率 f_1 和 f_2 由下式计算：

$$f_1=\frac{S_{a\max}}{2\pi S_{v\max}}$$
$$f_2=\frac{f_1+2f_{ZPA}}{3}$$

式中，$S_{a\max}$ 和 $S_{v\max}$ 分别是加速度谱和速度谱的最大值；f_{ZPA} 为 ZPA（零周期加速度）所对应的频率。如图 1-32 所示的加速度响应谱中，*ZPA* 为高频带谱值的渐进值，如果激励是地面加速度，则 *ZPA* 在数值上等于地面加速度激励的最大幅值。一般情况下，中、高频带中才考虑模态的刚体响应。

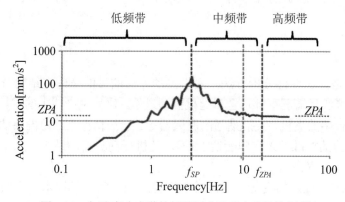

图 1-32 加速度响应谱的频带划分及几个关键特征频率

Lindley-Yow 方法的刚体响应系数按下面的方式计算：

$$\alpha_i = \frac{ZPA}{S_{ai}}$$

式中，S_{ai} 为对应于第 i 阶频率的加速度响应谱值。当 $S_{ai} < ZPA$ 时，α_i 取 0，并且注意上式不应使用于低频带。可见在 Lindley-Yow 方法中，刚体响应系数取值直接取决于谱值。

此外，如果仅在模态分析中提取了一定数量的低阶模态，且这些模态的有效质量之和达不到结构总质量时，还需通过缺失质量修正方法进行补偿。由于地面加速度激励引起的总体惯性力可由下式计算：

$$\{F_T\} = -[M]\{D\}ZPA$$

第 j 阶模态的惯性力为：

$$\{F_j\} = -[M]\{\varphi_j\}\gamma_j ZPA$$

缺失质量惯性力为总体惯性力与参与组合模态惯性力总和之差，由下式给出：

$$\{F_M\} = \{F_T\} - \sum_{j=1}^{N}\{F_j\} = [M]\left(\sum_{j=1}^{N}\{\varphi_j\}\gamma_j - \{D\}\right)ZPA$$

模态截断引起的缺失质量响应修正按下式计算：

$$\{R_M\} = [K]^{-1}\{F_M\}$$

上述缺失质量响应的修正实质上是对基础加速度激励的拟静力响应，这是基于高阶模态不考虑动力放大作用的假设。

将模态刚体响应及缺失质量响应修正叠加在一起，这种情况下的结构总体响应由下式给出，即：

$$\{R\} = \sqrt{\sum_{i=1}^{N}\sum_{j=1}^{N}\varepsilon_{ij}\sqrt{1-\alpha_i^2}\{R\}_i\sqrt{1-\alpha_j^2}\{R\}_j + \left(\sum_{i=1}^{N}\alpha_i\{R\}_i + \{R_M\}\right)^2}$$

对多点响应谱问题，分别计算每一条输入谱的响应，然后通过 SRSS 方式组合每条谱的响应得到总体响应，按下式计算：

$$\{R_{MPRS}\} = \sqrt{\{R_{SPRS}\}_1^2 + \{R_{SPRS}\}_2^2 + \{R_{SPRS}\}_3^2 + \cdots}$$

式中，$\{R_{MPRS}\}$ 为多点响应谱的总体响应；$\{R_{SPRS}\}_i$ $(i=1,2,3,\cdots)$ 为各单条响应谱作用下的结构响应。

1.2.6 随机振动分析

随机振动分析是另一种谱分析方法。随机振动分析的目的是确定结构对于随机载荷响应的统计规律。在很多实际情况下都包含有随机振动过程，比如生产线上的零件、在公路上行驶的车辆、飞行或滑行中的飞机、发射期间的航天器等。一般情况下，随机振动分析是计算结构位移响应或应力响应的标准偏差，即所谓 1σ 解。随机振动分析的结果可用于评估结构在随机载荷反复作用下的疲劳寿命。

随机激励的幅值无规则的变化，但是对于平稳过程，其大量样本的平均值趋于常量，因此可以通过统计方式刻画这些激励。在随机振动分析中，随机激励的统计特性可以通过功率谱密度（PSD）曲线来描述，如图 1-33 所示。在一些行业的设计规范中可以查到 PSD 曲线。PSD 曲线的横坐标为频率，纵坐标为幅值平方平均值除以频率带宽，其单位是 units^2/Hz，units 为物理量的单位。一些典型物理量的 PSD 单位列于表 1-9 中。

表 1-9 各种量的 PSD 单位（均采用 SI 制）

物理量	PSD 单位
加速度	$(m/s^2)^2/Hz$
加速度（以重力加速度 g 为单位）	g^2/Hz
速度	$(m/s)^2/Hz$
位移	m^2/Hz
力	N^2/Hz

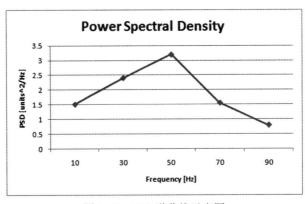

图 1-33 PSD 谱曲线示意图

不同类型的 PSD 谱之间的转换关系如下：

$$S_a = S_d\omega^4 = S_v\omega^2 \quad S_v = S_d\omega^2 = \frac{S_a}{\omega^2} \quad S_d = \frac{S_v}{\omega^2} = \frac{S_a}{\omega^4}$$

此外，以重力加速度为单位的加速度 PSD 谱与一般加速度谱之间的转换关系为：

$$S_G = S_a / g^2$$

ANSYS 的随机振动分析基于如下的两方面基本假设：

（1）系统没有随机特性且是线性的，刚度、阻尼和质量均不随时间变化，且系统为轻阻尼体系。

（2）作用过程是平稳且各态历经的正态分布随机过程。

对于线性系统而言，如果输入的激励是一个正态分布的随机过程，那么结构的响应也应是一个正态分布的随机过程，输入 PSD 和输出 PSD 之间关系如下：

$$S_{\text{out}}(\omega) = |H(\omega)|^2 S_{\text{in}}(\omega)$$

式中，$S_{\text{out}}(\omega)$ 和 $S_{\text{in}}(\omega)$ 分别为响应（可以是加速度、位移、应力等）的 PSD 谱和输入的 PSD 谱，$H(\omega)$ 称为结构的复频反应函数，由下式给出：

$$H(\omega) = \frac{1}{-\omega^2 m + i\omega c + k}$$

响应 PSD 曲线下的面积的平方根被称为响应的均方根值（RMS），或 1σ 值，即：

$$RMS = \sqrt{\int_0^\infty S_{\text{out}}(\omega)\mathrm{d}\omega} = 1\sigma$$

根据正态分布函数可知，其 $\pm 1\sigma$、$\pm 2\sigma$ 以及 $\pm 3\sigma$ 水平所对应的概率分别为 68.27%、95.45% 以及 99.73%，如图 1-34 所示。

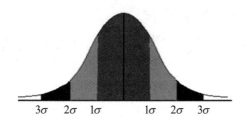

图 1-34　随机振动响应分布的 Sigma 水平及其对应概率

1.3　ANSYS 热分析及热应力计算的理论背景

结构热传导与热应力计算是结构有限元分析重要的应用领域。本节将系统地介绍与之相关的理论背景问题，内容包括热传导方程的建立，热分析有限元计算的实现过程，热应力计算的实现过程与实质。

1.3.1　热传导问题的基本方程

固体结构内部的温度应为坐标的连续函数，一般情况下也是随时间变化的，即：

$$T = T(x, y, z, t)$$

考察如图 1-35 所示的矩形平行六面体微元体积，其边长分别为 dx、dy 及 dz，在任意一个时间增量 dt 内，微元体积的内能应满足如下的能量守恒关系，即：

微元体内净流入的热量+微元体内产生的热量=微元体的内能改变

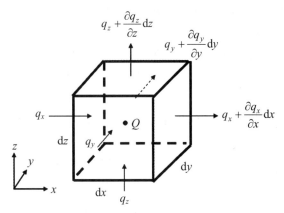

图 1-35　热分析的微元体

单位时间微元体积上各个面上的热通量均标在图中，以 x 方向为例，左侧面在单位时间的热通量为 q_x，右侧面在单位时间的热通量为 $q_x + \dfrac{\partial q_x}{\partial x}\mathrm{d}x$。这里的量纲为"能量/面积/时间"，在国际单位制中的单位为 $\mathrm{W/m^2}$。

在时间增量 $\mathrm{d}t$ 内，微元体沿 x 方向流入和流出的热量之差，即净流入的热量为：

$$q_x\mathrm{d}y\mathrm{d}z\mathrm{d}t - \left(q_x + \frac{\partial q_x}{\partial x}\mathrm{d}x \right)\mathrm{d}y\mathrm{d}z\mathrm{d}t = -\frac{\partial q_x}{\partial x}\mathrm{d}x\mathrm{d}y\mathrm{d}z\mathrm{d}t$$

类似地，微元体沿 y 方向净流入的热量为：

$$q_y\mathrm{d}x\mathrm{d}z\mathrm{d}t - \left(q_y + \frac{\partial q_y}{\partial y}\mathrm{d}y \right)\mathrm{d}x\mathrm{d}z\mathrm{d}t = -\frac{\partial q_y}{\partial y}\mathrm{d}x\mathrm{d}y\mathrm{d}z\mathrm{d}t$$

微元体沿 z 方向净流入的热量为：

$$q_z\mathrm{d}x\mathrm{d}y\mathrm{d}t - \left(q_z + \frac{\partial q_z}{\partial z}\mathrm{d}z \right)\mathrm{d}x\mathrm{d}y\mathrm{d}t = -\frac{\partial q_z}{\partial z}\mathrm{d}x\mathrm{d}y\mathrm{d}z\mathrm{d}t$$

因此，在时间增量 $\mathrm{d}t$ 内，流入微元体的总的净热量为：

$$-\left(\frac{\partial q_x}{\partial x} + \frac{\partial q_y}{\partial y} + \frac{\partial q_z}{\partial z} \right)\mathrm{d}x\mathrm{d}y\mathrm{d}z\mathrm{d}t$$

根据热传导定律，热通量 q 与温度梯度成正比，但与温度梯度方向相反，因为热量总是由高温传向低温，即：

$$q_x = -k_x\frac{\partial T}{\partial x}$$

$$q_y = -k_y\frac{\partial T}{\partial y}$$

$$q_z = -k_z\frac{\partial T}{\partial z}$$

在时间增量 $\mathrm{d}t$ 内，微元体内生成的热量为 $Q\mathrm{d}x\mathrm{d}y\mathrm{d}z\mathrm{d}t$，微元的内能改变量为 $c\rho\mathrm{d}x\mathrm{d}y\mathrm{d}z\mathrm{d}T$，代入能量守恒表达式，得到：

$$\rho c \frac{\partial T}{\partial t} - \frac{\partial}{\partial x}\left(k_x \frac{\partial T}{\partial x}\right) - \frac{\partial}{\partial y}\left(k_y \frac{\partial T}{\partial y}\right) - \frac{\partial}{\partial z}\left(k_z \frac{\partial T}{\partial z}\right) - Q = 0 \quad \forall\,(x,y,z) \in \Omega$$

上式即正交各向异性固体内瞬态热传导问题的基本方程，其中，ρ、c 分别为固体材料的密度和比热，k_x、k_y 以及 k_z 依次为 3 个方向的导热系数，Q 为单位体积的热功率，其量纲为能量/时间/体积，在国际单位制中的单位为 W/m^3。

求解上述瞬态热传导方程，需要定义问题的边界条件以及初始条件。固体结构导热问题包含如下 3 类边界条件。

（1）恒温边界 S_1。

在此边界上，温度为给定的已知温度 $\overline{T}$，即：

$$T = \overline{T} \quad \forall(x,y,z) \in S_1$$

（2）已知热流量边界 S_2。在此边界上，热通量为给定的数值 q^*，即：

$$k_x \frac{\partial T}{\partial x} n_x + k_y \frac{\partial T}{\partial y} n_y + k_z \frac{\partial T}{\partial z} n_z - q^* = 0 \qquad \forall(x,y,z) \in S_2$$

式中，q^* 为通过边界 S_2 的热通量，以流入固体域内为正，如图 1-36 所示。

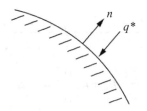

图 1-36　给定热通量边界条件

（3）自然对流边界 S_3。此边界为固体与周围的流体介质（如空气、水）的对流表面，应满足如下条件：

$$k_x \frac{\partial T}{\partial x} n_x + k_y \frac{\partial T}{\partial y} n_y + k_z \frac{\partial T}{\partial z} n_z + h_f (T_S - T_B) = 0 \qquad \forall(x,y,z) \in S_3$$

式中，T_S 为 S_3 表面的固体温度；T_B 为附近流体的环境温度，如图 1-37 所示。

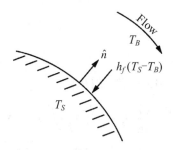

图 1-37　自然对流边界示意图

除了上述 3 类边界条件以外，求解瞬态热传导方程还需要定义初始温度场条件：

$$T\big|_{t=0} = T_0(x,y,z) \qquad \forall(x,y,z) \in \Omega$$

1.3.2 热传导有限元分析

对于某个单元 e，其内部的温度分布通过各节点的温度向量和形函数表示，即：

$$T(x, y, z, t) = [N]\{T\}^e$$

应用 Galekin 方法，域内余量通过单元上的余量求和得到，在单元 e 上的余量为：

$$\{R_e\} = \int_{V_e} [N]^T \left[\rho c \frac{\partial T}{\partial t} - \frac{\partial}{\partial x}\left(k_x \frac{\partial T}{\partial x}\right) - \frac{\partial T}{\partial y}\left(k_y \frac{\partial T}{\partial y}\right) - \frac{\partial T}{\partial z}\left(k_z \frac{\partial T}{\partial z}\right) - Q \right] dV$$

$$+ \int_{S_2} [N]^T \left(k_x \frac{\partial T}{\partial x} n_x + k_y \frac{\partial T}{\partial y} n_y + k_z \frac{\partial T}{\partial z} n_z - q^* \right) dS$$

$$+ \int_{S_3} [N]^T \left[k_x \frac{\partial T}{\partial x} n_x + k_y \frac{\partial T}{\partial y} n_y + k_z \frac{\partial T}{\partial z} n_z + h_f (T_S - T_B) \right] dS$$

对上式中的中间几项进行分部积分，得到：

$$\{R_e\} = \int_{V_e} [N]^T \rho c \frac{\partial T}{\partial t} dV - \oint_{S_e} ([N]^T k_x \frac{\partial T}{\partial x} n_x + [N]^T k_y \frac{\partial T}{\partial y} n_y + [N]^T k_z \frac{\partial T}{\partial z} n_z) dS$$

$$+ \int_{V_e} \left(k_x \frac{\partial [N]^T}{\partial x} \frac{\partial T}{\partial x} + k_y \frac{\partial [N]^T}{\partial y} \frac{\partial T}{\partial y} + k_z \frac{\partial [N]^T}{\partial z} \frac{\partial T}{\partial z} \right) dV - \int_{V_e} [N]^T Q dV$$

$$+ \int_{S_2} [N]^T \left(k_x \frac{\partial T}{\partial x} n_x + k_y \frac{\partial T}{\partial y} n_y + k_z \frac{\partial T}{\partial z} n_z - q^* \right) dS$$

$$+ \int_{S_3} [N]^T \left[k_x \frac{\partial T}{\partial x} n_x + k_y \frac{\partial T}{\partial y} n_y + k_z \frac{\partial T}{\partial z} n_z + h_f (T_S - T_B) \right] dS$$

如果令：

$$[C]^e = \int_{V_e} \rho c [N]^T [N] dV$$

$$[K]^e = \int_{V_e} \left(k_x \frac{\partial [N]^T}{\partial x} \frac{\partial [N]}{\partial x} + k_y \frac{\partial [N]^T}{\partial y} \frac{\partial [N]}{\partial y} + k_z \frac{\partial [N]^T}{\partial z} \frac{\partial [N]}{\partial z} \right) dV$$

$$\{P_Q\}^e = \int_{V_e} [N]^T Q dV$$

对相关项进行改写，可以得到：

$$\{R_e\} = [C]^e \{\dot{T}^e\} + [K]^e \{T^e\} - \{P_Q\}^e$$

$$- \oint_{S_e} \left([N]^T k_x \frac{\partial T}{\partial x} n_x + [N]^T k_y \frac{\partial T}{\partial y} n_y + [N]^T k_z \frac{\partial T}{\partial z} n_z \right) dS$$

$$+ \int_{S_2} [N]^T \left(k_x \frac{\partial T}{\partial x} n_x + k_y \frac{\partial T}{\partial y} n_y + k_z \frac{\partial T}{\partial z} n_z - q^* \right) dS$$

$$+ \int_{S_3} [N]^T \left[k_x \frac{\partial T}{\partial x} n_x + k_y \frac{\partial T}{\partial y} n_y + k_z \frac{\partial T}{\partial z} n_z + h_f (T_S - T_B) \right] dS$$

上式中的 S_e 边界积分项是在单元 e 的表面 S_e 上积分，而单元 e 的表面一定是由各类热边界（如果有）以及单元之间的交界面所组成，即：

$$-\oint_{S_e}\left([N]^T k_x \frac{\partial T}{\partial x}n_x + [N]^T k_y \frac{\partial T}{\partial y}n_y + [N]^T k_z \frac{\partial T}{\partial z}n_z\right)\mathrm{d}S$$

$$= -\int_{S_1}\left([N]^T k_x \frac{\partial T}{\partial x}n_x + [N]^T k_y \frac{\partial T}{\partial y}n_y + [N]^T k_z \frac{\partial T}{\partial z}n_z\right)\mathrm{d}S$$

$$-\int_{S_2}\left([N]^T k_x \frac{\partial T}{\partial x}n_x + [N]^T k_y \frac{\partial T}{\partial y}n_y + [N]^T k_z \frac{\partial T}{\partial z}n_z\right)\mathrm{d}S$$

$$-\int_{S_3}\left[[N]^T k_x \frac{\partial T}{\partial x}n_x + [N]^T k_y \frac{\partial T}{\partial y}n_y + [N]^T k_z \frac{\partial T}{\partial z}n_z\right]\mathrm{d}S$$

$$-\int_{S_{ei}}\left([N]^T k_x \frac{\partial T}{\partial x}n_x + [N]^T k_y \frac{\partial T}{\partial y}n_y + [N]^T k_z \frac{\partial T}{\partial z}n_z\right)\mathrm{d}S$$

上式中的第一项为给定已知温度的边界，强制温度边界上不考虑此项。第二项和第三项为给定热通量和热对流边界，与后面的边界 S_2 和 S_3 上的余量积分项相抵消。第四项为相邻单元交界面的积分项，在总体求和时将相互抵消，此处也不考虑。

在边界 S_3 上，表面温度 T_S 可由形函数表示为：

$$T_S = [N]\{T\}^e \qquad \forall(x,y,z)\in S_3$$

令余量表达式等于 0，综合以上关系并经过整理，可得到单元 e 的热传导分析有限元方程如下：

$$[C]^e\{\dot{T}\}^e + ([K]^e + [H]^e)\{T\}^e = \{P_Q\}^e + \{P_q\}^e + \{P_h\}^e$$

其中，

$$[H]^e = \int_{S_3} h[N]^T[N]\mathrm{d}S$$

$$\{P_q\}^e = \int_{S_2}[N]^T q^*\mathrm{d}S$$

$$\{P_h\}^e = \int_{S_3} h[N]^T T_B\mathrm{d}S$$

在各单元上求和，即：

$$\sum_e [C]^e\{\dot{T}\}^e + \sum_e([K]^e + [H]^e)\{T\}^e = \sum_e(\{P_Q\}^e + \{P_q\}^e + \{P_h\}^e)$$

如果令：

$$[C] = \sum_e[C]^e$$

$$[K] = \sum_e([K]^e + [H]^e)$$

$$\{P\} = \sum_e(\{P_Q\}^e + \{P_q\}^e + \{P_h\}^e)$$

则前面的方程可以简写为：

$$[C]\{\dot{T}\} + [K]\{T\} = \{P\}$$

上式就是离散形式的系统热传导方程，如考虑非线性因素，则改写为如下的一般形式：

$$[C(T)]\{\dot{T}\} + [K(T)]\{T\} = \{P(T,t)\}$$

式中，t 为时间；$\{T\}$ 为节点的温度向量；$[C]$ 为系统的比热矩阵；$[K]$ 为系统的热传导矩阵；$\{P\}$ 为节点热载荷向量。

对于线性的稳态问题，不考虑与时间相关的瞬态项，简化为：

$$[K]\{T\} = \{P\}$$

以上就是固体热传导问题的基本方程及 ANSYS 热传导有限元分析的理论背景。

1.3.3 热应力计算

固体结构在温度变化时会发生热胀冷缩变形，当这种变形受到约束时就会产生热应力。固体中一点的热应变由热膨胀系数和该点的温差计算，对于正交各向异性体，其热应变由下式给出：

$$\{\varepsilon^{th}\} = \Delta T \{\alpha_x \ \ \alpha_y \ \ \alpha_z \ \ 0 \ 0 \ 0\}^T$$

式中，α_x、α_y、α_z 分别为 x、y、z 3 个方向上的热膨胀系数；ΔT 为温差，由下式计算：

$$\Delta T = T - T_{\text{ref}}$$

式中，T 和 T_{ref} 分别为计算热应变位置的当前温度及参考温度（热应变为 0 时的温度）。

在考虑热膨胀的条件下，固体内一点的总应变应包含弹性应变和热应变，且总应变与节点位移之间通过应变矩阵相联系，即：

$$\{\varepsilon\} = \{\varepsilon^{el}\} + \{\varepsilon^{th}\} = [B]\{u^e\}$$

式中，$\{\varepsilon\}$ 为总应变；$[B]$ 为应变矩阵；$\{u^e\}$ 为节点位移向量；$\{\varepsilon^{el}\}$ 为弹性应变，是真正引起温度应力的那部分应变，由上式改写得到弹性应变的表达式如下：

$$\{\varepsilon^{el}\} = [B]\{u^e\} - \{\varepsilon^{th}\}$$

根据应力和弹性应变的关系计算应力如下：

$$\{\sigma\} = [D]\{\varepsilon^{el}\} = [D]\big([B]\{u^e\} - \{\varepsilon^{th}\}\big)$$

式中，$\{\sigma\}$ 为热应力；$[D]$ 为材料弹性矩阵。

对于虚拟的变形状态，节点虚位移向量 $\{u^{e*}\}$ 和对应的单元虚应变 $\{\varepsilon^*\}$ 满足：

$$\{\varepsilon^*\} = [B]\{u^{e*}\}$$

在单元 e 上应用虚功方程：

$$\int_{V_e} \{\varepsilon^*\}^T \{\sigma\} \mathrm{d}V = \{u^{e*}\}^T \{F^e\}$$

上述弹性应力和单元虚应变的表达式代入上述虚功方程，得：

$$\int_{V_e} \{u^{e*}\}^T [B]^T [D]([B]\{u^e\} - \{\varepsilon^{th}\}) \mathrm{d}V = \{u^{e*}\}^T \{F^e\}$$

$$\{u^{e*}\}^T \int_{V_e} [B]^T [D][B] \mathrm{d}V \{u^e\} = \{u^{e*}\}^T \{F^e\} + \{u^{e*}\}^T \int_{V_e} [B]^T [D]\{\varepsilon^{th}\} \mathrm{d}V$$

两边消去虚位移，得到：

$$\int_{V_e} [B]^T [D][B] \mathrm{d}V \{u^e\} = \{F^e\} + \int_{V_e} [B]^T [D]\{\varepsilon^{th}\} \mathrm{d}V$$

因单元刚度矩阵 $[K^e] = \int_{V_e} [B]^T [D][B] \mathrm{d}V$ ，上式因此简写为：

$$[K^e]\{u^e\} = \{F^e\} + \int_{V_e} [B]^T [D]\{\varepsilon^{th}\} \mathrm{d}V$$

上式即弹性结构热应力计算的基本方程，其中的热应变 $\{\varepsilon^{th}\}$ 按前面的表达式，通过热膨胀系数及温差计算。由此可见，热应力分析实质上为一个静力分析，如无外加载荷 $\{F^e\}$ ，右端的第二项表示热应力分析的等效载荷。

1.4　ANSYS 结构屈曲分析的理论背景

屈曲分析又称为结构稳定性分析，受压结构的屈曲问题是结构分析中最重要的研究课题之一。1963 年，罗马尼亚布加勒斯特的一个跨度为 93.5m 的网壳屋盖在一场大雪后被压垮，其原因就是网壳结构的整体失稳。近年来，随着各类大跨空间结构的广泛应用，结构的稳定性问题变得尤为突出。稳定性分析（屈曲分析）已经成为各类结构设计中必须考虑的关键性问题。本节简单介绍 ANSYS 屈曲分析的有关概念和理论背景。

结构的失稳破坏一般可分为如下两种，即分支型失稳和极值点失稳。

（1）分支型失稳。当载荷达到一定数值时，如果结构的平衡状态发生质的变化，则称结构发生了平衡状态分支型失稳。这种失稳的临界载荷可以通过分支平衡状态的分析进行计算，分支平衡状态实际上是一种随遇平衡状态。

这类失稳问题的研究主要针对没有缺陷的理想结构或构件，其目的是得到在特定的工况下结构发生失稳的临界载荷值，以及与此值相应的屈曲模式。这类问题实质上是一种特征值问题，可通过 ANSYS 的特征值屈曲分析功能来实现。

（2）极值点失稳。如果载荷达到一定的数值后，随着变形的发展，结构内、外力之间的平衡不再可能达到，这时即使外力不增加，结构的变形也将不断地增加直至结构破坏。这种失稳形式通常是发生在具有初始缺陷（如几何缺陷、残余应力、偶然偏心等）的结构中，具有初始弯曲的轴心压杆就属于这种情况。在这种类型的失稳情况下，结构的平衡形式并没有质的变化，结构失稳的载荷可通过载荷-变形曲线的载荷极值点得到，因此这类失稳被称为极值点失稳。极值点失稳问题的实质是有缺陷结构的非线性静力分析问题，载荷-位移曲线的极值点就是有缺陷结构的极限承载力，此值必然低于无缺陷理想结构的屈曲临界载荷，即结构在达到特征值屈曲计算的临界载荷理论值之前已经达到承载极限。

在一般的教科书中，通常将以上两种失稳类型分别称为第一类失稳问题和第二类失稳问题。对于第二类失稳问题，结构的位移一般已经超出小变形范围，因此一般为几何非线性和材料非线性同时存在的复合非线性问题。

ANSYS 的特征值屈曲分析基于经典稳定性理论，用于计算不考虑缺陷的理想结构的稳定临界屈曲问题。首先进行静力分析，得到外部载荷 $\{F\}$ 作用下的应力和应力刚度 $[S]$ 。在静力有限元平衡方程中计入几何刚度的影响，即：

$$([K] + [S])\{u\} = \{F\}$$

将载荷 $\{F\}$ 放大 λ 倍，几何刚度 $[S]$ 随之放大，对于临界屈曲情况，位移上施加一个任意的扰动 ψ 也是可能的平衡状态，即有：

$$([K] + \lambda[S])\{u\} = \lambda\{F\}$$
$$([K] + \lambda[S])\{u + \psi\} = \lambda\{F\}$$

两式相减得到：

$$([K] + \lambda[S])\{\psi\} = 0$$

上式为一个齐次线性方程组，因此属于特征值问题，上述齐次线性方程组具有非零解的条件为：

$$\det([K] + \lambda_i[S]) = 0$$

求解此特征值问题，得到的特征值 λ_i 为临界屈曲载荷因子，特征向量 $\{\psi_i\}$ 为失稳变形模式，$\lambda_i\{F\}$ 为第 i 阶屈曲临界载荷。

由于几何刚度与施加的载荷成比例，因此特征值屈曲又被称为线性屈曲。

线性屈曲分析中，特征值随着施加载荷的数值而有不同的意义。如果计算几何刚度时施加的载荷为单位载荷，则计算的特征值 λ_i 本身就是屈曲临界载荷。如果施加的是实际的载荷，则计算的特征值表示稳定承载力与实际承受载荷之比值，即安全系数。

对于模型中有自重作用的情况，如图 1-38 所示，需要进行多次迭代计算，以使得计算出的特征值接近于 1.0，因自重不能被放大。

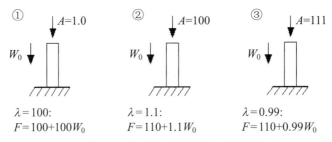

图 1-38　考虑自重的线性屈曲分析

需要注意的是，工程上有实际意义的只是最低阶的临界屈曲载荷。尽管特征值屈曲得到的临界载荷是偏于不安全的估计，但其失稳模式能给设计人员提供启发。由于实际结构是有缺陷的，因此常采用特征值屈曲的失稳模式按比例缩小作为结构的初始几何缺陷，叠加到结构节点坐标上，考虑材料非线性和大变形，按增量法逐步增加结构载荷，进行非线性静力分析，直至结构达到结构的屈曲极限承载力。关于结构非线性分析的更多相关内容，请参照 1.5 节。

1.5　ANSYS 结构非线性分析的概念和理论背景

1.5.1　非线性问题的基本概念和分类

工程结构非线性问题大致分为材料非线性、几何非线性、状态非线性 3 类，不同类型的非线性问题具有一个共同的特点，即：结构的刚度（矩阵）随位移的变化而改变。

（1）材料非线性是由于材料的应力和应变之间不满足线性关系，因而在加载过程中引起单元（结构）刚度矩阵的变化，即结构的刚度随着自由度（位移）的变化而变化。ANSYS 可以处理的材料非线性问题类型十分广泛，包括非线性弹性、弹塑性、粘弹性、徐变、松弛等常见的工程材料非线性行为，但目前最为常用的材料非线性分析是结构的弹塑性分析。

（2）几何非线性是由于大变形（大转动）、大应变或应力刚度引起的结构刚度的变化，这类问题显然也具备结构刚度随着位移自由度的变化而变化这一非线性的本质特征。应力刚化是指刚度随着应力状态的改变而变化，这类问题中应力刚度称为结构刚度的一部分。一个常见的应力刚化的例子就是索，在不承受拉力时其侧向刚度几乎为 0，在承受拉力绷紧以后产生了侧向刚化的现象。大变形（大转动）也会引起单元刚度的显著变化，一个典型的例子是当结构中的某个二力杆发生一个大转动时，比如由水平方向转动到竖直方向，其轴线的方向变化显著，因此轴向刚度对总体刚度矩阵的贡献也会发生显著的变化。通常情况下，ANSYS 在大变形分析中自动考虑应力刚化，而在大应变分析中自动考虑大变形。另一个典型的几何非线性的例子就是钓鱼杆的大变形分析，计算中程序需同时考虑大变形（转动）以及由此引起的应力刚化的影响。

（3）状态非线性是结构的刚度由于状态的改变而变化。最典型的状态非线性问题是接触问题，伴随结构的变形过程，节点之间可能进入接触状态，也可能在接触后又分离。发生接触时，物体之间出现很大的接触力，结构的刚度发生突变。

由于非线性问题的刚度矩阵随位移的变化而变化，因此难于用全量方程来表示任意时刻的结构受力情况，但由于每一时刻的切线刚度可以得到，因此采用增量形式的方程进行描述和计算，$\{\Delta u\}$ 和 $\{\Delta F\}$ 分别为位移增量和载荷增量，增量方程中的刚度阵采用当前增量步开始的切线刚度矩阵近似，这种增量形式的方程仅适用于描述位移增量 $\{\Delta u\}$ 足够小以至于刚度在增量范围不会明显变化的增量步。

以上 3 类非线性问题，可以采用如下统一形式的切线增量方程来描述，即：

$$[K]^{Tangent}\{\Delta u\} = \{\Delta F\}$$

由于非线性问题中结构的刚度随位移变化而改变，因此非线性问题的求解过程中必然包含多次平衡迭代以获得内力和载荷之间的平衡，即获得收敛的解。

1.5.2　结构塑性分析的理论基础

弹塑性分析是一类典型的材料非线性问题，本节对结构弹塑性有限元分析的相关理论背景做简要的介绍。

根据塑性理论，当金属材料的等效应力达到屈服强度时会进入塑性阶段，即材料的屈服条件：

$$\sigma_e = f(\{\sigma\}) = \sigma_y$$

式中，σ_e 为等效应力；σ_y 为屈服强度；f 为屈服函数。进入塑性阶段后，塑性应变的发展由流动法则规定，即：

$$\{\mathrm{d}\varepsilon^{pl}\} = \lambda\left\{\frac{\partial Q}{\partial \sigma}\right\}$$

式中，λ 为塑性乘子；Q 为塑性势函数。对于做功硬化材料，还需满足硬化条件，即：

$$F(\{\sigma\}, \kappa, \{\alpha\}) = 0$$

式中，F 为后继屈服函数；κ 为塑性功，由下式计算：

$$\kappa = \int \{\sigma\}[M]\{\mathrm{d}\varepsilon^{pl}\}$$

其中，

$$[M] = \begin{bmatrix} 1 & & & & & \\ & 1 & & & & \\ & & 1 & & & \\ & & & 2 & & \\ & & & & 2 & \\ & & & & & 2 \end{bmatrix}$$

屈服面的平移量 $\{\alpha\}$ 由下式计算：

$$\{\alpha\} = \int C\{\mathrm{d}\varepsilon^{pl}\}$$

式中，C 为材料参数。对后继屈服函数取微分得一致性条件：

$$\mathrm{d}F = \left\{\frac{\partial F}{\partial \sigma}\right\}^T [M]\{\mathrm{d}\sigma\} + \frac{\partial F}{\partial \kappa}\mathrm{d}\kappa + \left\{\frac{\partial F}{\partial \alpha}\right\}^T [M]\{\mathrm{d}\alpha\} = 0$$

根据前述表达式易知，塑性功和屈服面平移量的微分表达式如下：

$$\mathrm{d}\kappa = \{\sigma\}^T [M]\{\mathrm{d}\varepsilon^{pl}\}$$

$$\{\mathrm{d}\alpha\} = C\{\mathrm{d}\varepsilon^{pl}\}$$

代入一致性条件，得：

$$\left\{\frac{\partial F}{\partial \sigma}\right\}^T [M]\{\mathrm{d}\sigma\} + \frac{\partial F}{\partial \kappa}\{\sigma\}^T [M]\{\mathrm{d}\varepsilon^{pl}\} + C\left\{\frac{\partial F}{\partial \alpha}\right\}^T [M]\{\mathrm{d}\varepsilon^{pl}\} = 0$$

应力增量 $\{\mathrm{d}\sigma\}$ 可通过弹性本构关系计算，即：

$$\{\mathrm{d}\sigma\} = [D]\{\mathrm{d}\varepsilon^{el}\}$$

式中，$[D]$ 为弹性的应力-应变矩阵，弹性应变增量由下式给出：

$$\{\mathrm{d}\varepsilon^{el}\} = \{\mathrm{d}\varepsilon\} - \{\mathrm{d}\varepsilon^{pl}\}$$

以上关系代入一致性条件并整理可得塑性应变乘子表达式：

$$\lambda = \frac{\left\{\dfrac{\partial F}{\partial \sigma}\right\}^T [M][D]\{\mathrm{d}\varepsilon\}}{-\dfrac{\partial F}{\partial \kappa}\{\sigma\}^T [M]\left\{\dfrac{\partial Q}{\partial \sigma}\right\} - C\left\{\dfrac{\partial F}{\partial \alpha}\right\}^T [M]\left\{\dfrac{\partial Q}{\partial \sigma}\right\} - \left\{\dfrac{\partial F}{\partial \sigma}\right\}^T [M][D]\left\{\dfrac{\partial Q}{\partial \sigma}\right\}}$$

由此表达式可知，塑性应变增量与总的应变增量、当前应力状态以及屈服函数和塑性势函数的特定形式等因素有关。由于上述表达式中涉及待求解的当前步的应力值，因此需通过局部的迭代来计算当前步的塑性应变增量。

在弹塑性分析的具体实施过程中，按照如下步骤进行。

（1）计算当前步的屈服应力。

（2）按以下两式计算当前步的试应变 $\{\varepsilon_n^{tr}\}$ 和试应力 $\{\sigma^{tr}\}$。在试应力式中由于都是当前步因此省略了下标。

$$\{\varepsilon_n^{tr}\} = \{\varepsilon_n\} - \{\varepsilon_{n-1}^{pl}\}$$

$$\{\sigma^{tr}\} = [D]\{\varepsilon^{tr}\}$$

式中，$\{\varepsilon_n\}$ 为当前步的总应变；$\{\varepsilon_{n-1}^{pl}\}$ 为前一步的塑性应变。

（3）计算当前步的等效应力，如果等效应力小于屈服强度，那么材料为弹性的，当前步没有塑性应变增量。

（4）如果等效应力超出了屈服强度，那么通过局部迭代方式计算塑性乘子λ。

（5）根据流动法则计算当前步的塑性应变增量$\{\Delta\varepsilon^{pl}\}$。

（6）按下式更新当前步的塑性应变$\{\varepsilon_n^{pl}\}$，此值将作为塑性应变值输出。

$$\{\varepsilon_n^{pl}\} = \{\varepsilon_{n-1}^{pl}\} + \{\Delta\varepsilon^{pl}\}$$

按下式计算当前步的弹性应变$\{\varepsilon^{el}\}$，此值将作为弹性应变值输出：

$$\{\varepsilon^{el}\} = \{\varepsilon^{tr}\} - \{\Delta\varepsilon^{pl}\}$$

按下式计算应力，此值将是本步的输出应力值。

$$\{\sigma\} = [D]\{\varepsilon^{el}\}$$

（7）通过下面两式计算塑性功增量和屈服面中心偏移量增量：

$$\kappa_n = \kappa_{n-1} + \Delta\kappa$$
$$\{\alpha_n\} = \{\alpha_{n-1}\} + \{\Delta\alpha\}$$

（8）基于输出的目的，计算等效塑性应变、等效塑性应变增量、等效应力参数及应力比参数等标量参数。其中，等效塑性应变增量由下式计算：

$$\Delta\hat{\varepsilon}^{pl} = \left(\frac{2}{3}\{\Delta\varepsilon^{pl}\}^T[M]\{\Delta\varepsilon^{pl}\}\right)^{\frac{1}{2}}$$

在这里需要对应变输出结果做一点说明。在 ANSYS Mechanical 中，应变计算结果中的弹性应变和总应变由下面两式给出：

$$\{\varepsilon^{el}\} = \{\varepsilon\} - \{\varepsilon^{th}\} - \{\varepsilon^{pl}\}$$
$$\{\varepsilon^{tot}\} = \{\varepsilon^{el}\} + \{\varepsilon^{pl}\}$$

这里应当注意到，应变$\{\varepsilon\}$为实际的总应变量，而$\{\varepsilon^{tot}\}$为 ANSYS 输出的总应变，两式相减得到：

$$\{\varepsilon^{tot}\} = \{\varepsilon\} - \{\varepsilon^{th}\}$$

一般来说，两个不同的总应变可用于不同的场合，即：总应变$\{\varepsilon^{tot}\}$被用于绘制非线性的应力-应变曲线，而$\{\varepsilon\}$用于比较应变计的测量应变值。

对于采用 Von Mises 屈服面的双线性等向硬化材料，其主应力空间中的屈服面为圆柱面，单轴应力-应变关系为两段折线，如图 1-39 所示。

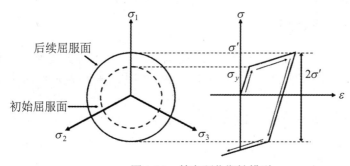

图 1-39　等向硬化塑性模型

等效应力和屈服条件可以表示为：

$$\sigma_e = \left(\frac{3}{2}\{s\}^T[M]\{s\}\right)^{\frac{1}{2}}$$

$$F = \left(\frac{3}{2}\{s\}^T[M]\{s\}\right)^{\frac{1}{2}} - \sigma_K = 0$$

式中，σ_K 为屈服强度，与等效塑性应变有关，可由单轴应力-应变关系求得；$\{s\}$ 为偏应力，由下式计算：

$$\{s\} = \{\sigma\} - \sigma_m \{1 \quad 1 \quad 1 \quad 0 \quad 0 \quad 0\}^T$$

采用关联流动法则，即：

$$\left\{\frac{\partial Q}{\partial \sigma}\right\} = \left\{\frac{\partial F}{\partial \sigma}\right\} = \frac{3}{2\sigma_e}\{s\}$$

对于采用 Von Mises 屈服面的双线性随动硬化材料，其主应力空间中的屈服面为中心移动而形状不变的圆柱面，单轴应力-应变关系为两段折线，如图 1-40 所示。

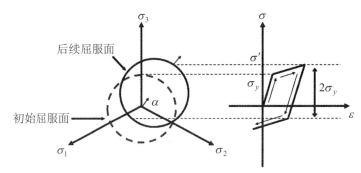

图 1-40　随动硬化塑性模型

屈服条件可以表示为：

$$F = \left[\frac{3}{2}\left(\{s\}-\{\alpha\}\right)^T[M]\left(\{s\}-\{\alpha\}\right)\right]^{\frac{1}{2}} - \sigma_y = 0$$

同样采用关联流动法则：

$$\left\{\frac{\partial Q}{\partial \sigma}\right\} = \left\{\frac{\partial F}{\partial \sigma}\right\} = \frac{3}{2\sigma_e}\left(\{s\}-\{\alpha\}\right)$$

1.5.3　几何非线性分析的理论基础

在各类工程结构的几何非线性分析中，最为常见的一类问题是大变形小应变问题。本节针对这类问题，简要介绍几何非线性分析中导出一致切线刚度矩阵及增量法计算的相关理论背景。

首先，无论对于何种类型的几何非线性问题，虚功原理总是成立的。根据虚功原理，处于平衡状态的任一单元 e，对于任意的虚位移，节点力在节点虚位移上做的虚功应等于单元的虚应变能，因此有虚功方程表达式：

$$\int_V \{\varepsilon^*\}^T \{\sigma\} \mathrm{d}V - \{u^{e*}\}^T \{F^e\} = 0$$

式中，$\{u^{e*}\}$ 为节点虚位移向量；$\{\varepsilon^*\}$ 为虚应变；$\{\sigma\}$ 为单元的真实应力；$\{F^e\}$ 为节点力向量。虚应变和相应的节点虚位移之间满足几何方程：

$$\{\varepsilon^*\} = [B]\{u^{e*}\}$$

式中，$[B]$ 为应变矩阵。代入前面虚功方程的表达式，注意到虚位移 $\{u^{e*}\}$ 的任意性，得到如下形式的单元平衡方程：

$$\int_V [B]^T \{\sigma\} \mathrm{d}V - \{F^e\} = 0$$

前已述及，分析非线性问题时一般采用增量方法，因此将上述单元平衡方程写成如下的微分形式，即：

$$\int_V \mathrm{d}([B]^T \{\sigma\}) \mathrm{d}V - \mathrm{d}\{F^e\} = 0$$

对于几何非线性问题，单元应变矩阵 $[B]$ 和应力 $\{\sigma\}$ 都是位移的函数，因此有：

$$\int_V \mathrm{d}[B]^T \{\sigma\} \mathrm{d}V + \int_V [B]^T \mathrm{d}\{\sigma\} \mathrm{d}V - \mathrm{d}\{F^e\} = 0$$

如果仅是大变形小应变问题，材料仍然是线性的，即：

$$\mathrm{d}\{\sigma\} = [D]\mathrm{d}\{\varepsilon\}$$

应变增量和节点位移增量之间也满足几何方程，即：

$$\mathrm{d}\{\varepsilon\} = [B]\mathrm{d}\{u^e\}$$
$$[B] = [B]_0 + [B]_L$$

于是，应力增量可以表示为：

$$\mathrm{d}\{\sigma\} = [D][B]\mathrm{d}\{u^e\} = [D]([B]_0 + [B]_L)\mathrm{d}\{u^e\}$$

以上各关系式代入前面的微分形式的平衡方程，得到：

$$\int_V \mathrm{d}[B]_L^T \{\sigma\} \mathrm{d}V +$$

$$\left(\int_V [B]_0^T [D][B]_0 \mathrm{d}V \right) \mathrm{d}\{u^e\} +$$

$$\left(\int_V [B]_0^T [D][B]_L \mathrm{d}V + \int_V [B]_L^T [D][B]_0 \mathrm{d}V + \int_V [B]_L^T [D][B]_L \mathrm{d}V \right) \mathrm{d}\{u^e\} = \mathrm{d}\{f\}$$

如果令上式中的第一项为：

$$\int_V \mathrm{d}[B]_L^T \{\sigma\} \mathrm{d}V = [k]_\sigma \mathrm{d}\{u^e\}$$

式中，$[k]_\sigma$ 为初应力刚度矩阵或几何刚度矩阵，表示单元内存在的应力对单元刚度的影响。令上式第二项为：

$$\int_V [B]_0^T [D][B]_0 \mathrm{d}V \mathrm{d}\{u^e\} = [k]_0 \mathrm{d}\{u^e\}$$

式中，$[k]_0$ 为与单元节点位移无关的主切线刚度矩阵。令第三项括号中的项为：

$$[k]_L = \int_V [B]_0^T [D][B]_L \, dV + \int_V [B]_L^T [D][B]_0 \, dV + \int_V [B]_L^T [D][B]_L \, dV$$

式中，$[k]_L$ 为单元的初位移刚度矩阵，表示单元方位的改变对单元刚度矩阵的影响。于是得到微分形式的单元切线刚度方程如下：

$$\left([k]_\sigma + [k]_0 + [k]_L\right) d\{u^e\} = d\{F^e\}$$

ANSYS 几何非线性分析中，还可考虑由于压力载荷的大变形跟随效应，在单元刚度矩阵中增加跟随载荷刚度 $[k]_a$，如果令：

$$[k]_T = [k]_\sigma + [k]_0 + [k]_L - [k]_a$$

式中，$[k]_T$ 为单元的切线刚度矩阵，微分形式的单元切线刚度方程可写为如下更为简洁的形式，即：

$$[k]_T \, d\{u^e\} = d\{F^e\}$$

按照自由度对号入座的方法，由单元切线刚度矩阵集成结构切线刚度矩阵，并得到微分形式的结构刚度方程：

$$[K]_T = \sum_e [k]_T$$

$$[K]_T \, d\{u\} = d\{F\}$$

实际计算中，加载时不可能取微分形式，总是用一个有限的增量代替微分，然后用 N-R 方法通过多次迭代的方式进行求解，由此求得位移增量。

ANSYS 几何非线性计算之前，如需考虑大位移或大转动问题需要向程序声明，其命令是 NLGEOM,ON（在 Workbench 中选择 Large Deflection 选项）。如果仅考虑应力刚化效应（预应力效应），首先通过静力分析计算应力刚度以用于后续的分析类型，同时也需要向程序声明此效应，其命令为 PSTRES,ON。在 Workbench 环境下，一个分析系统链接到一个静力分析系统时，就自动包含了应力刚化效应。

在大变形分析中，要注意各种载荷的特点。惯性载荷、集中载荷在发生大转动后方向保持不变，而分布载荷则跟随结构变形，如：压力载荷会跟随变形后的表面法向，包括 BEAM188/189、SHELL181、PLANE182/183、SOLID185/186/187、SURF153/154 单元类型。各种载荷在变形前后的方向示意如图 1-41 所示。

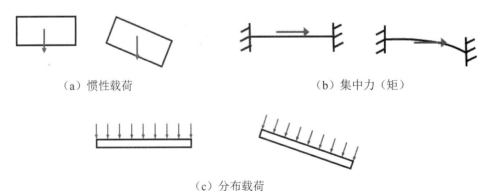

（a）惯性载荷　　　　　　　　　　　　（b）集中力（矩）

（c）分布载荷

图 1-41　各种载荷类型在大变形前后的方向

在本节的最后，对大应变分析中的应力和应变的度量问题做简单的说明。

在大应变分析中，需要注意的一个首要问题是应力、应变的度量。小应变分析中采用工程应变和工程应力，工程应变是长度的改变量与初始长度的比，工程应力是内力除以初始的截面积。大应变问题中，通常采用对数应变和真实应力，其表达式如下：

$$\sigma_{\text{true}} = \frac{F}{A}$$

$$\varepsilon_{\log} = \ln\left(\frac{l}{l_0}\right)$$

单轴应力状态下，两倍屈服应变到颈缩之前的工程应力 σ、工程应变 ε 与真实应力、对数应变之间可按如下公式进行转换：

$$\sigma_{\text{true}} = \sigma(1+\varepsilon) \qquad \varepsilon_{\log} = \ln(1+\varepsilon)$$

如果已知工程应力和工程应变，在大应变分析时，这些数据需要通过以上公式转换为真实应力和对数应变。此外，大应变分析中对变形梯度较大的区域要细化网格，以避免由于网格高度扭曲而导致的发散。

1.5.4　接触分析算法简介

接触问题是常见的一类工程问题，建筑工程中的地基与基础之间的作用、机械系统中齿轮面的啮合、硬度计与测量试件之间的作用等，都是典型的接触问题。ANSYS 具有完备的接触仿真分析能力，本节对 ANSYS 接触分析相关的概念和算法作简要地介绍。

1．接触问题的分类

（1）按照接触物体的特性分类。接触问题按照接触物体的特性可以分为两种基本类型，即刚性体和柔性体之间的接触、柔性体和柔性体之间的接触。

在刚性体和柔性体之间的接触问题中，接触面的一个或多个被当作刚体（与它接触的变形体相比，有大得多的刚度），一般情况下，一种软材料和一种硬材料接触时，问题可以被假定为刚性体-柔性体的接触，许多金属成形问题归为此类接触。

柔性体和柔性体之间的接触问题是更加带有普遍性的接触问题类型。在这种问题中，接触的物体都是可变形体。变形体的自接触问题也属于这一类型。

（2）按接触面的几何特性分类。在 Workbench 中，根据接触面的几何类型，接触可以分为面－面接触（Face-Face Contact）、面－边接触（Face-Edge Contact）以及边－边接触（Edge-Edge Contact）。

面－面接触一般发生在表面体（Surface Body）和（或）实体（Solid Body）的表面之间。面－边接触以及边－边接触一般发生在 Surface Body 和（或）Solid Body 的表面和边之间。

（3）按接触的力学行为分类。在 Workbench 中，根据接触的法向以及切向力学行为可以分为 Bonded、No Separation、Frictionless、Rough 以及 Frictional 5 种类型。各种接触类型的法向和切向的力学行为汇总列于表 1-10 中。

表 1-10　接触类型及其法向、切向行为

接触类型	法向	切向
Bonded	绑定，无分离	绑定，无滑移
No Separation	不分离	可滑移

续表

接触类型	法向	切向
Frictionless	可分离	可滑移
Rough	可分离	无滑移
Frictional	可分离	可滑移

在上述接触类型中，Bonded、No Separation 实际上是线性接触类型，在求解过程中无需进行迭代。Frictionless、Rough 以及 Frictional 属于非线性接触类型，这些接触类型是需要关注的难点所在。

2. 非线性接触问题的基本特征

对于非线性接触类型，接触问题具有如下的基本特征：

（1）接触区域的范围、接触物体的相互位置以及接触的具体状态都是未知的。比如，物体表面之间是接触或分开可能是突然变化的，在事先无法得知；由于在加载过程中材料的变形，点接触可能会发展为面接触，这都体现出接触问题的高度复杂性。

在接触计算过程中，需要通过材料参数、载荷、边界条件等因素，进行综合分析后才能判断或确定当前的接触状态。

（2）接触条件具有高度的非线性特征。接触条件是一些具有高度非线性的单边性不等式约束，主要的接触条件包括：

1）接触物体之间不可相互侵入。

2）接触界面间法向作用只能为压力。

3）切向接触的摩擦条件是路径相关的能量耗散行为。

接触界面特性的不可预知性以及接触条件的非线性特点，使得接触分析过程中必须经常进行接触界面的搜索和判断，这增加了问题的求解复杂性。接触过程的高度非线性需要研究比求解其他非线性问题更为有效的分析方案和方法。

3. 法向接触算法

ANSYS Mechanical 的法向接触算法包括罚函数法、增强拉格朗日方法、拉格朗日乘子法以及 MPC 算法等。

（1）罚函数法与增强拉格朗日方法。对于一般的非线性接触问题，ANSYS 传统的处理方法是通过接触面（Contact）和目标面（Target）两个表面来建立接触关系，ANSYS 称之为一个接触对，如图 1-42 所示。

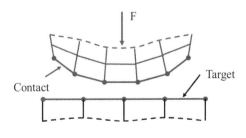

图 1-42　接触界面的建立

在一个接触对中，接触面上的接触探测点（积分点或节点）不能穿透目标面。如果在一个接触区域同时建立两个接触对，两侧的表面互为接触面和目标面，则称为对称接触，否则为非对称接触。在非对称接触中，正确选择接触面是很重要的。如图 1-43（a）所示，上面体的网格更细密，因此更适合作为接触面，而下面体的网格较粗，适合于作为目标面。接触面不能穿透目标面，因此接触建立正确；而如图 1-43（b）所示，如果下面体的表面作为接触面，上面体的表面作为目标面，仅仅接触面的节点位置建立接触不穿透目标面，节点之间的表面发生了显著的穿透。

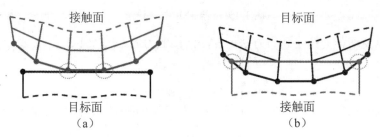

图 1-43　接触面与目标面

对非对称接触，由于接触探测点的位置，积分点探测可允许边缘少许渗透。另一方面,使用积分点比节点探测会有更多接触探测点，如图 1-44 所示，所以以每种接触探测方法都有优点和缺点。

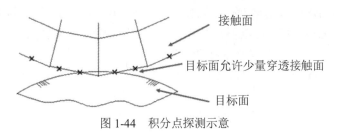

图 1-44　积分点探测示意

在一个非对称接触中，接触表面的正确选择建议按照如下的指导原则：

1）如果一个凸的表面要和一个平面或凹面接触，应该选取平面或凹面为目标面。

2）如果一个表面有粗糙的网格，而另一个表面网格细密，则应选择粗糙网格表面为目标面。

3）如果一个表面比另一个表面硬，则硬表面应为目标面。

4）如果一个表面为高阶，而另一个为低阶，则低阶表面应为目标面。

5）如果一个表面大于另一个表面，则大的表面应为目标面。

接触对的法向接触常用的算法是罚函数法（Pure Penalty）以及增强的拉格朗日法（Augmented Lagrange），这两种方法都是基于法向的接触弹簧实现的。如图 1-45 所示，两个表面发生接触时，对于一个有限的法向接触力 F_{normal}，引入一个接触刚度 k_{normal} 的接触界面弹簧，阻止接触界面两侧的物体发生相互的穿透（Penetration）。接触界面弹簧的刚度（接触刚度）越高，穿透量 $x_{\mathrm{penetration}}$ 就越小。容易理解，当 k_{normal} 无限大时将导致零穿透量，而这对于罚函数方法是无法实现的，但是如果是穿透量 $x_{\mathrm{penetration}}$ 足够小或可忽略，则是可以办到的，这时就认为求解的结果是精确的。

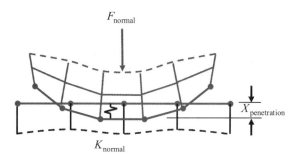

图 1-45 接触刚度与穿透量

罚函数法以及增强的拉格朗日方法计算法向接触力的方式如下：

$$F_{normal} = k_{normal} x_{penetration}$$

$$F_{normal} = k_{normal} x_{penetration} + \lambda$$

因为额外的附加项λ，增强的拉格朗日方法对于接触刚度 k_{normal} 的数值变得不像罚函数方法那样敏感。

法向接触刚度 k_{normal} 是影响精度和收敛行为最重要的参数。法向接触刚度的数值越大，结果越精确，但是收敛也将会变得越困难。如果接触刚度太大，接触面之间有可能会相互弹开而引起模型的震荡发散。

（2）拉格朗日乘子法。另外一种可用的方法是拉格朗日乘子法，此方法中接触压力被作为额外的自由度参与求解，以强制满足接触界面变形协调性，因此不涉及接触刚度和穿透问题。通过将接触压力作为自由度，可以得到 0 或接近 0 的穿透量。拉格朗日乘子法的缺点是存在震荡问题，这可以通过图 1-46 来解释。如图 1-46（a）所示，如果不允许穿透，那么接触状态是跳跃的，即由开放（Open）到闭合（Closed）的过程中存在跳跃性变化，这会导致来回震荡，可能使收敛变得更加困难。如图 1-46（b）所示，在罚函数方法中，由于允许一个微小的穿透量，收敛变得相对容易，因为接触状态的改变不再有跳跃。

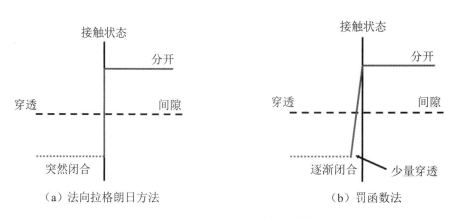

（a）法向拉格朗日方法　　　　　　　　　（b）罚函数法

图 1-46 法向拉格朗日法与罚函数法的区别

表 1-11 列出了一个典型分析中法向刚度与穿透量的相关关系。从表中容易看出，接触刚度因子越小，穿透量越大。然而，它也使求解更快速，迭代次数更少并容易收敛。与增强拉格朗日方法相比，法向拉格朗日乘子法的穿透量几乎为零。

表 1-11　法向刚度与穿透量的关系举例

算法	法向刚度因子	最大接触压力		最大穿透量	迭代次数
Augmented Lagrange	0.01	0.979	36%	2.70E-04	2
Augmented Lagrange	0.1	1.228	20%	3.38E-05	2
Augmented Lagrange	1	1.568	2%	4.32E-06	3
Augmented Lagrange	10	1.599	4%	4.41E-07	4
Normal Lagrange	—	1.535	0%	3.17E-10	2

（3）MPC 算法。除了上述接触算法以外，ANSYS 对特定的"绑定"和"不分离"表面间的接触类型提供了多点约束方程，即 MPC 算法。MPC 算法通过在内部添加约束方程来连接接触面间的位移自由度。这种方法不基于罚函数法或拉格朗日乘子法，它是直接有效地关联绑定接触面的方式。基于 MPC 算法的绑定接触也支持大变形效应。

由于算法不同，接触探测点也有不同。Pure Penalty 和 Augmented Lagrange 方法使用积分点进行接触探测，这导致更多的探测点。如图 1-47（a）所示，接触面一侧有 10 个积分点参与接触探测。而 Normal Lagrange 和 MPC 算法使用节点进行接触探测，这导致更少的探测点，如图 1-47（b）所示，接触面一侧一共有 6 个节点参与接触探测。一般情况下，节点探测在处理边接触时效果更好，但是采用积分点探测时，通过局部的网格细化也可以达到同样的效果。

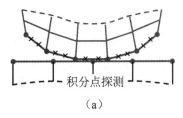
积分点探测
（a）

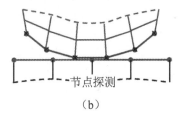
节点探测
（b）

图 1-47　接触探测点

4. 切向接触算法

以上是关于接触的法向算法。当定义了 Frictional、Rough 或 Bonded 类型的接触时，类似的情况会出现在切向方向。同法向不穿透条件类似，如果在切向上两个实体是粘结在一起的（即没有相对滑动），则在切线方向一般采用罚函数方法来防止相对滑动，其具体做法是在切向引入刚度为 $k_{tangential}$ 的弹簧，切向力与滑移距离之间满足如下弹性关系：

$$F_{tangential} = k_{tangential} x_{sliding}$$

式中，$x_{sliding}$ 为弹性滑移量 ELSI，如图 1-48 所示，粘着时 ELSI 的理想值为零，罚函数方法允许少量滑动。不同于法向接触刚度，切向接触刚度不能由用户直接改变。

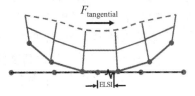

图 1-48　切向力与滑移距离

对于有摩擦的接触，两个接触面可以承受摩擦引起的剪应力。根据库仑摩擦模型，当等效剪应力小于极限摩擦应力 $\tau_{\lim}$ 时，两个面之间不发生滑动，这种状态被称为粘着状态。库仑摩擦模型被定义为：

$$\tau_{\lim} = \mu P + b$$
$$\|\tau\| \leqslant \tau_{\lim}$$

式中，μ 为摩擦系数；P 为接触法向压力；b 为接触内聚力；$\|\tau\|$ 为等效应力，由下式计算：

$$\|\tau\| = \begin{cases} |\tau| & \text{2-D contact} \\ \sqrt{\tau_1^2 + \tau_2^2} & \text{3-D contact} \end{cases}$$

式中，τ 以及 τ_1、τ_2 为接触面上的剪切应力。一旦等效剪切应力超过 $\tau_{\lim}$，接触面和目标面将发生相对滑移，这种状态被称为滑动（Sliding），否则为粘着状态（Sticking）。粘着/滑动计算确定接触点何时发生状态的改变。接触内聚力可以提供滑动阻力，即便是在零法向压力下。CONTA174 单元提供了最大等效摩擦应力 $\tau_{\max}$ 参数，这样，无论接触压力的大小如何，当等效摩擦应力的大小达到最大等效摩擦应力值时，都会发生滑动，如图 1-49 所示。

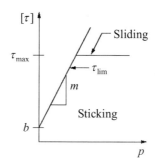

图 1-49 接触摩擦模型

面—面接触单元（CONTA174 单元）提供了指数摩擦模型，用于平滑过渡静摩擦系数以及动摩擦系数。若静摩擦系数为 μ_s，动摩擦系数为 μ_d，则用下式描述的指数插值函数来使二者平滑过渡：

$$\mu(v) = \mu_d + (\mu_s - \mu_d)e^{-c|v|}$$

式中，v 为接触表面之间的相对滑移速度；c 为衰减系数。

5. 接触算法总结

对绑定接触，可使用 Pure Penalty 算法以及较大的法向刚度，接触刚度高可以导致很小或可忽略的穿透，得到精确的结果。不过对于绑定接触，MPC 算法也是另一个好的选择，且适用于大变形分析。

对无摩擦或摩擦接触，可使用 Augmented Lagrange 或 Normal Lagrange 方法，并推荐优先使用 Augmented Lagrange 方法。如果用户不想考虑法向刚度，同时要求零穿透，可以使用 Normal Lagrange 方法，但必须使用直接求解器（Direct Solver）。涉及摩擦的算法会导致非对称刚度矩阵，如果摩擦对整体位移场有很大的影响，且解高度依赖于摩擦应力的数值时，使用非对称刚度矩阵（NROPT，UNSYM）计算效率更高。各种接触算法的法向和切向处理方法汇总于表 1-12 中。

表 1-12   接触算法及其特性

算法	法向	切向	法向接触刚度	切向接触刚度	适合接触类型
增强 Lagrange	增强 Lagrange	罚函数法	需要	需要	任意
纯罚函数法	罚函数法	罚函数法	需要	需要	任意
法向 Lagrange	Lagrange 乘子法	罚函数法	—	需要	任意
MPC	MPC	MPC	—	—	绑定、不分离

1.5.5   非线性问题的求解方法

非线性问题中，结构受到的力和位移响应之间不再满足线性关系，明显的特点是刚度随位移变化，因此对给定的载荷增量，用切线刚度无法直接计算得到与载荷增量对应的位移增量，必须采用多次迭代的方法。

ANSYS 在实际计算中，通常把需要施加的载荷历程分成多个载荷步（Load Step），每一个载荷步都分成很多的增量步（Sub Step）逐级施加，增量步（或时间步）的步长由载荷步结束时间和增量步数决定。程序通常会采用所谓自动增量步（时间步）技术，指定一个初始的步长 Δt_{start}、最小时间步长 Δt_{min} 及最大时间步长 Δt_{max}，程序自动在此范围内选择合适的增量步长，如图 1-50 所示。对于其中的每一个增量步，又需要分别进行多次的平衡迭代（Equilibrium Iteration）以达到载荷与内力之间的平衡。

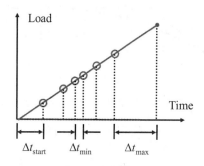

图 1-50   自动时间步技术示意图

图 1-51 所示为某个结构非线性分析的计算输出信息，可以看到，分析设置中采用了自动时间步技术（Automatic Time Stepping）为 ON，初始增量步数、最大和最小增量步数分别为 1、10、1，每个子步的最大平衡迭代次数为 15 次。

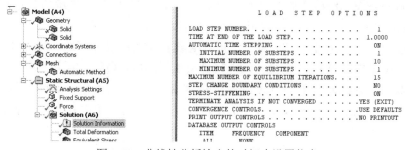

图 1-51   非线性分析输出的时间步设置信息

ANSYS 采用 N-R 方法求解非线性问题，图 1-52（a）给出了这一求解过程的示意。非线性分析的每一次迭代相当于一次一般的线性分析，图中的每一个斜直线段即依次迭代。完全 N-R 法计算时，每一次迭代时均采用当前的切线刚度矩阵 $[K]^{Tangent}$，迭代计算出位移增量后，通过位移增量计算内力，内外力之间的不平衡力进入下一次迭代。经过多次平衡迭代后，当内、外力之间的不平衡力小于允许的容差时，即认为达到了近似的平衡，或者说迭代达到了收敛，图 1-52（b）所示为后面几次迭代与收敛容差范围的局部放大。结构的最终非线性位移响应是各次迭代位移增量的累积。

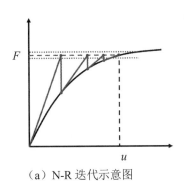

（a）N-R 迭代示意图

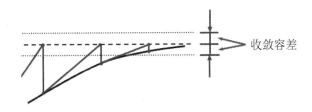

（b）收敛容差范围

图 1-52　N-R 迭代及收敛容差示意图

非线性分析的平衡迭代满足了收敛法则时称为增量步达到收敛，ANSYS 可指定如下的收敛法则：

$$\|\{R\}\| < \varepsilon_R R_{ref}$$

式中，$\{R\}$ 为不平衡力；R_{ref} 为不平衡力的参考值；ε_R 为不平衡力的相对容差。除了不平衡力收敛法则外，还可补充如下形式的位移收敛法则：

$$\|\{\Delta u\}\| < \varepsilon_u u_{ref}$$

式中，u_{ref} 为位移参考值；ε_u 为位移的相对容差。注意，位移收敛法则是相对收敛法则，必须与不平衡力收敛法则一起使用而不可仅设置位移的收敛容差。

对于平衡迭代，可采用 NROPT 命令设置 N-R 迭代采用的具体算法。如果用户选择 FULL 方法（命令为 NROPT,FULL），则每一次迭代都会更新刚度矩阵；如果用户选择 Modified 方法（命令为NROPT,MODI），则程序使用修正的 N-R 迭代，一个增量步中采用增量步第一次迭代的切线刚度，后续迭代中刚度矩阵不更新，这种方法不可用于大变形几何非线性分析；如果用于选择了 Initial Stiffness 方法（命令为 NROPT,INIT），则在各增量步的迭代中均采用初始刚度，这种方法通常需要更多次的迭代，如图 1-53 所示。

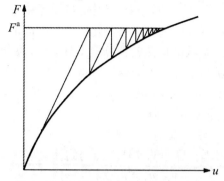

图 1-53　修正的 N-R 迭代过程示意图

对于大多数的非线性问题的求解过程，可以通过自动时间步的方法进行增量的智能控制。"AUTOTS,ON"表示打开自动时间步，这种情况下，可通过 NSUBST 或 DELTIM 命令之一指定增量步长的变化范围，程序会在指定范围中变化增量步，容易迭代收敛则放大增量步长，否则缩减增量步长。

1.6　ANSYS 流体–结构耦合分析的理论背景

ANSYS Mechanical 可与 ANSYS Fluent 或 ANSYS CFX 专业流体分析模块组合使用，以完成实时双向的流固耦合动力过程分析。该分析的难点在于流场的压力作为流场中工程结构所受的动载荷，而由于结构的振动，作为流场求解域边界的固体壁面是可动的。结构振动引起的流场动边界对流场造成影响，流场中的压力分布的变化反作用于固体结构的表面。这类问题在工程中经常遇到，比如充液容器的晃动、海工结构在波浪作用下的振动、水坝地震响应、桥梁结构的风致振动、管道振动以及涡轮叶片的振动等。

在流固耦合计算中，固体域的处理按照标准的位移有限元方法进行域的离散。下面简单介绍一下流体域以及流、固耦合界面处理相关的基本理论。

由于液体和低速流动的空气等常见工程流体一般可视作不可压缩流体，而不可压缩粘性流体域的连续性方程和动量方程如下：

$$\frac{\partial u}{\partial x}+\frac{\partial v}{\partial y}+\frac{\partial w}{\partial z}=0$$

$$\rho\frac{\mathrm{d}u}{\mathrm{d}t}=-\frac{\partial p}{\partial x}+\mu\left(\frac{\partial^2 u}{\partial x^2}+\frac{\partial^2 u}{\partial y^2}+\frac{\partial^2 u}{\partial z^2}\right)+\rho f_x$$

$$\rho\frac{\mathrm{d}v}{\mathrm{d}t}=-\frac{\partial p}{\partial y}+\mu\left(\frac{\partial^2 v}{\partial x^2}+\frac{\partial^2 v}{\partial y^2}+\frac{\partial^2 v}{\partial z^2}\right)+\rho f_y$$

$$\rho\frac{\mathrm{d}w}{\mathrm{d}t}=-\frac{\partial p}{\partial z}+\mu\left(\frac{\partial^2 w}{\partial x^2}+\frac{\partial^2 w}{\partial y^2}+\frac{\partial^2 w}{\partial z^2}\right)+\rho f_z$$

对于不可压缩的粘性流体，上述以速度作为基本未知量的动量方程，结合连续性方程，可以求解 3 个速度分量以及压力等共计 4 个未知量，问题是封闭的。

对于湍流问题，在高 Re 数情况下，其最小湍动尺度仍然远远大于分子平均自由程，因此流体依然被视作连续介质。理论上来讲，N-S 方程也是描述湍流流场的基本方程，即湍流场中任意位置的速度、压强、密度等瞬时值都必须满足该方程。但是，由于湍流在空间和时间上的变化很快，基于动量方程的直接数值模拟的计算量十分巨大，因此目前这种方法仅仅用于湍流理论研究领域中。在工程湍流计算中，为减少计算量，发展了一系列实用的湍流计算模型和算法。在数值计算中常用的湍流模型有 k-epsilon、k-omega、Reynolds Stress、DES、LES 等，相关模型的参数请参考流体分析软件的理论手册，这里不再展开。

流固耦合界面需满足运动学以及动力学条件。

（1）运动学条件。流固耦合界面的流体质点与固体质点的法向速度保持连续，即满足：

$$v_{fn} = \boldsymbol{v}_f \cdot \boldsymbol{n}_f = \boldsymbol{v}_s \cdot \boldsymbol{n}_f = -\boldsymbol{v}_s \cdot \boldsymbol{n}_s = v_{sn}$$

（2）动力学条件。流固耦合界面上法向应力保持连续，即满足：

$$\sigma_{ij} n_{sj} = \tau_{ij} n_{fj} = -\tau_{ij} n_{sj}$$

式中，σ_{ij} 和 τ_{ij} 分别为固体应力分量以及流体应力分量。

第2章

ANSYS 2019R2-R3 结构分析新环境概览

从 ANSYS 2019R2 版本开始，Mechanical 操作界面采用了新的 Ribbon 框架工具栏，与之前版本相比有一定的变化，Mechanical 界面的其他部分也有一系列调整。本章介绍新操作环境的使用要点和技巧。

2.1 Mechanical 结构分析新环境概述

与之前的版本相比，Mechanical 组件的操作环境在 ANSYS 2019R2 及以上版本发生了一定的变化，图 2-1 所示为 Mechanical 组件新的操作界面，这个界面由顶部的 Ribbon 栏、快速启动栏、左侧 Outline 面板及 Details 面板、图形显示窗口、状态栏等几部分组成。

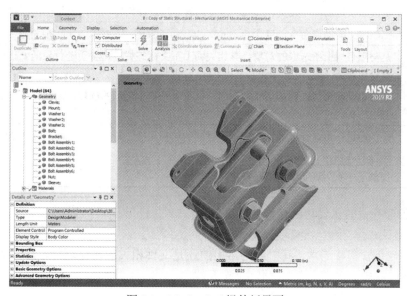

图 2-1 Mechanical 组件新界面

与之前的 Mechanical 组件操作界面相比，新界面的主要变化在于采用了 Windows 的 Ribbon 框架，如图 2-2 所示。Ribbon 框架是一个丰富的命令表示系统，提供了之前版本 Mechanical 应用界面的分层下拉菜单、平行工具栏和任务窗格的全新替代方案。

图 2-2　Ribbon 带状命令栏之 Home 标签栏

在 Mechanical 应用程序的新界面中，旧版本中原来的菜单栏以及一系列平行工具栏功能，在新的 Ribbon 框架下进行了重新组织和整合，形成了窗口顶部的带状命令栏（即 Ribbon 栏），Ribbon 带状命令栏通过一系列带状的标签工具栏（Tab）来组织和展示应用程序的主要功能以及上下文相关功能。在带状命令栏中，提供一系列标签工具栏对原来的菜单栏、平行工具栏中的操作命令进行了重新的组织分类。在每个标签栏里，各种相关的选项被组合在一起，每个标签栏上分布着分隔线分开的命令组（Group），每个命令组里又包含若干个命令选项按钮（Option），图 2-2 所示的 Home 标签栏就是 Ribbon 命令栏中的一个典型的标签栏。

在 Mechanical 顶部的 Ribbon 栏中，包含了 File、Home、Context、Display、Selection、Automation 等标签栏（Tab），其作用列于表 2-1 中。Ribbon 栏可以通过快捷键 F10 或 Quick Launch 栏右侧的第一个按钮实现收起或重新打开。

表 2-1　Ribbon 栏中各标签栏的作用

标签栏	作用
File	包含多种选项，用于管理项目、定义作者和项目信息、保存项目和启动功能，使用用户能够更改默认应用程序设置、集成关联应用程序以及操作环境的用户个性化设置
Home	提供常用的操作命令，包含 Outline、Solve、Insert、Tools、Layout 相关命令组
Context	是与项目树上所选取的对象分支相关的上下文标签栏，随着所选对象的变化而显示相关的命令内容
Display	包含在几何窗口内移动模型的选项，以及各种基于显示的选项，如线框、边的粗细、铺设方向等
Selection	提供通过图形选择或通过一些基于标准的选择功能（如大小或位置）来方便几何和/或网格实体的选择
Automation	提供了一系列提高效率以及自定义的功能

下面对各标签栏的重要功能作简要的介绍。

1. File 标签栏

File 标签栏包含多种选项，其中最为常用的还是文件相关的操作功能，几个常用的文件操作功能列于表 2-2 中。

表 2-2　File 标签栏的常用文件操作命令

选项	功能描述
Save Project	保存当前项目
Save Project As	项目另存为
Archive Project	生成项目档案文件
Save Database	保存 Mechanical 数据库而无需保存整个项目
Refresh All Data	刷新所有的数据（几何、材料、导入的载荷等）
Clear Generated Data	从数据库中清除所有结果和网格数据
Export	导出.mechdat 文件，可被后续 Workbench 项目所导入
Options	打开选项设置对话框，也可通过快速启动栏右侧的第二个按钮打开

2. Home 标签栏

Home 标签栏包含了 Outline、Solve、Insert、Tools、Layout 共 5 个命令组（Group），如图 2-3 所示。

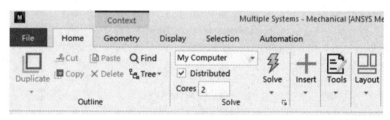

图 2-3　Home 标签栏及其命令分组

Home 标签栏的 Outline 命令组提供了能够对 Outline 面板中的对象进行基本更改的命令或选项，比如 Duplicate、Cut、Paste、Copy、Delete 等功能，Find 按钮用于在 Outline 面板中搜索包含特定字段的对象分支，Tree 按钮用于展开所有分支或关闭分析环境分支。

Home 标签栏的 Solve 命令组提供了求解设置及求解功能，这些功能在 Environment、Solution 等上下文相关标签中也会出现。

Home 标签栏的 Insert 命令组提供一系列常用的选项，展开后如图 2-4 所示。此标签下的命令选项包括在 Project Tree 中加入新的 Analysis（与 Model 分支下的其他分析共享 Engineering Data、Geometry 及 Model）、Named Selection（命名选择几何）、Coordinate System（坐标系）、Remote Point（远程点）、Commands（APDL 命令对象分支）、Comment（注释）、Chart（图表）、Images（图形文件）等对象，以及应用 Section Plane（截面观察）及 Annotation（图形注释）等功能。

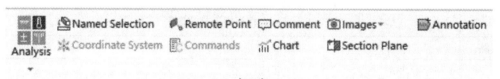

图 2-4　Home 标签栏的 Insert 命令组

Home 标签栏的 Tools 命令组提供了一系列的实用工具，展开后如图 2-5 所示。这些工具包括 Units（选择单位系统）、Worksheet（对特定分支对象打开工作表视图）、Keyframe Animation（关键帧动画）、Tags（标签过滤选择）、Wizard（分析向导）、Show Errors（显示错误信息）、Manage Views（管理视图）、Selection Information（打开选择信息窗口）、Unit Converter（单位转换工具）、Print Preview（打印预览）、Report Preview（报告预览）、Key Assignments（快捷键指定）。

图 2-5　Tools Group

Home 标签栏的 Layout 命令组提供了用于界面显示控制的选项，展开后如图 2-6 所示。Layout 命令组提供的功能包括 Full Screen（全屏显示，可通过热键 F11 开关切换）、Manage（提供界面显示选项的下拉菜单）、User Defined（保存或恢复用户创建的界面布局）、Reset Layout（还原缺省的界面布局）。

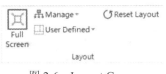

图 2-6　Layout Group

3．Context 标签栏

Context 标签栏的显示内容与用户在 Outline 面板中所选择的分支对象有关。在 Outline 面板上选择不同的分支时，Context 标签栏会自动切换为对应的上下文相关内容。下面简单介绍几个常见分支对应的 Context 标签栏。

（1）Model 上下文标签栏。当用户在 Outline 面板选择 Model 分支时，Context 标签栏显示为 Model，如图 2-7 所示。Model 标签栏包含 Prepare、Define、Mesh、Results 等 Group，各 Group 中所列的工具的作用列于表 2-3 中。

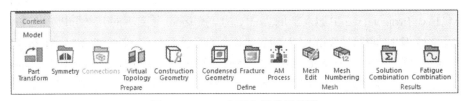

图 2-7　Model 上下文相关标签栏

表 2-3　Model 标签栏工具的作用

Group	工具名称	作用
Prepare	Part Transform	部件平移或转动
	Symmetry	定义对称性，在 Model 分支下插入 Symmetry 分支，并切换为如图 2-8 所示的 Symmetry 上下文标签栏

续表

Group	工具名称	作用
Prepare	Connections	仅当项目树中不包含 Connections 分支时可用，用于定义连接关系
	Virtual Topology	定义虚拟拓扑对象分支，在 Model 分支下插入 Virtual Topology 并切换至如图 2-9 所示的 Virtual Topology 上下文标签栏
	Construction Geometry	定义路径、表面、实体等构造几何，或导入 STL 文件
Define	Condensed Geometry	定义用于子结构分析的 Condensed Geometry 对象
	Fracture	定义用于断裂分析的 Fracture 对象
	AM Process	定义用于增材制造模拟的 AM Process 对象
Mesh	Mesh Edit	定义网格编辑对象 Mesh Edit，并切换至如图 2-10 所示的 Mesh Edit 标签栏
	Mesh Numbering	定义 Mesh Numbering 对象，对模型中柔性部件的节点和单元进行重新编号
Results	Solution Combination	定义 Solution Combination 对象，并进入工况组合的 Worksheet 视图，如图 2-11 所示
	Fatigue Combination	定义 Fatigue Combination 对象，可对包含疲劳工具箱且共享 Model 的不同分析系统的损伤求和

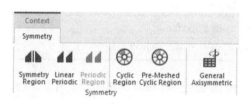

图 2-8　Symmetry 上下文相关标签　　　　图 2-9　Virtual Topology 标签栏

图 2-10　Mesh Edit 标签栏

图 2-11　Solution Combination 工作表视图

（2）Geometry 上下文标签栏。当用户在 Outline 面板选择 Geometry 分支时，Context 标签栏显示为 Geometry，如图 2-12 所示。Geometry 上下文相关标签栏包含 Geometry、Mass、Modify、Shells、Virtual 等 Group，各 Group 中所列的工具的作用列于表 2-4 中。

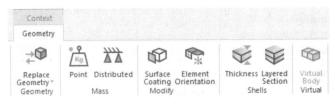

图 2-12　Geometry 上下文相关标签栏

表 2-4　Geometry 标签栏工具的作用

Group	工具名称	作用
Geometry	Replace Geometry	替换当前几何模型
Mass	Point	定义集中质点
	Distributed	定义分散的质量
Modify	Surface Coating	定义 Surface Coating 对象
	Element Orientation	定义 Element Orientation（单元定位）
Shells	Thickness	为表面体定义 Thickness 对象
	Layered Section	为表面体定义 Layered Section 对象
Virtual	Virtual Body	定义一个虚拟体对象，仅可用于网格装配算法

（3）Connections 上下文标签栏。当用户在 Outline 面板选择 Connections 分支时，Context 标签栏显示为 Connections，如图 2-13 所示。Connections 上下文相关标签栏包含 Connect、Contact、Joint、Views 等 Group。各 Group 所列工具的作用列于表 2-5 中，相关应用将在第 3 章中介绍。

图 2-13　Connections 上下文相关标签栏

表 2-5　Connections 标签栏工具的作用

Group	工具名称	作用
Connect	Connection Group	替换当前几何模型
	Spring	添加 Body-Ground 或 Body-Body 类型的弹簧连接
	Beam	添加 Body-Ground 或 Body-Body 类型的 Beam 连接
	Bearing	添加 Body-Ground 或 Body-Body 类型的 Bearing 连接

续表

Group	工具名称	作用
Connect	Spot Weld	添加 Spot Weld 连接
	End Release	添加梁端部 End Release
	Body Interaction	添加显式动力分析的部件连接关系
Contact	Contact	添加一个特定类型的接触区域
	Contact Tool	添加一个 Contact Tool 对象
	Solution Information	在 Connections 目录下添加一个 Solution Information 对象
Joint	Body-Ground	添加一个 Body-to-Ground 的 Joint
	Body-Body	添加一个 Body-to-Body 的 Joint
	Configure/Set/ /Revert/Data	这些选项配置 Joint 的初始定位
	Assemble	用于执行模型的装配
Views	Worksheet	进入查看部件连接关系的 Worksheet 视图
	Body Views	切换部件和连接在单独的辅助窗口显示，可用于 Contact、Beam、Bearing、Joint 及 Spring 连接
	Sync Views	用于同步显示模型在几何窗口与辅助窗口的移动

（4）Mesh 上下文标签栏。当用户在 Outline 面板选择 Mesh 分支时，Context 标签栏显示为 Mesh，如图 2-14 所示。Mesh 上下文相关标签栏包含 Mesh、Preview、Controls、Mesh Edit 及 Metrics Display 等 Group。各 Group 所列工具的作用列于表 2-6 中，相关应用问题将在本书的第 3 章介绍。

图 2-14　Mesh 上下文相关标签栏

表 2-6　Mesh 标签栏工具的作用

Group	工具名称	作用
Mesh	Update、Generate	更新网格或生成网格
Preview	SurfaceMesh	预览表面网格
	Source/Target	预览源面/目标面的网格
Controls	Method	添加网格划分方法控制
	Sizing	添加网格划分尺寸控制
	Face Meshing	添加表面网格划分控制
	Mesh Copy	添加网格拷贝控制
	Match Control	添加网格匹配控制（比如循环对称结构）
	Contact Sizing	添加用于面—面或线—面接触区域的网格尺寸控制

Group	工具名称	作用
Controls	Refinement	添加网格加密控制
	Pinch	添加 Pinch 控制去除细节几何特征
	Inflation	添加 Inflation 网格控制
	Gasket	添加垫片网格控制
	Mesh Group	添加用于 Assembly Meshing 的体组合
Mesh Edit	Mesh Connection Group	添加 Mesh Connection Group 目录
	Contact Match Group	添加 Contact Match Group 目录
	Node Merge Group	添加 Node Merge Group 目录
	Manual Mesh Connection	添加手工网格连接对象
	Contact Match	添加 Contact Match 对象
	Node Merge	添加 Node Merge 对象
	Node Move	添加 Node Move 对象
Metrics Display	Metric Graph	显示或隐藏 Mesh Metrics 条
	Edges	选择模型显示模式为 No Wireframe 或 Show Elements
	Probe、Max、Min	选择显示网格评价指标的数值及最大值

（5）Environment（分析环境）上下文工具栏。当用户在 Outline 面板选择分析环境分支（比如结构静力分析时的 Static Structural 分支）时，Context 标签栏显示为 Environment，如图 2-15 所示。Environment 上下文标签栏包含 Structural、Tools、Views 等 Group，主要作用是施加约束、载荷，导入/导出模型文件及切换到图表视图等，这些操作也可以在 Outline 面板中选择分析环境分支，然后通过其右键菜单来实现。

图 2-15　Environment 上下文工具栏

（6）Solution 上下文标签栏。当用户在 Outline 面板选择 Solution 分支时，Context 标签栏显示为 Solution，如图 2-16 所示。Solution 上下文标签栏包含 Results、Probe、Tools、Views 等 Group，主要作用是向 Solution 分支下添加待求解的计算结果项目等，也可以通过 Solution 分支右键菜单实现。

图 2-16　Solution 上下文标签栏

（7）Result 上下文标签栏。当用户在 Outline 面板选择 Result 分支时，Context 标签栏显示为 Results，如图 2-17 所示。Results 上下文标签栏包含 Display、Vector Display、Capped IsoSurface 等 Group，主要作用是进行结果显示方面的控制，与之前版本的工具栏类似。

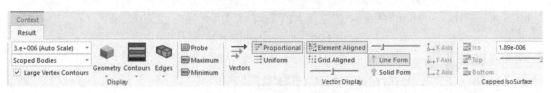

图 2-17　Result 上下文标签栏

4．Display 标签栏

Display 标签栏包含 Orient、Annotation、Style、Vertex、Edge、Explode、Viewports、Display 等一系列与显示有关的 Group，如图 2-18 所示。这个标签栏的功能都与图形显示有关，且都比较直观，这里不再逐一介绍。

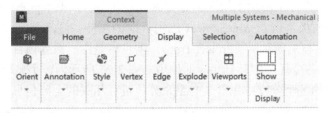

图 2-18　Display 标签栏

5．Selection 标签栏

Selection 标签栏包含了一系列与选择相关的命令群组，如图 2-19 所示。这些命令群组提供了通过图形选择或一些基于标准的选择功能（如大小或位置）来方便几何和/或网格实体的选择。Named Selections 命令组用于命名集合相关的操作，Extend To 命令组用于扩展选择相关的操作，Select 命令组用于通过基于标准来选择对象，Convert To 命令组用于在点、线、面、体之间切换选择对象的类型，Walk 命令组用于在所选择的多个对象之间的移动场景局部放大显示。

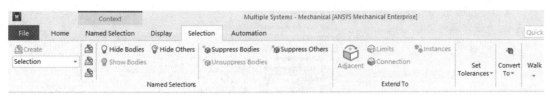

图 2-19　Selection 标签栏

6．Automation 标签栏

Automation 标签栏提供了一些高效率操作及自定义功能，如图 2-20 所示。此标签栏包括 Tools、ACT、Support 及 User Buttons 等 Group。Tools 命令组包括 Object Generator（对象生成器）、Run Macro…（运行宏），ACT 命令组用于启动 ACT 控制台，Support 命令组包括 App Store（应用商店）、Scripting（脚本），User Buttons 命令组用于创建、编辑和管理用户自定义按钮选项。创建时，自定义的按钮选项将添加到此组中。

图 2-20　Automation 标签栏

2.2　Mechanical 界面的核心操作逻辑

尽管 Mechanical 应用的操作界面风格有了较大的变化，但是围绕 Outline 面板上的 Project 树为中心的操作逻辑并未改变，大部分的操作实际上还是可以通过 Outline 面板上的 Project 树分支右键菜单来实现的。在前处理、求解以及后处理操作的各个环节，用户根据需要在 Outline 面板的项目树中添加各种相关的分支，然后在各分支的 Details 部分进行各种参数的输入以及选项的设定。当 Project 树的每一个分支都成功处理后，整个分析项目也就完成了。

Outline 即大纲面板，位于 Mechanical 应用界面的左侧，这部分是和旧版本界面相一致的。Outline 面板的核心是项目树（Project Tree），项目树是由一系列项目分支对象构成的。每一个分支都在分析的各个环节中起到相应的作用。图 2-21 所示为一个典型的 Project Tree（项目树），Project Tree 的各个分支中包含了与整个分析过程相关的全部信息，常见的基本分支包括 Model、Geometry、Materials、Connections、Mesh、Environment、Solution 等。这些基本的分支在打开 Mechanical Application 界面时即出现在屏幕上。用户可以在这些基本分支下插入子分支，比如在 Mesh 分支下插入 Sizing 分支以及 Method 分支来控制网格尺寸和划分方法；在 Connection 分支下可以插入手动定义接触的分支 Manual Contact Region；在 Solution 分支下插入各种分析结果项目的分支等。

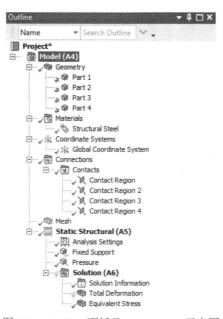

图 2-21　Outline 面板及 Project Tree 示意图

Mechanical 应用中项目树中的一些常用分支、对应功能及其子分支的用途等信息汇总列于表 2-7 中。

表 2-7　Mechanical Application 项目树的主要分支

分支名称	对应的功能描述	子分支
Model	模型总分支，可利用其右键菜单插入 Named Selection、Construction Geometry、Symmetry、Virtual Topology、Solution Combination、Mesh Numbering 等功能	与模型相关的全部分支及功能描述中插入的分支
Geometry	几何分支	体和部件、质量点
Coordinate Systems	坐标系分支，其中缺省包含一个总体直角坐标系，可根据需要加入新的直角坐标系或柱坐标系	各种坐标系
Symmetry	对称条件分支，可指定镜面对称、周期对称、循环对称	Symmetry Region、Periodic Region、Cyclic Region
Connections	连接分支，用于定义模型中的各种连接关系，如接触、运动副、弹簧、梁、自由度释放、轴承、点焊等	Contacts、Joint、Spring、Beam、End Release、Bearing、Spot Weld
Mesh	网格分支，用于控制网格划分尺寸、方法、划分网格并进行网格统计评估等	Method、Sizing、Contact Sizing、Mapped face Meshing、Refinement 等
Mesh Numbering	网格编号控制分支，用于控制整体模型或部件的节点和单元编号，压缩编号等	Numbering Control
Named Selections	对象命名选择几何，用于将选择的对象形成命名几何，类似于 APDL 中的 Component 概念	Named Selection
Environment	分支环境分支，如 Static Structural，在其中插入所需的约束及载荷条件	Analysis Settings、各种载荷及约束条件分支、Solution 分支
Solution	求解信息输出及各种计算结果	Solution Information、各种结果及 Prob

在应用 Mechanical Application 的过程中，需要注意各分支之间的逻辑关联，不同分支之间的关联有时用于自动形成一些相关的分支。比如说，用户选中 Environment 下的某个位移约束分支，将其拖放到 Solution 分支上，则在 Solution 分支下出现此支座约束的支反力结果分支；用户如果选择某个接触区域分支，将其拖放到 Mesh 分支上，则在 Mesh 分支下出现一个 Contact Sizing 的子分支；如果将接触区域分支拖放至 Solution 分支上，则在 Solution 分支下出现这个接触区域所传递的支反力分支。

Project Tree 中的每一个分支（基本分支及其子分支）前面均包含一个直观的状态图标，比如说，当某分支的信息定义不完整时会出现一个"?"号图标，某分支的全部相关信息都完整定义之后则会出现一个绿色的"√"号图标等。因此可以说，如果 Project Tree 的全部分支都完整定义了，则整个分析项目也就完成了。

对于复杂的分析项目，当项目树的分支信息比较多时，可以使用 Outline 面板的顶部的项目树信息过滤工具条，可用于对项目树的分支进行筛选，如图 2-22 所示。

Details View 即细节视图，用于对 Outline 中当前所选取的项目对象分支进行细节属性的指定，这部分的使用方法与之前的版本没有区别。一般地，一个对象分支的 Details View 中会包含若干个 Category（类别），各类别中又包含一系列具体的选项或输入区域。以图 2-23 所示的 Details of "Pressure" 为例，Scope 和 Definition 就是 Category，这些 Category 下面包含的选项或输入区域都是需要分别指定和输入的，这些信息定义完整后，对应于 Project Tree 中的 Pressure 对象前面就会出现绿色的 "√" 标识，否则当这些信息有缺失的时候，Pressure 对象前面则会显示 "？" 标识。

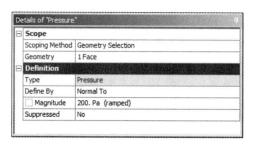

图 2-22　Outline 上的 Tree Filter 工具条　　　　图 2-23　Details of "Pressure"

在 Details 信息的指定过程中，经常需要在 Geometry Window 中进行各种对象选择的操作。Geometry Window 即图形显示窗口，用于展示几何模型、网格模型、边界条件、计算结果图形等，图 2-24 所示为一个固定边界条件的显示。

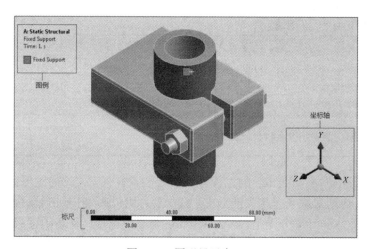

图 2-24　图形显示窗口

图形显示窗口中包含有图例说明（Legend）、长度标尺（Scale Ruler）及坐标系（Traid）等要素。图例显示的信息各不相同，但总地来说，它提供了有关当前选定的对象和分析类型的信息。可以通过拖动图例并将其拖放到窗口中的某个位置来重新定位图例。长度标尺是程序根据用户所选定的度量单位，为显示模型的提供几何尺寸参考。坐标系一般以红色、绿色、蓝色区分显示总体直角坐标系的 X 轴、Y 轴及 Z 轴方向。用户可以基于所选的轴或重置为等轴测视图（单击坐标系处的浅蓝色小球）来重定向模型的位置。如果将光标移动到空间坐标轴周围，将可以看到箭头显示与光标位置相对应的方向（+x、-x、+y、-y、+z、-z）。如果单击箭头，它将更改视图，使箭头所示的轴朝向向外。

Mechanical Application 在计算之前会形成模型信息文本文件，缺省为 ds.dat 文件，此文件采用 Mechanical APDL 命令的方式记录了全部模型信息，与 Mechanical APDL 中写出的 CDB 文件格式大体相同，这说明 Mechanical Application 与 Mechanical APDL 具有统一的求解器 Mechanical Solver。在 Mechanical Application 中，用户还可以根据需要在项目数的某些分支下插入 Command Object 分支，在其中插入 Mechanical Application 目前不支持的 APDL 命令流，以实现分析功能的扩展。

2.3　其他辅助性界面功能区

本节介绍其他几个辅助性的 Mechanical 界面功能区域。

1.　Graphics Toolbar

Graphics 工具条的作用是为窗口中的光标设置操作模式。工具栏的默认显示（取消停靠）如图 2-25 所示。用户可以使用 Manage 选项的下拉菜单中的 Graphics Toolbar 选项打开或关闭此工具栏，该菜单位于 Home 标签栏上的 Layout 组中。

图 2-25　Graphics Toolbar

当鼠标停放在 Graphics 工具条上每一个按钮上时（不按下），会弹出提示信息，其中包含对按钮功能作用的描述以及快捷键等信息。Graphics 工具条的左侧几个按钮用于视图或视图操纵控制，可实现视图的平移、缩放、旋转等。Graphics 工具条 Select 区域为选择控制功能选项，Mode 为选择方式，包括 Single Select（单选）、Box Select（框选）、Box Volume Select（体积框选）、Lasso Select（套索选择）以及 Lasso Volume Select（套索体积选择），如图 2-26 所示。Mode 右边为一系列选择类型过滤按钮，用于控制选择某一特定类型的对象，如图 2-27 所示。也可通过快捷键实现选择类型过滤，这些快捷键列于表 2-8 中。

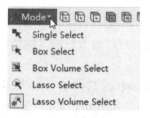

图 2-26　选择模式

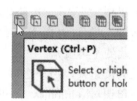

图 2-27　选择过滤按钮

表 2-8　选择过滤快捷键

选择对象类型	快捷键
Vertex（顶点）	Ctrl+P
Edge（边）	Ctrl+E
Face（面）	Ctrl+F
Body（体）	Ctrl+B

选择对象类型	快捷键
Node（节点）	Ctrl+N
Element Face（单元的表面）	Ctrl+K
Element（单元）	Ctrl+L

Clipboard 为剪贴板菜单，展开后如图 2-28 所示，剪贴板也是一种辅助选择工具，相关选项的作用列于表 2-9 中。

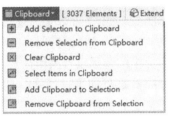

图 2-28　剪贴板

表 2-9　剪贴板选项说明

Clipboard 选项	作用
Add Selection to Clipboard	此选项用于将当前选择的集合添加到剪贴板，快捷键为 Ctrl+Q
Remove Selection from Clipboard	此选项用于将当前选择的集合从剪贴板中去除，快捷键为 Ctrl+W
Clear Clipboard	此选项用于清空剪贴板，快捷键为 Ctrl+R
Select Items in Clipboard	此选项用于将当前选择集替换为剪贴板内包含的集合
Add Clipboard to Selection	此选项用于将剪贴板内包含的集合添加到当前选择集合
Remove Clipboard from Selection	此选项用于将剪贴板包含集合从当前选择集合中去除

Extend 菜单用于扩展选择，Select By 菜单用于逻辑选择（基于节点和单元号、基于位置、基于尺寸规则等），Convert 菜单用于将所选对象类型转换为与之相关联的其他类型，这些操作都比较直观，此处不再展开。

除了标准的按钮外，用户还可以使用自定义菜单在 Graphics Toolbar 中添加或删除命令按钮，自定义菜单通过 Graphics Toolbar 右上角的向下三角箭头弹出，如图 2-29 所示，单击 Graphics 菜单右侧三角形按钮，可弹出功能按钮列表，在其中勾选的按钮即出现在工具条上。

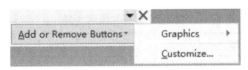

图 2-29　Graphics Toolbar 定制按钮菜单

2．Quick Launch 栏

Quick Launch 即快速启动工具，是位于界面右上角的一个文本输入搜索框，其右侧还有 3 个功能按钮，如图 2-30 所示。

图 2-30　Quick Launch 栏

快速启动工具可以帮助用户快速找到所需的函数、功能或接口选项，并根据搜索字符串自动插入或启动所需项或突出显示相关的接口选项。快速启动搜索框键入搜索的命令字段时，结果将显示为 3 个类别：Ribbon、Context Tab 和 Preferences。Ribbon 类别显示来自所有当前选项卡以及当前上下文选项卡的接口选项。Context Tab 类别显示应用程序的所有上下文选项卡（当前或未显示）的搜索结果。Preferences 类别显示打开 Options 对话框并自动显示相应属性的选项，使用户能够修改其设置（默认或当前）。此外，当用户在 Ribbon 类别中突出显示一个列表时，伴随的文本字符串"Take me there"也会显示出来，选择"Take me there"的时候，此功能能告诉应用程序指向界面上的命令选项，并显示一个弹出窗口来描述这个选项。此功能也可用于上下文选项卡类别，但仅在可以对当前选定的对象执行此操作时才会显示。图 2-31 所示为在快速启动搜索框中键入 force 后的显示结果。

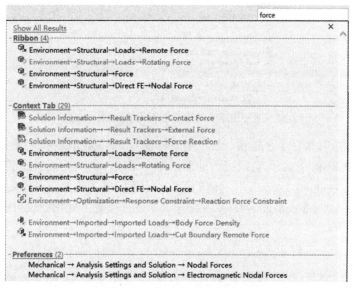

图 2-31　快速启动搜索列表

在快速启动搜索列表中可以看到，一些搜索列表项目显示为粗体，而另一些则显示为灰色。灰色的列表项目不能被选择，而是建议了找到所搜索内容的潜在路径。粗体列表项目是可以被选择的，选择这些项目会导致应用程序自动采取行动，例如应用程序自动在 Outline 面板的项目树中插入或选择对象或突出显示相关接口选项。需要注意的是，粗体列表项目需要选择适当的模型树对象分支才能成功执行操作。如果选择了 Environment 对象，然后搜索"Pressure"，然后从快速启动列表中选择 Pressure 列表项目，则压力加载将自动插入到 Environment 对象下面。这与通过 Environment 上下文选项卡执行操作的结果相同。在快速启动搜索框中也可键入部分关键字，如图 2-32 所示，在项目树中选择 Model 分支，然后在快速启动栏搜索 Remote，在显示列表中列出的是 Remote Point 相关命令项目，选择执行任意一个粗体项目，即可在项目树的 Model 分支下增加一个 Remote Point 对象，如图 2-33 所示。

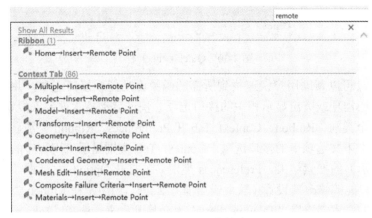

图 2-32　Quick Launch 中搜索 remote

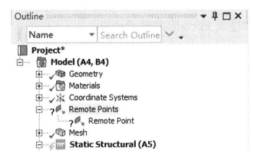

图 2-33　通过快速启动方式加入的 Remote Point 对象

Quick Launch 栏右侧有 3 个按钮，从左至右依次为 Ribbon 条显示/隐藏按钮、选项设置按钮及 Help 按钮。Ribbon 条显示/隐藏按钮前面已经介绍过，其对应的快捷键为 F10。

选项设置按钮为 Quick Launch 框右侧的第二个按钮，单击此按钮可启动 Options 设置对话框，如图 2-34 所示，对 Mechanical 的各种缺省选项进行设置。此功能也可通过 File 标签栏的 Options 选项打开。

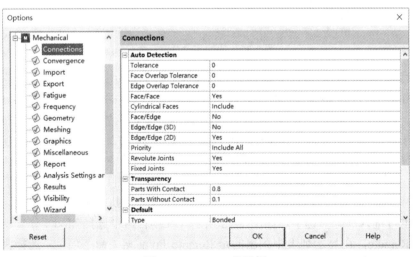

图 2-34　Options 设置框

在 Quick Launch 框右侧的第三个按钮为 Help 按钮,按下此按钮,打开如图 2-35 所示的下拉菜单,菜单中包括 Mechanical 帮助文档及操作提示等功能。

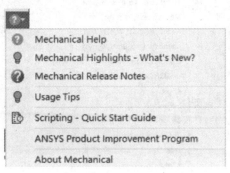

图 2-35　Help 菜单

3. Status Bar

Status Bar,即状态条,位于 Mechanical 应用的界面底部,用于显示各种状态信息,如消息、所选择的对象的信息,以及所选择的度量单位系统、角度单位、角速度单位、温度单位等,如图 2-36 所示。

| Ready | 2 Messages | 1 Face Selected: Area = 1.e+007 mm² | Metric (mm, kg, N, s, mV, mA) | Degrees | rad/s | Celsius |

图 2-36　底部状态条显示内容

在状态条的 Messages 区域双击可打开 Messages 窗口,如图 2-37 所示。

Messages		₽ ✕
	Text	
Warning	One or more contact pairs are detected with a friction value greater than 0.2. If convergence problems arise,	
Warning	One or more bodies may be underconstrained and experiencing rigid body motion. Weak springs have been	

图 2-37　Messages 面板

在状态条的几何对象选择区域双击,可以打开 Selection Information 窗口,如图 2-38 所示,此窗口用于显示所选择几何对象的详细属性及信息。

Selection Information

Coordinate System: Global Coordinate Sy ▾ 　 Show Individual and Summa ▾

Entity	Surface Area (mm²)	Centroid X(mm)	Centroid Y(mm)	Centroid Z(mm)	Body	Type
1 Face, Summary	10000	50.	50.	0.		
Face 1	10000	50.	50.	0.	SYS\Surface	Plane

图 2-38　选择对象信息面板

在状态条的单位区域单击左键,可以弹出单位制选择菜单,用于选择单位制、角度单位及温度单位等,如图 2-39 所示。需要注意,此处勾选的单位制与 Ribbon 条 Home 标签下 Tools Group 中的 Units 按钮弹出的菜单中勾选的单位制是保持同步的。

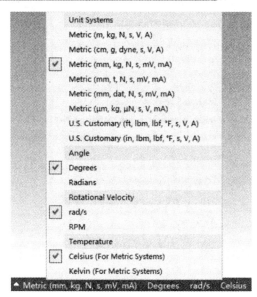

图 2-39 单位系统菜单

第3章

ANSYS Workbench 结构分析建模思想与方法

本章从有限元分析建模的"二次映射"思想出发，介绍了工程结构分类、ANSYS 单元库、分析几何模型准备、各种连接关系的指定、网格划分与网格编辑、Named Selection、Remote Point 以及 External Model 和 Mechanical Model 装配等与结构分析建模有关的专题内容。

3.1 ANSYS 结构分析建模思想与单元选择

3.1.1 ANSYS 结构分析建模的二次映射思想

基于 ANSYS 等分析软件进行结构计算的过程中，分析人员通常需要经历一个"二次映射"的过程，即首先把准备分析的工程问题映射成为一个明确的力学问题，再将这个力学问题映射成为 ANSYS 等计算软件所能求解的有限元模型。

在第一次映射中，需要分析人员具备相关的力学和工程专业背景知识，能够把待求解的实际工程问题抽象为一个完整描述的力学问题，而且最好能够画一个计算简图出来。通过第一次映射，需要明确问题的物理机制（给待求的问题定性）、确定求解域的范围以及全部的边界条件、初始条件等。至此，工程问题划归为力学问题。在这个过程中，需要随时思考一系列问题：计算域取到这个范围是否合适？这个范围的边界是否都可以明确下来？是否可以考虑利用结构的对称性特点？这个问题需要求解的力学方程是什么？比如空间轴对称问题和三维问题的求解方程是不同的，梁、板的求解方程与连续体的方程是不同的，弹性和弹塑性的求解方程是不同的，静力学和动力学的求解方程是不同的等。

在第二次映射中，需要分析人员熟悉计算软件的功能和应用，能够把一个明确的力学（物理）问题转化为软件的语言，即软件可以数值求解的有限元模型。这一阶段实际上就是通常所说的有限元分析的前处理阶段。这一阶段中要明确的具体问题主要包括：第一次映射中确定的计算域，如何在计算软件中创建出来，需要用计算软件单元库中什么样的单元类型或类型组合来构建求解域？边界条件和载荷如何施加能反映结构的实际受力状态？

下面以一个半敞式步行桥的上弦在平面外的稳定问题为例，说明"二次映射"思想在有限元分析建模中的应用。图 3-1 所示为一个半敞开式的步行桥及其典型剖面，其承重桁架上下弦杆以及腹杆均为方形钢管，桥面横梁为 H 型钢。支撑桁架的竖腹杆与桥面横梁刚性连接形成横向框架，桁架的竖腹杆可对上弦形成有效的面外约束，上弦杆在桁架平面外的受力状态类同于弹性支撑上的梁，其受力状态可以抽象为一系列弹性支撑上的压杆。如果在支座处设置刚度较大的竖杆，可对上弦形成有效的面外约束，则问题归结为前述的弹性支撑上两端铰支的压杆问题。其计算简图如图 3-2 所示。

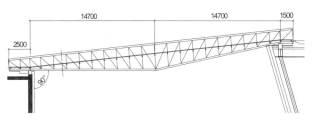

（a）步行桥桁架结构立面   （b）步行桥典型结构剖面

图 3-1   半敞开式步行桥

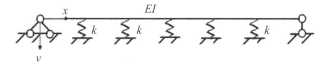

图 3-2   弹性地基梁模型计算简图

有了计算简图之后，需要在 ANSYS 中选择合适的单元类型将这个计算简图转化为有限元计算模型。这个问题可选择 ANSYS 的 COMBIN 单元以及 BEAM 单元加以构建。需要指出的是，由于 ANSYS 软件是一个通用的有限元分析平台，因此不同行业的工程问题也有可能会被映射转化为某个相同的具体力学问题，进而可以采用相同的 ANSYS 单元类型以及相似的步骤来构建分析的数学模型。

3.1.2   根据工程结构分类选用 ANSYS 单元

工程结构按照其几何特点以及受力特点，可以划分为桁架结构、梁结构、板壳结构、连续体结构以及组合结构等类型。表 3-1 列出了各种常见的工程结构类型及其几何特点和受力特点。

表 3-1   常见的工程结构类型及其特点

结构类型	几何特点	受力特点及工程应用
桁架结构	线状结构构件,构件轴线长度远大于横截面尺寸	杆件仅承受轴向力,所有载荷集中作用于节点上,常见于各种屋架、空间网架、塔架等
索结构	线状结构构件,构件轴线长度远大于横截面尺寸	仅能承受拉力,常用于各种柔性结构、大型桥梁结构

结构类型	几何特点	受力特点及工程应用
梁结构	线状结构构件,构件轴线长度远大于横截面尺寸	杆件可承受弯矩、扭矩、轴向力、横向力的共同作用,常用于各种框架建筑结构、空间网壳、轻钢厂房等
板壳结构	面状结构,面内尺度远大于厚度尺度,通常平面的称为板,曲面的称为壳	可承受面内作用以及面外作用,在横向载荷作用下发生弯曲变形,常见于各种平台结构的平台板、建筑楼(屋)盖、各类曲面壳体穹顶
薄膜结构	面状结构,面内尺度远大于厚度尺度	不能受弯,以厚度方向的均布张力与外载相平衡,常见于各种充气结构、张拉薄膜结构等
连续结构	3 个方向尺寸在同一数量级	可处于一般的三向应力状态下,各种工程领域通用结构形式
连续结构(2D)	平面应力为薄板状结构 平面应变为长条状结构	平面应力结构是在面外应力为零,平面应变结构是在面外的应变为零,简化结构形式应用较为局限
连续结构(轴对称)	具有对称轴的柱状旋转体	圆周方向任意断面的受力状态相同,仅需分析一个断面,常用于各类压力容器、散热结构的分析中
组合结构	各种形式结构的组合	组合受力特点

ANSYS Mechanical 提供了丰富的结构力学分析单元库,可用于模拟各种类型的工程结构。在这个庞大的单元库中,每种单元都有唯一的名称。单元的名称由单元类型以及单元编号两部分组成,比如 BEAM188 单元,其中 BEAM 为单元类型,即梁单元,188 为这种梁单元在 ANSYS 程序单元库中的编号。ANSYS 结构分析常用的单元类型有 LINK(杆或索)、BEAM(梁)、SHELL(板壳单元)、PLANE(平面问题或轴对称问题单元)、SOLID(三维体单元)、COMBIN(连接单元)等。ANSYS Workbench 结构分析中的常见单元类型、代表单元及其简单描述见表 3-2。

表 3-2   ANSYS 结构分析常用单元类型

单元类型	典型代表单元	简单描述
LINK	LINK180	模拟空间桁架的杆单元
BEAM	BEAM188 BEAM189 PIPE288 PIPE289 ELBOW290	Timoshinco 梁单元,轴线方向两个节点,可定义实际截面形状 Timoshinco 梁单元,轴线方向 3 个节点,可定义实际截面形状 轴线方向两个节点的管单元,可指定截面及液体压力载荷 轴线方向 3 个节点的管单元,可指定截面及液体压力载荷 轴线方向 3 个节点的弯管单元,可指定截面及液体压力载荷
SHELL	SHELL181 SHELL281	4 节点的有限应变壳元 8 节点的有限应变壳元
PLANE	PLANE182 PLANE183	平面应力、平面应变、轴对称的线性单元 平面应力、平面应变、轴对称的二次单元
SOLID	SOLID65 SOLID185 SOLID186 SOLID187 SOLID285	3-D 连续体单元,用于混凝土分析 3-D 连续体单元,8 节点线性单元 20 节点的 3-D 连续体单元,支持六面体、四面体、金字塔、三棱柱形状 10 节点的 3-D 四面体连续体单元 4 节点 3-D 连续体单元,节点具有静水压力自由度

单元类型	典型代表单元	简单描述
SOLSH	SOLSH190	8 节点的 3-D 实体壳单元
COMBIN	COMBIN14 COMBIN39	非线性连接单元，可用于模拟各种弹簧，阻尼器 非线性弹簧单元，可定义位移-载荷关系
MASS	MASS21	质量以及集中惯性单元

除上表中的基本结构分析单元类型外，ANSYS Workbench 中还会用到很多具有特殊功能的单元类型，比如用于接触分析的接触单元（CONTA171-178）以及目标单元（TARGE169-170），用于划分辅助网格且不参与求解的 MESH200 单元，用于辅助加载的表面效应单元（SURF15X），用于施加螺栓预紧力的单元（PRETS179），用于建立多点约束方程的多点约束单元（MPC184），用户定义单元（USER300），子结构分析的超级单元（MATRIX50）等。

在 Workbench 的 Mechanical 组件中，程序根据分析类型、几何体类型以及网格划分选项等自动选用相应的单元类型，比如对于 Line body 自动选择 BEAM188 单元，对于 2-D 连续体结构自动选择 PLANE183 单元，对于 3-D 连续体结构自动选择 SOLID186 单元（六面体以及过渡填充部分）以及 SOLID187 单元（四面体部分），对于 Surface body 自动选择 SHELL181 单元，对于采用 thin 方式扫略划分的实体可选择形成实体单元或实体壳 SOLSH190 单元。本书附录 A 通过一些简单例子说明了 Mechanical 组件为各种结构类型所选择的单元类型。用户也可以在 Mechanical 组件的 Geometry 分支下加入 Command 对象，显性地手工指定使用的单元类型和单元算法选项。

在建模过程中，单元类型的选择并不绝对。对于同一个问题，可以采用不同类型的单元来模拟，如一个油罐在不同情况下可以采用实体单元、轴对称单元、壳元（如果是薄壁的）或实体壳单元来模拟，具体采用何种建模方案取决于加载情况、分析的精度要求和硬件性能以及用户的经验。

3.2 关于结构分析的几何模型

有限元分析中的几何模型并不等同于一般意义上的 3D 几何模型，往往需要对原始几何进行相关的处理，本节讨论与有限元分析中的几何模型以及 Mechanical 组件的 Geometry 分支有关的问题。

3.2.1 ANSYS Workbench 的分析系统和 Geometry 组件

有限元分析的建模方法有直接法和间接法之分。所谓直接法，就是直接创建有限元模型的节点，然后通过连接这些节点来创建计算单元；而间接法则是首先创建几何模型，然后借助于几何模型的网格划分形成计算的有限元模型。

在 ANSYS Workbench 中，通常情况都是采用间接法建模，因此 Workbench 工具箱的分析系统在缺省条件下均包含一个 Geometry 单元格，在组件系统中也有独立的 Geometry 组件，通过这些 Geometry 单元格可以启动 ANSYS 几何组件创建新的几何模型，如图 3-3 所示；也可以直接导入其他 CAD 软件所创建的几何模型，选择在 ANSYS 几何组件中编辑，如图 3-4 所示。目前在 Geometry 单元格中可以选择用于创建和编辑几何模型的几何组件包括 ANSYS SpaceClaim（即 ANSYS SpaceClaim Direct Modeler，简称 ANSYS SCDM）以及 ANSYS DesignModeler（简称 ANSYS DM）。

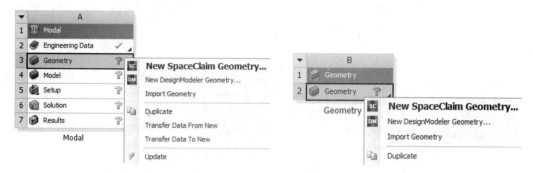

（a）分析系统的 Geometry Cell　　　　　　（b）独立组件 Geometry Cell

图 3-3　基于 Geometry Cell 启动几何组件或导入几何模型

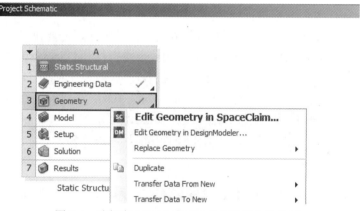

图 3-4　选择在 SCDM 或 DM 中编辑导入的几何

这里需要特别强调的一点是，有限元分析所采用的几何模型并不等同于一般意义上的三维 CAD 模型。前已述及，由于结构构件受力特点的不同，可以有三维实体结构、二维实体结构、板壳结构、杆系结构等不同的结构类型。不同类型的结构在进行有限元分析时对于几何模型也有不同的要求。比如薄壁结构如果采用壳单元分析，需要对薄壁实体结构进行中面抽取以形成面体几何模型，如果是直接创建的面体，还需要指定厚度或截面信息；杆系结构用梁单元分析时，需要创建线框几何模型，并对线体进行截面形状信息和截面空间放置方位的指定，建议这些操作在 ANSYS 的仿真分析专用几何处理组件 SCDM 或 DM 中完成。即便是对于导入的实体几何模型，在分析前也往往需要进行适当的简化处理等操作，对于这些操作，同样建议首先在 SCDM 组件或 DM 组件中进行编辑和处理。用户也可以在 SCDM 或 DM 中直接创建有限元分析所需的几何模型（包括线体和面体等概念模型），然后直接导入 Mechanical 组件中进行网格划分等后续操作。

图 3-5 可表示出上述与 ANSYS Workbench 结构仿真分析的几何模型相关的创建和处理流程。

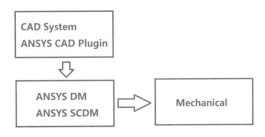

（a）CAD 模型经过 ANSYS 几何组件处理后导入 Mechanical

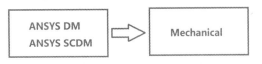

（b）在 ANSYS 几何组件中创建几何模型并直接导入 Mechanical

图 3-5　ANSYS 结构分析的几何模型来源

　　在进行具体的 CAD 模型的导入或在 SCDM、DM 等几何组件中直接建立几何模型之前，需要先对 Geometry 组件单元格进行属性的指定。

　　对于 2D 结构分析或热分析，在创建或导入几何模型之前，需要在 Workbench 的 Project Schematic 中选择 Geometry Cell，用菜单 View→Properties 打开 Geometry 的 Properties 设置面板，选择其中 Analysis Type 为 2D，进行相关设置后，再启动 SCDM 或 DM 创建 2D 的几何模型。如果是导入其他外部的 2D 几何文件，还需要勾选 Basic Geometry Options 中的 Surface Bodies 选项（缺省为勾选），如图 3-6 所示，以确保面体可导入 Mechanical 中。无论何种来源的 2D 几何模型都必须位于 XY 平面内。对于轴对称情形，对称轴为总体坐标 Y 轴，且几何模型必须位于 X 轴的正半轴范围。

	A	B
1	Property	Value
2	⊞ General	
5	⊞ Notes	
7	⊞ Used Licenses	
9	⊟ Basic Geometry Options	
10	Solid Bodies	☑
11	Surface Bodies	☑
12	Line Bodies	☐
13	Parameters	Independent
14	Parameter Key	ANS;DS
15	Attributes	☐
16	Named Selections	☐
17	Material Properties	☐
18	⊟ Advanced Geometry Options	
19	Analysis Type	2D
20	Use Associativity	☑
21	Import Coordinate Systems	☐

Properties of Schematic A3: Geometry

图 3-6　选择 2D 分析类型

对于壳体结构，也同样需要在创建或导入几何前勾选 Basic Geometry Options 中的 Surface Bodies 选项（缺省为勾选）。

对于杆系结构，应在 Geometry Cell 的属性中勾选 Basic Geometry Options 中 Line Bodies 选项（缺省为不勾选），然后再创建或导入几何模型。

3.2.2　几何模型的准备

前已述及，有限元分析所需的几何模型并不是一般意义的三维 CAD 模型，而是需要根据不同的结构类型作相应的处理和准备工作。在 Geometry 单元格的属性设置完成后，一般需借助于 ANSYS 的几何组件为仿真分析准备几何模型。鉴于目前 ANSYS SCDM 的应用日益广泛，本书附录 C 提供了关于 SCDM 几何组件使用方法的简介内容。本节仅介绍结构分析几何模型准备工作的要点。

1．实体结构的几何准备

对于实体结构，可以直接将 CAD 系统中创建的几何模型导入 Mechanical 组件中进行网格划分，但是一般建议首先通过 DM 或 SCDM 对几何模型进行必要的修复、编辑、简化等操作，需要处理的几何问题大致有如下几种情况。

（1）模型转换过程中丢失信息。通过 CAD 系统的接口导入原始模型的过程中，或者通过中性格式进行多次转换的过程中，可能造成模型信息的丢失，引起几何的不连续等问题。如图 3-7(a)所示，导入的几何模型中缺失了一些表面造成破洞的现象，在 DM 中通过 Surface Patch 工具进行了处理，如图 3-7（b）所示，消除了这一问题。

（a）缺失的面　　　　　　　　　　　（b）面修补

图 3-7　修补模型中缺失的表面

（2）几何模型质量较差。原始三维模型质量较差，比如存在大量碎面、短线段等，这些问题建议在几何模型层面处理完成，否则在 Mechanical 中划分网格之前还需要通过创建虚拟拓扑等方式进行处理，如果不处理会造成网格质量很差，甚至影响计算。图 3-8（a）所示为通过 SCDM 的修复工具合并一系列重合的短线段，图 3-8（b）所示为通过 SCDM 的修复工具删除表面上的多余线段，图 3-8（c）所示为通过 SCDM 的修复工具合并小的碎面。此外，模型中存在装配不精确导致的体干涉或间隙问题时，也可通过 SCDM 进行处理。

（3）几何细节过多。原始几何模型中可能存在分析中不需要的过多的细节特征，如表面凸起、商标图案、非应力集中区域的圆角面等小特征，这些特征如果不清除，也同样会造成不良的网格质量，进而影响计算。图 3-9 所示为通过 DM 修复工具删除部件外表面的一系列小凸起。

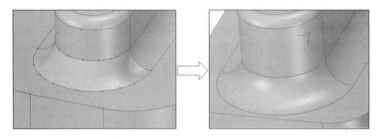

（a）合并短线段

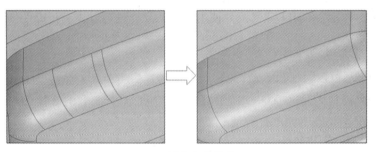

（b）删除多余线段

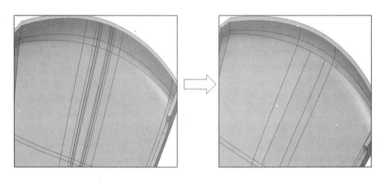

（c）合并碎面

图 3-8　SCDM 处理质量较差的几何

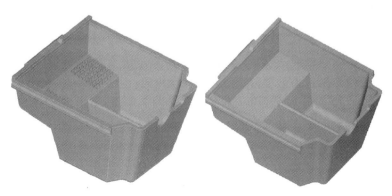

图 3-9　删除表面细节

（4）需添加印记。在一些特定的情况下，需要在原始的几何模型中添加印记面，以便在后续 Mechanical 中施加约束或表面分布载荷，这些操作建议在几何组件 SCDM 或 DM 中完成。如图 3-10 所示为在 SCDM 中给扳手添加螺栓作用的印记面，图 3-11 所示为在 DM 中添加某个零件的印记面。

图 3-10　SCDM 印记面　　　　　　　　　图 3-11　DM 印记面

（5）模型里存在分析不需要的零件。原始几何模型中存在大量分析中不需要的部件时，可以通过 DM 或 SCDM 进行删除，如图 3-12（a）中所示的大量螺栓，在整体分析中不考虑螺栓时需要进行删除，处理后的几何模型如图 3-12（b）所示。

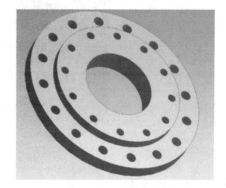

（a）不需要的螺栓　　　　　　　　　　（b）简化后的几何模型

图 3-12　删除分析中不需要的体和零件

（6）几何模型需要简化。原始几何模型中存在扫描或拟合形成的复杂曲面等情况，这些几何模型可能导致网格质量较差或网格划分失败，可通过 SCDM 进行几何简化处理。

2. 梁、壳结构的几何准备

（1）梁结构。梁结构的几何模型由线体构成。尽管很多 CAD 系统可以创建线体，但是仅有 SCDM 和 DM 可以为 ANSYS 分析提供线体的横截面信息，建议用户在 SCDM 或 DM 中定义梁的截面及其方位。

具体建模时，首先在 DM 或 SCDM 中建立或抽取 Line Body，同时为其赋予截面信息并指定截面方位。需要指出的是，DM、SCDM 及 Mechanical 组件中的截面坐标系为 XY，不同于 Mechanical APDL 中的 Y 轴和 Z 轴，如图 3-13 所示。当然，这种名称上的改变并不会影响到计算结果。在实际操作中，DM 截面定位是指 Y 轴的定位，可通过直接输入向量与转角方式指定 Y 轴指向，也可选择平行于已有线段或面的法向等方式实现 Y 轴方向的定位；SCDM 中可通过选择表面法线或线段方向来指定截面 Y 轴的定位，也可通过选择旋转角度来指定截面的定位。

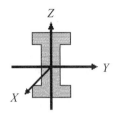 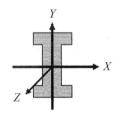

（a）Mechanical APDL （b）Mechanical Application

图 3-13　梁的横截面坐标系区别

（2）壳结构。在 ANSYS Workbench 结构分析中，壳结构的几何模型可以通过对三维薄壁实体模型进行抽取而获得，抽取的操作可以在 DM 或 SCDM 中进行，用户也可直接在 DM 或 SCDM 中直接创建表面体。在抽取表面体后注意进行表面延伸操作以使模型闭合。此外，注意在抽取的过程中选择薄壁实体的表面的顺序会影响到表面体的上下表面和法线方向。如图 3-14 所示，左边为薄壁的实体几何模型，右边为抽取的壁中面模型。可以添加 Element Orientation 对象为壳单元定位，方法是在 Geometry 分支的右键菜单中选择 Insert→Element Orientation。

图 3-14　中面抽取

3. 多体部件问题

（1）多体部件的概念和类型。在多体形成的组合结构中，经常用到多体部件的处理方式。通常情况下，DM 或 SCDM 中的一个体就是一个部件，但是根据问题的需要可以定义包含多个体的部件，这在 Mechanical 中被称为 Multibody part（多体部件），这些多体部件可以包含：

1）多个实体（Solid Body）部件。

2）多个表面体（Surface Body）部件。

3）多个线体（Line Body）部件。

4）多个线体和面体的组合部件。

5）多个实体和面体的组合部件。

上述各类多体部件均可以通过 DM 或 SCDM 导入 Mechanical 中。

（2）DM 中多体部件的处理方法。如果 DM 中的多个体被放入多体部件中，则多体部件的各个体之间通过 Shared Topology Method 属性进行连接。如图 3-15 所示为一个多体 Surface

Body 所组成部件的 Shared Topology Method 属性列表。

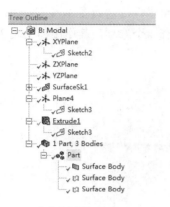
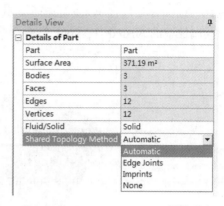

（a）Multibody Part　　　　　　　（b）Shared Topology Method 属性列表

图 3-15　多体部件及其共享拓扑属性

多体部件形成后，在 DM 中并不会立即共享拓扑，只有模型被导出 DM 或添加 "Share Topology" 对象后，部件内各体之间才会发生共享拓扑行为。DM 中的共享拓扑方法（Shared Topology Method）及其作用列于表 3-3 中。

表 3-3　DM 的 Shared Topology Method 及其作用

Shared Topology Method	作用
Automatic	利用通用布尔操作技术使多体部件内各体之间共享拓扑，当模型导出 DM 时各体之间的所有公用区域都会被共享处理
Edge Joints	DM 检测到的成对边合并到一起。它可以在创建 Surfaces From Edges 和 Lines From Edges 特征时自动生成，也可以通过 Joint 特征生成
Imprints	没有使部件内的各体之间发生拓扑共享，只是生成了印记面，可用于需要精确定义接触区域
None	没有实质上的共享拓扑及印记面生成，仅仅起到了对象归类和重新组织模型结构的作用。如可将需要相同网格设置的体形成多体部件，以便于在 Mechanical Application 中直接添加控制

共享拓扑方法会随着部件内体的类型以及分析类型而有所不同，部件类型与可用的共享拓扑方法见表 3-4。形成共享拓扑后导入 Mechanical 中划分的网格在多体的交界面上共享节点，否则交界面上不共享节点。

表 3-4　不同体类型之间的 Shared Topology Method

多体部件包含的体类型	Shared Topology Method
Line Body/ Line Body	Edge Joints
Line Body/ Surface Body	Edge Joints
Surface Body / Surface Body	Edge Joints，Automatic，Imprints，None
Solid Body/ Solid Body	Automatic，Imprints，None
Surface Body /Solid Body	Automatic，Imprints，None

（3）SCDM 中多体部件的处理方法。在 SCDM 中，多体部件的共享拓扑也存在多个选项。如图 3-16（a）所示，包含 3 个体的模型，其 Project 树和属性分别如图 3-16（b）和图 3-16（c）所示，其属性中的 Shared Topology 在右侧下拉列表中有 4 个选项，其作用列于表 3-5 中。

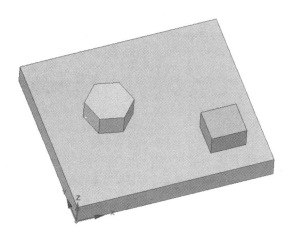

（a）几何模型

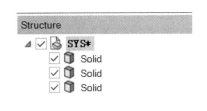

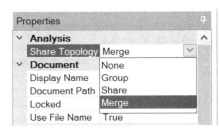

（b）零件结构　　　　　　　　　　　　　　　　（c）选项设置

图 3-16　共享拓扑选项

表 3-5　SCDM 中的 Shared Topology 选项

选项	作用
None	在几何模型导入 ANSYS Workbench 时不进行任何处理
Group	在几何模型导入 ANSYS Workbench 时仅对部件分组但不进行合并或面边的共享操作
Share	在几何模型导入 ANSYS Workbench 时合并体并做印记面形成共享拓扑的多体部件
Merge	在几何模型导入 ANSYS Workbench 时合并实体和表面并修剪掉体外的面

　　共享拓扑发生作用时，在几何模型被导入 Mechanical 组件中划分网格时，多体部件的体之间在交界面上共享节点。对于上面的多体模型，在 SCDM 中如果选择了 Merge 或 Share 选项，导入 Mechanical 后划分得到网格如图 3-17（a）所示的交界面上的网格共享节点；如果选择了 None 或 Group 选项，导入 Mechanical 后划分得到网格如图 3-17（b）所示的交界面上的网格不共享节点。

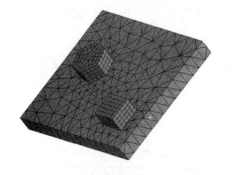

（a）共享节点　　　　　　　　　　（b）不共享节点

图 3-17　SCDM 的共享拓扑选项对网格的影响

3.2.3　Mechanical 中的 Geometry 分支

Geometry 组件中的几何准备工作完成后，用于结构有限元分析的几何模型被导入 Mechanical 应用组件中。允许被导入的体类型可在 Workbench 流程中选择 Geometry 单元格，并在其属性中加以设置，如图 3-18 所示。对导入的几何体，在网格划分之前需要定义相关的几何属性；对动力分析，还需要指定模型中的各种质量；此外，在 Mechanical 中还可直接创建一些简单的几何体。这些操作都涉及 Mechanical 的 Geometry 分支。

11	⊟	Basic Geometry Options	
12		Solid Bodies	☑
13		Surface Bodies	☑
14		Line Bodies	☑
15		Parameters	☑
16		Parameter Key	DS

图 3-18　导入几何体类型选择及参数信息

1．Mechanical 中可以导入的几何体类型及常见属性定义

前已述及，对于二维类型的分析，创建或导入几何模型前需要对 Workbench 分析系统的 Geometry Cell 进行 2D 属性指定。在二维模型被导入 Mechanical 后，还需要在 Geometry 分支的 Details 中选择 2D Behavior 的类型是 Plane Stress（平面应力）、Axisymmetric（轴对称）还是 Plane Strain（平面应变）类型，如图 3-19 所示。

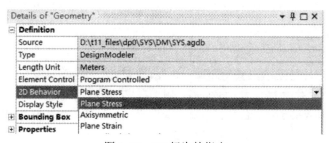

图 3-19　2D 行为的指定

目前可以导入 Mechanical 应用组件中的几何体包括 2D 实体（不能与其他类型体同时导

入）、3D 实体、表面体以及线体，被导入的几何体对象都被列出在 Project 树的 Geometry 分支下，图 3-20 所示就是一种特定的情形。

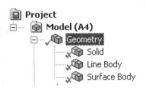

图 3-20　导入 Mechanical 中的几何体分支

被导入的几何体的特性可在其各自的 Details 中指定。在 Project 树的 Geometry 分支下选择每一个几何体分支，在其 Details View 中可以为其指定显示颜色、透明度、刚柔特性（刚体还是柔性体）、材料类型、参考温度等。此外，Details 中还给出了此几何体的统计信息，如体积、质量、质心坐标位置、各方向的转动惯量；如进行了网格划分，还能显示出单元数量、节点数量、网格质量指标等。下面对需要在 Details 中定义的一些主要的几何体属性及选项进行简要说明。

（1）Stiffness Behavior。Stiffness Behavior 即几何体的刚、柔特性，此选项位于 Definition 部分，如图 3-21 所示。Flexible 表示柔性体，Rigid 表示刚性体，Gasket 表示垫片。

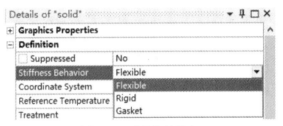

图 3-21　刚柔特性指定

（2）Reference Temperature。Reference Temperature 即参考温度，是物体的热应变为零的状态下所对应的温度。参考温度用于热应力分析，当物体的温度不等于此温度时，即发生热变形，如果热变形受到约束，就会形成热应力。在此处参考温度可以有两种定义方式，即 By Environment 和 By Body，如图 3-22（a）所示。如果采用 By Environment，则参考温度按照分析环境中的设定取值。如果选择了 By Body，则分别为每一个体指定参考温度值 Reference Temperature Value，如图 3-22（b）所示。

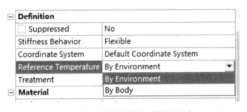

（a）基于环境指定参考温度　　　　　　　　　　（b）基于体指定参考温度

图 3-22　参考温度的指定

（3）材料特性。材料类型及参数通常是在 Engineering Data 组件中预先定义的。关于在 Engineering Data 中创建材料以及用户材料库的方法，请参考本书附录 B。在几何体的 Details

的 Materials 部分，为每一指定材料类型及特性，如图 3-23 所示。单击 Assignment 右侧三角形箭头弹出材料类型列表，在其中选择所需的材料类型名称。Nonlinear Effects 和 Thermal Strain Effects 选项设置为 Yes 时用于包含非线性效应和热应变效应开关。

（4）表面体的厚度或截面特性。对于表面体，其 Details 设置选项如图 3-24 所示，可以为表面体直接指定厚度。

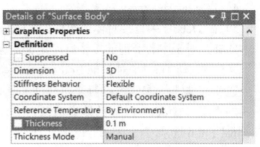

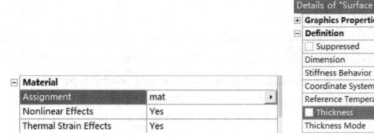

图 3-23　体的材料类型和选项　　　　　图 3-24　表面体的属性

选择 Geometry 分支，在右键菜单中选择 Insert→Thickness，在 Geometry 分支下添加 Thickness 分支，在其 Details 中选择需要定义厚度的面，如图 3-25 中所示的 1 Face，并为其指定厚度（Thickness），厚度可以是 Constant（常量）、Tabular（关于 X、Y、Z 坐标的表格）或 Function（关于 X、Y、Z 坐标的函数）。对于表格和函数形式的厚度，还需要指定坐标系。

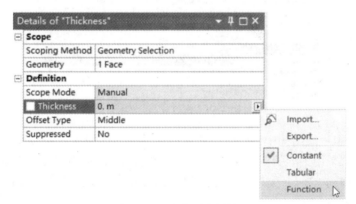

图 3-25　定义厚度属性

选择 Geometry 分支，在右键菜单中选择 Insert→Layered Section，可在 Geometry 分支下添加 Layered Section 分支，然后通过 Worksheet 方式来指定多层壳截面（Layered Section），可根据需要添加层并指定各层的材料、厚度及材料角度，如图 3-26 所示。

Layer	Material	Thickness (m)	Angle (°)
(+Z)			
3	Structural Steel	0.05	0
2	Structural Steel	0.1	0
1	Structural Steel	0.05	0
(-Z)			

图 3-26　多层复合材料板的截面定义

对于同时指定了厚度和分层截面的表面体，以下的优先级决定了分析中采用的壳体厚度信息，其中 1）至 5）优先级逐减：

1）上游组件中导入的 Plies 对象。

2）通过 External Data 等导入的 Thickness 对象。

3）定义的 Layered Section 对象。

4）定义的 Thickness 对象。

5）在 Details 中直接对体或部件的 Thickness 定义。

此外，对于同一类型的多个厚度定义对象，较近创建的对象将在分析中被采用。

（5）线体的特性。对 Line Body 而言，除了刚柔特性（对线体包含 Flexible 和 Rigid Beam 两个选项）、材料、参考温度等基本特性和导入的截面特性外，还需定义 Model Type 特性，如图 3-27 所示。Model Type 的缺省选项为 Beam，表示此 Line Body 采用梁单元模拟；当选择 Thermal Fluid 选项时，表示此 Line Body 采用热流体单元模拟（仅用于热分析）；当选择 Pipe 选项时，表示此 Line Body 采用 Pipe 单元模拟；当选择 Link/Truss 选项时，表示此 Line Body 采用 Link 单元模拟，这种情况下，一条线段通常只能划分为一个单元以避免形成机动体系。

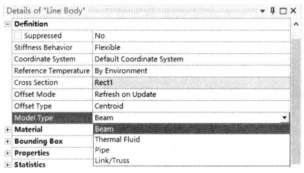

图 3-27　Line Body 属性

Line Body 模拟板梁结构中的梁时，还可能涉及截面的偏置，Surface Body 也可以设置 Offset，但一般建议采用梁的偏置。偏置可以在 DM 或 SCDM 中定义，也可以在 Mechanical 中通过 Offset 选项来指定，一般情况下可选择 User Defined 选项来指定偏移值，如图 3-28 所示。

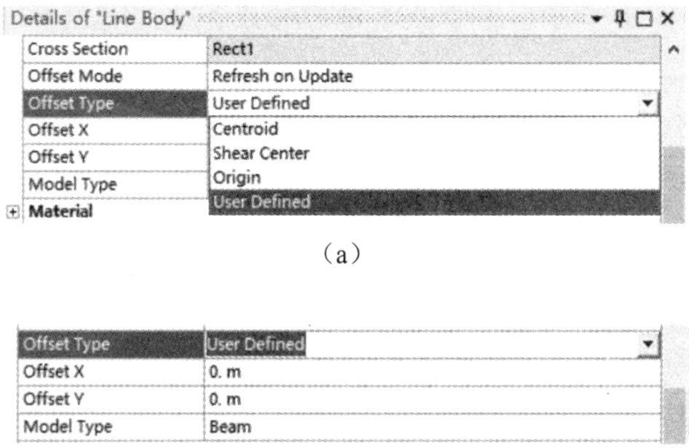

（a）

（b）

图 3-28　梁的截面偏置定义

2. 集中质量与分布质量的定义

对于动力学分析、包含惯性力的结构静力分析或瞬态热分析等情况，需要定义集中或分布质量时，可在 Project 树的 Geometry 分支下指定相关的质量。

（1）集中质量（Point Mass）。集中质量用于简化模型中某个体的惯性效应。添加集中质量时，选择 Geometry 分支，在右键菜单中选择 Insert→Point Mass，在 Geometry 分支下添加 Point Mass 分支，然后在其 Details 中定义相关参数。根据 Applied By 选项，有两种质量点定义方式。

1）Remote Attachment。Remote Attachment 选项是基于远程点（Remote Point）方式定义集中质量点，相关的选项如图 3-29 所示。

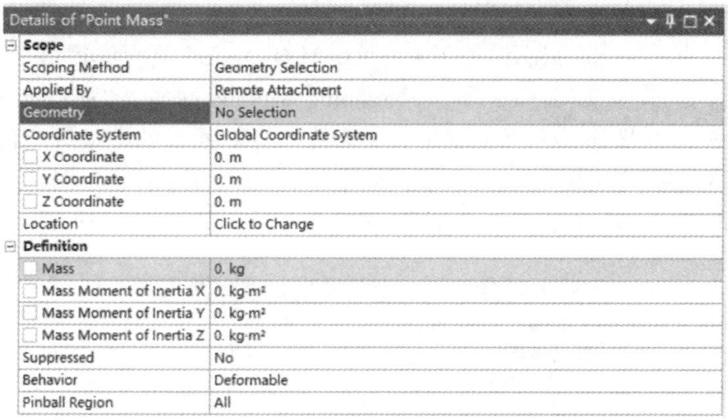

Details of "Point Mass"	▼ ₊ □ ×
Scope	
Scoping Method	Geometry Selection
Applied By	Remote Attachment
Geometry	No Selection
Coordinate System	Global Coordinate System
☐ X Coordinate	0. m
☐ Y Coordinate	0. m
☐ Z Coordinate	0. m
Location	Click to Change
Definition	
☐ Mass	0. kg
☐ Mass Moment of Inertia X	0. kg·m²
☐ Mass Moment of Inertia Y	0. kg·m²
☐ Mass Moment of Inertia Z	0. kg·m²
Suppressed	No
Behavior	Deformable
Pinball Region	All

图 3-29　基于 Remote Point 定义集中质量

选择 Remote Point 方式定义集中质量时，需要选择作用的几何对象（Geometry 选项）、指定质量及惯量数值、远程点的 Behavior 以及远程点影响范围的 Pinball Region。这种情况下，质点为一种远程边界条件，是基于 MPC 约束方程的方式发生作用的，质量点的坐标即远程点的坐标，在选择了几何对象时，会自动计算几何体的形心位置且基于选择的 Coordinate System 显示此形心的 X、Y、Z 坐标。也可以首先选择某个几何对象，然后在图形窗口中通过右键菜单选择 Insert→Point Mass，这时形成的 Point Mass 分支的 Details 中 Geometry 域为预先定义好的。用户还需要注意基于 Remote Point 方式定义集中质量时，远程点影响范围的 Pinball Region 宜根据实际情况设置为合理的范围，如果作用范围过大，会造成模型的自振频率结果的偏差。

关于结构分析中的 Remote Point（远程点）及其有关特性，本章后面将有专门的一节进行详细的介绍。

2）Direct Attachment。Direct Attachment 选项是基于直接选点的方式定义集中质量，选择这种方式定义集中质量的相关参数如图 3-30 所示。一般在 Geometry 域中选择一个 Vertex（顶点）或一个 Node（节点），或基于 Named Selection 方式选择的一个节点，然后定义质量及惯量等即可。

如图 3-31 所示，通过板的一个顶点（Vertex）定义了一个 100kg 的集中质量点。

（2）分布质量（Distributed Mass）。分布质量用于在模型的柔性部件的面上或边上添加附加的质量，这些附加的质量可以模拟模型中均匀分布于某个表面或边上的质量的惯性效应，比如油漆涂层、建筑装修、外部设备、大量分布的小物体等。

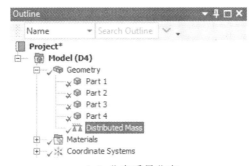

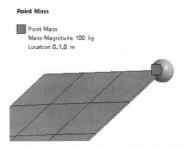

图 3-30　基于直接指定方式定义集中质量　　　　　图 3-31　通过顶点定义集中质量点

在 Mechanical 结构分析中添加分布质量时，在 Project 树中选择 Geometry 分支，然后在右键菜单中选择 Insert→Insert→Distributed Mass，在 Geometry 分支下添加 Distributed Mass 分支，如图 3-32（a）所示。选择创建的 Distributed Mass 分支，在其 Details 中指定相关属性和参数，如图 3-32（b）或图 3-32（c）所示。Scoping Method 缺省是 Geometry Selection，也可以是 Named Selection，即选择分布质量所在的表面。分布质量的数值有两种指定方式：一种方式是通过 Total Mass（即总质量）来定义，如图 3-32（b）所示；另一种方式是通过 Mass per Unit Area（即单位面积上的质量）来定义，如图 3-32（c）所示。

（a）分布质量分支

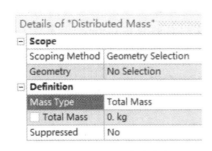

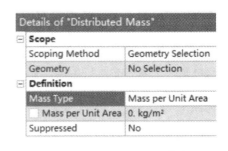

（b）Total Mass 方式定义　　　　　　　（c）Mass per Unit Area 定义

图 3-32　定义分布质量

也可以首先在图形显示窗口中选择要定义分布质量的表面，然后在图形显示窗口的右键菜单中选择 Insert→Distributed Mass，这时一个 Distributed Mass 对象出现在 Geometry 分支下，且在其 Details 的 Geometry 中显示已经选好了几何对象。

（3）热质量。在瞬态热分析中，可以通过一个热质量点来理想化一个物体的热容。热容取代了物体内部热梯度的计算。热质量点通常用于储存或吸收周围物体的热量的一个媒介，例如冰箱的散热，冷却电子设备，以及电脑主板的散热器等。在结构分析中添加热质量时，在 Project 树中选择 Geometry 分支，然后在右键菜单中选择 Insert→Insert→Thermal Point Mass，在 Geometry 分支下添加 Thermal Point Mass 分支，然后在其 Details 中指定相关选项和参数。根据 Applied By 选项的不同，有两种不同的 Point Mass 定义方式。

1）Remote Attachment。Remote Attachment 选项是基于远程点（Remote Point）方式定义热质量的，如图 3-33 所示。选择这种方式定义热质量时，需要选择一个几何对象（Geometry 选项）、指定热容量值、远程点的 Behavior 以及远程点影响范围的 Pinball Region。这种情况下，热质量点为一种远程热边界条件，是基于 MPC 约束方程的方式发生作用的。热质量点的坐标即远程点的坐标，在选择了几何对象时，会自动计算几何体的形心位置且基于选择的 Coordinate System 显示此形心的 X、Y、Z 坐标。也可以首先选择某个几何对象，然后在图形窗口中通过右键菜单选择 Insert→Point Mass，这时形成的 Point Mass 分支的 Details 中 Geometry 域为预先定义好的。

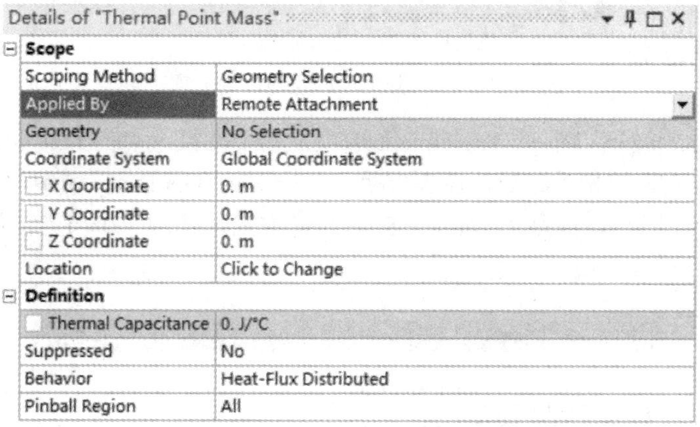

图 3-33　热质量的属性

热质量点的 Behavior 选项有 Isothermal、Heat-Flux Distributed、Coupled 等，如图 3-34 所示。选择 Isothermal 时表示选择的几何对象和热质量点的温度是相同的。如图 3-35（a）所示，如果温度边界条件位于 EDGE 上，采用 Isothermal 行为并作用于 FACE 的热质量点。当边界条件（EDGE）到表面（FACE）有一个温度分布时，Pinball 区域的表面温度本身取一个与热点质量相匹配的值。选择 Heat-Flux Distributed 时则表示温度按热通量分布，同一个问题的温度分布如图 3-35（b）所示，可以看到热质量作用的 FACE 上温度的不均匀分布。

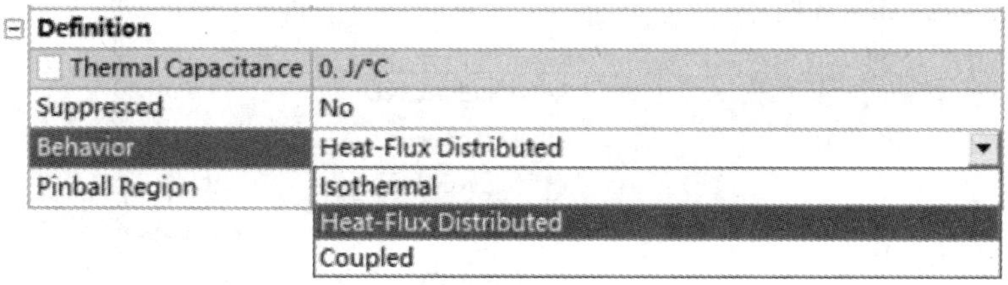

图 3-34　热质量的行为属性

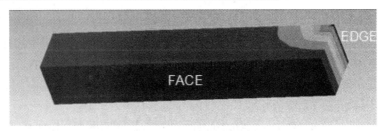

（a）Isothermal 行为

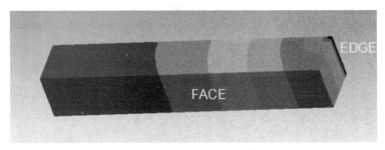

（b）Heat-Flux Distributed 行为

图 3-35　热分析远程点的行为选项

2）Direct Attachment。Direct Attachment 选项是基于直接选点的方式定义集中质量，选择这种方式定义集中质量的相关参数如图 3-36 所示。一般在 Geometry 域中选择一个 Vertex（顶点）或一个 Node（节点），或基于 Named Selection 方式选择的一个节点，然后定义质量及惯量等即可。

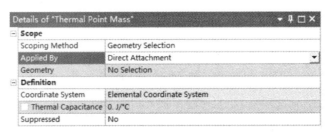

图 3-36　基于 Direct Attachment 方式定义热质量

3. 在 Mechanical 中直接创建实体对象

除导入的几何体之外，还可以在 Mechanical 中创建 SOLID，其方法是在项目树中选择 Model 分支，在其右键菜单中选择 Insert→Construction Geometry→Solid，如图 3-37 所示，可创建一些简单形状的 3D 几何体。

图 3-37　直接添加实体

在 Construction Geometry 分支下选择创建的 Solid，右键菜单中选择 Add to Geometry，即可将此实体添加到 Geometry 分支下。例如，为进行产品跌落分析而创建的目标实体，同时出现在 Geometry 分支以及 Construction Geometry 分支下，如图 3-38 所示。

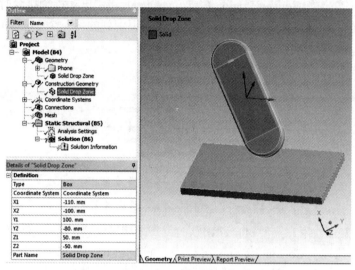

图 3-38　为进行跌落分析而创建的目标面实体

3.3　定义连接关系

在 Mechanical 中，如果 Geometry 分支下包含多个体（部件），体（部件）之间的连接关系需要在 Project 树的 Connections 分支下进行详细的指定。最常见的连接关系是 Contact，即接触关系。除了接触关系以外，体（部件）之间还可以通过 Spot Weld（焊点）、Joint（铰链或关节）、Spring（弹簧）、Beam（梁）等方式进行连接。本节介绍这些常见连接方式及其选项。

3.3.1　定义接触及基本接触选项

在 Mechanical 中，部件之间的接触关系一般可通过 3 种方式进行指定，即自动探测接触、半自动探测接触（或称为部分探测接触）、手工定义接触。

1. 自动探测接触

（1）接触自动探测选项。缺省情况下，在 Mechanical 中部件之间的接触区域是自动探测的，而且自动探测在模型导入的过程中自动完成，这一过程是基于 Workbench 的 Options 的相关选项。在 Workbench 的项目页面，选择菜单项 Tools→Options 打开 Workbench 的 Options 选项设置框，左侧选择 Mechanical，右侧 Mechanical 选项中的 Auto Detect Contact On Attach 选项是被勾选的，如图 3-39 所示。

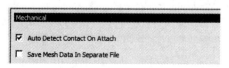

图 3-39　Workbench 中的自动接触探测选项

自动接触探测的相关参数，是在 Mechanical 界面下通过 Mechanical 的 Options 选项中的 Connections 选项来进行设置的。Mechanical 中的 Options 设置可通过 File→Options 打开，也可通过 Mechanical 界面中的快速启动栏右侧的 Options 按钮打开。

（2）Contacts 分支及 Contact Region 分支。Mechanical 在自动探测接触时，在 Connections 分支下会形成 Contacts 分支，在 Contacts 分支下列出识别到的每一个 Contact Region（接触区域）分支，如图 3-40 所示。

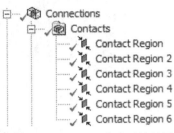

图 3-40　Contacts 分支及接触区域

（3）检查接触面。用户需要对自动识别的每一个接触区域进行检查。在 Mechanical 组件中，可以通过选择某一个 Contact Region 分支来检查该接触区域。每一个接触区域包含 Contact 表面以及 Target 表面，即接触界面两侧的表面，且两侧的面的个数可以不相等。在选择了某一个接触对分支时，Contact 表面以及 Target 表面会分别以红色和蓝色显示，而那些与所选择的接触对无关的体（部件）在缺省情况下则采用半透明的方式显示，图 3-41 所示为圆盘与方块之间的接触，与此接触无关的六棱柱则被半透明显示。

（4）接触对的体视图观察。对于任意一个接触区域，可在 Connections 上下文工具栏上按下 Body Views 按钮，观察在接触面两侧的体对象。用户还可以选择 Connections 工具栏的 Sync Views 按钮，调整到统一视角，同步动态显示 3 个窗口的内容，这些按钮如图 3-42 所示。

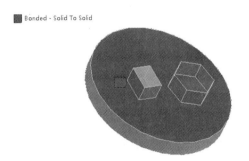

图 3-41　接触对示意图

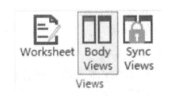

图 3-42　接触的 Views 视图选项

图 3-43 为接触面一侧以及目标面一侧的分视图显示，在 Contact Body View 视图中显示螺栓杆及接触面（红色），在 Target Body View 视图中显示螺母及目标面（蓝色），这种观察方式可以有助于用户检查连接关系是否被正确定义。

（5）Contact Region 的选项指定。对于每一个自动识别出的 Contact Region 对象分支，需要对其选项进行核对或重新设置。首先在 Project 树中选择需要进行设置选项的 Contact Region 对象分支，然后在其 Details View 中核对或者重新指定相关的选项，如图 3-44 所示。

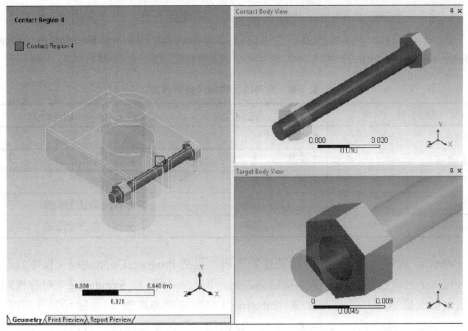

图 3-43　Body View 视图

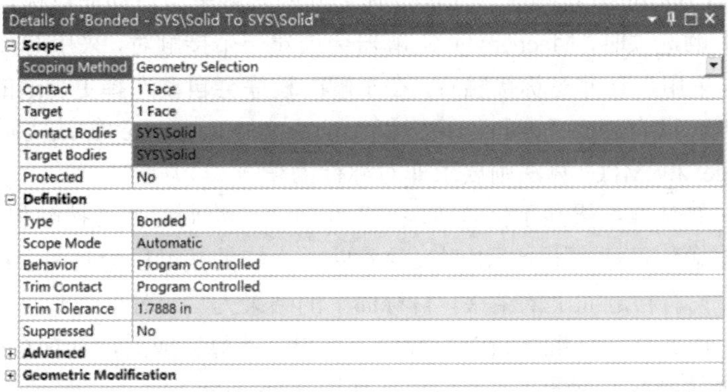

图 3-44　接触区域对象的 Details 设置选项

在 Contact Region 的 Details 选项中包含 Scope、Definition、Advanced 及 Geometric Modification 等类别，每一个类别中又包含有一系列的选项。本节主要介绍 Scope 和 Definition 两个选项类别，其他的高级选项在本书第 6 章的接触分析部分进行介绍。

1）Scope 类别。Scope 类别列出了接触区域的选择方法和两侧的表面，主要包含如下选项：

a．Scoping Method 选项。这一选项即接触区域表面的选择方法，即选择接触区域是基于几何选择（Geometry Selection，缺省选项）还是命名选择集合（Named Selection，在本章后面介绍）。

b．Contact 和 Target 选项。Contact 和 Target 选项分别列出了 Contact Region 的接触面以及目标面，注意 Contact 和 Target 不一定是一个表面，两侧也不一定要有相等的表面数。

c．Contact Bodies 和 Target Bodies 选项。Contact Bodies 和 Target Bodies 选项分别为接触面所在的体以及目标面所在的体。

2）Definition 类别。Definition 类别包含了接触区域的类型、行为及裁剪选项。

a．Type 选项。Type 即接触区域的类型选项，Mechanical 中提供了 Bonded、No Separation、Frictionless、Frictional、Rough 等 5 种接触类型，其法向以及切向的接触行为汇总列于表 3-6 中。

表 3-6　法向以及切向的接触行为

接触类型	法向行为	切向行为
Bonded	绑定	绑定
No Separation	不分离	可以小范围滑动
Rough	可张开或闭合	不可滑动
Frictionless	可以分离或接触	允许滑动且无摩擦
Frictional	可以分离或接触	允许有摩擦地滑动

b．Behavior 选项。Behavior 即接触行为选项，包括 Program Controlled（程序自动控制）、Asymmetric（不对称接触，即一侧为接触面，另一侧为目标面）、Symmetric（对称接触，两侧互为接触面及目标面）以及 Auto Asymmetric（自动非对称接触）。接触行为选项仅用于 3D 的面－面接触以及 2D 的边－边接触，对于 3D 的边－边接触以及面－边接触，程序内部会设置接触为 Asymmetric。

选择 Program Controlled 选项时，对柔性体之间的接触采用自动非对称。采用非对称接触以及自动非对称接触选项时，Mechanical 求解器会创建一个接触对，采用对称接触时求解器会创建两个接触对。采用自动非对称接触时，在求解时程序会自动选择更合适的接触面，这可以显著提高求解性能。只有 Pure Penalty 算法和 Augmented Lagrange 算法实际支持对称行为，而 Normal Lagrange 和 MPC 算法则要求非对称行为。

接触行为与接触计算结果显示位置有关。对称行为，将同时报告接触和目标面上的结果，结果将会同时在接触和目标面上显示出来，这意味着真实的接触压力是两个结果的平均值。对任何非对称行为，只有接触面上的结果，目标面上的结果为零。对自动非对称行为，可能会互换接触和目标面，因此显示接触面或者目标面上结果。计算完成后，查看 Contact Tool 工作表时，用户可以选择接触或目标面来观察结果，如图 3-45 所示。

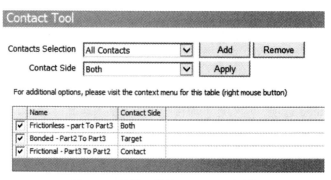

图 3-45　接触工具箱 Worksheet 视图

为接触区域所指定的接触行为与实际采用的接触行为、对应的接触结果显示位置等信息汇总列于表 3-7 中。

表 3-7   接触行为与结果显示位置

	指定的选项	Pure Penalty	Augmented Lagrange	Normal Lagrange	MPC
实际采用接触行为	对称	对称	对称	自动非对称	自动非对称
	非对称	非对称	非对称	非对称	非对称
	自动非对称	自动非对称	自动非对称	自动非对称	自动非对称
结果显示	对称	两侧	两侧	二者之一	二者之一
	非对称	在接触面上	在接触面上	在接触面上	在接触面上
	自动非对称	二者之一	二者之一	二者之一	二者之一

c. Trim 选项。Trim 选项可以减少在求解中考虑的接触单元数量，从而提高求解的速度。可供选择的选项包括 Program Controlled、On 及 Off 3 种。

Program Controlled 为缺省选项，即程序选择合适的设置，一般情况会选择 On，当存在手工创建的接触区域时，选择 Off。On 选项表示开启接触分析的 Trim 功能，在写出 input 文件的过程中会检查接触单元和目标单元的距离，当距离超出指定的容差（Trim Tolerance）时，这些接触单元将不被写入文件中，因此在分析中被忽略。Off 选项表示关闭接触分析的 Trim 功能。

Trim Tolerance 为裁剪容差。当 Trim 选项设置为 Program Controlled，仅对自动探测接触可用。当 Trim 选项设置为 On 时，对自动探测接触和手工定义接触均可用。如图 3-46 所示，Trim Tolerance 被设置为 10mm，图中接触单元和目标单元尺寸为 5mm。目标单元 TE2 和接触单元 CE1 的边界框有重叠，因此目标单元 TE2 被包含在分析中；而目标单元 TE4 与接触单元 CE3 的边界框没有重叠，因此目标单元 TE4 不被包括在分析中。

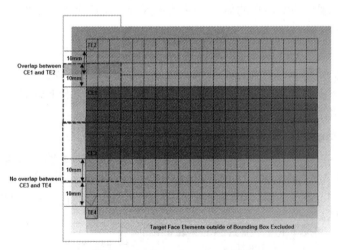

图 3-46   Trim Tolerance 示意图

2. 半自动接触探测

如果在模型导入过程中没有选择自动探测接触，还可以在 Mechanical 中选择一部分体，在这些选择的体之间自动探测接触。由于全部采用自动接触探测可能会探测到一些不需要的接触区域，而全部手工定义接触则效率低下，因此用户可以尝试这种先选择一些体再进行部分自动探测的方法。这种方法的优势在于，能够有效避免一些不需要的接触区域，而且效率也较高。半自动接触探测方法的具体操作步骤如下：

（1）在 Project 树中选择 Connections 分支，在 Connections 分支的右键菜单中选择 Insert →Connection Group，或者在 Connections Context 标签中选择 Connection Group 按钮，在 Connections 分支下添加一个 Connection Group 分支。

（2）选择新添加的 Connection Group 分支，在其 Details 中选择 Connection Type，缺省为 Contact。

（3）设置 Scoping Method 选项，缺省为 Geometry Selection，然后在图形显示窗口中选择希望探测接触关系的体，在 Geometry 选项中单击 Apply 按钮。也可以设置 Scoping Method 选项为 Named Selection，然后在 Named Selection 中选择预先定义的 Named Selection。

（4）如需要，还可以设置 Auto Detection 选项，这些选项在自动探测接触时起作用。

（5）在 Connection Group 分支的右键菜单中选择 Create Automatic Connections，对所选择的体自动探测接触关系，如图 3-47 所示。在接触探测完成后，Connection Group 分支自动更名为 Contacts 分支，探测到的 Contact Region 对象将会出现在此 Contacts 分支下。

图 3-47　创建自动接触

（6）对自动探测到的所选择的体之间的接触区域，可逐个设置其 Details 属性。

3．手工定义接触

尽管 Mechanical 可以自动探测接触区域，但是自动探测的接触都是初始距离很接近的物体之间的接触，无法模拟大滑移等接触情况的可能接触区域，有的情况下自动探测的接触区域过多，还有的情况下没有探测到分析所需的接触区域，在这些情况下就需要手工定义接触区域了。采用手工方式指定接触区域时，按照如下的步骤进行操作：

（1）首先在 Project 树中选择 Connections 分支。

（2）在 Connections 分支上打开鼠标右键菜单，选择 Insert→Manual Contact Region，如图 3-48 所示。也可以选择 Ribbon 栏 Context 标签中的 Contact 按钮。随后，一个新的 Contacts 目录出现在 Connections 分支下，新建的手工接触区域 Contact Region 对象出现在此目录下。

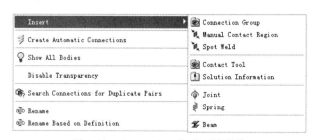

图 3-48　Connection 分支右键菜单

（3）在 Project 树中选择新创建的 Contact Region 对象，在其 Details 中分别指定 Contact 和 Target 表面，完成接触区域的定义。如需要，还可以对其他高级选项进行设置。

3.3.2　Joint 连接及相关选项

Joint 对象提供了部件之间的另一类常用的连接方式，即运动副连接方式。本节介绍 Mechanical 组件中 Joint 的作用、常见类型以及一般性定义方法。

1. Joint 的作用与类型

Joint 可用于模拟物体之间或物体与地面（固定位置）间的相互作用，一般用于模拟运动副。在模型中的多体部件被作为一个单一的部件，Joint 不能定义于多体零件内部的体之间。如果 Joint 通过 Remote Attachment 方式定义，可将其归类为远程边界条件。

在模型导入 Mechanical 的过程中可以自动生成铰链或固定类型的 Joint，也可以选择手工定义 Joint。每一个 Joint 都是在其参考坐标系下定义的，根据被约束的自由度的不同，在 Mechanical 中有十余种 Joint，可以模拟体和体之间或者体和地面之间的作用。ANSYS 提供的 Joint 类型及其约束的相对自由度情况汇总列于表 3-8 中。

表 3-8　Joint 类型及其约束的相对运动自由度

Joint 类型	受到约束的相对运动自由度
Fixed Joint	All
Revolute Joint	UX, UY, UZ, ROTX, ROTY
Cylindrical Joint	UX, UY, ROTX, ROTY
Translational Joint	UY, UZ, ROTX, ROTY, ROTZ
Slot Joint	UY, UZ
Universal Joint	UX, UY, UZ, ROTY
Spherical Joint	UX, UY, UZ
Planar Joint	UZ, ROTX, ROTY
Bushing Joint	None
Screw Joint	UX, UY, ROTX, ROTY
Constant Velocity Joint	UX, UY, UZ
Distance Joint	Distance
General Joint	Fix All, Free X, Free Y, Free Z, and Free All
Point on Curve Joint	UY, UZ, ROTX, ROTY, ROTZ
Imperfect Joint(In-Plane Radial Gap)	UZ, ROTX, ROTY（类似于 Planar Joint）
Imperfect Joint (Spherical Gap)	UX, UY, UZ（类似于 Spherical Joint）
Imperfect Joint(Radial Gap)	Fix or free UZ

Joint 连接方式支持 Workbench 中各种类型的结构分析系统，可用的分析系统包括 Explicit Dynamics、Harmonic Response、Modal、Random Vibration、Response Spectrum、Rigid Dynamics、Static Structural 以及 Transient Structural 等。

2. 自动探测 Joint

在 Mechanical 中，可以像接触一样对 Joint 进行自动的探测，但仅限于 Fixed 和 Revolute 两种类型的 Joint，具体的操作步骤如下。

（1）添加 Connection Group 分支。在 Project 树中选择 Connections 分支，在其右键菜单中选择 Insert→Connection Group，在 Connections 分支下添加一个 Connection Group 分支。

（2）选择 Connection Group 分支类型。选择新添加的 Connection Group 分支，在其 Details 属性中选择 Connection Type 为 Joint，如图 3-49 所示。

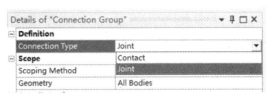

图 3-49　设置 Connection Group 类型为 Joint

（3）选择自动探测 Joint 的体。基于选择的 Scoping Method 选择要探测 Joint 连接的体，缺省为 Geometry Selection，即几何选择方式，在图形显示窗口中选择所需的体，在 Geometry 选项中单击 Apply 按钮确认所选择的体。

（4）选择探测 Joint 类型。在 Details 中的 Auto Detection 部分，为探测 Fixed Joints 和 Revolute Joints 选项选择 Yes 或 No，如果选择了 Yes，将探测对应类型的 Joint，如果都选择了 Yes，则优先探测圆柱铰链 Revolute Joints。

（5）执行自动 Joint 探测。在 Connection Group 对象的右键菜单中选择 Create Automatic Connections，将开始探测可能的 Joint 连接，探测到的 Joint 对象将会出现在 Joints 目录下。Joints 目录是由 Connection Group 目录自动更名而来的。

（6）为探测到的 Joint 指定属性。对于每一个探测到的 Joint 连接，检查或者重新设置其 Details 属性，对于 Revolute 类型的 Joint，可以设置其扭转刚度/阻尼等属性，如图 3-50 所示。有的情况下可能还需要对 Joint 的 Reference 和 Mobile 坐标系进行重新定向以获得正确的行为。

田 ✓ ⟳ Revolute - Ground To Solid	
Details of "Revolute - Ground To Solid"	
Definition	
Connection Type	Body-Ground
Type	Revolute
Torsional Stiffness	0. N·mm/°
Torsional Damping	0. N·mm·s/°
Suppressed	No

图 3-50　Revolute Joint 的属性

（7）观察和配置 Joint。通过 Connection 上下文标签栏 Views Group 的 Body Views 按钮，可以在各自的视图中查看 Joint 所连接的两个体，如图 3-51 所示。图例显示了关于参考坐标系的 Joint 自由度。未约束的自由度是蓝色的，约束自由度为灰色的。

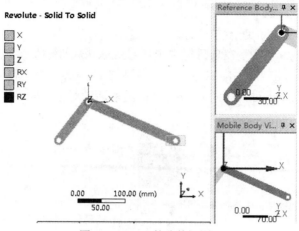

图 3-51　Joint 的分体视图

还可以通过 Configure 工具来配置 Joint，Configure 工具位于 Connection 上下文标签栏的 Joint Group，如图 3-52 所示。

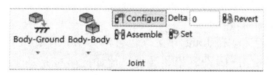

图 3-52　工具栏的 Joint 组

通过 Configure 工具可以配置 Joint 的初始状态。在 Project 树中选择需要配置的 Joint 对象分支，按下 Configure 按钮进入配置模式，这时可以通过拖动图 3-53 所示的 DOF 手柄来改变其位置。

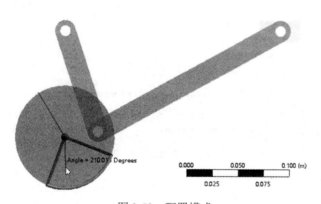

图 3-53　配置模式

Joint 配置工具可以用来模拟 Joint 的运动效果，弹起 Configure 按钮即退出配置工具，Joint 将会恢复到初始的位置。如果需要，Joint 也可以被锁定在一个新位置，即在选择新的位置之后，按下上述工具中的 Set 按钮。在求解时，新的位置将作为初始位置。Revert 按钮可以用于取消配置操作。除了手动配置 Joint，可以在 Configure 按钮旁边的文本区域输入 Delta 值，然后按下 Set 按钮。

3. Joint 手工定义与配置

按照如下步骤完成 Joint 连接方式的手工指定。

（1）创建新的 Joint 对象。在项目树中选择 Connections 对象，并从 Connections 上下文选项卡中选择 Body-Ground 或 Body-Body 选项，然后在下拉菜单中选择所需的连接类型，如图 3-54 所示。一个新的 Joint 对象成为 Project 树的当前活动对象，同时注意到一个包含 Joint 的 Joints 目录自动创建。

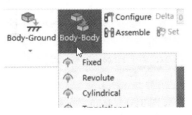

图 3-54　手工定义 Joint

（2）指定 Joint 属性。对手工创建的 Joint，也需要指定其 Details 属性。对于常见的 Revolute Joint 类型，需分别指定其 Reference 和 Mobile 表面，一般为圆柱铰链所在的圆柱面。其他属性的意义与自动识别情况下的相同。

（3）参考坐标系的定义。在 Joint 分支下包含一个 Reference Coordinate System 的分支，选择此分支，然后在其 Details 中设置相关属性，比如此坐标是基于某个圆柱面中心，则可通过几何选择的方式选择此圆柱面。

（4）查看和配置 Joint。与探测的 Joint 一样，可以用分体视图查看 Joint 连接的体，也可以通过 Configure 工具对 Joint 的位置进行配置。

（5）冗余度检查。手工方式指定 Joint 后，建议进行冗余约束检查，通过检查可以得到活动的运动自由度数。具体方法是，在 Connection 分支的右键菜单中选择 Redundancy Analysis，如图 3-55 所示，在 Data View 中单击闪电按钮即可执行冗余分析，如图 3-56 所示。

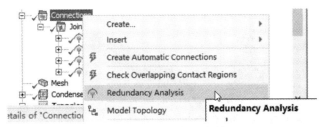

图 3-55　冗余度检查菜单

Name	Type	Scope	X Displacement	Y Displacement	Z Displacement	Rotation X	Rotation Y	Rotation Z
Revolute - Ground To Solid	Revolute	Body-Ground	Fixed	Fixed	Fixed	Fixed	Fixed	Free
Revolute - Solid To Solid	Revolute	Body-Body	Fixed	Fixed	Redundant	Redundant	Redundant	Free
Revolute - Solid To Solid	Revolute	Body-Body	Fixed	Fixed	Fixed	Fixed	Fixed	Free
Translational - Ground To Solid	Translational	Body-Ground	Free	Fixed	Fixed	Fixed	Fixed	Fixed

Number of free degrees of freedom: 1

图 3-56　冗余度检查数据表

3.3.3　其他连接方式

本节介绍另外几种在结构分析中较为常见的连接类型，即 Spring（弹簧）、Beam（梁）以及 Spot Weld（焊点）这 3 种连接方式。

1. Spring 连接

Spring 即弹簧连接，是一种离散的刚度特征。弹簧可以作为体和体之间的连接，也可以作为体和地之间的连接，在这方面与 Joint 非常相似。弹簧可以是轴向弹簧，也可以是扭转弹簧。在默认情况下假设弹簧处于自由状态（未受载的状态），可以使用自由长度或负载值来指定弹簧的预载，还可以在弹簧的属性中定义与之相平行的阻尼器。下面简单介绍在 Mechanical 组件中指定 Spring 连接的操作要点。

Spring 需要在 Connections 分支下创建。对于模型中包括多个体的情况，Connections 分支总是自动出现的。如果模型中仅有一个体，缺省情况下 Project 树中不出现 Connections 目录，为了定义弹簧，选择 Model 分支，在其右键菜单中选择 Insert→Connections，这时在 Model 分支下出现 Connections 分支。创建弹簧时，首先选择 Connections 分支，在其右键菜单中选择 Insert→Spring，在 Connections 分支下添加一个初始名称 "Longitudinal - No Selection To No Selection" 的弹簧对象，在 Details 中为此弹簧设置各种属性，如图 3-57 所示。

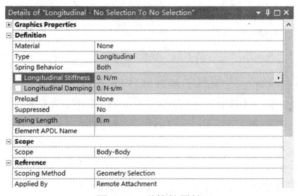

图 3-57　弹簧的属性

（1）弹簧类型。Type 选项用于定义弹簧的类型，有 Longitudinal 和 Torsional 两种，即轴向受力弹簧和扭转弹簧。

（2）弹簧行为。在 Rigid Dynamics 和 Explicit Dynamics 系统中，Spring Behavior 提供 Both、Compression Only（仅受压）或 Tension Only（仅受拉）3 个选项。当选择仅受拉时，弹簧的刚度及受力特性如图 3-58 所示。当选择仅受压时，弹簧的刚度及受力特性如图 3-59 所示。

（3）刚度。此选项属于弹簧属性的 Definition 部分，如图 3-57 所示，在弹簧的 Details 中设置弹簧的刚度系数 Longitudinal Stiffness。

（4）阻尼。此选项属于弹簧属性的 Definition 部分，如图 3-57 所示，在弹簧的 Details 中设置弹簧的阻尼系数 Longitudinal Damping。

（5）预载荷。即 Preload 选项，此选项也属于弹簧属性的 Definition 部分，用于定义弹簧的预载荷。Preload 选项缺省为 None，也就是不考虑预载荷；如需定义预载荷，可选择下拉列表中的 Load 选项或 Free Length 选项，然后分别指定 Load 或 Free Length 数值。

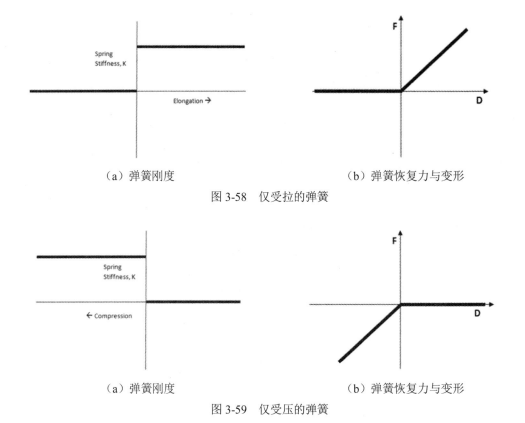

（a）弹簧刚度　　　　　　　　　　　　　（b）弹簧恢复力与变形

图 3-58　仅受拉的弹簧

（a）弹簧刚度　　　　　　　　　　　　　（b）弹簧恢复力与变形

图 3-59　仅受压的弹簧

（6）Scope 选项。Scope 选项属于弹簧属性的 Scope 部分，可以选择 Body-Body 或 Body-Ground，分别表示体－体或体－地面的弹簧。在添加弹簧对象时，如果是通过上下文选项卡上的 Spring→Body-Ground 或 Spring→Body-Body 选项，则此选项无需另外指定。

（7）Reference 与 Mobile。Reference 和 Mobile 用于定义弹簧的两端。

1）Direct Attachment 情况。最简单的情况，可以选择两个顶点或两个节点，然后在 Connections 上下文标签中选择 Spring→Body-Body，这时 Reference 和 Mobile 被自动指定为选择的两个端点，Applied By 选项缺省为 Direct Attachment，如图 3-60 所示。

⊟	**Reference**	
	Scoping Method	Geometry Selection
	Applied By	Direct Attachment
	Scope	1 Vertex
	Body	Solid
⊟	**Mobile**	
	Scoping Method	Geometry Selection
	Applied By	Direct Attachment
	Scope	1 Vertex
	Body	Solid

图 3-60　直接定义弹簧的端点

2）Remote Attachment 情况。在其他的情况，需要分别定义 Reference 以及 Mobile。一般可以通过基于 Remote Point 的几何选择方式来指定，比如在 Reference 的 Scope 中选择一个面，则 Reference Location 缺省为此面的中心，其坐标在 Reference XYZ Coordinate 中列出，如图 3-61 所示。Mobile 方面也是类似的指定方式。当采用 Remote Attachment 方式时，实际上建立了 Remote Point，因此还可以指定 Remote Point 的 Behavior 选项以及 Pinball Region 选项，这些选项在本章后面 Remote Point 一节中介绍。

Reference	
Scoping Method	Geometry Selection
Applied By	Remote Attachment
Scope	1 Face
Body	Solid
Coordinate System	Global Coordinate System
Reference X Coordinate	0.1 m
Reference Y Coordinate	0. m
Reference Z Coordinate	0. m
Reference Location	Click to Change
Behavior	Rigid
Pinball Region	All

图 3-61　Remote Attachment 方式定义弹簧的端点

对于 Body-Ground 类型的弹簧（接地弹簧），其 Reference 被假设为地面位置，这时仅需要按上述方式定义 Mobile 部分，而 Reference 部分仅需要指定坐标位置即可，如图 3-62 所示。

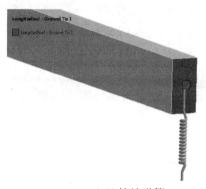

（a）接地弹簧

Details of "Longitudinal - Ground To 1"	
Graphics Properties	
Definition	
Material	None
Type	Longitudinal
Spring Behavior	Both
Longitudinal Stiffness	1. N/m
Longitudinal Damping	0. N·s/m
Preload	None
Suppressed	No
Spring Length	2. m
Element APDL Name	
Scope	
Scope	Body-Ground
Reference	
Coordinate System	Global Coordinate System
Reference X Coordinate	0.25 m
Reference Y Coordinate	2.5 m
Reference Z Coordinate	0. m

（b）弹簧属性

图 3-62　接地弹簧的端点定义

2. Beam 连接

Beam 即梁连接，是一种类似于弹簧的离散连接方式，用于承受弯曲载荷，可以为

Body-Body，也可以为 Body-Ground。在 Workbench 的 Mechanical 组件中，假设 Beam 具有圆形截面，图 3-63 所示为一个 Body-Ground 形式的 Beam 连接。

图 3-63　体对地的 Beam 连接

创建 Beam 时，首先在 Connections 分支下添加 Beam 对象，然后再指定其 Details 属性。图 3-64 所示为 Beam 连接的属性列表。由于在 Mechanical 中假设梁的截面为圆形，所以需要指定 Radius，即截面半径。Beam 的 Material 属性即材料，需选择在 Engineering Data 中指定的分析项目中可用的材料模型之一。Beam 连接的 Scope、Reference 以及 Mobile 的意义与 Spring 完全相同，这里不再重复介绍。当 Scope 为 Body-Ground 时，地面为 Reference。

Details of "Circular - Ground To Solid"	
Graphics Properties	
Definition	
Material	Structural Steel
Cross Section	Circular
Radius	1.5e-002 m
Suppressed	No
Beam Length	0.1 m
Element APDL Name	
Scope	
Scope	Body-Ground
Reference	
Mobile	

图 3-64　Beam 连接的属性

3. Spot Weld 连接

Spot Weld 连接即点焊连接，通过点焊可以在离散的点上将实体或壳连接起来。点焊以顶点对的形式在几何体之间定义，其实质是在顶点之间建立短梁，形成点焊连接。由顶点向周围节点辐射出蛛网状的梁，用于分布载荷，如图 3-65 所示。

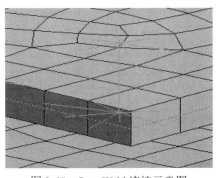

图 3-65　Spot Weld 连接示意图

目前，DM 和 SCDM 都能支持创建点焊，并能够被导入 Mechanical 组件中。用户也可以在 Mechanical 组件中手工创建 Spot Weld，在 Connections 标签工具栏中选择 Spot Weld 按钮或在右键菜单中选择 Insert→Spot Weld，在添加了 Weld 对象后，在其 Details 中分别指定 Contact 和 Target，如图 3-66 所示，具体方法是在模型中分别拾取适当的顶点，然后按 Apply 按钮以确认。用户也可以首先在图形区域拾取两个适当的顶点，然后再添加点焊对象。

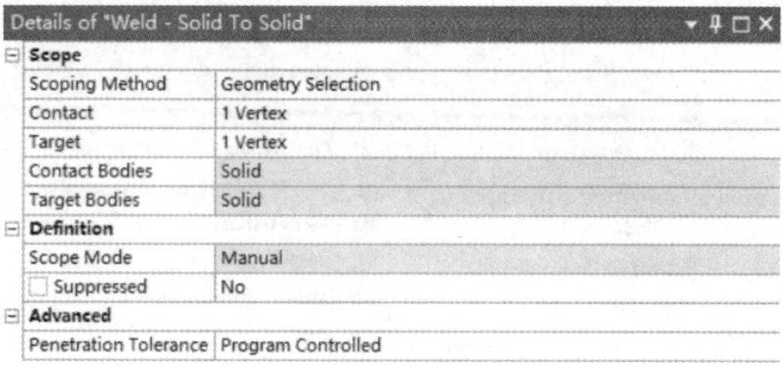

Details of "Weld - Solid To Solid"

Scope	
Scoping Method	Geometry Selection
Contact	1 Vertex
Target	1 Vertex
Contact Bodies	Solid
Target Bodies	Solid
Definition	
Scope Mode	Manual
Suppressed	No
Advanced	
Penetration Tolerance	Program Controlled

图 3-66　点焊的属性

3.4　Mesh、Mesh Edit 及 Mesh Numbering

本节介绍 Mesh、Mesh Edit 及 Mesh Numbering 等分支相关的问题。

1. 网格划分的总体控制选项

网格划分的总体控制选项通过 Mesh 分支的 Details 指定，如图 3-67 所示。这些选项主要包括 Defaults、Sizing、Advanced 等。

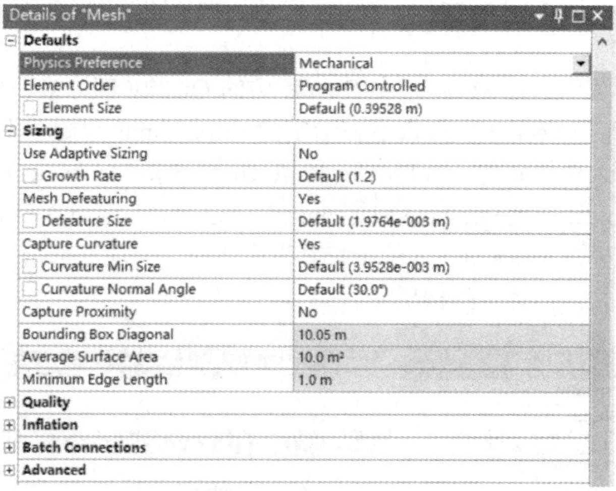

Details of "Mesh"

Defaults	
Physics Preference	Mechanical
Element Order	Program Controlled
Element Size	Default (0.39528 m)
Sizing	
Use Adaptive Sizing	No
Growth Rate	Default (1.2)
Mesh Defeaturing	Yes
Defeature Size	Default (1.9764e-003 m)
Capture Curvature	Yes
Curvature Min Size	Default (3.9528e-003 m)
Curvature Normal Angle	Default (30.0°)
Capture Proximity	No
Bounding Box Diagonal	10.05 m
Average Surface Area	10.0 m²
Minimum Edge Length	1.0 m
Quality	
Inflation	
Batch Connections	
Advanced	

图 3-67　Mesh 总体控制选项

在 Mesh 分支的选项中，Defaults 部分用来设置基本的网格选项。Physics Preference 设置求解类型，对结构分析可选择 Mechanical、Nonlinear Mechanical 或 Explicit；Element Order 即单元阶次，对一般强度分析建议采用二次 Quadratic；Element Size 为总体尺寸值。Sizing 部分用来设置总体的网格尺寸控制选项，主要用于控制自动网格划分方法，可以考虑到模型中的细节几何特征的处理。Advanced 部分设置一些高级的总体尺寸控制选项，除了并行分网的核数外，还有表面三角形网格选项、拓扑检查、去除小特征的 Pinch 容差等选项。

2. 网格划分方法及局部控制选项

除整体控制外，可通过 Mesh 分支的右键菜单加入划分方法及局部控制选项。当鼠标停放在 Mesh 分支的右键菜单 Insert 上时会弹出下一级的子菜单，如图 3-68 所示。通过这些子菜单，可在 Mesh 分支下加入各种划分方法和控制选项。

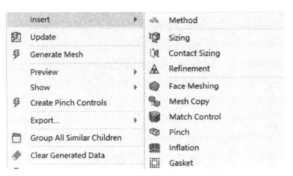

图 3-68　方法及局部网格控制选项

对于 3D 的实体单元，可以采用的网格划分方法包括Patch Conforming Tetrahedron、Patch Independent Tetrahedron、MultiZone、General Sweep、Thin Sweep、Hex Dominant等。对于面单元，可以采用的网格划分方法包括Quad Dominant、All Triangles及MultiZone Quad/Tri。Face Meshing 用于划分表面映射网格。Mesh Copy 选项用于将一个体上的网格复制到另一个体上。局部尺寸控制方面，可以通过 Insert→Sizing，添加 Sizing 对象，基于所选择的几何对象来指定局部尺寸控制。局部尺寸控制可以是针对整个几何对象范围，也可以指定于一个 Sphere of Influence 的球体范围。Contact Sizing 选项用于控制接触界面两侧的网格尺寸相对一致。

3. 网格质量评价

网格划分的质量可以通过 Mesh 分支 Details 中的 Quality 部分来评价，如图 3-69 所示。Check Mesh Quality 选择 Yes，Errors 表示在给定的 Error Limits 限制下不能生成网格，会打印错误消息。Error Limits 为极限值，当 Physics Preference 选择 Mechanical 时，Error Limits 可以选择 Standard Mechanical 或 Aggressive Mechanical。Target Quality 选项用于设置期望网格满足的目标单元质量。如果在 Mesh Metric 的下拉列表中选择了一项度量指标，则可以在网格划分后查看网格度量信息，从而评估网格质量。

Details of "Mesh"	▾ ♯ □ ×
⊞ **Defaults**	
⊞ **Sizing**	
⊟ **Quality**	
Check Mesh Quality	Yes, Errors
Error Limits	Standard Mechanical
☐ Target Quality	Default (0.050000)
Smoothing	Medium
Mesh Metric	None

图 3-69　Mesh Quality 选项

目前 Mechanical 中可用的 Mesh Metric 及其相关说明列于表 3-9 中。

表 3-9　Mesh 度量指标类型与描述

网格度量指标	描述	取值的说明
Element Quality	基于总体积和单元边长平方、立方和比值的综合度量指标	介于 0～1 之间
Aspect Ratio Calculation for Triangles	三角形单元的纵横比指标	等边三角形为 1，越大单元质量越差
Aspect Ratio Calculation for Quadrilaterals	四边形单元的纵横比指标	正方形为 1，越大单元形状越差
Jacobian Ratio	Jacobian 比质量指标	此比值越大，等参元的变换计算越不稳定
Warping Factor	单元扭曲因子	此因子越大表面单元翘曲程度越高
Parallel Deviation	平行偏差	此指标越高单元质量越差
Maximum Corner Angle	相邻边的最大角度	接近 180° 会形成质量较差的退化单元
Skewness	单元偏斜度指标，是基本的单元质量指标	此值在 0～0.25 时单元质量最优，在 0.25～0.5 时单元质量较好，建议不超过 0.75
Orthogonal Quality	正交质量度量	范围是 0～1 之间，其中 0 为最差，1 为最优

在 Mesh Metric 项目列表中，可选择以上各种指标之一进行统计显示，对于其中任何一个指标，可以统计该指标的最大值、最小值、平均值以及标准差，如图 3-70 所示。

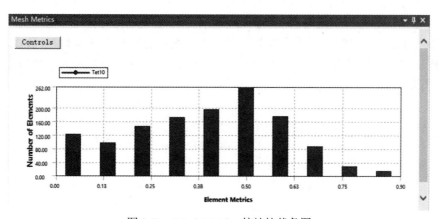

图 3-70　Mesh Metric 选项列表

对于每一种所选择的评价指标，还可显示分区间的单元分布情况。以 Orthogonal Quality 为 Mesh Metric，可以显示单元正交质量度量值的分布情况柱状图，如图 3-71 所示，其中包含四面体单元 Tet10 单元的统计信息。

图 3-71　Mesh Metrics 统计柱状条图

点击柱状图中的某一个柱条，可在模型中显示对应范围单元的位置分布情况。如图 3-72 所示，图 3-72（a）显示为支架的几何模型，图 3-72（b）显示为 Orthogonal Quality 为 0.25 附近 Tet 单元的分布情况，图 3-72（c）显示为 Orthogonal Quality 为 0.5 附近 Tet 单元的分布情况。由于这个模型被划分成了全部的高阶四面体网格，因此只有 Tet10 单元的分布柱状图，如果模型中还包含其他形状的单元，则也会并列显示在对应区间的柱状图。

（a）支架几何模型

（b）Orthogonal Quality=0.25 附近 Tet 单元　　　（c）Orthogonal Quality=0.5 附近 Tet 单元

图 3-72　单元网格度量指标在不同区间的分布情况

4. Mesh Edit 技术

Mesh Edit 即网格编辑技术，借助这一技术可以提高网格的质量。目前的 Mesh Edit 功能可以实现移动单个节点，合并重合的节点，匹配节点，或使用网格连接来连接不连续的表面体或实体网格。

如果两个不同部件上的节点处于重合的位置，则可以通过节点合并连接不同部件；如果这些节点位于不同的位置，则可以使用网格连接技术来连接这些部件。

应用 Mesh Edit 技术时，首先选择 Model 分支，在右键菜单中选择 Insert→Mesh Edit，这时出现 Mesh Edit 分支。高亮度显示 Mesh Edit，在其右键菜单中选择 Insert 菜单以及对应功能，如图 3-73 所示。

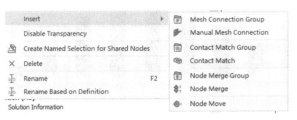

图 3-73　Mesh Edit 选项

Mesh Connection Group 选项和 Manual Mesh Connection 选项分别用于自动检测网格连接以及手工指定网格连接；Contact Match Group 选项和 Contact Match 选项分别用于自动检测和手工定义接触网格匹配；Node Merge Group 选项和 Node Merge 选项分别用于自动探测（Mesh Edit 右键菜单中选择 Generate）及手工定义节点合并；Node Move 则用于实现节点的移动。相关操作都比较直观，这里不再赘述。此外，用户还需要注意，Mesh Connections 仅用于表面体，Contact Match 仅用于实体，而 Node Move 和 Node Merge 则可用于实体、表面体以及线体。

5．Mesh Numbering

Mesh Numbering 即网格编号，此功能允许用户对柔性部件组成的网格模型的节点和单元重新编号。该特性在交换或装配模型时非常有用，并且可以隔离使用特殊单元（如超级单元）的影响。由于 Mesh Numbering 改变了模型的节点编号，所以会影响到 Project 树中所有基于节点的对象，这种情况下建议相关操作采用基于准则的 Named Selections 而不是简单的节点号选择。按如下的操作步骤添加 Mesh Numbering 控制。

（1）在 Project 树中选择 Model 分支，在其右键菜单中选择 Insert→Mesh Numbering，在 Project 树中添加一个 Mesh Numbering 对象分支。

（2）在 Details 中设置 Mesh Numbering 属性，如图 3-74 所示。为整体装配指定 Node Offset（节点偏移）或 Element Offset（单元偏移）。如果 Node Offset 为 1000，则整个装配的节点号编号开始于 1000。Compress Node Numbers 选项用于压缩节点编号之间的空档。

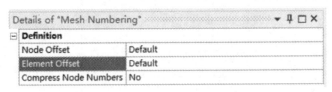

图 3-74　Mesh Numbering 属性

（3）选择 Mesh Numbering 对象，在其右键菜单中选择 Insert→Numbering Control，在 Mesh Numbering 下面添加一个 Numbering Control 分支。

（4）在 Details 中设置 Numbering Control 属性。选择需要重新网格编号的几何对象，设置 Begin Node Number 和/或 Begin Element Number，如需要，还可设置 End Node Number 和 End Element Number。注意所选择体的节点、单元开始编号值不小于整个装配的 Node Offset 和 Element Offset 值。也可以选择一个几何 Vertex 或 Remote Point，并直接指定其 Node Number。

（5）选择 Mesh Numbering 对象，在右键菜单中选择 Renumber Mesh，执行网格重新编号的操作。

3.5　Named Selection 的应用

Named Selection 是 Mechanical 组件中一类常用的对象选择处理方式，本节介绍其作用和定义方法。

Named Selection 即命名选择集合，是由同一类对象组成的集合，如点、线、面、体构成的几何对象集合，或者节点、单元构成的有限元对象集合。注意一个 Named Selection 中仅能包含同一种对象类型。在 Mechanical 的很多操作中，都可基于 Named Selection 来实现。如基于一个由实体的表面所组成的 Named Selection 施加压力载荷，或基于选择的节点所组成的集合定义集中质量点等。在 Mechanical 中，Named Selection 在应用之前需要首先进行定义。定义 Named Selection 可以基于 3 种不同的方法，即对象选择直接定义法、逻辑选择 Worksheet 定义法以及对象提升法。

1. 对象选择方式定义 Named Selection

对象选择方法定义 Named Selection 是最为直接的方法。操作方法是首先在 Mechanical 的图形显示窗口中选择相关的几何对象，然后在右键菜单中选择 Create Named Selections，在弹出的对话框中指定命名选择集名称，如图 3-75 所示，单击 OK 按钮，在 Project 树的 Named Selections 分支下即出现新定义的 Named Selection。如果用户选择了 Apply geometry items of same，则可将与所选择的结合对象具有相同属性（尺寸、类型、位置）的几何对象集合定义为 Named Selection。如果划分了网格，还可以在勾选筛选准则（如相同的尺寸）的同时勾选 Apply To Corresponding Mesh Nodes 选项，这样形成的 Named Selection 将是节点的集合。

图 3-75　定义 Named Selection

2. Worksheet 方式定义 Named Selection

采用工作表和逻辑选择的方式来定义 Named Selection 时，按照下列步骤进行操作。

（1）添加 Named Selection 对象。选择 Model 分支，在其右键菜单中选择 Insert→Named Selection，这时 Project 树出现一个 Named Selections 目录，此目录下包含了一个名为 Selection 的对象。

（2）设置 Selection 对象的 Scoping Method 属性。在新添加的 Named Selection 分支 Details 中选择 Scoping Method 为 Worksheet，如图 3-76 所示，在图形窗口下方出现 Worksheet 视图窗口，如图 3-77 所示。

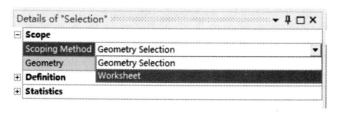

图 3-76　Named Selection 的 Scoping Method 选择 Worksheet

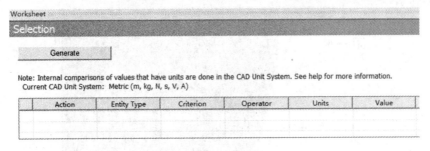

图 3-77　Worksheet 视图

（3）设置 Worksheet 完成 Named Selection 定义。在 Worksheet 中可以根据位置、面积、ID 号等特征结合一定的选择逻辑来筛选 Named Selection 所要包含的几何对象，还可以通过 Convert to 将已有的几何对象 Named Selection 转化为相关的节点的集合。图 3-78 所示为选择节点 ID 号等于 131 的节点放入命名选择集，这时实际上选择了 131 号节点作为这个节点集合的唯一一个元素，在此命名集合的 Details 中列出选择的对象为 1 Node，如图 3-79 所示。

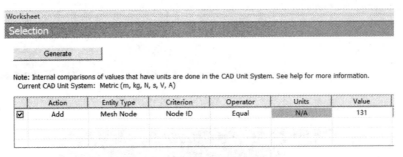

图 3-78　根据节点号选择节点

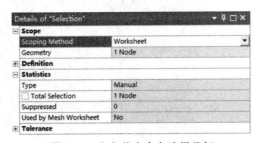

图 3-79　定义节点命名选择几何

在有的情况下，可能基于前面两种方法的组合来定义 Named Selection，比如通过直接选择的方式定义一个包含表面的 Named Selection，然后通过 Worksheet 把这个面集合转化为面上的节点组成的节点 Named Selection。图 3-80（a）所示为一个通过对象选择直接定义的边的集合，其名称为 Selection；在此基础上，通过 Named Selections 分支右键菜单的 Insert→Named Selection，添加一个新的 Named Selection 对象，通过右键菜单 Rename 将其改名为 Selection_node，在其 Details 中选择 Scoping Method 为 Worksheet，进入 Worksheet 视图，添加两个逻辑选择行，如图 3-80（b）所示，单击 Worksheet 上的 Generate 按钮，生成节点集合，图形显示窗口高亮度显示 Selection_node 集合中所包含的节点，如图 3-80（c）所示。在 Selection_node 对象的 Details 中会同步地列出此节点集合所包含节点的总数。

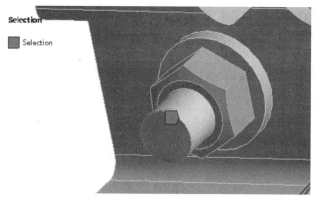

（a）几何命名集合

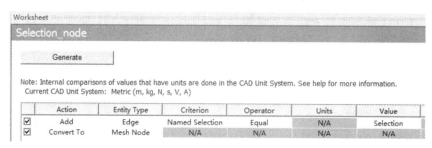

（b）转化为节点集合

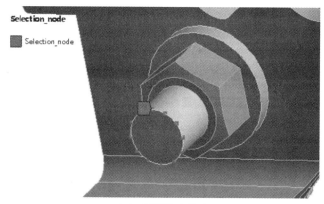

（c）显示节点集合

图 3-80　结合对象选择与 Worksheet 定义节点的 Named Selection

3. 由对象的几何选择范围提升到 Named Selection

　　除了上面介绍的两种方法以外，还可以通过对既有对象的选择范围提升功能来创建 Named Selection。这种方法中可利用的对象包括 Remote Points（远程点）、Contact Regions（接触区域）、Springs（弹簧）、Joints（运动副）、Boundary Conditions（边界条件）、Results（结果）及 Custom Results（用户结果）。其原理是把这些对象的几何作用范围提升为几何元素的 Named Selection。如图 3-81 所示，选择某个 Contact Region，在其右键菜单中选择 Promote to Named Selection，即可创建右侧两个 Named Selection，即 Contact Region_Contact 以及 Contact Region_Target 两个表面命名选择集合，分别包含接触面及目标面相关的几何表面集合。

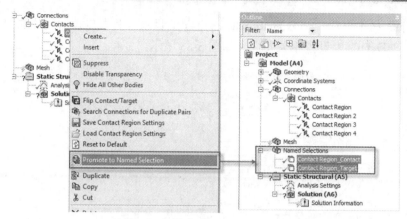

图 3-81   提升到 Named Selection

3.6   Remote Point 技术及其应用

Remote Point 即远程点，是为了便于施加特定约束或载荷而创建的点。有一系列载荷或约束类型与 Remote Point 有关，这些载荷或约束类型被统称为远程边界条件（详见第 4 章）。本节介绍与 Remote Point（远程点）相关的问题。

在 Mechanical 组件中，用户可以在任意位置定义远程点，然后根据需要选择既有几何对象作为其作用范围，在远程点与其作用范围内的节点之间将会建立起多点约束方程，以达到传递载荷的作用，如图 3-82（a）所示的远程力就是通过体外的远程点施加，通过远程点作用范围内各节点与远程点之间的约束方程来传递远程力到作用范围（圆环端面）上，如图 3-82（b）所示。

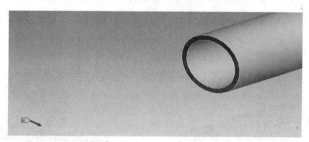

（a）远程力

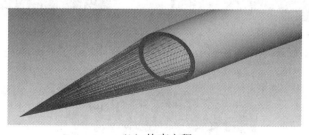

（b）约束方程

图 3-82   通过远程点施加并传递体外远程力

指定 Remote Point 时，首先选择 Model 分支，然后在其右键菜单中选择 Insert→Remote

Point，在 Project 树中出现一个名为 Remote Points 的目录，其中包含新创建的 Remote Point 对象，然后在其 Details 中设置相关属性，如图 3-83 所示。

Details of "Remote Point"	
Scope	
Scoping Method	Geometry Selection
Geometry	No Selection
Coordinate System	Global Coordinate System
□ X Coordinate	0. m
□ Y Coordinate	0. m
□ Z Coordinate	0. m
Location	Click to Change
Definition	
Suppressed	No
Behavior	Deformable
Pinball Region	All
DOF Selection	Program Controlled
Pilot Node APDL Name	

图 3-83　远程点属性

Remote Point 属性的 Scope 部分用于选择远程点作用范围和位置。Scoping Method 可以是 Geometry Selection 或 Named Selection，X、Y、Z Coordinate 为远程点的坐标值，可直接指定坐标，也可以通过 Location→Click to Change，然后在图形显示窗口中选择几何对象，比如一个面，这时 Remote Point 的位置坐标将被改写为所选择几何对象的形心位置，在图形显示窗口中也会有箭头指向远程点位置。

Remote Point 属性的 Definition 部分用于指定其他的选项。Behavior 为行为控制选项，可以是 Deformable（可变形）、Rigid（刚性）或 Couple（自由度耦合）。Pinball Region 为球体范围控制，缺省为 All，可以定义一个半径，在图形显示窗口会显示一个以远程点位置为中心的球体范围，只有当 Scoping 指定的范围落在 Pinball 球体范围内部的部分才建立约束方程。Pinball 控制可以减少形成的约束方程的数量。如图 3-84（a）所示，缺省情况下在整个作用范围形成了约束方程，如图 3-84（b）所示，指定了一个 Pinball 范围，仅在此范围内形成约束方程，如图 3-84（c）所示，DOF Selection 选项则允许单独定义与远程条件相关联的自由度。

（a）缺省选项形成的约束方程

（b）指定远程力作用点的球体范围

（c）指定 Pinball 后实际形成的约束方程

图 3-84　Pinball 范围对远程点的影响示意

当定义远程边界条件时，内部也可以自动生成远程点。通过在这些边界条件对象的右键菜单中选择 Promote Remote Point，可以将该远程边界条件中的远程点提升为一个独立的远程点，这样提升得到的远程点在其他的对象中可以像普通的远程点那样被其他对象所引用。

3.7　External Model 和 Mechanical Model 的定义和装配

在 Workbench 中可以利用 External Model 组件导入外部有限元或网格模型，如 Mechanical APDL、Abaqus、Nastran、Fluent、ICEM CFD、LS-DYNA 等格式，如图 3-85 所示，还可以通过导入的网格合成几何模型。External Model 支持所有的 Mechanical 分析类型。

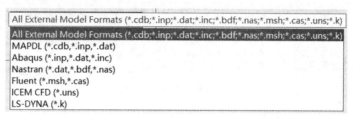

图 3-85　External Model 支持的模型格式列表

图 3-86 所示为导入 CDB 外部模型及其相关选项。Definition 部分为一些导入选项，Rigid Transformation 部分为模型导入后的复制以及装配方位等选项。

图 3-86　External Model 选项

图 3-87 所示为导入的 External Model 用于后续分析的示意图及在 Model 单元格属性中的有关设置选项。

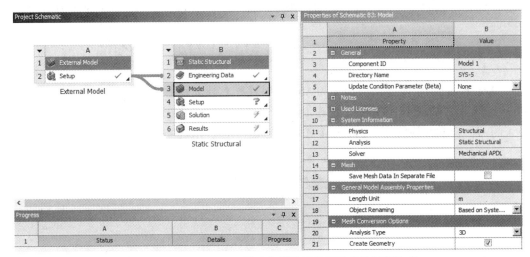

图 3-87　External Model 用于分析的示意图及有关设置选项

Workbench 还支持用户装配来自于 External Model 组件、Mechanical Model 组件以及 Analysis System 中的有限元模型。如图 3-88（a）所示，组合 A 和 B 中的 Mechanical Model 组件中的 Model 至 Static Structural 系统 C 中的 Model 中；如图 3-88（b）所示，组合 Mechanical Model 组件 A、Mechanical Model 组件 B、Static Structural 系统 D 中的 Model 至 Static Structural 系统 C 的 Model 中；如图 3-88（c）所示，组合 Mechanical Model 组件 A、Mechanical Model 组件 B 以及 External Model 组件 D 中的模型至 Static Structural 系统 C 中的 Model 中。

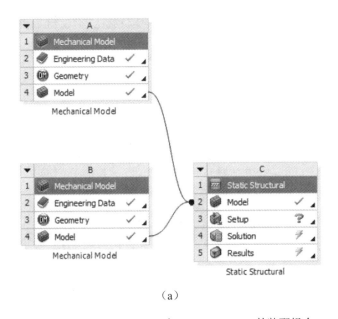

（a）

图 3-88　Mechanical Model 与 External Model 的装配组合

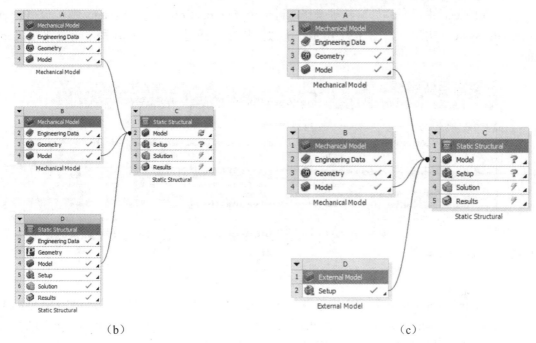

（b）   （c）

图 3-88 Mechanical Model 与 External Model 的装配组合（续图）

如果上述模型在装配过程中需要平移、旋转、镜像等操作，有两种方法来实现。一种方法是在下游的 Model 单元格的 Properties 中为每一个参与装配的子装配分别定义 Transformation，如图 3-89 所示；另一种方法是在 Mechanical 组件界面下，选择装配形成的 Model 分支，在其 Details 中通过 Worksheet 视图来指定，如图 3-90 所示。

16	General Model Assembly Properties	
17	Length Unit	m
18	Object Renaming	Based on System Name
19	Transfer Settings for Mechanical Model (Component ID: Model)	
20	Transformation Type	Rotation and Translation
21	Number of Copies	0
22	Renumber Mesh Nodes and Elements Automatically	☑
23	Rigid Transform	

图 3-89 在 Workbench 界面下指定 Model 属性

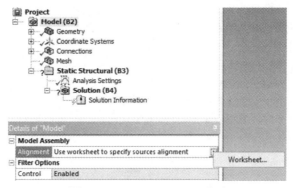

图 3-90 Model Alignment 选项

在 Worksheet 中，平移、旋转等操作通过一个 Source Coordinate System 和一个 Target Coordinate System 实现，如图 3-91 所示；镜像操作则是通过一个坐标系和一个轴来定义镜像面。

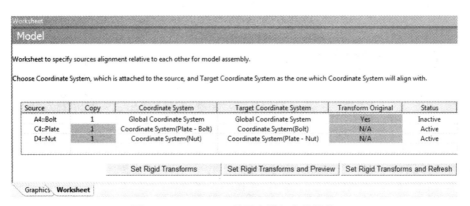

图 3-91　Worksheet 界面中进行定位操作

实际上，在 Workbench 界面中为下游的 Model 单元格属性中指定各参与装配 Mechanical Model 的 Transformation 方法，在 Mechanical 组件中，Model 分支的 Details 也会自动生成 Worksheet 信息，因此上述两种方法本质上是完全相同的。

第4章
结构分析的边界条件与载荷

　　边界条件与载荷是有限元分析中最关键的因素。本章首先讨论了 ANSYS 的求解过程组织和载荷历程定义有关的概念问题，然后对 Mechanical 中各种边界条件和载荷类型进行了详细地解释和说明，并给出了有代表性的典型加载例题。

4.1　求解过程组织与载荷步设置

　　1. ANSYS 求解过程组织与载荷历史管理
　　ANSYS Mechanical 通过载荷步（LOAD STEP）和子步（SUB STEP）的概念来组织结构分析的求解过程。
　　所谓一个载荷步，一种直观的解释就是一个可求解的特定的载荷设置。一个完整的载荷步包括载荷步选项设置以及边界条件和载荷的定义。载荷步选项一般包括指定载荷步结束时间、载荷是渐变的还是突加的、子步的划分、输出设置等。载荷的数值在载荷步内的变化需符合指定的载荷步选项。对于非线性分析和瞬态分析，载荷步一般会划分多个子步，以捕捉载荷随时间变化的历程、模拟瞬态效应或便于收敛等。对于非线性分析，每一个载荷子步通常又需要经过多次平衡迭代（Equilibrium Iteration）以达到结构的内力与载荷之间的平衡。因此，载荷步、子步以及平衡迭代构成了 ANSYS 结构分析求解过程组织的 3 个层级。
　　关于载荷历史的管理，一般情况下，在下一载荷步中不变的载荷将保持其数值；对于多工况分析，要确保施加了正确的载荷，之前载荷步中的载荷与当前工况无关的需要明确删除。
　　2. 单步与多步静力分析的载荷步设置
　　ANSYS 静力分析包括单步分析与多步分析。
　　单步分析即仅包含单一载荷步的结构分析。对于单步分析，载荷步的结束时间（TIME）缺省设置为 1，也可设置为其他大于零的数值，比如将施加的载荷总量作为载荷步结束"时间"值。在静力分析中，载荷步结束时间没有实际意义。对于线性分析，单个载荷步可以理解为一种载荷工况。在早期的 Mechanical APDL 中可以用不同的载荷步分离不同载荷独自作用时的响应。在 Workbench 中可以通过共享有限元模型的不同的分析系统分别进行单步（单工况）计算，再通过 Solution Combination 功能实现载荷步（工况）之间的组合。对于非线性的静力分析，载荷步结束时间通常被指定为要施加的载荷总量，因为这样的设置使得"时间"可以直观地指示出当前加载所达到的数值；如果非线性分析载荷步时间设为1，则"时间"表示当前增量加载达到目标载荷的百分数。

　　为了便于计算达到收敛以及更好地模拟加载历史，非线性分析可以划分多个载荷步，载荷步再细分为多个子步。对于非线性问题，载荷通常是逐级施加的，计算每一增量步时都包含多次的平衡迭代，而每一次平衡迭代相当于一次线性静力求解。对于施加载荷的数值随"时间"的变化规律不是单调的情况，比如整个加载过程包含多个递增段和/或递减段（可能还有水平保持段），一般可以将其每一个单调变化的区间划分为一个载荷步。如图4-1（a）所示，一个载荷时间历程被划分为4个载荷步，即Number Of Steps=4，此载荷的每一个单调变化区间都被设置为一个载荷步。

　　ANSYS程序通过设定每一个载荷步结束时间（Step End Time）来识别出每一个载荷步。在没有指定Step End Time值时，程序将依据缺省自动地对每一个载荷步按1.0增加，在第一个载荷步的末端以Time=1.0开始。比如，上面4个载荷步的Step End Time就是由1增加到4，如图4-1（b）右侧的Tabular Data表格中的Time列所示。如果有不止一个载荷，需要分别定义其时间历程，如果有的载荷只在前面的载荷步定义，那么如果没有删除，会在后面载荷步中保持前面定义的数值不变。

（a）载荷步设置

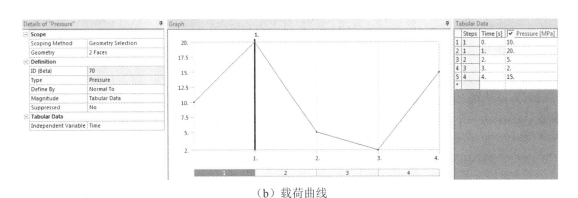

（b）载荷曲线

图4-1　多载荷步静力分析的载荷历程

　　在Analysis Settings分支的Details选项设置中，首先定义载荷步数。然后依次选择各个载荷步并在Details中设置其载荷步选项。对于每一个载荷步，需要分别对其进行各自的载荷步选项设置。

　　3. 瞬态分析中的载荷步设置

　　瞬态分析中的载荷随时间变化而变化，为了描述这种载荷-时间历程关系，可通过多载荷步方式、单载荷步表格方式或单载荷步函数方式来施加瞬态载荷。

（1）多载荷步瞬态加载方式。采用多个 ANSYS 载荷步的方式，首先在 Analysis Settings 中设置载荷步数，然后为每一个载荷步设置载荷步结束时间（Step End Time）。这种情况下，每个载荷步都需要指定载荷的值，载荷在各载荷步内线性变化，下一载荷步不改变的载荷就保持其在上一载荷步结束时刻的数值，这些载荷值将形成瞬态分析的载荷历程。图 4-2 所示为通过 5 个载荷步定义的瞬态载荷历程。在 Graph 区域下侧的载荷步条，可以明显地看到整个载荷历程被划分为 5 个部分，即 5 个载荷步。

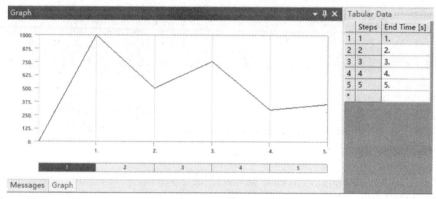

图 4-2　多载荷步瞬态加载历程

需要指出的是，在 Workbench 的 Mechanical 组件中不方便设定载荷步的阶跃或渐变特性（Mechanical APDL 的 KBC 命令），在瞬态分析中除了第一个载荷步默认为阶跃外，其余载荷步都认为是渐变的。对于载荷在载荷步中间突然变化的情况，需要用户在突变前的载荷步结束点后插入一个较短间隔的时间点，并定义这个短间隔后的载荷新数值，这样就实现了载荷在中间的突变。如图 4-3 所示，压力在第 2 个载荷步突变为之前的一半就是这种情况，载荷在 1s 时为 1000，经过 0.01s 后突降为 500。

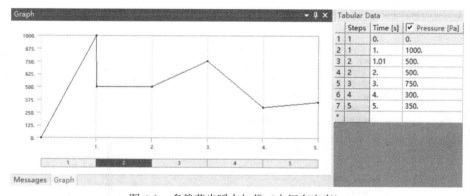

图 4-3　多载荷步瞬态加载（中间有突变）

（2）单载荷步表格加载方式。在这种加载方式中只应用一个载荷步，并通过表格数组方式定义载荷历程。在载荷的 Details 属性中有一个 Magnitude 选项，可以选择 Constant（常数）、Tabular（表格）及 Function（函数）等几种类型，如图 4-4 所示。

对于单载荷步瞬态表格型加载方式，需要选择 Magnitude 选项为 Tabular，然后根据载荷数值依次在右侧 Tabular Data 视图中填写时间和对应的载荷数值，如图 4-5 所示。

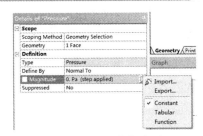

图 4-4 载荷数值选项

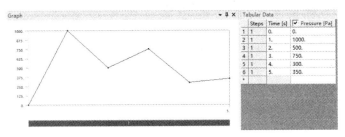

图 4-5 Tabular 形式的载荷历程

图 4-5 中的载荷-时间历程与前面多载荷步方法定义的载荷-时间历程没有任何区别，但是只用了一个载荷步，这一点可以从 Graph 底部的载荷步条中看到，与图 4-3 中被划分为 5 份的处理方式不同。对于中间有突变的载荷历程，可采用与上面介绍的相同方式处理。

（3）单载荷步函数加载方式。瞬态载荷历程也可通过函数表达式来施加，前提是有载荷关于时间变化的显式的函数表达式。采用这种方式加载时，通常采用一个载荷步，载荷的 Magnitude 选项设置为 Function，输入时间历程函数。在表达式中，时间变量为 time，需要注意三角函数中自变量的单位。图 4-6 给出一个简谐瞬态载荷实例，频率为 1Hz，在 Details 中设置了函数表达式，如选择角度单位是 Radians，需要按弧度输入表达式，如图 4-6（a）所示；如选择角度单位是 Degrees，则需要按角度输入表达式，如图 4-6（b）所示。在 Graph 区域显示的载荷时间历程曲线，如图 4-6（c）所示。

Details of "Pressure"	▼ ⊕ ☐ ✕
⊞ **Scope**	
⊟ **Definition**	
ID (Beta)	39
Type	Pressure
Define By	Normal To
Applied By	Surface Effect
Magnitude	= 1000*sin(6.28*time)

（a）弧度制的输入表达式

Details of "Pressure"	▼ ⊕ ☐ ✕
⊞ **Scope**	
⊟ **Definition**	
ID (Beta)	39
Type	Pressure
Define By	Normal To
Applied By	Surface Effect
Magnitude	= 1000*sin(360*time)

（b）角度制的输入表达式

图 4-6 瞬态时间函数载荷的定义实例

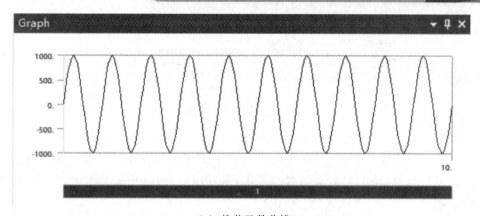

（c）载荷函数曲线

图 4-6　瞬态时间函数载荷的定义实例（续图）

4.2　边界条件及载荷类型的解释说明

在结构分析中，边界条件和约束施加的基本原则是要符合结构的实际受力状况。本节对 Mechanical 组件提供的结构分析边界条件和载荷类型进行详细地解释和说明，以便用户能够正确认识和应用各种边界条件和载荷类型。

1. 关于边界条件的解释说明

表 4-1 中列出了 Mechanical 组件中常用的边界条件类型及其作用。

表 4-1　Mechanical 中的约束类型

约束类型名称	作用
Fixed Support	固定约束
Displacement	固定方向位移
Remote Displacement	远端位移约束
Frictionless Support	光滑支撑
Compression Only Support	仅受压的支撑
Cylindrical Support	圆柱面约束
Elastic Support	弹性支撑
Constraint Equation	自由度约束方程
Coupling	自由度耦合

下面对表中所列各种边界条件的参数设置进行说明。

（1）Fixed Support。Fixed Support 即固定位移约束，此约束类型用于固定所有的位移自由度。在 Mechanical 组件中通过分析环境分支（比如 Static Structural）的右键 Insert 菜单添加到项目树中。施加对象可以是几何对象或命名选择集合，其 Details 属性如图 4-7 所示。

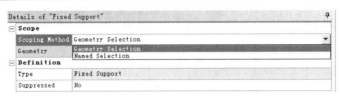

图 4-7　固定约束的选项

（2）Displacement。Displacement 约束用于固定某个（或某些）方向的位移或指定强迫位移，可通过分析环境分支（比如 Static Structural）的右键菜单 Insert 添加到 Project 树中。施加对象可以是几何对象，也可以是命名选择集合，数值可以是 0，也可以非 0，其 Details 属性如图 4-8 所示。

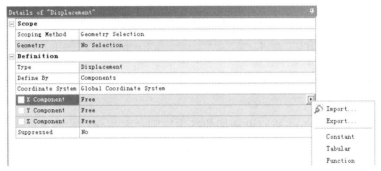

图 4-8　施加位移约束

表面的 Displacement 位移约束可以通过分量方式或 Normal to（垂直于表面）的方式来指定，其他对象（点或线）的 Displacement 位移约束通过分量方式指定。对于分量方式，各位移分量可以为 0（固定）、常数（强迫位移），在瞬态分析中还可以是表格形式或函数形式。

（3）Remote Displacement。Remote Displacement 约束用于约束远程点（Remote Point）的位移，同时在约束点与模型上的作用范围（模型上的特定几何范围）之间建立多点约束方程，约束作用位置可以在体上，也可以在体外。Remote Displacement 约束可通过分析环境分支（比如 Static Structural）的右键 Insert 菜单或工具栏添加到 Project 树中，其 Details 属性如图 4-9（a）所示。图 4-9（b）所示为被约束位置与作用对象面之间建立的约束方程显示。

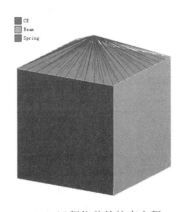

（a）远程位移属性列表　　　　　　　　　（b）远程位移的约束方程

图 4-9　施加远端位移约束

此外，还可以根据需要指定关于远程点的一些高级选项。Behavior 选项设置远程点作用范围的行为属性，可以是 Deformable 或 Rigid。通过 Advanced 部分下的 Pinball Region 选项，可指定一个形成有关约束方程的球体半径范围。作为一种典型的远程边界条件，这些选项与第 3 章介绍的 Remote Point 对象的相关选项是一致的。此类型的边界条件选择作用范围的 Scoping Method 可以是 Geometry Selection、Named Selection，也可以是 Remote Point，如果选择了 Remote Point 方式，选择一个预先定义好的 Remote Point，则约束条件的作用范围同 Remote Point 的 Details 中定义的作用范围。

（4）Frictionless Support。Frictionless Support 即光滑的表面法向约束，是比较常用的一种约束形式，其实质是在内部修改了表面的节点坐标系，然后约束节点坐标系的特定方向，此约束类型可以通过分析环境分支（如 Static Structural）的右键菜单 Insert→Frictionless Support 或者通过工具栏添加到 Project 树中。Frictionless Support 约束类型的作用是固定作用对象面的法向自由度，施加对象可以为几何模型中的表面或者是命名选择集合，其 Details 属性如图 4-10 所示。在实际的应用中，此约束类型还可用于模拟结构中的对称面。

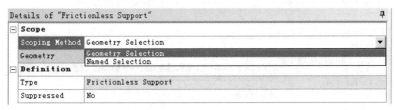

图 4-10　施加无摩擦支撑

（5）Compression Only Support。Compression Only Support 即仅受压缩的约束，可通过分析环境分支（如 Static Structural）的右键菜单 Insert→Compression Only Support 或工具栏添加到 Project 树中。此约束类型用于约束作用对象面的受压接触部分，是一个典型的非线性约束类型，会导致计算过程的非线性迭代行为。Compression Only Support 施加的对象可以为几何实体或命名选择集合，其 Details 属性如图 4-11 所示。

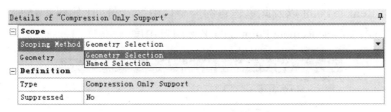

图 4-11　施加仅受压缩的约束

（6）Cylindrical Support。Cylindrical Support 即圆柱面约束，可通过分析环境分支（如 Static Structural）的右键菜单 Insert→Cylindrical Support 或者通过工具栏添加到 Project 树中。此约束类型用于约束圆柱面的径向（Radial）、切向（Tangential）或轴向（Axial）的自由度。这一约束类型实际上在内部修改了所选择圆柱面上各节点的节点坐标系到局部的圆柱坐标方向，可以约束圆柱坐标系方向的 1 个、2 个或者 3 个自由度。如果 3 个自由度全约束，则等同于施加了固定位移约束。Cylindrical Support 的施加范围可以是几何实体的圆柱表面或命名选择集合，其 Details 属性如图 4-12 所示。

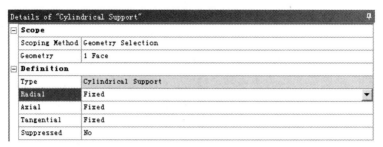

图 4-12   施加圆柱面支座

（7）Elastic Support。Elastic Support 即弹性支座约束，用于模拟弹性支撑的表面，可通过分析环境分支（如 Static Structural）的右键菜单 Insert→Elastic Support 或者通过工具栏添加至 Project 树中，其 Details 属性如图 4-13 所示。Elastic Support 施加的范围可以为几何体的表面或命名选择集合，需要为其指定 Foundation Stiffness（支撑刚度），其量纲为力/长度的 3 次方，物理意义为单位面积上的刚度。如采用国际单位制，其单位为 N/m^3。考虑此边界条件时，ANSYS 会修正刚度矩阵，在计算刚度矩阵时考虑支撑刚度的贡献项。

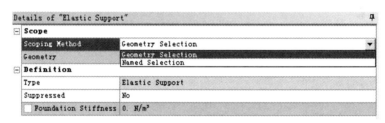

图 4-13   弹性支撑的选项

（8）Constraint Equation。Constraint Equation 即自由度约束方程，可通过分析环境分支（如 Static Structural）的右键菜单 Insert→Constraint Equation 或工具栏添加到 Project 树中，其 Details 属性如图 4-14 所示，其中 Constant Value 为约束方程的常数项。选择添加的 Constraint Equation 分支后，右侧切换至 Worksheet 视图，如图 4-15 所示。在其中通过鼠标右键 Add 来添加行，每一行选择一个 Remote Point 以及此远程点的一个自由度方向，比如图 4-15 中所示的 Remote Point 的 X 方向自由度等于 Remote Point 2 的 Y 方向自由度。

图 4-14   约束方程的 Details

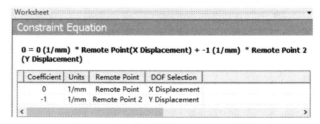

图 4-15   约束方程的 Worksheet 视图

（9）Coupling。Coupling 即自由度耦合，可通过分析环境分支（如 Static Structural）的右键菜单 Insert→Coupling 或工具栏添加到 Project 树中，其 Details 属性如图 4-16 所示，其中 Scope 部分为作用范围，可以通过 Geometry Selection 或 Named Selection 来选择；DOF Selection 选项用于选择要耦合的自由度。

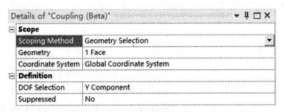

图 4-16　Coupling 的 Details 选项

2. 关于载荷类型的解释说明

在加载方面，Mechanical 提供了丰富的载荷类型和工程化的加载功能，使用直观方便。目前在 Mechanical 中可以施加的载荷类型及其作用列于表 4-2 中。

表 4-2　Mechanical 中的常用载荷类型及其作用

载荷类型名称	作用
Acceleration	通过加速度施加惯性力
Standard Earth Gravity	施加标准地球重力，与重力加速度方向一致
Rotational Velocity	施加转动速度
Pressure	施加表面力，缺省情况下为法向压力
Hydrostatic Pressure	施加静水压力
Force	施加力
Remote Force	施加模型的体外力
Bearing Load	施加螺栓或轴承载荷，此载荷是随圆周方向变化的分布力
Bolt Pretension	施加在螺栓杆轴方向的预紧力
Moment	施加力矩
Line Pressure	施加于线体上的分布载荷，其量纲为力/长度
Nodal Orientation	属于 Direct FE 载荷，改变节点坐标系方向
Nodal Force	属于 Direct FE 载荷，施加节点力
Nodal Pressure	属于 Direct FE 载荷，施加节点压力
Nodal Displacement	属于 Direct FE 载荷，施加节点位移
Nodal Rotation	属于 Direct FE 载荷，施加节点转动

在表 4-2 中，如果根据作用对象的特性来划分，Acceleration、Standard Earth Gravity、Rotational Velocity 为作用到体上的分布力；Pressure、Hydrostatic Pressure 为作用到表面的分布力，Line Pressure 为施加到梁上的分布力；Force、Remote Force、Moment 可以是施加结构上的集中载荷，也可以是作为分布力的合力施加到一定的作用范围上（如表面上或线段上）；Bearing Load 是施加到轴承表面的载荷；Bolt Pretension 为螺栓的轴向预紧力。Nodal

Orientation、Nodal Force、Nodal Pressure、Nodal Displacement 以及 Nodal Rotation 是基于节点的 Direct FE 载荷类型。

在结构分析中施加载荷时，在分析环境分支（如 Static Structural）的右键菜单上通过 Insert，选择要加入的载荷类型，在 Project 树中添加载荷对象，也可通过工具栏添加载荷对象。通过设置这些载荷对象的 Details，可以选择施加的对象范围并指定载荷数值、方向（或通过 3 个方向分量方式）。

下面对各种载荷类型及其选项分别进行解释和说明。

（1）Acceleration。Acceleration 即加速度载荷，用于施加惯性力，可以通过向量或分量方式指定。图 4-17 所示为通过分量（Define By Components）的方式来指定，X、Y、Z 各加速度分量可点右端的三角箭头，选择定义方式。常用载荷定义方式有 Constant（常量加速度）、Tabular（表格形式的加速度）、Function（函数形式的加速度）。采用函数形式加载时，函数表达式中时间变量为 time，并注意三角函数表达式中的自变量数值为角度。

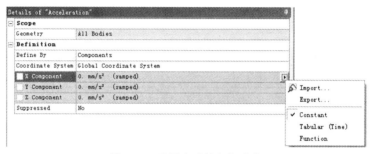

图 4-17　分量方式施加加速度

（2）Standard Earth Gravity。标准地球重力载荷用来定义重力加速度，其数值根据单位制自动计算，如 mm 制则为 9806.6mm/s^2，重力加速度方向缺省为-Z Direction，即沿 Z 轴负方向，如图 4-18 所示。可以根据实际情况选择重力施加的方向，要注意此处的重力加速度方向与重力方向一致。

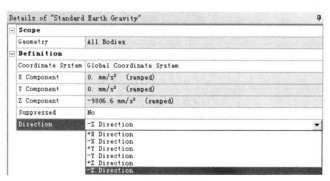

图 4-18　指定标准地球重力

（3）Rotational Velocity。旋转角速度也是一种惯性载荷，可选择施加到几何对象上或命名集合（Named Selection）上，其 Details 属性如图 4-19 所示。可以按向量方式或分量方式来定义转速，如采用向量的方式，需要选择 Axis 并输入合转速；如采用分量方式，则需要指定各分量的值。

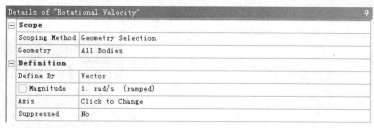

图 4-19 施加旋转速度

（4）Pressure。Pressure 为压力表面载荷，其 Details 属性如图 4-20 所示。可选择施加对象为几何实体或命名选择集合。用户可通过 Vector、Component 以及 Normal to 3 种方式定义压力载荷，其中 Vector、Component 方式允许指定与表面成任意角度或与施加表面相平行的表面力，如图 4-21 所示。

图 4-20　Pressure 的 Details 选项

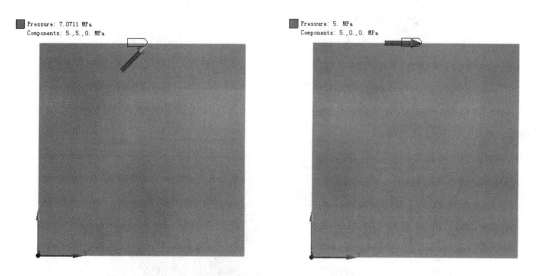

图 4-21　与表面成角度或平行的 Pressure 表面力

（5）Hydrostatic Pressure。Hydrostatic Pressure 为液体静压力载荷，可选择施加对象为几何实体或命名选择集合，其 Details 属性如图 4-22（a）所示。需要为其指定液体的密度、重力加速度以及自由液面位置。图 4-22（b）所示为按照等值线显示的静水压力载荷在面上的分布情况。

Details of "Hydrostatic Pressure"	
Scope	
Scoping Method	Geometry Selection
Geometry	1 Face
Definition	
Type	Hydrostatic Pressure
Coordinate System	Global Coordinate System
Suppressed	No
Fluid Density	1000. kg/m³
Hydrostatic Acceleration	
Define By	Components
X Component	0. m/s²
Y Component	9.8 m/s²
Z Component	0. m/s²
Free Surface Location	
X Coordinate	0. m
Y Coordinate	0.1 m
Z Coordinate	0. m
Location	Click to Change

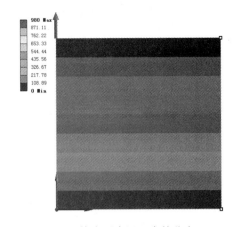

（a）静水压力设置　　　　　　　　（b）静水压力沿深度的分布

图 4-22　施加静水压力

（6）Force。Force 为集中力或合力。对于 Force 载荷类型，可选择施加对象为几何实体或命名选择集合，可通过向量或分量方式来指定。如果此载荷被定义到线或面上，Mechanical 会自动进行分配。向量定义时需要指定其施加的方向和合力，如果采用分量形式，可选择一个局部坐标系，如图 4-23 所示。

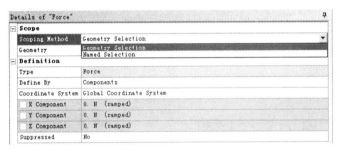

图 4-23　施加 Force

（7）Remote Force。Remote Force 即远端力载荷，是远程边界条件的一种，此载荷类型的特点是可指定作用位置，作用位置可以在体上，也可以是在体外，如图 4-24 所示。

Details of "Remote Force"	
Scope	
Scoping Method	Geometry Selection
Geometry	No Selection
Coordinate System	Global Coordinate System
X Coordinate	0. m
Y Coordinate	0. m
Z Coordinate	0. m
Location	Click to Change
Definition	
Type	Remote Force
Define By	Components
X Component	0. N (ramped)
Y Component	0. N (ramped)
Z Component	0. N (ramped)
Suppressed	No
Behavior	Deformable
Advanced	
Pinball Region	All

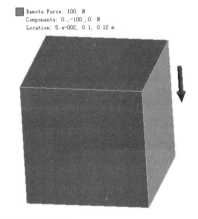

图 4-24　施加远端载荷

Remote Force 载荷可以通过向量或分量方式定义。Behavior 选项用于指定其对应的 Remote Point 的行为，可以选择 Deformable 或 Rigid。图 4-25 所示为作用于圆环面上方的远程载荷采用不同的行为选项后计算得到的结构变形。如果是 Rigid 选项（即刚性），则加载后 Remote Force 作用范围的表面保持平面，如图 4-25（a）所示；如果是 Deformable 选项（即柔性），则加载后产生变形，如图 4-25（b）所示。通过 Advanced 下的 Pinball Region，可指定一个形成有关约束方程的半径范围。Remote Force 作为远程载荷，这些选项与 Remote Point 的对应选项的意义是相同的。

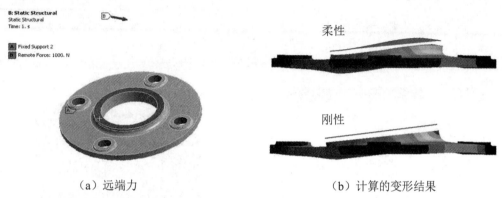

（a）远端力　　　　　　　　　　　　　　（b）计算的变形结果

图 4-25　远程力的刚性和柔性变形对比

（8）Bearing Load。Bearing Load 即轴承载荷，其 Details 属性如图 4-26 所示，可选择施加对象为几何实体的表面或表面命名选择集合，此载荷的特点是仅作用于接触的一侧，并可通过向量或分量方式定义。

图 4-26　施加轴承载荷

（9）Bolt Pretension。Bolt Pretension 即螺栓的轴向预紧力，其 Details 属性如图 4-27 所示，可选择施加对象为几何实体或命名选择集合，施加到半个圆柱面上效果等同于施加到整个圆柱面。施加螺栓预紧力时，可通过施加预紧载荷（Load）或预紧位移（Adjustment）的方式。施加螺栓预紧力通常通过两个载荷步来实现，如图 4-28 所示，在第一个载荷步加载（Load），在后续的载荷步锁定（Lock）的同时施加其他载荷。

（10）Moment。Moment 即力矩，是远程边界条件的一种，其 Details 属性如图 4-29（a）所示。力矩的施加对象可以为几何实体或命名选择集合。可以通过向量或分量方式指定力矩。施加力矩后，在模型中显示力矩的作用方向的标识，如图 4-29（b）所示。此外，还需要指定其 Behavior 为 Deformable 还是 Rigid。通过 Advanced 下的 Pinball Region，可指定一个形成有关约束方程的半径范围。

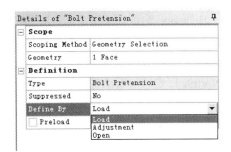

图 4-27 螺栓预紧力设置

图 4-28 螺栓预紧力载荷步设置

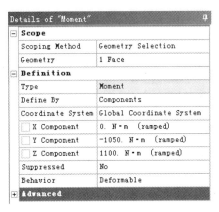

（a）力矩选项

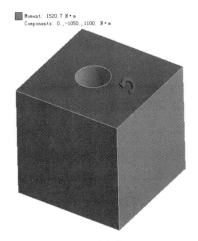

（b）力矩标识

图 4-29 施加于表面的力矩载荷

（11）Line Pressure。Line Pressure 用于向 line body（梁）上施加分布载荷，其 Details 属性如图 4-30（a）所示。Line Pressure 的量纲为力/长度，施加对象可以为线体或命名选择集合，可以通过向量或分量方式来指定线分布载荷。图 4-30（b）所示为施加在框架工字形横梁上的分布载荷。

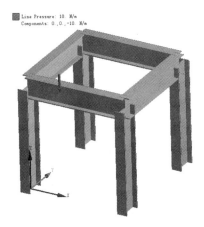

（a）线压力选项

（b）线压力标识

图 4-30 施加梁的均布载荷

（12）Nodal Orientation。Nodal Orientation 属于 Direct FE 载荷类型列表，其实不是一种载荷，作用是给节点坐标系改变方向。Nodal Orientation 的作用范围只能是基于节点的 Named Selection，应用时需要定义一个局部坐标系，其 Details 如图 4-31 所示。

Details of "Nodal Orientation"	▼ 中 □ ×
Scope	
Scoping Method	Named Selection
Named Selection	
Coordinate System	Global Coordinate System
Definition	
Suppressed	No

图 4-31　设定节点坐标系

（13）Nodal Force。Nodal Force 属于 Direct FE 载荷类型列表，用于施加节点力。Nodal Force 的作用范围只能是基于节点的 Named Selection，一般通过分量方式指定，但需注意，作用的方向是在节点坐标系方向，节点坐标系可通过 Nodal Orientation 设定。Nodal Force 的 Details 如图 4-32 所示。Divide Load by Nodes 选项是节点平均选项，设为 Yes 时，作用范围的节点均分施加的总载荷；设为 No 时，每一个节点承受指定的载荷值。

Details of "Nodal Force"	▼ 中 □ ×
Scope	
Scoping Method	Named Selection
Named Selection	
Definition	
ID (Beta)	36
Type	Force
Coordinate System	Nodal Coordinate System
☐ X Component	0. N (ramped)
☐ Y Component	0. N (ramped)
☐ Z Component	0. N (ramped)
Divide Load by Nodes	Yes
Suppressed	No

图 4-32　施加节点力

（14）Nodal Pressure。Nodal Pressure 属于 Direct FE 载荷类型列表，用于施加节点压力。Nodal Pressure 仅能垂直作用于基于节点的 Named Selection，其 Details 如图 4-33 所示。Nodal Pressure 的 Magnitude 可以是常数、Tabular 或者 Function。

Details of "Nodal Pressure"	▼ 中 □ ×
Scope	
Scoping Method	Named Selection
Named Selection	
Definition	
ID (Beta)	37
Type	Pressure
Define By	Normal To
☐ Magnitude	0. MPa (ramped)
Suppressed	No

图 4-33　施加节点压力

（15）Nodal Displacement。Nodal Displacement 属于 Direct FE 载荷类型列表，用于施加节点位移约束，仅能作用于基于节点的 Named Selection。Nodal Displacement 的 Details 如图

4-34 所示，可以分别设置 3 个方向的位移。这些位移约束可以是 0，也可以是非 0 的常数、Tabular 或 Function。

图 4-34　Nodal Displacement 的 Details 选项

（16）Nodal Rotation。Nodal Rotation 属于 Direct FE 载荷类型列表，用于施加节点转角位移约束，仅能作用于具有转动自由度的节点组成的 Named Selection。Nodal Rotation 的 Details 如图 4-35 所示，可以分别设置 3 个方向的转角是 Fixed 还是 Free。

图 4-35　Nodal Rotation 的 Details 选项

4.3　实用加载方法与例题

本节通过几个例题来介绍一些典型的 Mechanical 载荷类型的使用方法和加载技巧。

4.3.1　施加于 SHELL 单元上的静水压力例题

下面给出一个在 SHELL 单元上施加静水压力（Hydrostatic Pressure）的例题，主要是介绍 SHELL 单元的 Top 和 Bottom 面的区分及其对加载效果的影响。

1. 问题描述

如图 4-36 所示的方形薄壁容器，容器底面为固定，分别计算如下两种情况下容器的变形和受力情况：

（1）容器放置于一定深度的液体中（液体在容器外，容器内没有液体）。

（2）其中装有一定深度的某种液体（液体在容器内，容器外没有液体）。

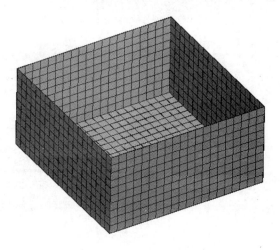

图 4-36　方形薄壁容器示意图

2．建模计算过程

（1）建立分析系统。在 Workbench 工具箱的组件系统中，选择 Geometry 组件，将其用鼠标左键拖曳到 Project Schematic 窗口内，在 Project Schematic 内出现名为 A 的 Geometry 组件。

在 Workbench 左侧工具箱的分析系统中选择 Static Structural，将其拖曳至 A2（Geometry）单元格中，形成静力分析系统 B，该系统的几何模型来源于几何组件 A，如图 4-37 所示。

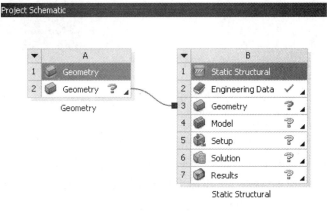

图 4-37　建立静力分析系统

（2）创建几何模型。在 A2（Geometry）单元格的右键菜单中选择 New DesignModeler Geometry…，启动 DM 组件。在 DM 启动后，在 Units 菜单中选择建模单位为 Millimeter（mm）。

在 DM 的 Tree Outline 中选择 XYPlane 后单击 Tree Outline 下的 Sketching 标签，切换至草绘模式，单击 Draw 工具的 Rectangular 工具绘制如图 4-38（a）所示的草图，并用 Dimension 下的 Semi-Automatic 尺寸标注工具标注如图 4-38（b）所示的尺寸。

单击工具栏上的 Extrude 按钮，添加拉伸对象 Extrude1。在 Extrude1 的 Details 中将 Geometry 选择为刚才创建的 Sketch1，并单击 Apply；设置 Operation 为 Add Material；将 Extent Type 设为 Fixed；在"FD1,Depth(>0)"中输入拉伸厚度 100mm，如图 4-39（a）所示。单击 Generate 按钮形成三维实体，如图 4-39（b）所示。

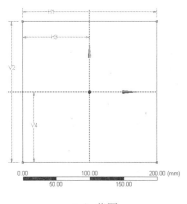

（a）草图

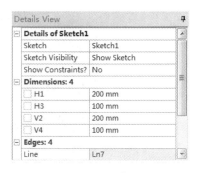

（b）尺寸

图 4-38　草图及标注尺寸

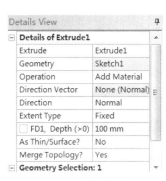

（a）拉伸设置

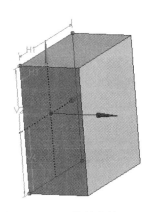

（b）拉伸实体

图 4-39　拉伸设置及效果

下面来抽取表面壳体。在菜单栏选择 Concept→Thin/Surface 命令，或者直接单击工具栏上的 Thin/Surface 按钮在 Tree Outline 中增加一个 Thin 分支。在 Thin 分支的 Details 属性中，选择 Selection Type 为 Faces to Remove，Geometry 选为图 4-40 所示的模型的上表面，并将厚度值改为 0mm，如图 4-41 所示，然后单击工具栏上 Generate 按钮，生成如图 4-42 所示的表面体模型。关闭 DM，返回 Workbench。

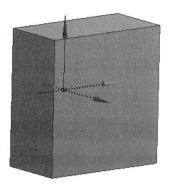

图 4-40　选择 Faces to Remove

图 4-41　Thin 控制选项

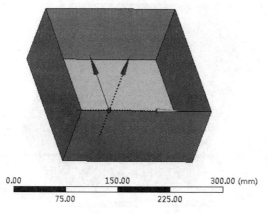

图 4-42　生成容器壳体模型

（3）Mechanical 前处理。在 Workbench 的 Project Schematic 中双击 B4（Model）单元格，启动 Mechanical 组件。在 Mechanical 的 Home 工具栏的 Tools 组中选择 Units 工具，设置本次分析采用的单位系统为 Metric（mm,kg,N,s,mV,mA）制。

在 Details of "Surface Body" 中确认 Surface Body 的材料为默认的 Structural Steel，在 Thickness 中设置面体的厚度为 0.5mm。

选择 Mesh 分支，在其右键菜单中选择 Insert→Sizing，在 Mesh 下出现 Sizing 分支。在 Sizing 分支的属性中单击 Geometry，在图形区域中通过 Box Select 选择全部的 5 个面，然后单击 Apply，如图 4-43（a）所示，设置这些面的 Element Size 为 10mm，这时在 Mesh 分支下的 Sizing 分支名字改变为 Face Sizing，其 Details 如图 4-43（b）所示。在 Mesh 分支的右键菜单中选择 Generate Mesh，划分单元后得到的计算模型如图 4-44 所示。

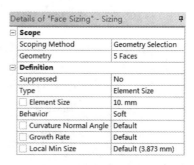

（a）选择面　　　　　　　　　　　（b）指定单元尺寸

图 4-43　网格尺寸设置

（4）加载及求解。

1）施加固定约束。选择 Structural Static（B5）分支，在图形区域右键菜单中选择 Insert→Fixed Support，插入 Fixed Support 分支。在 Fixed Support 分支的 Details View 中，单击 Geometry 属性，在工具面板的选择过滤栏中按下选择面按钮（或快捷键 Ctrl+F），选取壳体下表面，然后在 Geometry 属性中单击 Apply 按钮完成固定约束的施加。

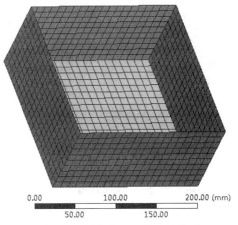

图 4-44　划分单元后的计算模型

2）施加静水压力。选择 Structural Static（B5）分支，选择 Insert→Hydrostatic Pressure，在 Project 树中添加一个 Hydrostatic Pressure 分支。在 Hydrostatic Pressure 分支的 Details View 中选择 Geometry 属性，用鼠标选取壳体的 4 个侧面，然后在 Geometry 属性中单击 Apply 按钮。设置 Fluid Density 为 1.e-006kg/mm^3，设置液体受到的重力加速度为 10000mm/s^2，方向设置为容器一条侧楞，更改方向为竖直向上（Workbench 中定义的加速度方向与惯性力方向相反）。设置自由液面位置。在 Free Surface Location 中，将 Location 容器设置成容器最上部一条边，并单击 Apply。Shell Face 选项设置为 Top，设置完成后 Hydrostatic Pressure 的 Details 如图 4-45 所示。这时结构上作用的压力载荷分布等值线如图 4-46 所示。

Details of "Hydrostatic Pressure"	
Scope	
Scoping Method	Geometry Selection
Geometry	4 Faces
Shell Face	Top
Definition	
Type	Hydrostatic Pressure
Coordinate System	Global Coordinate System
Suppressed	No
☐ Fluid Density	1.e-006 kg/mm³
Hydrostatic Acceleration	
Define By	Vector
☐ Magnitude	10000 mm/s² (ramped)
Direction	Click to Change
Free Surface Location	
☐ X Coordinate	-100. mm
☐ Y Coordinate	0. mm
☐ Z Coordinate	100. mm
Location	Click to Change

图 4-45　Hydrostatic Pressure 的 Details 设置

加载完成后，单击工具栏上的 Solve 按钮进行结构计算。

（5）结果后处理。选择 Solution（B6）分支，在其右键菜单中选择 Insert→Deformation →Total，在 Solution 分支下添加一个 Total Deformation 分支。在 Solution（B6）分支的右键菜单中选择 Evaluate All Results。选择变形结果分支 Total Deformation，查看结构的总体变形如图 4-47 所示。

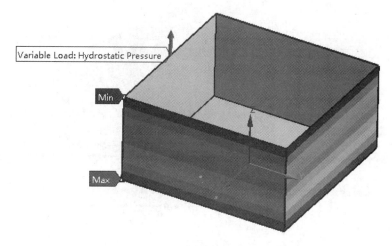

图 4-46　压力载荷分布

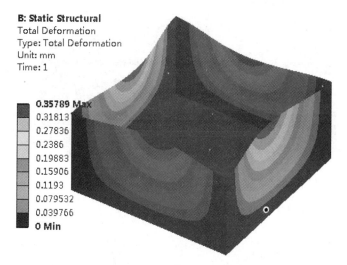

图 4-47　容器变形分布云图

（6）第二个工况的加载及计算。对于后一种工况，即液体的静压力施加在容器的外部时，可以将 Hydrostatic Pressure 中 Shell Face 由默认的 Top 改成图 4-48 中所示的 Bottom，此时液体静压力施加在容器内部，压力分布如图 4-49 所示。

Details of "Hydrostatic Pressure"	
Scope	
Scoping Method	Geometry Selection
Geometry	4 Faces
Shell Face	Bottom

图 4-48　改为内侧面加载（Bottom）

重新进行计算，得到结构变形结果如图 4-50 所示，由于静水压改为施加在容器内表面，导致侧壁的变形方向变为向外。

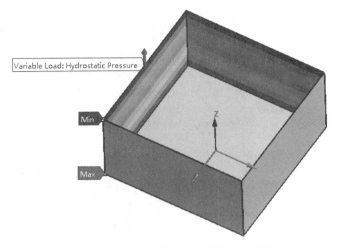

图 4-49　更改载荷面后的载荷分布情况

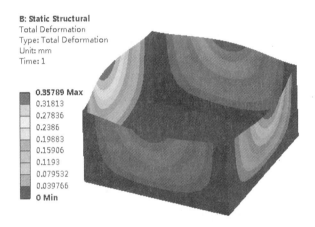

图 4-50　内压容器变形分布云图

4.3.2　通过位置函数方式加载例题

本节给出一个通过位置坐标的函数方式加载的例题。

1．问题描述

有一个 20mm×20mm×100mm 的悬臂杆，左端为固定，在上表面受到距左端距离 Z 的线性变化的压力载荷的作用，Pressure=0.02*Z（MPa），如图 4-51 所示。计算悬臂杆在载荷作用下的变形。

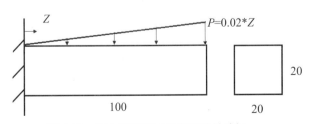

图 4-51　压力随位置函数变化的悬臂杆

2. 建模计算过程

（1）建立分析流程。在 Workbench 工具箱的 Component System 中，选择 Geometry 组件，将其用鼠标左键拖曳到 Project Schematic 窗口内，在 Project Schematic 内出现名为 A 的 Geometry 组件。在工具箱中继续选择 Static Structural，用鼠标左键将其拖曳至 A2（Geometry）单元格上，形成静力分析系统 B，该系统的几何模型来源于几何组件 A，如图 4-52 所示。

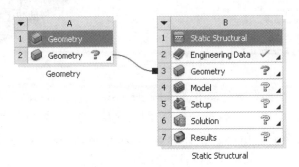

图 4-52   建立静力分析系统

（2）创建几何模型。选择 Geometry（A2）单元格，在其右键菜单中选择 New DesignModeler Geometry…，启动几何组件 DM。DM 启动后，在 Units 菜单中选择单位为 Millimeter（mm）。

在 Tree Outline 中选择 XYPlane 后单击 Tree Outline 下的 Sketching 标签，切换至 Sketching 模式。通过 Draw 工具面板中的 Rectangular 工具绘制矩形，并用 Dimension 下的尺寸标注工具 Semi-Automatic 标注尺寸，如图 4-53 所示。

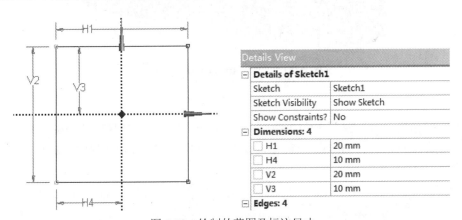

图 4-53   绘制的草图及标注尺寸

单击工具栏上的 Extrude 按钮添加拉伸 Extrude1。在 Extrude1 的 Details 中，Geometry 选择为刚才创建的 Sketch1，并单击 Apply；设置 Operation 为 Add Material；将 Extent Type 改为 Fixed；在 "FD1,Depth(>0)" 中输入拉伸距离 100mm。单击工具栏上的 Generate 按钮，生成三维模型。拉伸设置及几何模型如图 4-54 所示。关闭 DesignModeler，返回 Workbench 界面。

（3）Mechanical 前处理。在 Project Schematic 中双击 Model（B4）单元格，启动 Mechanical 组件。通过 Home 工具栏上的 Units 按钮选择 Metric（mm,kg,N,s,mV,mA）单位系统。在 Geometry 分支下选择 Solid 分支，在 Details of Solid 中确认 Solid 的材料为默认的 Structural Steel。

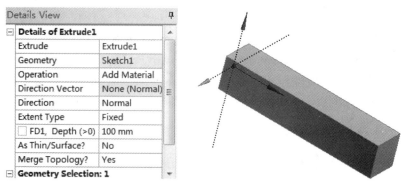

图 4-54　拉伸控制及效果

选择 Mesh 分支，在其右键菜单中选择 Insert→Sizing，在 Mesh 分支下出现 Sizing 分支。在 Sizing 分支的属性中单击 Geometry，在图形区域中选择整个实体，然后按下 Apply，Geometry 域显示为选择了 1 Body，在 Element Size 中输入 10mm，这时 Sizing 分支名字改变为 Body Sizing。再次选择 Mesh 分支，在其右键菜单中选择 Generate Mesh，划分网格后得到的有限元模型如图 4-55 所示。

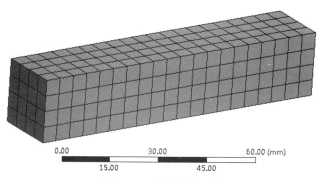

图 4-55　计算模型网格

为了后续加载方便，定义一个局部坐标系。选择 Model 分支下的 Coordinate System，在右键菜单中选择 Insert→Coordinate System，如图 4-56 所示，在 Project 树中添加一个 Coordinate System 分支。

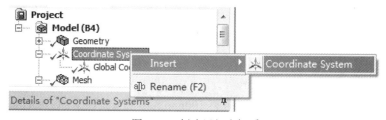

图 4-56　创建局部坐标系

在 Details of "Coordinate System" 中选择 Origin 部分的 Geometry 选项，定义局部坐标系的原点位置，选择左端面（注意切换为过滤选择面），并在局部坐标系 Details 中的 Geometry 中单击 Apply，其余保持默认设置，显示局部坐标系如图 4-57 所示。

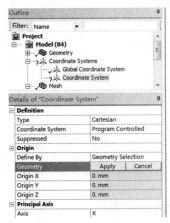
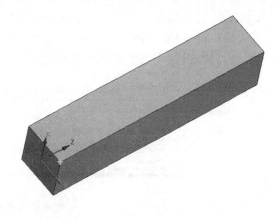

图 4-57　定义局部坐标系

（4）加载以及求解。选择 Static Structural（B5）分支，在图形显示窗口中选择左端面并在右键菜单选择 Insert→Fixed Support，插入 Fixed Support 分支。

选择 Static Structural（B5）分支，选择 Insert→Pressure，在 Project 树中加入一个 Pressure 分支。在 Pressure 分支的 Details View 中，单击 Geometry 属性，用鼠标选取悬臂杆的顶面，如图 4-58 所示，然后在 Geometry 属性中单击 Apply 按钮。

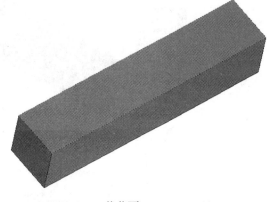

图 4-58　Functional Pressure 载荷面

选择 Definition 部分的 Magnitude，按下黄色区域后面的小箭头，弹出选择菜单，将载荷定义方式更改为 Function，如图 4-59 所示。

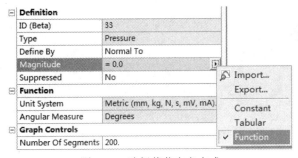

图 4-59　选择载荷定义方式

在 Magnitude 后面输入线性变化的载荷 F=0.02*Z（Z 为坐标），并将下面的 Coordinate System 由默认的 Global Coordinate System 更改为前面创建的局部坐标系 Coordinate System，如图 4-60 所示，施加得到按线性方程变化的载荷。

Details of "Pressure"

Scope	
Scoping Method	Geometry Selection
Geometry	1 Face
Definition	
Type	Pressure
Define By	Normal To
Magnitude	= 0.02*z
Suppressed	No
Function	
Unit System	Metric (mm, kg, N, s, mV, mA) Degrees rad/s Celsius
Angular Measure	Degrees
Coordinate System	Coordinate System

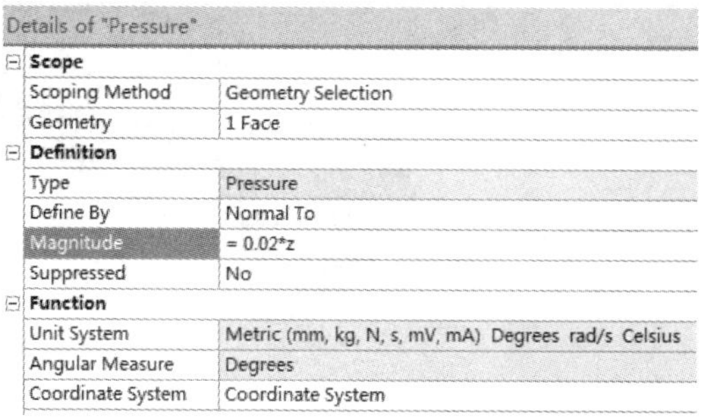

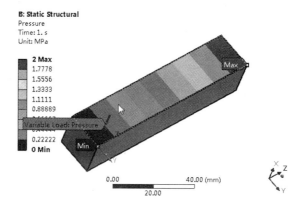

图 4-60　Pressure 的 Details 设置

压力载荷施加后，在表面的分布等值线显示情况如图 4-61 所示。载荷随坐标变化的函数曲线显示在 Graph 区域，如图 4-62 所示。

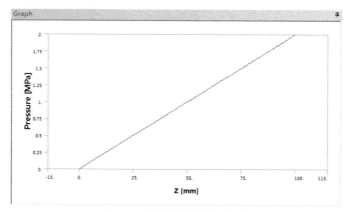

图 4-61　Functional Pressure 等值线分布图

图 4-62　载荷坐标函数曲线图

加载完成后，按下工具栏上的 Solve 按钮进行结构分析。

（5）结果后处理。选择 Solution（B6）分支，在其右键菜单中选择 Insert→Deformation →Total 和 Insert→Stress→Equivalent Stress（von Mises），在 Solution 分支下添加变形和等效应力结果。在 Solution（B6）分支的右键菜单中选择 Evaluate All Results。选择变形结果分支 Total Deformation，观察结构的总体变形，如图 4-63 所示，选择应力结果分支 Equivalent Stress，观察结构等效应力分布等值线图，如图 4-64 所示。

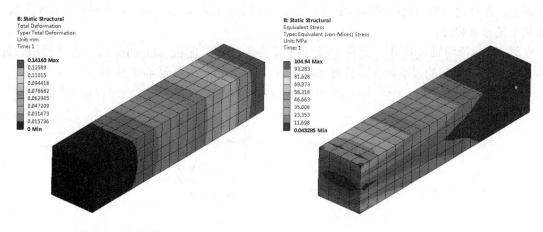

图 4-63　悬臂梁变形分布 图 4-64　悬臂结构的等效应力分布

4.3.3　Nodal Orientation 在加载中的应用

本节通过一个典型例题说明 Direct FE 类型载荷的应用。

1. 问题描述

如图 4-65 所示，承受均布载荷 q 的工字型截面钢梁，左端为固定，右端受到与梁轴线成 45°的 F 作用，并承受一个与梁轴线成 135°方向的斜向支座约束。已知梁的截面尺寸为 200mm×250m×10mm×12mm，载荷 q=12.5kN/m，F=10kN，梁长 L=10m。计算梁的支反力、内力以及挠度，计算中不考虑应力刚度的影响。

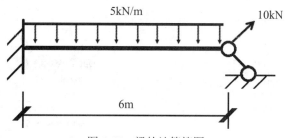

图 4-65　梁的计算简图

2. 建立分析模型

（1）创建几何模型。

1）启动 DM 组件。打开 Workbench，在左侧工具箱中选择 Static Structural 系统并拖放至 Project Schematic 中。在 Geometry（A3）单元格的右键菜单中选择 New DesignModeler Geometry…，打开 DM 组件创建几何模型，通过 Units 菜单选择建模单位为 mm。

2）在 DM 中首先创建草图。在 DM 的模型树中单击 XYPlane，选择 *XY* 平面作为草图绘制平面，接着选择草图按钮 🔃 新建草图 Sketch1。为了便于操作，单击正视按钮 🔃 选择正视工作平面。

3）绘制梁的轴线。切换至草绘模式，在绘图工具面板 Draw 中，选择 Line 绘制直线，此时右边的图形界面上出现一个画笔，拖动画笔放到原点上时会出现一个 P 字标志，表示与原点重合，此时向右拖动鼠标左键，出现一个 H 字母表示线段为水平方向，此时松开鼠标左键，绘制一条水平线段。

4）标注梁的轴线尺寸。选择草绘工具箱的标注工具面板 Dimensions，选择通用标注 General，选择绘制的水平轴线，设置其长度 H1 为 6000mm，如图 4-66 所示。

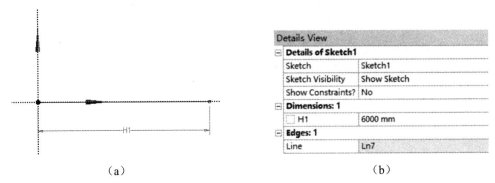

（a）   （b）

图 4-66　轴线尺寸标注

5）基于草图生成 Line body。切换到 3D 模式（Modeling），选择菜单项 Concept→Lines From Sketches，这时在模型书中出现一个 Line1 分支，在其 Details 选项中 Base Objects 选择 XYPlane 上的 Sketch1，然后单击工具栏中的 Generate 按钮以创建形成一个线体 Line1。

6）定义梁的横截面。在菜单栏中选择 Concept→Cross Section→I Section，创建工字型横截面 I1，并在左下角的详细列表中修改横截面的尺寸，如图 4-67 所示。

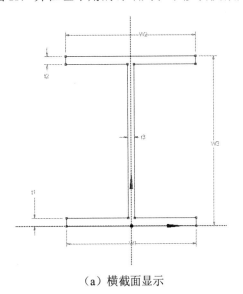

Details View	
Details of I1	
Sketch	I1
Show Constraints?	No
Dimensions: 6	
☐ W1	200 mm
☐ W2	200 mm
☐ W3	250 mm
☐ t1	12 mm
☐ t2	12 mm
☐ t3	10 mm

（a）横截面显示　　　　　　　　（b）横截面尺寸

图 4-67　指定横截面

选中模型树的 Line Body 分支，在其 Details 中单击黄色 Cross Section 选项，在下拉菜单选择工字型截面 I1，单击工具栏上的 Generate 按钮完成截面指定。选择菜单栏 View→Cross Section Solids，可以观察到显示横截面的线体几何模型如图 4-68 所示。

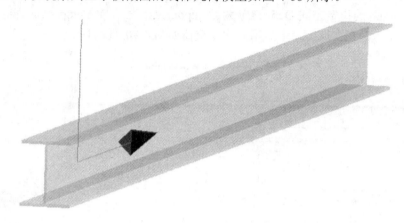

图 4-68　赋予截面后的线体显示效果

完成几何建模操作后，关闭 DM 返回 Workbench 界面。

（2）Mechanical 前处理。双击 Model（A4）单元格，进入 Mechanical 组件按如下步骤操作。

1）设置单位系统。通过 Mechanical 的 Units 菜单，选择单位系统为 Metric（mm,kg,N,s,V,A）。

2）确认材料。在 Geometry 下面的 Line Body 分支的 Details 中确认材料 Assignment 为 Structural Steel。

3）网格划分。用鼠标选择 Mesh 分支，在其右键菜单中选择 Insert→Sizing，指定线体的 Element Size 尺寸为 500mm。在 Mesh 分支的右键菜单中选择 Generate Mesh，划分网格后的结构如图 4-69 所示，整根梁被划分为 12 个单元。

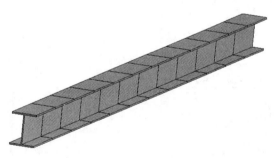

图 4-69　划分单元后的梁模型

3．加载以及求解

加载操作同样在 Mechanical 组件中进行。约束和载荷包括左端固定约束、均布线载荷、右端节点旋转、右端节点集中力、右端斜支座等共 5 个项目。

（1）施加左端固定约束。在 Project 树中选择 Static Structural（B5）分支，选择过滤选择按钮为 Vertex（或者使用快捷键 Ctrl+P），在图形窗口选择梁的左端点，并在右键菜单中选择 Insert→Fixed Support，添加左端固定约束。

（2）施加均布线载荷。选择 Static Structural（B5）分支，在其右键菜单中选择 Insert→Line Pressure，在 Project Tree 中出现一个 Line Pressure 分支。选择此 Line Pressure 分支，在其 Details 属性中，选择 Geometry，在图形显示窗口用鼠标左键拾取梁的轴线，然后单击 Apply。设置 Line Pressure 的指定方式 Define By 为 Components，输入 Y Component 为-12.5N/mm，如图 4-70（a）所示，在图形窗口中显示的均布载荷如图 4-70（b）所示。

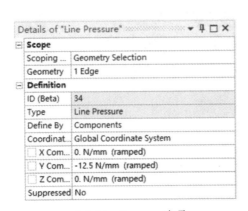

（a）Line Pressure 选项

（b）施加线分布载荷

图 4-70　施加均布载荷

（3）施加右端节点旋转。

1）建立局部坐标系。选择 Coordinate Systems 分支，在其右键菜单选择 Insert→Coordinate System，添加一个局部坐标系分支 Coordinate System，在 Coordinate System 的 Details 中进行如图 4-71 所示设置，其中在 Transformations 部分，用 Coordinate Systems 工具栏的 Rotate Z 按钮添加一个 Rotate Z 选项，并输入 45°，设置完成后，新建的局部坐标系和整体坐标系的相对方位如图 4-72 所示。

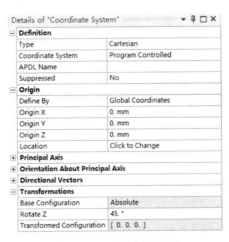

图 4-71　局部坐标系设置

图 4-72　局部坐标系方位

2）建立节点命名集合。用快捷键 Ctrl+N 切换至节点选择，在图形窗口选择梁右端节点，在图形区域的右键菜单中选择 Create Named Selection，在 Project 树中添加一个 Selection 分支，其 Details 中显示 Geometry 为 1 Node，表示 Selection 是由右端节点组成的命名选择集，如图

4-73 所示。

3）施加右端节点的旋转。首先选择 Static Structural（B5）分支，在其右键菜单中选择 Insert →Nodal Orientation，在添加的 Nodal Orientation 分支的 Details 中选择 Named Selection 为上面创建的 Selection，Coordinate System 为上面创建的 Coordinate System，如图 4-74 所示。

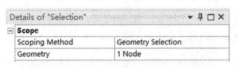

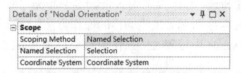

图 4-73　右端节点命名选择集　　　　　　　图 4-74　施加节点坐标系旋转

（4）施加右端节点集中力。选择 Static Structural（B5）分支，在其右键菜单中选择 Insert →Nodal Force，在添加的 Nodal Force 对象的 Details 中，选择 Named Selection 为 Selection，在 X Component 中填写 10000N，如图 4-75 所示。

（5）施加右端斜支座。选择 Static Structural（B5）分支，在其右键菜单中选择 Insert→ Nodal Displacement，在添加的 Nodal Displacement 对象的 Details 中，选择 Named Selection 为 Selection，在 Y Component 中填写 0 mm，如图 4-76 所示。

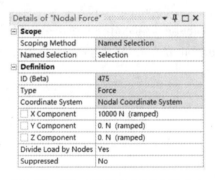

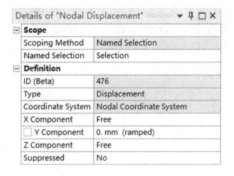

图 4-75　施加右端节点 45°方向集中力　　　　图 4-76　施加右端节点 135°方向线约束

如需对以上节点旋转的作用进行验证，可在 Analysis Settings 分支的 Details 中将 Analysis Data Management 部分的 Save MAPDL db 选项设置为 Yes，计算后在 Mechanical APDL 中打开此 db 文件显示实际的加载和约束效果，如图 4-77 所示，可知右端节点载荷和约束的施加是正确的。

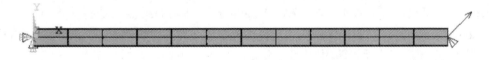

图 4-77　MAPDL 中显示的右端约束及加载效果

（6）求解。载荷施加完成后，单击工具栏上的 Solve 按钮进行求解。

4. 后处理

（1）添加后处理结果项目。梁单元计算结果后处理的项目较多，按照下列步骤添加相关结果项目。

1）添加梁的整体变形结果。在 Project 树中选择 Solution（A6）分支，在其右键菜单中选择 Insert→Deformation→Total，添加一个 Total Deformation 分支。

2）添加右端支座节点的位移结果。在 Project 树中选择 Solution（A6）分支，在其右键菜单中选择 Insert→Deformation→Directional，添加一个 Directional Deformation 分支，在其 Details 设置 Scope 对象类型为 Named Selection，命名集合为 Selection，设置其 Orientation 为 X Axis，如图 4-78 所示。按照同样的操作方法，继续添加一个方向变形分支 Directional Deformation 2，在 Details 中设置 Scope 作用对象也是 Selection，Orientation 则为 Y Axis，如图 4-79 所示。

图 4-78　右端节点的 X 向位移

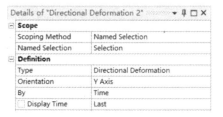

图 4-79　右端节点的 Y 向位移

3）添加支反力结果。在 Project 树中按住 Ctrl 键同时选择 Fixed Support 和 Nodal Displacement 分支，将其拖放至 Solution（A6）分支上，在 Solution（A6）分支下面出现两个支反力分支 Force Reaction 和 Force Reaction 2。在 Solution（A6）分支右键菜单中选择 Insert→Probe→Moment Reaction，添加一个 Moment Reaction 分支，并在此分支的 Details 中选择 Boundary Condition 为 Fixed Support，如图 4-80 所示。

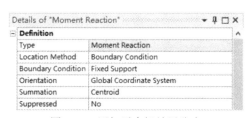

图 4-80　添加反力矩结果分支

4）添加单元坐标系结果。选择 Solution（B6）分支，在其右键菜单中选择 Insert→Coordinate Systems→Element Triads，在 Solution 分支下增加一个 Element Triads 分支。

5）添加路径。在 Project Tree 中选择 Model 分支，在右键菜单选择 Insert→Construction Geometry→Path，在 Model 分支下出现一个 Construction Geometry 分支，在 Construction Geometry 分支下包含一个 Path 分支。选择此 Path 分支，在其 Details 中选择 Path Type 为 Edge，选择 Scope Geometry，在图形显示区域选择梁所在的线体，单击 Apply，最终设置如图 4-81 所示。设置完成后，在图形窗口中显示定义路径 Path 的方向以及两个端点 1 和 2，如图 4-82 所示。

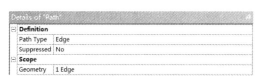

图 4-81　Path 的 Details 设置

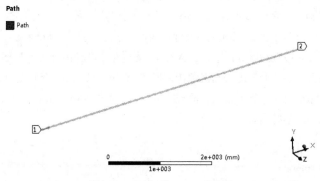

图 4-82　添加的 Path 示意图

6）添加梁的内力结果。

a．添加分量弯矩图。选择 Solution（A6）分支，在此分支的右键菜单中选择 Insert→Beam Results→Bending Moment，出现一个 Total Bending Moment 分支，在其 Details 中选择 Type 选项为 Directional Bending Moment，Orientation 选择 Y Axis，设置后，Total Bending Moment 分支名称自动改为 Directional Bending Moment。继续在其 Details 中选择 Scoping Method 选项为 Path，选择 Path 为前面指定的路径名称 Path，注意到 Coordinate System 选项为 Solution Coordinate System，即单元局部坐标系，设置完成后如图 4-83 所示。

Details of "Directional Bending Moment"	
Scope	
Scoping Method	Path
Path	Path
Geometry	All Line Bodies
Definition	
Type	Directional Bending Moment
Orientation	Y Axis
By	Time
Display Time	Last
Coordinate System	Solution Coordinate System

图 4-83　方向分量弯矩的属性设置

在这里的设置中需要注意，弯矩的方向选择 Y 轴，是单元的局部坐标的 Y 轴，而不是总体坐标。单元局部坐标可通过后面计算出的 Element Triads 显示结果得到验证。同样，后面的剪力也遵循同样的单元坐标系。

b．添加梁的轴力图。选择 Solution（A6）分支，在此分支的右键菜单中选择 Insert→Beam Results→Axial Force，出现一个 Axial Force 分支，在其 Details 中选择 Scoping Method 选项为 Path，选择 Path 为前面指定的路径名称 Path，注意到 Coordinate System 选项为 Solution Coordinate System，即单元局部坐标系，设置完成后如图 4-84 所示。

Details of "Axial Force"	
Scope	
Scoping Method	Path
Path	Path
Geometry	All Line Bodies
Definition	
Type	Directional Axial Force
By	Time
Display Time	Last
Coordinate System	Solution Coordinate System

图 4-84　轴力的属性设置

c. 添加梁的剪力图。选择 Solution（A6）分支，在此分支的右键菜单中选择 Insert→Beam Results→Shear Force，出现一个 Total Shear Force 分支，在其 Details 中选择 Type 选项为 Directional Shear Force，Orientation 选择 Z Axis，设置后，Total Shear Force 分支名称自动改为 Directional Shear Force。继续在其 Details 中选择 Scoping Method 选项为 Path，选择 Path 为前面指定的路径名称 Path，注意到 Coordinate System 选项为 Solution Coordinate System，即单元局部坐标系，设置完成后如图 4-85 所示。

Details of "Directional Shear Force"	▼ ⋾ ◻ ✕
Scope	
Scoping Method	Path
Path	Path
Geometry	All Line Bodies
Definition	
Type	Directional Shear Force
Orientation	Z Axis
By	Time
☐ Display Time	Last
Coordinate System	Solution Coordinate System

图 4-85　剪力的属性设置

7）添加 Beam Tool 工具箱结果。选择 Solution（B6）分支，在其右键菜单中选择 Insert →Beam Tool→Beam Tool，在 Solution 分支下添加一个 Beam Tool 分支，其中包含 Direct Stress、Minimum Combined Stress 以及 Maximum Combined Stress 3 个分支项目。

（2）提取添加的结果项目。选择 Solution（A6）分支，在其右键菜单中选择 Evaluate All Results，评估所有添加的结果项目。

（3）查看变形结果。选择 Total Deformation 分支，观察梁的整体变形，最大挠度位于跨中，数值约为 6mm，如图 4-86 所示。

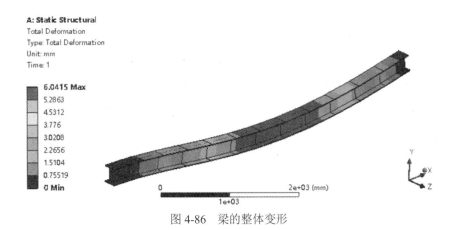

A: Static Structural
Total Deformation
Type: Total Deformation
Unit: mm
Time: 1

6.0415 Max
5.2863
4.5312
3.776
3.0208
2.2656
1.5104
0.75519
0 Min

图 4-86　梁的整体变形

下面来分析右端支座的位移分量与合位移的关系。如果在此分支的右键菜单选择 Export… →Export Text File，可导出一个缺省文件名为 file.txt 的文本文件，此文件中列出节点号及各节点的总体位移，注意到其中右端点，即列表中 2 号节点，其合位移为 8.4×10^{-2}mm。

分别选择 Directional Deformation 分支以及 Directional Deformation 2 分支，查看右端节点在 X 和 Y 方向的位移分量，分别如图 4-87 和图 4-88 所示。由于此节点承受与梁轴线（0°方向）成 135°角的斜向支撑，因此在 135°方向不能发生位移，只能在与支座垂直的 45°方向移动，因此其 X 和 Y 方向的位移分量必然相等。计算结果也很好地验证了这一点，X 方向和 Y 方向位移分量相等，其数值均为-5.9656×10^{-2}mm。根据几何关系，右端点的合位移应等于 $\sqrt{2} \times 5.9656 \times 10^{-2} = 8.44 \times 10^{-2}$ mm，这与上面通过 Total Deformation 分支所导出的数据文件中的结果是一致的。

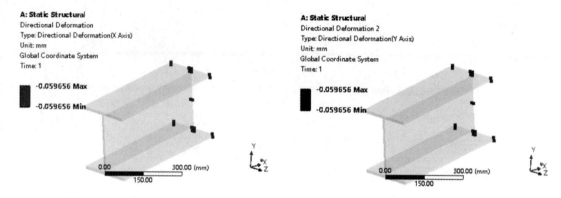

图 4-87　右端点的 X 方向位移　　　　　　　图 4-88　右端点的 Y 方向位移

（4）查看支反力结果。选择 Force Reaction 和 Force Reaction 2 分支，分别查看左端和右端的支反力，如图 4-89 和图 4-90 所示。

首先检查 X 方向的平衡，X 方向总的外载荷为 10kN×cos45°=7071N，而左端 X 方向支反力为 14039N，右端 X 方向支反力为-21110，三者代数和为 0，满足 X 方向平衡条件。

然后检查 Y 方向的平衡，Y 方向总的外载荷为 10kN×sin45°-12.5kN×6=-67929N，左端 Y 方向支反力为 46819N，右端 Y 向支反力为 21110N，三者代数和为零，满足 Y 方向的平衡条件。

最后检查绕 Z 轴的力矩平衡条件。如图 4-91 所示，左侧支座反力矩为 55913Nm（逆时针方向），外载荷及右端支反力对左端点取矩，0.5×12500×6^2-7071×6-21110×6=55914Nm（顺时针方向），因此满足力矩的平衡条件。

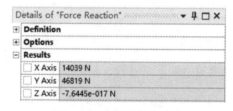

图 4-89　左端点的支反力

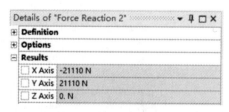

图 4-90　右端点的支反力

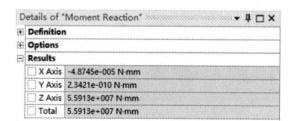

图 4-91　左端点的反力矩

（5）查看单元坐标系。选择 Elemental Triads 分支，查看梁单元的单元局部坐标系标识，为便于观察各局部坐标轴指向，注意在 Display 工具栏关闭梁的实际形状显示，如图 4-92 所示。由图示的标识可知，单元局部坐标的 Y 轴和 Z 轴分别与总体直角坐标系的 Z 轴和 Y 轴平行。

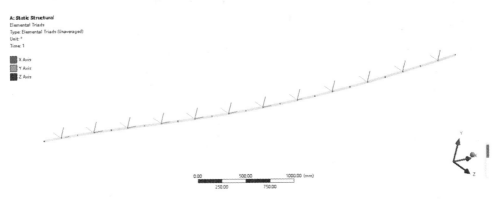

图 4-92　单元局部坐标系

（6）查看梁的内力结果。依次选择 Directional Bending Moment、Directional Shear Force、Axial Force 3 个分支，查看弯矩、剪力以及轴力沿梁轴线的分布（类似于弯矩图、剪力图、轴力图），分别如图 4-93 至图 4-95 所示。

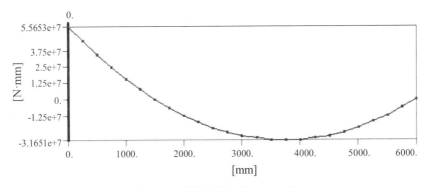

图 4-93　弯矩沿梁轴线分布曲线

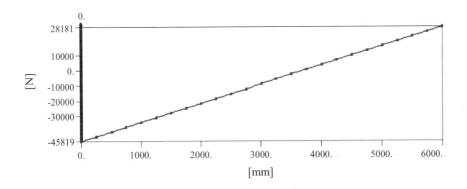

图 4-94　剪力沿梁轴线分布曲线

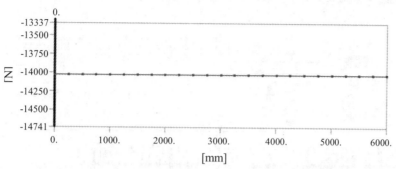

图 4-95　轴力沿梁轴线分布曲线

（7）查看梁的应力结果。选择 Beam Tool，工具箱给出的 Direct Stress、Minimum Combined Stress 以及 Maximum Combined Stress 分别如图 4-96 至图 4-98 所示。梁轴向应力为均匀分布且数值较小，为-1.9885MPa；梁的最小组合应力为-91.578MPa，位置在左端；梁的最大组合应力数值为 87.601MPa，也是在左端，因为此截面的弯矩绝对值最大而轴向应力较小。最大组合应力和最小组合应力代数和为-3.977MPa，等于轴向应力的两倍，证实计算结果正确无误。

图 4-96　Direct Stress 分布图

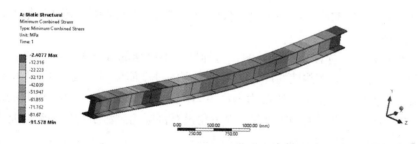

图 4-97　Minimum Combined Stress 分布图

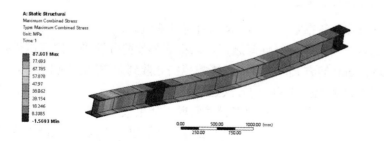

图 4-98　Maximum Combined Stress 分布图

第5章

与应力解答有关的问题

本章介绍与应力计算有关的几个问题，主要涉及应力奇异问题和局部应力的精确计算两个方面，内容包括常见的应力奇异表现形式以及对策、单元类型选择和网格划分对应力计算结果的影响、子模型技术计算局部应力、收敛工具计算应力精确值等问题，并结合实例讲解。

5.1 应力奇异问题及对策

5.1.1 应力奇异问题的表现形式与实质

有限元分析的结果通常随着网格的加密趋于收敛，但是在有些情况下，随着网格的加密，计算出的应力结果呈现出越来越大的不收敛现象。一些常见的情况包括集中力（或力矩）作用下的二维或三维实体结构模型、具有点支撑的实体结构、实体结构存在未倒圆的内折角等，随着网格的加密，这些部位的应力解答表现为数值越来越大的发散特性，这些发散的现象被称为应力结果的奇异性。

实际的工程结构是不存在应力奇异的，奇异性是不恰当的数学模型的计算结果。无论是何种原因引起的应力奇异，其共性的问题是由于模型的过度简化而造成的不连续，这是应力奇异问题的实质。点支撑结构由于支座反力为集中力，因此与集中力（力矩）引起的奇异是同一类型的问题，会造成加载点应力的不连续。内折角没有倒圆角过渡引起应力奇异是由于模型的几何不连续，更确切的说法是表面法向的不连续。

5.1.2 解决应力奇异问题的若干对策

应力奇异问题可以在计算前后通过如下的具体方式来处理。

对于集中力（力矩）引起的奇异性问题，可以将这些载荷分散到一定范围进行施加。建议采用施加到 Remote Point 的方式，将载荷的影响范围分散到 MPC 的影响范围。对于点约束的情况，也建议采用约束 Remote Point 的方式达到分散的效果。

对于没有倒圆面过渡的内折角引起的奇异性问题，如果关心折角附近的应力分布，则需要在模型中保留倒圆面重新进行计算。或者在关心的部位创建一个包含倒圆面的局部模型，基于前面计算得到的总体变形进行子模型分析，以得到局部的精确应力解答。

根据圣维南原理，奇异性的影响范围仅仅存在于局部，在后处理过程中，不选择奇异位置附近的单元，其他远离奇异位置的应力计算结果仍然是可用的。前提是模型整体的边界条件及载荷是正确施加的。

5.2　如何提高应力解答的精度

在强度分析中，除了避免上述所谓应力奇异问题外，分析人员更关心的问题是应力集中。为了能够在分析中捕捉到应力集中，提高应力解答的精度，可以通过使用加密网格、应用子模型技术以及收敛性工具等方法。

5.2.1　单元选择与网格划分的相关考虑

1．单元的选择

对于 ANSYS 结构分析而言，由于所有的单元均为位移元，即以位移自由度解为基本解，求得单元的节点位移向量后，乘以应变矩阵得到单元积分点上的应变，进而可以通过物理方程计算积分点处的应力。因此应力相对于位移来说是导出解，其精度不及位移。

一般来说，提高应力解答的精度，可以通过加密低阶单元或提高单元阶次这两种方式来实现。对于线性单元，在单元的边上位移为线性分布，应力则为常数，在应力集中处必须进行加密才能保证应力解答的正确性。二次单元与线性单元相比，在网格尺寸相当的情况下能够给出更高的应力精度，而且可以避免在模拟弯曲变形中的剪切锁闭问题，因此建议在对更加关注应力结果的分析中优先选用高阶单元。在 ANSYS Workbench 结构分析中，缺省采用 SOLID186 以及 SOLID187 这些二次单元划分实体部件，这两种高阶单元经过检验可以获得比线性单元更高的应力精度，特别是 10 节点的四面体二次单元 SOLID187，具有精度高以及适应复杂几何形状的特点，在结构分析中应用广泛。此外，在结构的塑性分析中，也应优先选用二次单元。

2．网格划分的相关考虑

大量计算实例表明，采用二次单元划分的六面体网格和四面体网格在加密后都能给出满意的解答，为了得到应力集中区域的准确应力分布，需要进行适当的网格加密措施，具体操作时，可通过 ANSYS Mesh 提供的总体及局部控制措施进行网格的加密设置。

（1）总体控制选项。总体控制选项通过 Mesh 分支的 Details 设置实现。Element Size 选项用于指定整体模型的网格尺寸。Sizing 部分提供了一些考虑几何特征的网格尺寸选项。

（2）局部控制选项。局部尺寸选项可通过 Mesh 分支的右键菜单 Insert→Sizing 加入。在加入的 Sizing 分支的 Details 中选择不同的几何对象类型，Sizing 分支可改变名称为 Vertex Sizing、Edge Sizing、Face Sizing 或 Body Sizing。对各种 Sizing 控制，可直接指定 Element Size；也可以指定一个 Sphere of Influence（影响球）及其半径，再指定 Element Size，这时尺寸控制仅作用于影响球范围内。

5.2.2　应用子模型技术精确计算局部应力解

子模型技术通过较粗或较为简化的模型进行整体计算，然后将关注应力集中的局部从整体结构模型中切割出来，进行细致地建模并划分为较精细的网格，再将整体模型的位移映射到切割边界上作为切割出来的局部模型（子模型）的边界条件，对子模型进行分析即可得到精确的局部应力解。这一求解过程成功的关键在于切割边界的选择。切割边界必须远离应力集中的区域,不论是总体粗糙模型的分析还是局部精细模型的分析,切割边界上的应力应当大致相等。在 Mechanical APDL 以及 Workbench 的 Mechanical 中均可实现子模型分析过程,前者步骤较为烦琐,推荐在 Workbench 环境下操作。

在 Workbench 中子模型分析的实现过程按如下步骤进行:

第一步:建立全模型分析系统。在 Workbench 的 Project Schematic 中创建一个 Static Structural 静力分析系统 A,将其命名为 Full。

第二步:全模型分析。导入整体的几何模型并划分网格,在局部无需进行网格加密。施加边界约束条件及载荷并求解全模型。

第三步:建立子模型分析系统。在 Workbench 的 Project Schematic 中创建一个 Static Structural 静力分析系统 B,将其命名为 Sub。

第四步:建立数据的传递。在全模型分析系统 A 和子模型分析系统 B 之间连接 A6 和 B5,实现切割边界位移的传递,如图 5-1 所示。

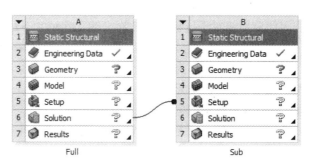

图 5-1　子模型分析流程

第五步:子模型分析。在 Sub 系统中导入由整体几何模型切割出来的子模型,划分较为精细的网格,施加约束条件和载荷。如果全模型中忽略了一些几何细节,则需要在子模型的 Geometry 中进行修改。子模型分析中,在 Submodeling 分支右键加入 Imported Cut Boundary Constraint,在 Details 中选择切割边界面,右键菜单选择 Import Load,完成切割边界位移的映射,如图 5-2 所示。设置完成后,求解子模型。

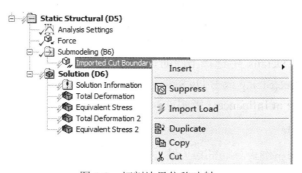

图 5-2　切割边界位移映射

第六步:后处理及验证切割边界的有效性。计算完成后,可以查看子模型的应力计算结果。通常还需要验证切割边界是否远离应力集中区域。一个直观的方式是,比较 Full 以及 Sub

分析模型在切割边界的应力值,如果两个模型在切割边界应力大体一致,则表明切割边界已经远离了应力集中的区域。

5.2.3 应用 Convergence 工具计算精确应力解

在 Mechanical 的 Solution 分支下选择关注的应力结果分支,在其右键菜单中选择 Insert→Convergence 工具,在应力分支下会出现一个 Convergence 分支。在 Convergence 分支的 Details 中设定收敛相对误差,在 Solution 分支的 Details 中设置最大循环加密次数。计算完成后,在 Worksheet 区域中,可以看到 Convergence History 收敛过程曲线。通常随着加密迭代的进行,会出现如图 5-3 左侧所示的收敛趋势曲线。

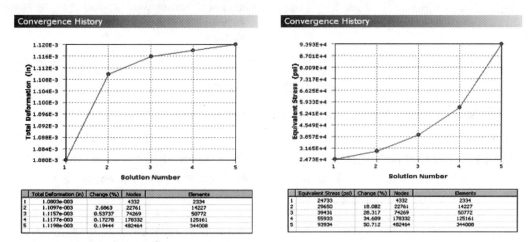

图 5-3 Convergence 工具的迭代过程

注意:在选择使用收敛性工具时不要包含应力奇异点,否则会出现如图 5-3 右侧所示的发散曲线,即随着单元的加密,应力计算结果会越来越大,无法达到收敛。

5.3 基于子模型及收敛性技术的应力计算实例

5.3.1 应用子模型计算实体结构的局部应力

如图 5-4 所示的矩形悬臂钢板,靠近自由端位置有一带有倒圆角的矩形小孔,悬臂梁自由端受到 3000N 轴向力的作用,分析其受力和变形情况。在开孔附近采用子模型分析局部应力,具体几何尺寸详见建模操作中的描述。

图 5-4 带孔的悬臂板

1. 全模型的分析

（1）搭建分析流程。在 Workbench 工具箱中，选择 Geometry 组件，将其拖曳到 Project Schematic 窗口内，在 Project Schematic 内会出现名为 A 的 Geometry 组件。在工具箱中选择 Static Structural，将其拖曳至 Geometry A2 单元格，形成静力分析系统 B，该系统的几何模型来源于几何组件 A，如图 5-5 所示。

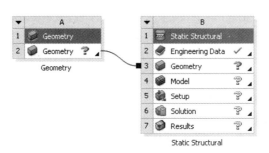

图 5-5　建立静力分析系统

（2）创建几何模型。用鼠标点选 Geometry（A2）组件单元格，在其右键菜单中选择 New DesignModeler Geometry…，启动几何组件 DM，在其 Units 菜单中选择建模单位为 Millimeter（mm）。

在 DM 的 Tree Outline 中选择 XYPlane 后单击 Tree Outline 下的 Sketching 标签，切换至草绘模式下。单击 Draw 绘图工具绘制如图 5-6（a）所示的草图，并用 Dimension 下的尺寸标注工具标注如图 5-6（b）所示的尺寸。

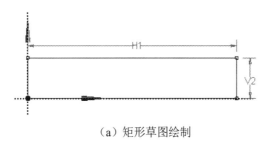

（a）矩形草图绘制　　　　　　　　　　（b）矩形尺寸

图 5-6　矩形草图及尺寸

单击工具栏上的 **Extrude** 按钮，添加拉伸 Extrude1。在 Extrude1 的 Details 中选择 Geometry 为刚才创建的 Sketch1，并单击 Apply；设置 Operation 为 Add Material；将 Extent Type 改为 Fixed；在"FD1,Depth(>0)"中输入拉伸厚度 500mm。单击工具栏上的 **Generate** 按钮形成三维模型，如图 5-7 所示。

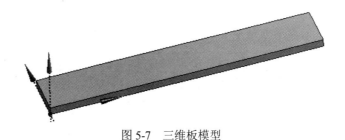

图 5-7　三维板模型

在 Tree Outline 中选择 ZXPlane 后单击 Tree Outline 下的 Sketching 标签，用 Draw 工具栏的绘图工具绘制如图 5-8（a）所示的草图，并用 Dimension 下的尺寸标注工具标注如图 5-8（b）所示的尺寸。

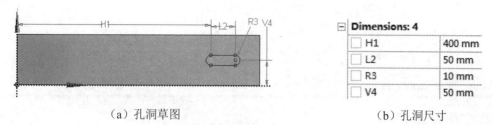

（a）孔洞草图	（b）孔洞尺寸

Dimensions: 4	
H1	400 mm
L2	50 mm
R3	10 mm
V4	50 mm

图 5-8　草图 2 及尺寸

再次单击工具栏上的 Extrude 按钮，添加拉伸 Extrude2。在 Extrude2 的 Details 中选择 Geometry 为刚才创建的草图 Sketch2 并单击 Apply；设置 Operation 为 Cut Material；将 Extent Type 改为 Fixed；在"FD1,Depth(>0)"中输入拉伸厚度 20mm。单击工具栏上的 Generate 按钮形成三维模型，如图 5-9 所示。建模完成，关闭 DM，返回 Workbench。

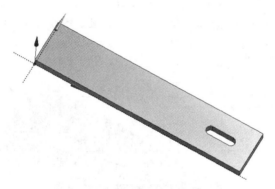

图 5-9　Cut Material 得到的模型

（3）Mechanical 前处理。双击 Model（B4）单元格，启动 Mechanical 组件。在 Details of "Solid"中确认 Solid 的材料为默认的 Structural Steel。选择 Mesh 分支，在其右键菜单中选择 Generate Mesh，采用默认方式划分网格，得到如图 5-10 所示的有限元模型。

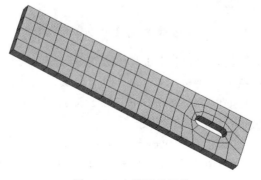

图 5-10　全模型的网格

（4）施加约束与载荷。选择 Static Structural（B5）分支，在右键菜单选择 Insert→Fixed Support，插入 Fixed Support 分支。在 Fixed Support 分支的 Details View 中，单击 Geometry 属性，选取如图 5-11 所示远离开孔的端面，然后在 Geometry 属性中单击 Apply 按钮完成固定约束的施加。

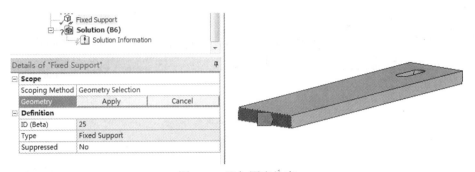

图 5-11　添加固定约束

再次选择 Static Structural（B5）分支，右键选择 Insert→Force，在模型树中加入一个 Force 分支。在 Force 分支的 Details View 中，单击 Geometry 属性，用鼠标选取悬臂梁靠近开孔的端面，单击 Apply，在 Magnitude 中输入 3000N，加载效果如图 5-12 所示。

图 5-12　定义 Force

（5）求解全模型。加载完成后，单击工具栏上的 Solve 按钮进行全模型的结构计算。

（6）查看全模型计算结果。选择 Solution（B6）分支，在其右键菜单中分别选择 Insert→Deformation→Total 以及 Insert→Stress→Equivalent Stress，在 Solution 分支下添加一个 Total Deformation 分支和一个 Equivalent Stress 分支。

在 Solution（B6）分支的右键菜单中选择 Evaluate All Results，评估要观察的结果。选择 Total Deformation 分支，观察全模型的变形分布如图 5-13 所示。全模型的最大变形值约为 4×10^{-3}mm，位于自由端。

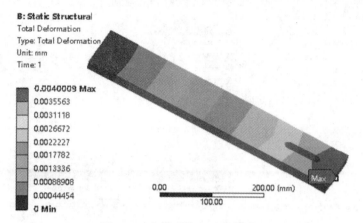

图 5-13　全模型的变形计算结果

选择 Equivalent Stress 分支，观察全模型的等效应力分布如图 5-14 所示，在当前的网格下计算的应力最大值位于开孔位置，最大等效应力值约为 2.97MPa，最大值位于开孔边缘位置。由于全模型的网格较粗，因此可能低估了局部的应力。

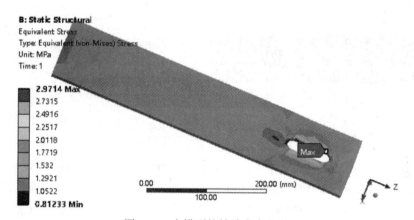

图 5-14　全模型的等效应力分布

2．子模型分析过程

为了计算开孔附近的更为精确的应力值，从全模型中切取包含开孔的右半部分进行子模型分析。

（1）搭建分析流程。选择 A2 单元格，单击鼠标右键，选择 Duplicate，将之前创建的模型复制一份，生成名为 C 的几何模型组件。在 Workbench 左侧工具箱的分析系统中选择 Static Structural，用鼠标左键将其拖曳至项目视图区域，形成新的静力学分析系统 D。选择 Geometry（C2）单元格并拖动鼠标将其拖放到 Geometry（D3）单元格中。选择 Solution（B6）单元格并将其拖放到 Setup（D5）单元格中，最后形成的分析流程如图 5-15 所示。

（2）子模型的几何建模。双击 Geometry（C2）单元格启动 DM 界面，在 Tree Outline 中选择 ZXPlane 后选择工具栏上的新建草图按钮，单击 Sketching 标签切换到草绘模式，单击 Draw 工具栏的 Rectangular 工具绘制如图 5-16（a）所示的草图，并用 Dimension 下的尺寸标注工具标注如图 5-16（b）所示的尺寸。

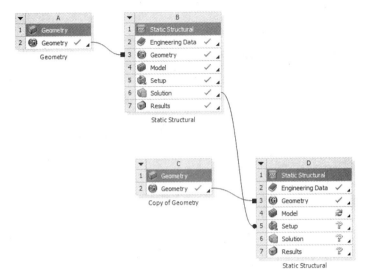

图 5-15　创建子模型分析系统

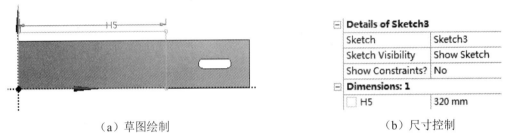

（a）草图绘制　　　　　　　　　　　　　　　（b）尺寸控制

图 5-16　建立切割模型用的草图

单击工具栏上的 Extrude按钮添加 Extrude3，在 Extrude3 的 Details 中选择 Geometry 为刚才创建的草图 Sketch3 并单击 Apply，更改 Operation 为 Cut Material，在切除深度中输入 20mm，单击工具栏上的 Generate按钮生成如图 5-17 所示的模型。至此子模型的几何已经创建完毕。关闭 DesignModeler，返回 Workbench 界面。

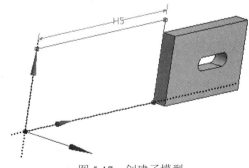

图 5-17　创建子模型

（3）前处理。双击 Model（D4）单元格，启动 Mechanical 组件，选择单位系统为 Metric（mm,kg,N,s,mV,mA）。

选择 Mesh 分支，在其右键菜单中选择 Insert→Sizing，添加 Sizing 分支并选择其 Details

中 Geometry 为子模型整体；在 Element Size 中输入网格尺寸为 2mm。选择 Mesh 分支，在其右键菜单中选择 Insert→Method，选择 Method 分支，将 Details 列表中 Geometry 选为子模型实体并单击 Apply，将 Method 选项由默认的 Automatic 改成 Hex Dominant，即采用以六面体为主导的方法划分网格。选择 Mesh 分支，在右键菜单中选择 Generate Mesh，生成如图 5-18 所示的子模型网格。

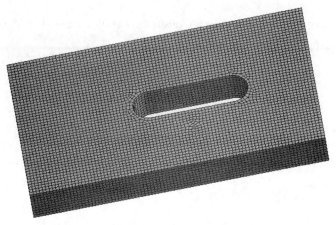

图 5-18　子模型网格

（4）加载以及求解。选择 Static Structural（D5）分支，在右键菜单中选择 Insert→Force，插入 Force 分支。在 Force 分支的 Details View 中，选择 Geometry 属性，选取自由端表面，单击 Apply 按钮，输入载荷幅值为 3000N，如图 5-19 所示。

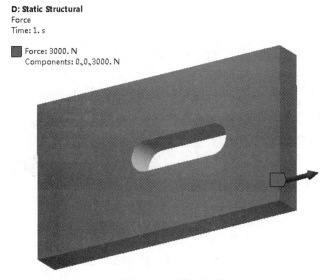

图 5-19　子模型加载

选择 Structural Static（D5）下的 Submodeling 分支，右键选择 Insert→Cut Boundary Constraint，在子模型中加入一个 Cut Boundary Constraint 分支，如图 5-20 所示。

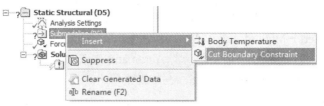

图 5-20　插入边界条件

选择刚加入的 Imported Cut Boundary Constraint，在其 Details 中设置 Geometry 为模型的切割边界，并单击 Apply，如图 5-21 所示。

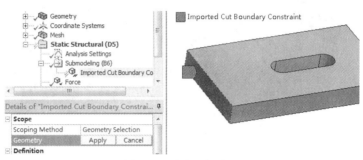

图 5-21　定义切割边界

在 Imported Cut Boundary Constraint 分支的右键菜单中选择 Import Load，导入切割边界条件，如图 5-22 所示。

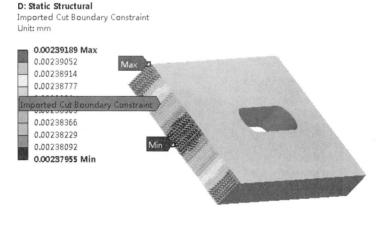

图 5-22　导入切割边界位移

加载完成后，按下工具栏上的 Solve 按钮完成子模型的计算。

（5）后处理与结果验证。选择 Solution（D6）分支，在其右键菜单中分别选择 Insert→Deformation→Total 以及 Insert→Stress→Equivalent Stress，在 Solution 分支下添加一个 Total Deformation 分支和一个 Equivalent Stress 分支。

在 Solution（D6）分支的右键菜单上选择 Evaluate All Results，提取要查看的结果项目。选择变形结果分支 Total Deformation。结构的总体变形如图 5-23 所示，其中最大变形约为 3.9997×10^{-3} mm，位于自由端，与全模型的变形计算结果相一致。

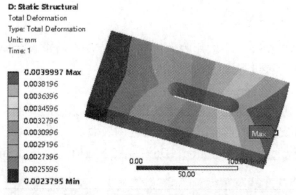

图 5-23　子模型变形分布云图

选择等效应力结果分支 Equivalent Stress，查看子结构的应力分布如图 5-24 所示，其中最大应力约为 3.75MPa，位于开孔处过渡圆角位置，数值大于全模型在此处的最大应力，表示子模型分析更有效地捕捉到了此处的应力集中现象。

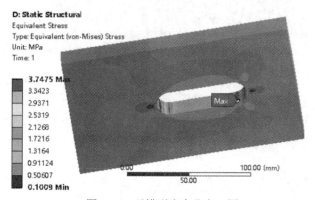

图 5-24　子模型应力分布云图

在两个分析中分别选择应力结果分支 Equivalent Stress2，然后用 Result 工具栏上的 Probe 工具在模型切割边界位置附近点几个探测点，如图 5-25（a）及 5-25（b）所示，两者应力结果十分相似，从而验证了子模型切割边界的有效性。

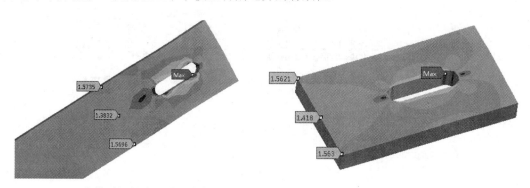

（a）全模型切割边界附近应力　　　　　　　（b）子模型切割边界应力

图 5-25　位移切割边界的验证

5.3.2 应用收敛工具计算实体结构局部应力

本节采用在上一节的全模型中应用收敛性控制的方法重新求解全模型,并与子模型的结果进行比较,按如下的步骤进行操作。

1. 添加计算结果的 Convergence 分支

为了避免模型中的应力奇异部位对计算的影响,选择关心的局部表面进行收敛性分析。选择 Solution(B6)分支,在图形窗口中选择开孔的表面,如图 5-26 所示,在右键菜单中选择 Insert→Stress→Equivalent,在 Solution(B6)分支下添加一个 Equivalent Stress 2 对象。

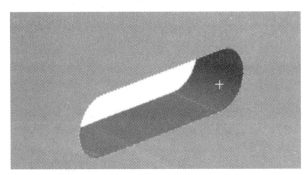

图 5-26 选择添加收敛工具的开孔表面

选择等效应力结果分支 Equivalent Stress 2,右键菜单中选择 Evaluate All Results,结果显示开孔面附近最大应力为 2.97MPa,与前面一节子模型计算结果 3.75MPa 差别较为显著,需要继续加密网格进行迭代计算。为此,单击鼠标右键选择 Insert→Convergence,添加一个等效应力结果收敛控制分支 Convergence,如图 5-27 所示。

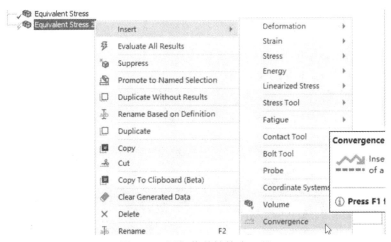

图 5-27 添加收敛性检查工具

2. 进行 Convergence 设置并计算

选择刚建立的 Convergence 分支,在其 Details 中设置收敛容差为 0.5%,如图 5-28 所示。在 Convergence 分支前面有一红色感叹号,如图 5-29 所示,表示此时所选择面上的等效应力结果还未达到收敛。

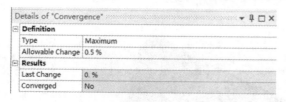

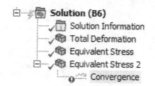

图 5-28　设置收敛容差 　　　　　　　　图 5-29　Convergence 对象处于不收敛状态

选择 Solution（B6）分支，在其 Details 列表中将 Max Refinement Loops 设置成 6（一般设置成 2～4 即可），此处由于收敛容差设置成 0.5%，因此增加了加密循环的次数，如图 5-30 所示。

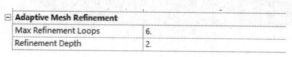

图 5-30　自适应加密网格选项

选择 Solution（B6）分支，在其右键菜单中选择 Solve，开始收敛性计算。

3．查看收敛后的计算结果

计算完成后，查看之前加入的各项分析结果。查看 Convergence 分支的信息。选择 Equivalent Stress 分支下的 Convergence 分支，发现此分支前面的状态图标变成绿色的√，即已经达到收敛，其 Details 中最后一次迭代的相对变化量大约为 0.15%，小于收敛容差 0.5%，Converged 属性显示为 Yes，如图 5-31 所示。

图 5-31　计算收敛后的 Convergence 分支及其属性

在 Worksheet 区域中，可以看到 Convergence History 收敛过程曲线，最大等效应力经过 5 次迭代后收敛，迭代过程的应力变化情况如图 5-32 所示。选择等效应力计算结果分支 Equivalent Stress。结构的总体应力分布如图 5-33 所示，其中最大应力约为 3.75MPa，位于开孔处过渡圆角位置，与子结构计算结果一致，两者仅相差约 0.2%。

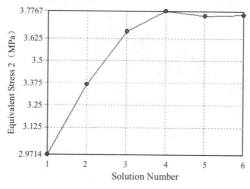

图 5-32　模型应力收敛性计算历程

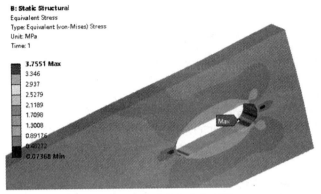

图 5-33　模型应力分布云图

选择开孔表面的应力结果分支 Equivalent Stress 2，显示如图 5-34 所示。由表面的结果可再次确认，模型中的最大应力出现的位置位于此表面。

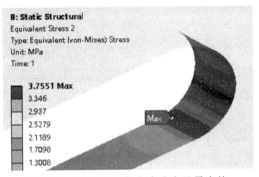

图 5-34　开孔表面的应力分布及最大值

5.3.3　应用子模型计算拱壳开孔附近的应力

本节给出一个基于子模型技术的开孔拱壳应力分析算例。

1. 问题描述

一个顶部开圆孔的拱壳，如图 5-35 所示，相关几何参数为：拱板的宽度 2000mm，拱中面半径 2000mm，对应圆心角 120°，拱板厚度为 25mm，拱顶中心处有一个直径为 300mm 的孔（按水平投影计），拱面受到竖直向下的压力 0.2MPa，两个拱脚边铰接（约束三向平动位移）。

图 5-35　拱壳的基本结构

2. 建立几何模型

本次分析将利用 ANSYS SCDM 建立拱壳的全模型以及局部的子模型，以下为具体的操作过程。首先按照如下步骤建立全模型的几何模型。

（1）启动 ANSYS SCDM。

（2）在草图标签中，单击绘制圆工具 ⊙，在图形窗口中绘制一个直径为 4000mm 的圆，如图 5-36 所示。

（3）单击绘制直线图标 ✎，绘制两条相对角度为 120°的半径线段，如图 5-37 所示。

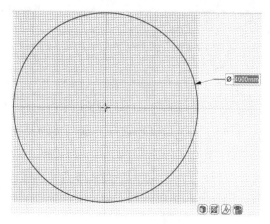

图 5-36　绘制圆

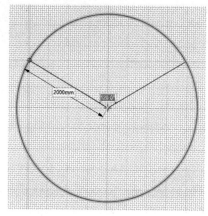

图 5-37　绘制 120°半径线段

（4）利用剪掉工具 ✂删除大圆弧。

（5）单击编辑标签下的拉动工具，草图将变成一个扇形表面，选择扇形圆弧，利用 Tab 键切换至与扇形垂直的方向，将其拉伸 2000mm（利用空格键弹出距离输入窗口，该法后续不再提及），如图 5-38 所示。

（6）选中扇形面，按 Delete 键将其删除。

（7）选中拱的两个底边，然后选择草图标签中的参考线工具 ⋰，绘制一条起止点为两条拱底边中点的参考线。

（8）选择绘制圆工具 ⊙，以参考线的中点为圆心绘制一个直径为 300mm 的小圆，如图 5-39 所示。

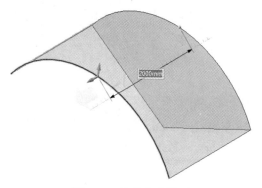

图 5-38　拉伸生成拱面

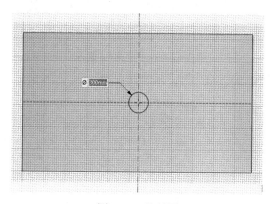

图 5-39　绘制圆

（9）单击投影工具 投影，创建小圆边线在拱面上的投影，如图 5-40 所示。

（10）选中小圆面及上一步创建投影生成的面，按 Delete 键将其删除，即可得到最终的拱的全模型，如图 5-41 所示。

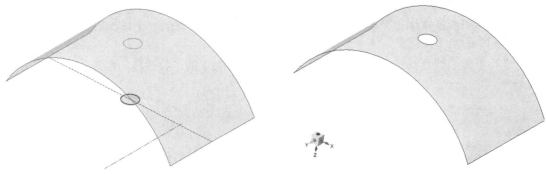

图 5-40　创建小圆在拱面上的投影　　　　图 5-41　拱的全模型

（11）在 Project 树中选中代表拱面的表面，在左下方的属性面板中，输入其厚度值为 25mm。

（12）参照第（8）步，以参考线的中点为圆心绘制一个直径为 1200mm 的辅助圆面。

（13）参照第（9）步，创建大圆边线在拱面上的投影，如图 5-42 所示。

（14）选中上一步创建投影生成的辅助圆面，按 Delete 键将其删除。

（15）单击菜单文件→保存，输入 full_model 作为文件名，保存全模型的几何模型。

（16）选择拱圈上投影面以外的部分，按 Delete 键将其删除，即可得到子模型的几何模型，如图 5-43 所示。

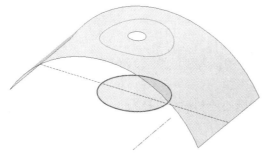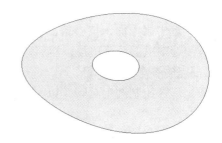

图 5-42　创建大圆在拱面上的投影　　　　图 5-43　拱的子模型

（17）选择文件→另存为菜单，输入 sub_model 作为文件名，保存子模型。至此已经完成两个模型的几何建模操作。

3. 创建分析流程及项目文件

在 Workbench 的 Project Schematic 中按如下步骤建立分析流程。

（1）在 Workbench 窗口左侧的 Toolbox 中，两次左键双击 Static Structure，在项目图解窗口中生成两个新的静态结构分析系统，然后将第一个名称改为 Full Model，将第二个改为 Sub Model。

（2）鼠标拖动 Full Model 分析系统的 Solution 单元格至 Sub Model 分析系统的 Setup 单元格，如图 5-44 所示。

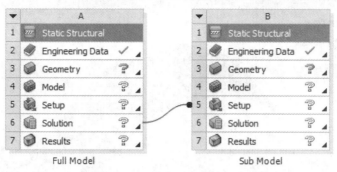

图 5-44　拱壳结构子模型分析系统

（3）选择菜单 File→Save，选择适当的保存路径，输入 Submodel Analysis 作为项目名称，保存分析项目文件。

4. 全模型分析

首先分析全模型，按照如下步骤操作。

（1）选择 Full Model 系统的 Geometry 单元格，右键菜单中选择 Import Geometry，导入前面创建的 full_model.scdoc 文件。

（2）双击 Model 单元格，进入 Mechanical Application 界面。

（3）在项目树的 Geometry 分支下选择拱壳面体，检查并保证其厚度已被正确导入。

（4）在 Project 树中选中 Static Structural（A5），在图形显示窗口中，左键选中拱的两个底边，右键选择 Insert→Simply Supported。

（5）左键选中拱面，注意要选中被中间投影圆圈分割的两部分表面，然后在右键菜单中选择 Insert→Pressure，在明细栏中将 Define By 改为 Components，输入 Z Component 值为0.2MPa，施加完边界条件后，图形显示窗口中如图 5-45 所示。

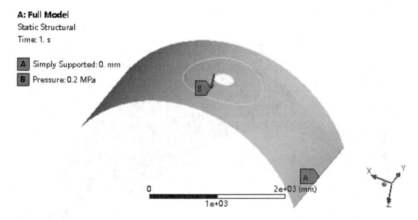

图 5-45　载荷及边界条件施加

（6）为了与后续子模型在切割边上共享节点，避免位移插值引起的误差，选中 Mesh 分支，在上下文工具栏中选择 Mesh Control→Sizing，在 Sizing 明细栏中的 Geometry 中选择拱面中间的投影线，输入 Number of Divisions 为 20，Sizing 自动更名为 Edge Sizing，如图 5-46 所示。右键单击 Mesh，选择 Generate Mesh，生成网格，如图 5-47 所示。

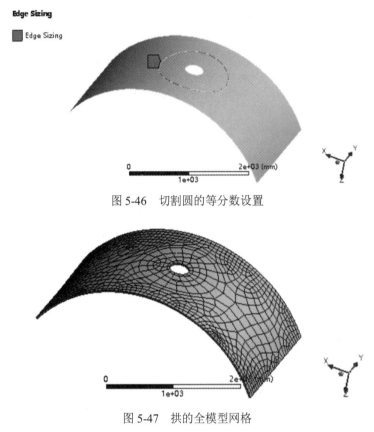

图 5-46　切割圆的等分数设置

图 5-47　拱的全模型网格

（7）在 Project 树中，右键单击 Solution（A6）选择 Solve，执行求解。

（8）查看位移结果。右键选中 Solution（A6），在弹出的菜单中选择 Insert→Deformation→Total；右键选中 Solution（A6），然后选择 Evaluate All Results，图形窗口中绘制出位移云图如图 5-48 所示。

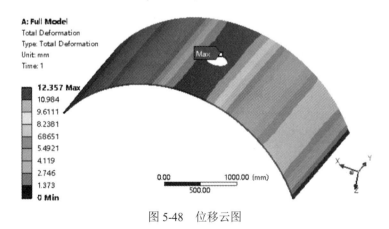

图 5-48　位移云图

（9）查看等效应力分布。在 Solution（A6）分支的右键菜单中选择 Insert→Stress→Equivalent（Von-Mises）；在 Solution（A6）分支的右键菜单中选择 Evaluate All Results，绘制等效应力分布如图 5-49 所示。

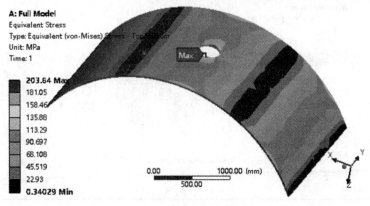

图 5-49　等效应力分布

5. 子模型分析

按如下的步骤进行子模型法分析。

（1）选择 Sub Model 系统的 Geometry 单元格，通过右键菜单的 Import Geometry 导入几何模型 Submodel.scdoc。

（2）双击 Model 单元格，进入 Mechanical Application 界面。

（3）在 Project 树中选中子模型的表面体，检查并保证其厚度值已被正确导入。

（4）在 Project 树中，选中 Mesh，然后在上下文工具栏中选择 Insert→Sizing，在 Sizing 分支 Details 的 Geometry 中选择切割边界线，输入 Number of Divisions 为 20。同样的操作，指定中心孔周边线的 Number of Divisions 为 30，在 Mesh 分支的右键菜单中选择 Generate Mesh，生成网格，如图 5-50 所示。

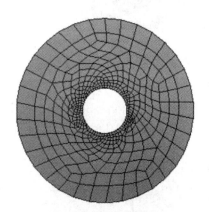

图 5-50　子模型的网格

（5）在 Project 树中选中 Static Structural（B5），在图形显示窗口中，选择带孔的拱面，右键选择 Insert→Pressure，在明细栏中将 Define By 改为 Components，输入 Z Component 值为 0.2MPa。

（6）在 Project 树中选中 Static Structural（B5）→Submodeling（A6）→Imported Cut Boundary Constraint，在明细栏中的 Geometry 选择拱的外曲边，然后右键选择 Import Load，导入插值边界条件，如图 5-51 所示。

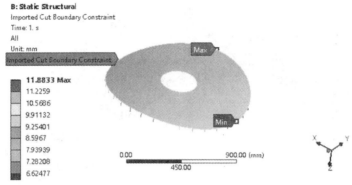

图 5-51　切割边界条件

（7）选择 Solution（B6）分支，在其右键菜单中单击 Solve，执行求解。

（8）查看位移分布。选择 Solution（B6）分支，在其右键菜单中选择 Insert→Deformation →Total；再次选择 Solution（B6）分支，在其右键菜单中选择 Evaluate All Results，图形窗口中显示子模型部分的位移分布如图 5-52 所示，与全模型的变形结果相一致。

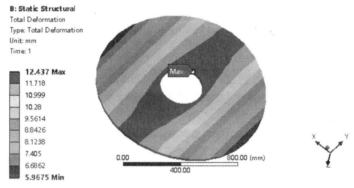

图 5-52　子结构的位移云图

（9）查看等效应力分布。选择 Solution（B6）分支，在其右键菜单中选择 Insert→Stress →Equivalent（Von-Mises）；再次选择 Solution（B6）分支，在其右键菜单中选择 Evaluate All Results，图形窗口中绘制出等效应力分布如图 5-53 所示。

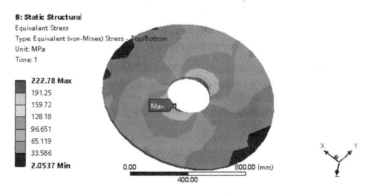

图 5-53　等效应力分布

（10）子模型结果验证。利用后处理中的 Probe 工具，对全模型/子模型分析中切割边界附近的应力结果进行比较，所拾取点的坐标基本一致，均位于切割边界处，这些位置的等效应力如图 5-54 及图 5-55 所示。由图中的数值可以看出，切割边界位置附近的应力相差不大，表明切割边界距离所关心的应力集中区域较远，切割边界位置的选取是合适的。

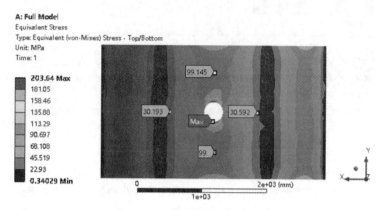

图 5-54　全模型切割边界处的应力值

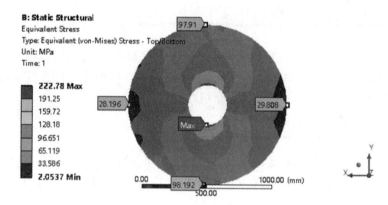

图 5-55　子模型边界处的应力值

第6章

非线性分析专题

本章为结构非线性分析专题，内容涉及非线性材料参数的定义方法与注意事项、非线性分析前处理要点、几何缺陷的引入、高级接触选项设置、非线性分析的求解设置、非线性分析的求解监控与收敛问题诊断等内容，还提供了接触分析及非线性屈曲分析的算例。

6.1 非线性分析材料参数及前处理注意事项

本节介绍非线性分析的材料参数定义及前处理注意事项，重点讨论非线性材料参数定义方法与注意事项、非线性分析模型的单元与网格控制选项、模型几何缺陷的引入。与高级接触设置选项相关的内容，在后面一节中另行介绍。

6.1.1 非线性材料参数的定义方法与注意事项

非线性分析中需要用户正确定义有关的材料模型和参数，这些操作在 Engineering Data 组件中进行。ANSYS 非线性材料模型众多，本节仅介绍工程结构计算中最常见的金属塑性模型相关的问题。

最简单但也最常用的金属塑性模型是双线性随动硬化模型，该模型在 Engineering Data 中通过屈服点和屈服后的切线模量来定义，如图 6-1（a）所示，应力-应变关系如图 6-1（b）所示。

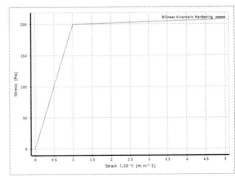

（a）材料参数   （b）材料曲线

图 6-1 双线性随动强化模型

　　双线性随动硬化模型能同时考虑硬化行为和包兴格效应，因此尽管形式简单却最为常用。此模型还可以定义多个不同温度下的屈服点和切线模量，如图 6-2（a）所示，多个温度下的应力-应变曲线可以绘制在一张图中，如图 6-2（b）所示。

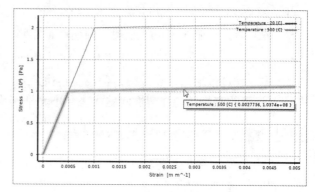

（a）材料数据　　　　　　　　　　　　　　　　　（b）材料曲线

图 6-2　与温度相关的塑性硬化曲线

　　多线性硬化模型用多段折线来描述硬化段，比双线性模型更为精确。在 Engineering Data 中，多线性硬化模型需要通过表格形式（Tabular）来定义若干个应力-塑性应变数据点，数据表和应力-塑性应变曲线显示如图 6-3 所示。与双线性硬化模型一样，多线性硬化模型中也可以定义在不同的温度下的材料数据。

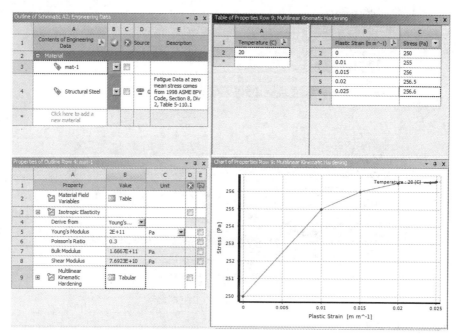

图 6-3　多线性随动硬化模型

　　在分析大应变等几何非线性问题时，上述定义的应力、应变数据应当基于真实应力和真实应变（对数应变），而不是工程应力和工程应变。如果假设材料是不可压缩的且试件横截面的应力是均匀分布的，工程应力、应变和真实应力、应变之间可按如下的计算方法转换。

（1）在两倍的屈服应变以内时，可以近似取工程应力和工程应变作为真实应力和真实应变，即：

$$\sigma = \sigma_{eng} \quad \varepsilon = \varepsilon_{eng}$$

式中，σ 和 ε 为真实应力和真实应变；σ_{eng} 和 ε_{eng} 为工程应力和工程应变。

（2）两倍屈服应变以外至截面颈缩前，按照下式进行转换：

$$\sigma = \sigma_{eng}(1 + \varepsilon_{eng}) \quad \varepsilon = \ln(1 + \varepsilon_{eng})$$

（3）超过颈缩后，在颈缩部位没有转换公式，要考虑实际截面的变化计算真实应力和应变。对一般的工程结构弹塑性问题而言，不允许其构件截面的应变发展到这种程度。

6.1.2 非线性分析的单元与网格控制选项

结构非线性分析在模型前处理方面，具体流程与线性分析区别不大，但需要注意如下的单元和网格选项。

1. 单元控制选项

对于高阶 SOLID 单元，Geometry 分支的 Element Control 设为 Manual 时，如图 6-4（a）所示，可以对每一个体进行 Brick Integration Scheme（积分阶次）设置，如图 6-4（b）所示。如果在厚度方向仅有一层单元，选择全积分（Full 选项）可以提高精度。对于弯曲变形为主的部件而言，在部件的厚度方向不应采用单层单元。

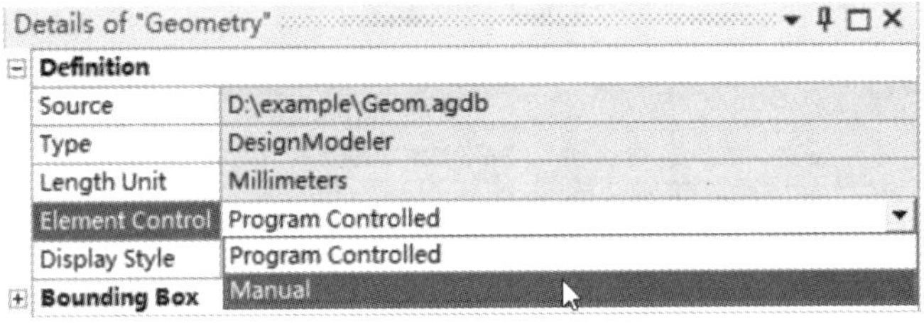

（a）人工控制单元选项

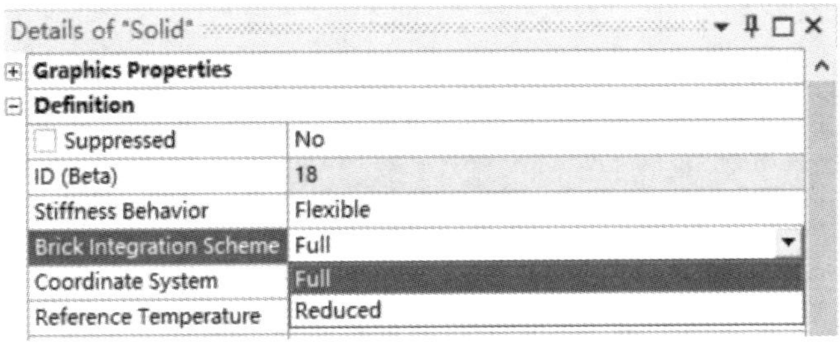

（b）单元积分算法选择

图 6-4 实体单元的积分阶次选项

2. 网格形状检查选项

对于大变形问题，网格的初始形状可能在计算过程中发生显著的改变，这对网格的质量提出了更严格的要求。在 Mesh 分支下，对于非线性问题，可以选择 Physics Preference 选项为 Nonlinear Mechanical，如图 6-5（a）所示；或者选择 Physics Preference 选项为 Mechanical，在 Check Mesh Quality 中选择 Aggressive Mechanical，如图 6-5（b）所示。

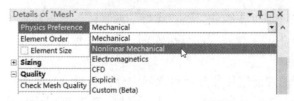

（a）Nonlinear Mechanical 设置

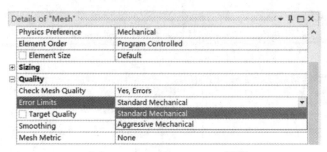

（b）Aggressive Mechanical 设置

图 6-5 单元形状检查选项

3. 单元的阶次

在 Mesh 分支下的 Element Order 选项用于选择非线性分析中单元的阶次，如图 6-6 所示。Linear 表示线性单元，Quadratic 表示二次单元，如图 6-7 所示。一般情况下，Mechanical 会采用二次单元划分非线性分析的模型。在大变形、几乎不可压缩或完全不可压缩材料的弯曲主导等问题中，可以考虑选择线性单元并允许程序自动采用增强应变算法。

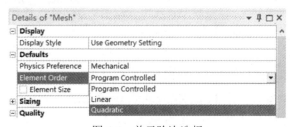

图 6-6 单元阶次选择

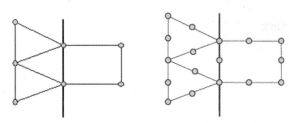

图 6-7 低阶单元与高阶单元

6.1.3 模型几何缺陷的引入

在一些特定的非线性分析场合（如非线性屈曲分析），需要为模型引入一个几何缺陷。这一过程分为两个阶段：第一个阶段是进行特征值分析，得到变形模式；第二个阶段是引入小扰动作为结构的几何缺陷，进行非线性分析。小扰动的具体形式可以是缩放的变形模式。

本节以 Workbench 中的非线性屈曲分析为例，介绍几何缺陷的引入方法。

1. 特征值屈曲分析

Workbench 环境下的特征值屈曲分析包含静力分析和特征值屈曲两个阶段。

首先是搭建特征值屈曲分析的流程，具体方法是：首先向 Project Schematic 区域添加一个 Toolbox→Analysis Systems 下面的 Static Structural 系统，然后在 Toolbox→Analysis Systems 下选择 Eigenvalue Buckling 系统，用鼠标左键将其拖放至刚才添加的静力分析系统 Static Structural 的 A6 Solution 单元格，得到如图 6-8 右侧所示的分析流程。

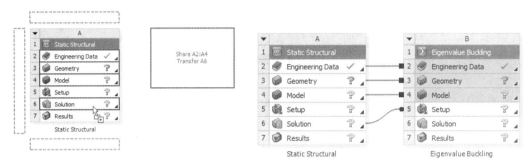

图 6-8　特征值屈曲分析流程的搭建

在特征值屈曲分析系统中，单元格 A2 和单元格 B2、单元格 A3 和单元格 B3、单元格 A4 和单元格 B4 之间通过连线联系在一起，连线的右端为实心的方块，表示结构静力分析系统 A 和结构特征值屈曲分析系统 B 之间共享 Engineering Data（工程材料数据）、Geometry（几何模型）以及 Model（有限元模型）。单元格 A6 和单元格 B5 之间通过连线相联系，而连线的右端为一个实心的圆点，这表示数据的传递，即单元格 A6 计算出的应力刚度结果传递到单元格 B5 作为设置条件。

由上述流程可知，特征值屈曲分析的求解过程包括两个阶段，即：静力分析阶段和屈曲分析阶段。双击上述 Workbench 分析流程的 A4 或 B4 单元格，均可以启动 Mechanical 组件的操作界面。

在 Mechanical 界面的项目树（Project Tree）中，可以看到 Model 分支右侧显示（A4,B4），表示共享模型，表现为 Mesh 分支以上的各分支为共享。分析阶段有两个，即：Static Structural（A5）以及 Eigenvalue Buckling（B5），如图 6-9 所示。

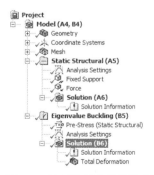

图 6-9　特征值屈曲分析的项目树

（1）静力分析阶段。前处理阶段的工作完成后，在项目树中选择 Static Structural（A5）分支，在其右键菜单中选择插入约束及载荷。施加的约束要反映结构的实际受力状态，施加的载荷是引起结构屈曲的载荷。在 Analysis Settings 分支的 Details 中进行静力分析的求解设置，包括载荷步设置、大变形分析开关、非线性选项设置、求解器设置、重启动控制、输出选项设置、分析数据管理等，关于这些选项的详细介绍，可参考本章 6.3 节的内容。加载完成后，选择 Static Structural 分支，按工具栏上的 Solve 按钮求解静力分析。

（2）特征值屈曲分析阶段。首先对 Pre-Stress 分支进行确认。对于上述预应力模态分析系统而言，Pre-Stress 分支右边显示有（Static Structural），表示是基于静力分析的应力刚度结果。在 Analysis Settings 分支的 Details 中进行分析设置，主要是设置提取特征值阶数和求解方法，如图 6-10 所示。可选择 Direct 方法和 Subspace 方法，Direct 方法是缺省方法。

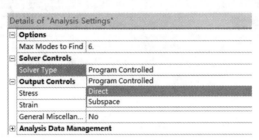

图 6-10　特征值屈曲分析求解设置

特征值屈曲分析阶段将保持静力分析阶段使用的结构约束，不允许在特征值屈曲分析部分增加新的约束及载荷。分析设置完成后，选择 Project 树中的 Linear Buckling 分支，按下工具栏上的 Solve 按钮进行特征值屈曲分析。

（3）后处理。计算完成后，可以查看特征值以及屈曲变形模式，屈曲变形模式可以作为后续非线性屈曲分析中的几何缺陷引入到结构中。

1）查看特征值计算结果。在 Project Tree 中选择 Linear Buckling 分支下的 Solution Information，在 Worksheet 中显示 Solver Output 求解过程的输出信息，其中可以查看特征值的计算结果。此外，选择 Linear Buckling 分支下的 Solution 分支，在 Graph 以及 Tabular Data 列表中，也可以查看特征值计算结果列表。关于特征值的物理意义，可参考本书第 1 章的相关内容。

2）查看特征值屈曲形状。在 Tabular Data 列表中用鼠标左键单击 Load Multiplier，然后单击鼠标右键，在弹出的右键菜单中选择 Create Mode Shape Results，在 Linear Buckling 的 Solution 分支下出现与特征值相关的屈曲变形模式 Total Deformation 结果分支。在 Outline 中选择 Linear Buckling 下面的 Solution 分支，在其右键菜单中选择 Evaluate All Results，Mechanical 会计算这些变形结果。评估完成后，选择 Solution 分支下的 Total Deformation 结果分支，观察变形结果。

2．引入几何缺陷的非线性屈曲分析

在非线性屈曲中，需要为结构引入一个几何缺陷，这一几何缺陷通常是来源于一个特征值屈曲分析，下面介绍这一操作过程。在完成特征值分析之后，新建一个运行后续非线性屈曲分析的静力分析系统 C，如图 6-11 所示。

共享材料 Data 数据 Engineering Data（B2）到 Engineering Data（C2），传递变形结果数据 Solution（B6）到 Model（C4），注意到此时 Model（C4）自动变为 Model（C3），如图 6-12 所示。

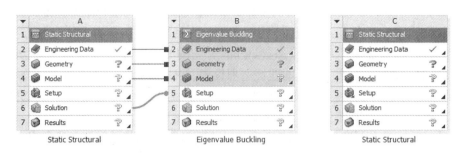

图 6-11　非线性屈曲流程之一

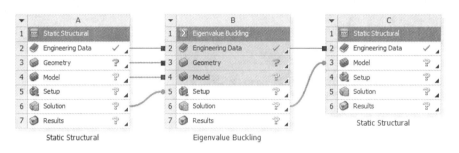

图 6-12　非线性屈曲流程之二

选择单元格 Solution（B6），通过 Workbench 菜单 View→Properties，在 Properties of Schematic B6：Solution 中设置 Scale Factor 和引入缺陷的模态号 Mode，如图 6-13 所示。

	Property	Value
1	Property	Value
2	General	
6	Notes	
8	Used Licenses	
10	System Information	
14	Solution Process	
15	Update Option	Use application default
16	Solve Process Setting	My Computer
17	Queue	
18	Update Settings for Static Structural (Component ID: Model 2)	
19	Process Nodal Components	☑
20	Nodal Component Key	
21	Process Element Components	☑
22	Element Component Key	
23	Scale Factor	1
24	Mode	1

图 6-13　引入几何缺陷

6.2　高级接触选项设置

接触是一类常见的非线性问题，Mechanical 组件界面中的接触选项设置是基于每一个 Contact Region 来定义的，如图 6-14 所示。

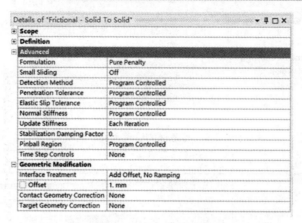

图 6-14   高级接触选项

在接触的以上各种选项设置中，Scope 和 Definition 部分的相关选项设置已经在前面建模部分中介绍过了，本节仅介绍与非线性分析相关的 Advanced 部分以及 Geometric Modification 部分的高级接触设置选项。

1. Formulation 选项

Formulation 选项即接触的算法选项，可供选择的选项如图 6-15 中的下拉菜单所示。如果选择了 Program Controlled，对于刚体间接触采用 Pure Penalty，对其他接触采用 Augmented Lagrange。MPC 算法仅用于 Bonded 和 No Separation 接触类型。Beam 算法通过使用无质量的线性梁单元将接触的体缝合在一起，仅用于 Bonded 类型的接触。其他接触算法在第 1 章中已经介绍。

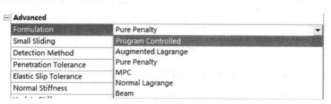

图 6-15   接触算法选项

2. Small Sliding 选项

此选项用于激活小滑移假设，如图 6-16 所示。如已知存在小的滑移，此选项能够使分析更为有效和稳健。设为 On 选项为打开小滑移，设为 Off 选项为关闭小滑移。如果选择 Program Controlled，在大变形未打开或绑定接触时，程序大多数情况会自动设置此选项为 On。

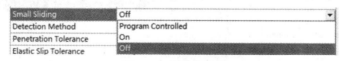

图 6-16   小滑移选项

3. Detection Method 选项

Detection Method 选项用于设置接触探测的位置，以便获得较好的收敛性。此选项适用于 3D 的面－面接触以及 2D 的边－边接触，可用的选项有高斯点探测、节点探测等，如图 6-17 所示，各选项的说明列于表 6-1 中。

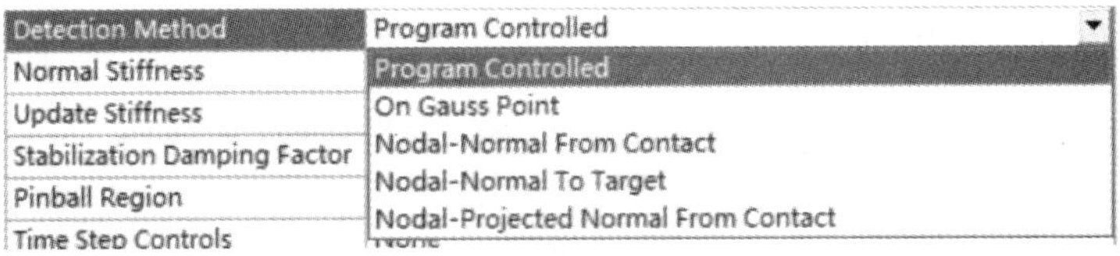

图 6-17　接触探测位置选项

表 6-1　接触探测位置选项的说明

探测位置选项	说明
Program Controlled	此选项为缺省选项。对于 Pure Penalty 和 Augmented Lagrange 算法，采用 On Gauss Point 选项；对于 MPC 和 Normal Lagrange 算法，则采用 Nodal-Normal To Target 选项
On Gauss Point	积分点探测，此选项不适用于 MPC 或 Normal Lagrange 算法
Nodal-Normal From Contact	探测位置在节点，接触的法向垂直于接触面
Nodal-Normal To Target	探测位置在节点，接触的法向垂直于目标面
Nodal-Projected Normal From Contact	探测位置在接触节点，接触面和目标面的重叠区域（基于投影的方法）

4.　Penetration Tolerance 选项

Penetration Tolerance 选项用于设置接触的法向穿透容差，可通过 Value 和 Factor 两种方式指定，如图 6-18 所示。

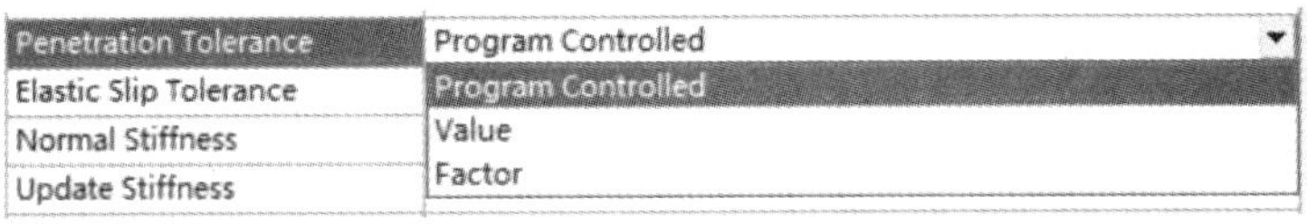

图 6-18　穿透容差选项

如果选择 Program Controlled 选项，则穿透容差由程序自动计算。选择 Value 选项时需要输入 Penetration Tolerance Value（长度量纲）；选择 Factor 选项时需要输入 Penetration Tolerance Factor，此因子的数值应介于 0 和 1 之间。

5.　Elastic Slip Tolerance 选项

Elastic Slip Tolerance 选项即接触的切向滑移容差选项，与法向容差相似，可通过 Value 和 Factor 两种方式指定，如图 6-19 所示。

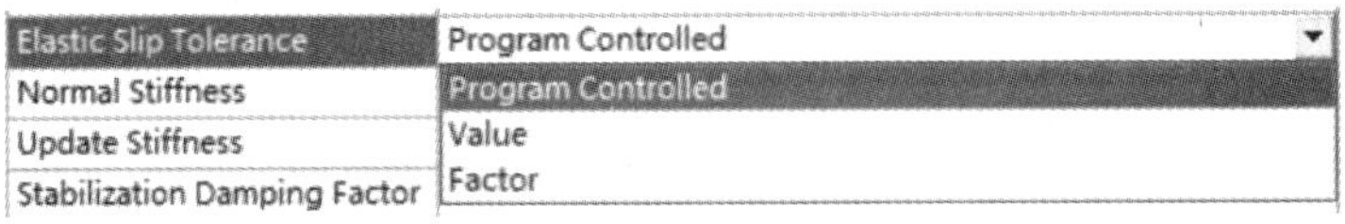

图 6-19　弹性滑移容差选项

如果选择 Program Controlled 选项，则穿透容差由程序自动计算。选择 Value 选项时需要输入 Elastic Slip Tolerance Value（长度量纲）；选择 Factor 选项时需要输入 Elastic Slip Tolerance Factor，此因子的数值应介于 0 和 1 之间。注意此选项不用于 Frictionless 和 No Separation 接触类型。

6. Normal Stiffness 选项

Normal Stiffness 即在第 1 章理论部分介绍过的接触罚刚度 k_{normal}，只用于 Pure Penalty 和 Augmented Lagrange 算法。可选择 Factor（因子）或 Absolute Value（绝对值）两种方式定义，如图 6-20 所示。

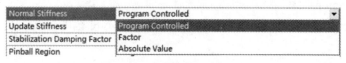

图 6-20　法向接触刚度设置

如果选择 Program Controlled，对于仅包含 Bonded 或 No Separation 接触类型，将被设为 1.0；如果包含其他接触类型，程序将采用 Mechanical APDL 缺省实常数值 KCN。

如果选择 Factor，需要输入 Normal Stiffness Factor，这是一个相对的因子，是计算法向接触刚度的乘子。一般体积变形问题建议使用 1.0，对弯曲变形为主的情况，如果收敛困难，可以设置为 0.01～0.1 之间的值。Normal Stiffness Factor 因子的数值越小，法向刚度越小，越容易收敛，但是会造成更大的法向穿透量。

如果选择 Absolute Value，则需要输入 Normal Stiffness Value 值，注意此刚度值必须为正值。对于面—面接触，在 kg-m-s 单位制中其单位是 N/m^3，对于面—边或边—边接触，其单位是 N/m。

7. Update Stiffness 选项

Update Stiffness 选项即接触刚度更新选项。可采用的 Update Stiffness 选项包括 Program Controlled、Never、Each Iteration 及 Each Iteration Aggressive，如图 6-21 所示。此选项仅用于 Augmented Lagrange 及 Pure Penalty 接触算法。

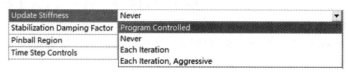

图 6-21　接触刚度更新选项设置

各选项的意义如下：

（1）Program Controlled。如果选择 Program Controlled 选项，则对于刚性体之间的接触设置为 Never 选项，对其他情况设置为 Each Iteration 选项。

（2）Never。如果选择 Never 选项，将关闭程序自动更新刚度功能，此选项为缺省选项。

（3）Each Iteration。如果选择 Each Iteration 选项，将在每一次平衡迭代结束时更新接触刚度。如果对指定的法向刚度系数不确定是否合适时建议采用此选项。接触刚度在求解中可自动调整，如果收敛困难，可减小刚度。

（4）Each Iteration Aggressive。如果选择 Each Iteration Aggressive 选项，将在每一次平衡迭代结束时更新接触刚度，与 Each Iteration 选项相比，此选项的调整数值范围可以更大些。

8. Stabilization Damping Factor 选项

Stabilization Damping Factor 即稳定性阻尼因子选项。对于刚开始分析的时候，接触对有可能处于 near open 状态而造成刚体位移。稳定阻尼因子提供了一定的阻力来阻止接触表面之间的相对运动，防止刚体运动。此选项仅用于 frictionless、rough 和 frictional 类型的接触，阻力作用于接触状态为 open 的载荷步，作用方向为接触表面的法向。稳定阻尼系数的值应该足够大，以防止刚体运动，但相对于接触力而言，阻力又需要足够小，以确保对求解的影响可以忽略，通常选择 1.0 是合适的。

9. Pinball Region 设置

Pinball Region 选项用于定义一个与接触计算有关的尺寸范围，Pinball Region 设置选项如图 6-22 所示。

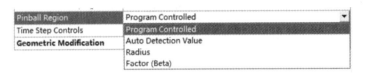

图 6-22   Pinball Region 设置

设置 Pinball Region 的作用有两个方面。一方面，对于非线性类型接触，Pinball Region 用于区分所谓的近场和远场。初始时刻相距较远的接触表面，如果目标面位于 Pinball 以外，程序认为这些接触对在当前子步不可能发生接触，属于远场，因此将不对这些位置的接触探测点进行密切监测；对于初始时刻目标面位于接触探测点 Pinball 以内的情形，程序则会密切监测目标面与此积分探测点之间的位置关系。通过 Pinball 对于远场和近场的区分，可节省计算时间，提高接触计算的效率。另一方面，对于 Bonded 和 No Separation 类型的线性接触，Pinball 区域则起到另外一种作用，即初始位于 Pinball 以内才实际发生接触，而位于 Pinball 以外则不发生接触。

在 Pinball Region 的各种选项中，Program Controlled 为缺省选项，选择此选项时，程序自动计算 Pinball 区域范围。Auto Detection Value 选项仅可用于自动生成的接触对，Pinball Region 范围等于生成接触对时的探测容差范围，即 Auto Detection Value，当此值大于 Program Controlled 范围时，探测到的部分接触对实际不参与求解，这种情形推荐采用 Auto Detection Value。采用 Radius 选项时，用户直接输入 Pinball 的半径数值，手工定义 Pinball Region 范围，这种情况下 Pinball 范围的一个示意如图 6-23 所示，上面为接触面，目标面为下面的水平面，Pinball 的球心位于接触面一侧的任意积分点，Pinball Region 的范围是由 Pinball Radius 所定义的包围此积分点的球体范围。

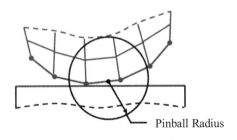

图 6-23   Pinball 区域示意图

用户定义的 Pinball Radius 在图形显示区域内会以一个半透明蓝色球体的形式出现，如图 6-24 所示。

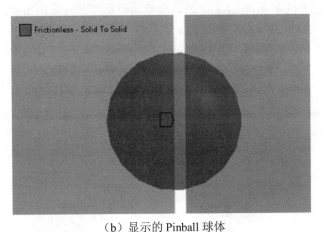

（a）Pinball 半径

（b）显示的 Pinball 球体

图 6-24　用户定义的 Pinball 半径及球体显示效果

10. Time Step Controls 选项

Time Step Controls 选项仅适用于 Frictionless、Rough 或 Frictional 类型的接触，用于控制接触分析的自动时间步选项，可选择的选项如图 6-25 中的下拉列表所示。

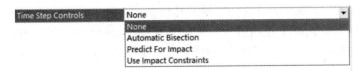

图 6-25　Time Step Controls 选项

None 为缺省设置，选择这一选项时，接触行为不控制自动时间步。None 选项适合于自动时间步被激活且允许小时间步的大多数分析。选择 Automatic Bisection 选项时，在每一个子步结束时根据接触行为来确定是否存在过度穿透或接触状态的剧烈变化，如果有这类行为，子步将会被两分并重新分析。选择 Predict For Impact 选项时，与 Automatic Bisection 选项一样，基于接触行为二分子步，并预测所需的最小时间增量以捕捉可预期的碰撞过程。选择 Use Impact Constraints 选项时，激活带有自动时间增量调整的包含穿透和相对速度的碰撞约束条件，以更准确地预测碰撞的持续时间以及分离后的反弹速度。

11. Interface Treatment 选项

Interface Treatment 选项位于 Geometric Modification 部分，用于处理接触界面，适用于 Frictionless、Rough 或 Frictional 类型的接触，提供的选项如图 6-26 所示的下拉列表。

图 6-26　界面处理选项

Adjust to Touch 选项用于调整至接触，采用这一选项时，所有的间隙将闭合，所有初始穿透将被忽略，并创建一个无初应力的状态，该选项对于初始间隙和初始穿透的处理效果，分别如图 6-27（a）及图 6-27（b）所示。Add Offset,Ramped Effects 选项用于设置一个偏移量，并且加载为渐变的。Add Offset, No Ramping 选项的作用也是设置一个偏移量，但加载不是渐变的。

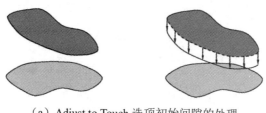

（a）Adjust to Touch 选项初始间隙的处理

（b）Adjust to Touch 选项初始穿透的处理

图 6-27　调整到接触

12. Contact Geometry Correction 选项

Contact Geometry Correction 选项为接触面几何修正选项，如图 6-28 所示。None 表示不修正。Smoothing 用于对曲面基于精确的几何形状而不是网格来评估接触检测。Bolt Thread 用于模拟螺栓螺纹，仅适用于 2D 轴对称分析的边－边接触和 3D 的面－面接触。如果不发生螺纹连接处的强度失效，则无需进行这一修正。

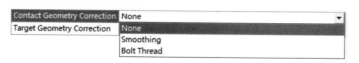

图 6-28　接触面的几何修正选项

13. Target Geometry Correction 选项

Target Geometry Correction 选项为目标面几何修正选项，如图 6-29 所示。None 表示不修正，Smoothing 选项的作用同 Contact Geometry Correction 中的 Smoothing 选项。

图 6-29　目标面的几何修正选项

6.3　非线性分析的求解选项设置

非线性分析的求解选项通过 Analysis Settings 分支的 Details 进行设置，如图 6-30 所示。

设置选项包括 Step Controls、Solver Controls、Rotordynamics Controls、Restart Controls、Nonliear Controls、Output Controls 以及 Analysis Data Management，其中的选项并不是都与非线性分析有关，本节主要介绍与非线性分析有关的选项。

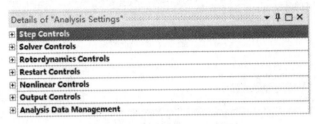

图 6-30　Analysis Settings 选项

1. Step Controls 选项

Step Controls 部分包含求解过程的载荷步控制选项，如图 6-31 所示。

Step Controls	
Number Of Steps	1.
Current Step Number	1.
Step End Time	1. s
Auto Time Stepping	Program Controlled

图 6-31　Step Controls 选项

Number Of Steps 为载荷步数，Current Step Number 为当前载荷步数，Step End Time 为当前载荷步结束时间。Auto Time Stepping 为自动时间步选项，可用于静力及瞬态动力结构分析类型，可选择的选项如图 6-32 所示的下拉列表，缺省的选项为程序控制。

图 6-32　自动时间步选项

选择 Auto Time Stepping 选项为 On 用于打开自动时间步，这时需要进一步设置 Define By 选项。选择 Define By 为 Substeps 时，需要设置 Initial Substeps、Minimum Substeps 及 Maximum Substeps，如图 6-33（a）所示；选择 Define By 为 Time 时，需要设置 Initial Time Step、Minimum Time Step 及 Maximum Time Step，如图 6-33（b）所示。

Auto Time Stepping	On
Define By	Substeps
Initial Substeps	1.
Minimum Substeps	1.
Maximum Substeps	10.

（a）设置子步数方式

Define By	Time
Initial Time Step	1. s
Minimum Time Step	0.1 s
Maximum Time Step	1. s

（b）设置时间步长方式

图 6-33　自动时间步设置

选择 Auto Time Stepping 为 Off 时将关闭自动时间步,这种情况下需要指定 Substeps 或 Time Step,如图 6-34(a)及图 6-34(b)所示。

(a)设置子步数方式

(b)设置时间步长方式

图 6-34　关闭自动时间步时的时间步设置

2. Solver Controls 选项

Solver Controls 部分为求解器选项,包含的选项如图 6-35 所示。

图 6-35　Solver Controls 选项

Solver Type 为求解器类型选项,如图 6-36 所示。缺省由程序自动选择合适的求解器。也可直接指定求解器类型,Direct 选项和 Iterative 选项分别对应于 Sparse 求解器和 PCG 求解器。

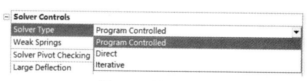

图 6-36　求解器选项

Large Deflection 为大变形选项,如图 6-37 所示。当此选项设为 On 时,打开几何非线性开关,可以考虑大变形、大转动、大应变、应力刚化、旋转软化等几何非线性行为。设为 Off 时关闭几何非线性开关,不考虑所有的几何非线性行为。

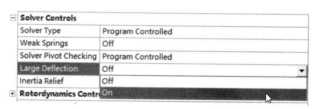

图 6-37　大变形开关

3. Restart Controls

Restart Controls 部分用于指定分析的重启动选项,如图 6-38 所示。Generate Restart Points 选项用于指定在哪些时刻生成重启动点。Retain Files After Full Solve 选项用于设置由于收敛失败或用户要求生成的重启动文件在重启动分析完成后是否保留。Combine Restart Files 选项用于设置分布式并行计算中的重启动文件合并选项。

图 6-38　重启动控制

4. Nonlinear Controls

Nonlinear Controls 部分为一些常用的非线性分析选项，包括 Newton-Raphson 选项、收敛准则、线性搜索及非线性稳定性，如图 6-39 所示。

图 6-39　非线性控制选项

Newton-Raphson 选项用于选择 N-R 迭代的刚度矩阵更新选项，如图 6-40 所示。缺省设置 Program Controlled 表示程序根据问题特性自动选择 N-R 选项；Full 选项表示采用完全 N-R 迭代，每一次平衡迭代刚度矩阵都会更新；Modified 选项表示采用修正的 N-R 迭代，每个子步内的刚度矩阵保持不变；Unsymmetric 选项表示采用完全 N-R 迭代但是刚度矩阵为非对称的，用于收敛困难的问题。

图 6-40　N-R 选项

收敛准则选项包括力（力矩）和位移（转动）的收敛准则，对于平衡迭代而言，力（力矩）的收敛是必不可少的，位移（转动）的收敛准则可以作为补充。以力的收敛准则为例，可以采用 Program Controlled，也可以设为 On 然后自行指定，如图 6-41 所示。Tolerance 乘以 Value 即收敛容差。Value 可以由程序计算，也可以由用户输入。Minimum Reference 用于 Value 计算值很小的情形，避免求解器迭代过程出现极小的收敛容差。

图 6-41　力的收敛准则

Line Search 选项用于设置线性搜索，可选择 Program Controlled、On、Off。线性搜索可以增强收敛性，但是也会增加计算成本。预测到结构可能有刚化行为或有震荡的，建议打开 Line Search 选项。Line Search 选项在不同的载荷步中可以有不同的设置。

Stabilization 选项用于设置非线性稳定性，可选择 Program Controlled、Off、Constant 及 Reduce 等选项，如图 6-42 所示。此选项用于对不稳定结构的节点施加人工阻尼，以改善收敛性。缺省为 Program Controlled，设为 Constant 和 Reduce 选项将激活非线性稳定性人工阻尼。Constant 选项通过指定的能量耗散率或阻尼系数在一个载荷步内施加恒定不变的阻尼；而 Reduce 选项则是在载荷步内将能量耗散率或阻尼系数由指定值线性渐变至 0（载荷步结束时刻）。能量耗散率应介于 0 和 1 之间，缺省值为 1×10^{-4}，阻尼系数要大于 0。

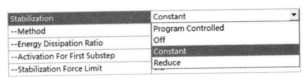

图 6-42   稳定性阻尼

5. Output Controls

Output Controls 部分为输出控制选项，相关列表选项与具体分析类型相关，静力分析类型的输出控制选项如图 6-43 所示。列表中的结果类型选项控制着写入结果文件可供后处理的内容。Store Results At 选项用于指定写结果文件的时间点间隔。对于一些大型模型的分析，采用相关设置可以有效控制计算结果文件的大小。

Output Controls	
Stress	Yes
Surface Stress	No
Back Stress	No
Strain	Yes
Contact Data	Yes
Nonlinear Data	No
Nodal Forces	No
Contact Miscellaneous	No
General Miscellaneous	No
Store Results At	All Time Points
Cache Results in Memory (Beta)	Never
Combine Distributed Result Files (Beta)	Program Controlled
Result File Compression	Program Controlled

图 6-43   输出控制选项

6. Analysis Data Management 选项

这部分为分析数据管理选项，如图 6-44 所示。Save MAPDL db 选项用于指定是否保存 Mechanical APDL 的数据库，如果需要后续在 Mechanical APDL 环境下进行后处理或调试 APDL 命令流的，应保存此数据库文件。Delete Unneeded Files 选项用于指定是否删除不需要的文件，缺省为 Yes，设为 No 会保留计算中形成的所有文件。

Analysis Data Management	
Solver Files Directory	D:\example\example_files\dp0\SYS\MECH\
Future Analysis	None
Scratch Solver Files ...	
Save MAPDL db	No
Contact Summary	Program Controlled
Delete Unneeded Files	Yes
Nonlinear Solution	Yes
Solver Units	Active System
Solver Unit System	nmm

图 6-44   分析数据管理选项

6.4 非线性分析求解监控与问题诊断

在 Mechaical 非线性分析计算过程中，可以通过 Solution Information 的迭代残差曲线、输出文件以及 Result Tracker 结果项目跟踪等方式对求解过程进行监控。

1. 输出文件

在求解过程中，选择 Solution Information 分支，Solution Output 选项在缺省条件下显示 Solver Output，在 Worksheet 视图中打印输出文件内容以供用户审阅，如图 6-45 所示。

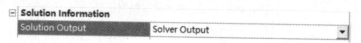

图 6-45 选择求解器输出信息

在求解器的输出信息中，用户可以确认相关的设置选项，如图 6-46 所示的分析选项和图 6-47 所示的载荷步选项信息输出。

```
S O L U T I O N   O P T I O N S

PROBLEM DIMENSIONALITY. . . . . . . . . . . . . .3-D
DEGREES OF FREEDOM. . . . . . UX  UY  UZ  ROTX ROTY ROTZ
ANALYSIS TYPE . . . . . . . . . . . . . . . . .STATIC (STEADY-STATE)
OFFSET TEMPERATURE FROM ABSOLUTE ZERO . . . . . 273.15
NONLINEAR GEOMETRIC EFFECTS . . . . . . . . . .ON
EQUATION SOLVER OPTION. . . . . . . . . . . .SPARSE
NEWTON-RAPHSON OPTION . . . . . . . . . . . .PROGRAM CHOSEN
GLOBALLY ASSEMBLED MATRIX . . . . . . . . . . .SYMMETRIC
```

图 6-46 求解选项输出

```
L O A D   S T E P   O P T I O N S

LOAD STEP NUMBER. . . . . . . . . . . . . . .          1
TIME AT END OF THE LOAD STEP. . . . . . . . .   1.0000
AUTOMATIC TIME STEPPING . . . . . . . . . . .      ON
    INITIAL NUMBER OF SUBSTEPS . . . . . . .      25
    MAXIMUM NUMBER OF SUBSTEPS . . . . . . . .    100
    MINIMUM NUMBER OF SUBSTEPS . . . . . . . .     10
MAXIMUM NUMBER OF EQUILIBRIUM ITERATIONS. . . .   15
STEP CHANGE BOUNDARY CONDITIONS . . . . . . . .   NO
STRESS-STIFFENING . . . . . . . . . . . . . . .   ON
TERMINATE ANALYSIS IF NOT CONVERGED . . . . . .YES (EXIT)
CONVERGENCE CONTROLS. . . . . . . . . . . . . .USE DEFAULTS
PRINT OUTPUT CONTROLS . . . . . . . . . . . . .NO PRINTOUT
DATABASE OUTPUT CONTROLS
    ITEM      FREQUENCY   COMPONENT
    ALL       NONE
    NSOL      ALL
    RSOL      ALL
```

图 6-47 载荷步选项信息

用户还可以从求解器输出信息中查阅到计算模型的详细信息，如模型信息、单元选项、接触信息等，如图 6-48 至图 6-51 所示。

```
***** ANSYS ANALYSIS DEFINITION (PREP7) *****
*********** Nodes for the whole assembly ***********
*********** Elements for Body 1 "Surface Body" ***********
*********** Elements for Body 2 "Surface Body" ***********
*********** Send User Defined Coordinate System(s) ***********
*********** Set Reference Temperature ***********
*********** Send Materials ***********
*********** Send Sheet Properties ***********
*********** Create Contact "Frictionless - Surface Body To Surface Body" ******
            Real Constant Set For Above Contact Is 4 & 3
*********** Create Contact "Frictionless - Surface Body To Surface Body" ******
            Real Constant Set For Above Contact Is 6 & 5
*********** Fixed Supports ***********
******* Constant Zero Displacement Y *******
******* Constant Zero Displacement Z *******
```

图 6-48 节点、单元和接触对信息

```
--- Number of total nodes = 459
--- Number of contact elements = 661
--- Number of spring elements = 0
--- Number of bearing elements = 0
--- Number of solid elements = 361
--- Number of condensed parts = 0
--- Number of total elements = 1022
```

图 6-49 节点单元统计信息

```
ELEMENT TYPE    1 IS SHELL181. IT IS ASSOCIATED WITH ELASTOPLASTIC
MATERIALS ONLY. KEYOPT(8)=2 IS SUGGESTED AND KEYOPT(3)=2 IS SUGGESTED FOR
HIGHER ACCURACY OF MEMBRANE STRESSES; OTHERWISE, KEYOPT(3)=0 IS SUGGESTED.
KEYOPT(8) HAS BEEN RESET BUT KEYOPT(3) CAN NOT BE RESET HERE. PLEASE RESET
IT MANUALLY IF NECESSARY.
 KEYOPT(1-12)=  0   0   2   0   0   0   0   2   0   0   0   0

ELEMENT TYPE    2 IS SHELL181. IT IS ASSOCIATED WITH ELASTOPLASTIC
MATERIALS ONLY. KEYOPT(8)=2 IS SUGGESTED AND KEYOPT(3)=2 IS SUGGESTED FOR
HIGHER ACCURACY OF MEMBRANE STRESSES; OTHERWISE, KEYOPT(3)=0 IS SUGGESTED.
KEYOPT(8) HAS BEEN RESET BUT KEYOPT(3) CAN NOT BE RESET HERE. PLEASE RESET
IT MANUALLY IF NECESSARY.
 KEYOPT(1-12)=  0   0   2   0   0   0   0   2   0   0   0   0
```

图 6-50 单元选项信息

```
Self Deformable- deformable contact pair identified by real constant
set 5 and contact element type 5 has been set up.
Contact algorithm: Augmented Lagrange method
Contact detection at: Gauss integration point
Contact stiffness factor FKN                    1.0000
The resulting initial contact stiffness         50000.
Default penetration tolerance factor FTOLN      0.10000
The resulting penetration tolerance             0.40000
Frictionless contact pair is defined
Update contact stiffness at each iteration
Average contact surface length                  2.3513
Average contact pair depth                       4.0000
Pinball region factor PINB                       1.0000
The resulting pinball region                     2.0000
```

图 6-51 接触选项输出信息

在求解的过程中，求解器还将输出每一次平衡迭代的残差和收敛法则的数值等信息，如图 6-52 所示。对于收敛的子步，以<<<CONVERGED 表示。用户还可以从这些信息查看当前子步的自由度最大增量、刚度矩阵是否更新及平衡迭代是否收敛等。

```
EQUIL ITER 19 COMPLETED.  NEW TRIANG MATRIX.  MAX DOF INC= -0.1528E-01
  DISP CONVERGENCE VALUE   = 0.1528E-01  CRITERION= 0.4494E-01 <<< CONVERGED
  LINE SEARCH PARAMETER =  1.000      SCALED MAX DOF INC = -0.1528E-01
  FORCE CONVERGENCE VALUE =  0.5404      CRITERION= 0.1745E-01
  MOMENT CONVERGENCE VALUE = 0.6817E-02  CRITERION= 0.1449      <<< CONVERGED
EQUIL ITER 20 COMPLETED.  NEW TRIANG MATRIX.  MAX DOF INC= 0.1639
  DISP CONVERGENCE VALUE   = 0.8193E-02  CRITERION= 0.4585E-01 <<< CONVERGED
  LINE SEARCH PARAMETER = 0.5000E-01 SCALED MAX DOF INC = 0.8193E-02
  FORCE CONVERGENCE VALUE =  188.6       CRITERION= 4.954
  MOMENT CONVERGENCE VALUE = 0.6486E-02  CRITERION= 0.1404      <<< CONVERGED
EQUIL ITER 21 COMPLETED.  NEW TRIANG MATRIX.  MAX DOF INC= 0.7646E-01
  DISP CONVERGENCE VALUE   = 0.7646E-01  CRITERION= 0.4679E-01
  LINE SEARCH PARAMETER =  1.000      SCALED MAX DOF INC = 0.7646E-01
  FORCE CONVERGENCE VALUE =  16.22       CRITERION= 0.1494
  MOMENT CONVERGENCE VALUE = 0.2915E-01  CRITERION= 0.1092      <<< CONVERGED
EQUIL ITER 22 COMPLETED.  NEW TRIANG MATRIX.  MAX DOF INC= -0.3238E-03
  DISP CONVERGENCE VALUE   = 0.3238E-03  CRITERION= 0.4774E-01 <<< CONVERGED
  LINE SEARCH PARAMETER =  1.000      SCALED MAX DOF INC = -0.3238E-03
  FORCE CONVERGENCE VALUE =  3.454       CRITERION= 0.9572E-01
  MOMENT CONVERGENCE VALUE = 0.2548E-04  CRITERION= 0.2232      <<< CONVERGED
EQUIL ITER 23 COMPLETED.  NEW TRIANG MATRIX.  MAX DOF INC= -0.8778E-01
```

图 6-52　平衡迭代残差信息输出

在求解的过程中，如果出现问题，求解器还会输出 Warning 或 Error 信息，这些内容将是后续求解不收敛或错误诊断的重要信息。求解结束后，求解器还会打印输出关于计算过程的简单汇总信息。

2. 迭代残差曲线

求解过程中，选择 Solution Information 分支，在 Solution Output 选项列表中选择 Force Convergence，如图 6-53 所示，查看 N-R 迭代的不平衡力残差曲线，如图 6-54 所示。迭代过程不平衡力的残差曲线可以在求解后查看，也可在求解的过程中实时动态监控。

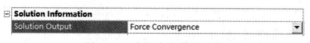

图 6-53　选择力的收敛曲线

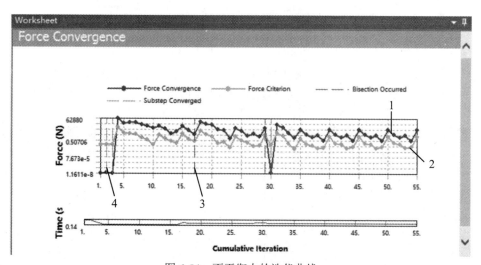

图 6-54　不平衡力的迭代曲线

在 Force Convergence 曲线中，曲线 1 表示残差，曲线 2 表示收敛准则。残差低于收敛准则时，当前子步才达到收敛，对于每一个收敛的子步会用绿色的虚线 3 标注。如果达到当前子步的最大迭代次数还未收敛，则用红色的虚线 4 标注并二分当前子步。在底部的 Time 曲线中，对于非线性静力分析来说,"时间"可以理解为施加的载荷分数,比如,0.1 表示总载荷的 10%。
Cumulative Iteration 为累计的平衡迭代次数。

3. Result Tracker 结果项目跟踪

选择 Solution Information 分支,通过其右键菜单可以在 Solution Information 分支下加入
Result Tracker(结果跟踪器),如图 6-55 所示,可选择 Deformation 定义某个节点在一个方向
的位移跟踪器,或者选择 Contact 对特定接触区域的接触行为进行跟踪。

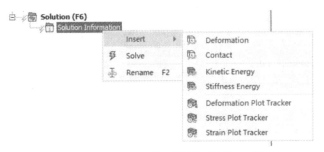

图 6-55 添加非线性分析的结果跟踪器

图 6-56 所示为 Contact 跟踪器的 Type 选择下拉列表,可根据需要选择接触压力、穿透、
间隙、摩擦应力、滑移距离、粘着节点数、接触节点数、震荡水平、弹性滑移、最大法向刚度
等选项。图 6-57 显示为某接触区域的接触节点数跟踪器显示结果,图 6-58 所示为某接触区域
的穿透量跟踪器显示结果。

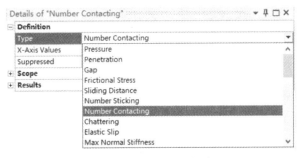

图 6-56 接触跟踪选项

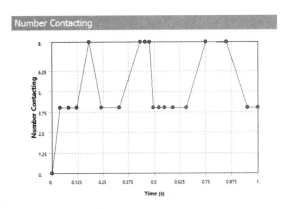

图 6-57 Number Contacting 跟踪显示

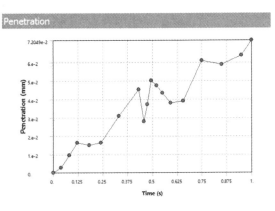

图 6-58 Penetration 跟踪显示

4．Messages 窗口反馈

在窗口底部的 Messages 列表会显示在非线性分析过程中输出的警告或错误信息，如图 6-59 所示。在 Messages 列表中选择一条警告或错误信息，其右键菜单也提供了一些诊断相关问题的实用功能，如图 6-60 所示，这些菜单的功能列于表 6-2 中。

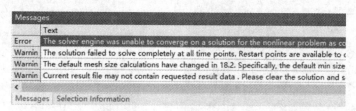

图 6-59　Messages 列表

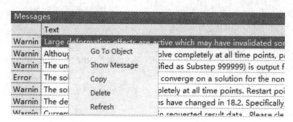

图 6-60　警告信息的右键菜单

表 6-2　Messages 列表的右键菜单项目及作用

菜单项目	作用
Go to Object	在 Project 树中高亮度显示与此信息相关的对象
Show Message	在一个展开的窗口中显示完整的信息内容
Copy	复制信息内容到剪贴板
Delete	在信息列表中删除此信息
Refresh	刷新列表内容

5．N-R 迭代残差

在 Solution Information 分支的 Details 中，Newton-Raphson Residuals 选项用于设置计算输出的 N-R 迭代残差步数，如图 6-61 所示，设置此参数为 3，在计算后将会保存最后 3 次平衡迭代的残差，这 3 次迭代的残差分布云图可在计算结束后出现在 Solution Information 分支下供用户查看。

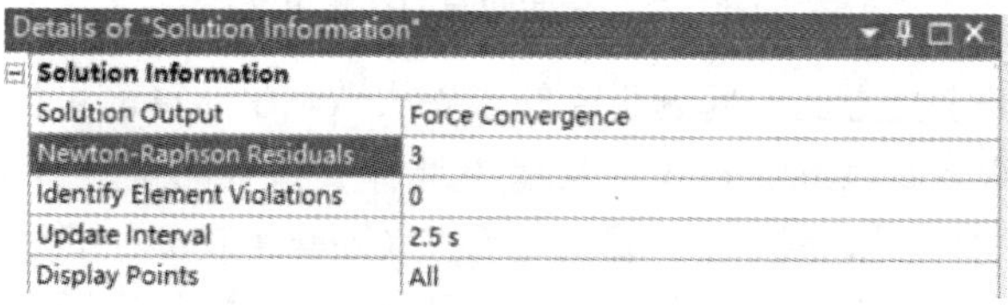

图 6-61　Newton-Raphson Residuals 设置

如图 6-62 所示为某 SHELL 接触问题不收敛子步最后一次平衡迭代的残差分布等值线图。

由图中的残差分布情况可以看出，这次迭代是由于接触部位的较高残差造成的收敛失败。因此，为了得到收敛解答，需要对相关接触区域的选项进行调整，比如降低法向接触刚度等。

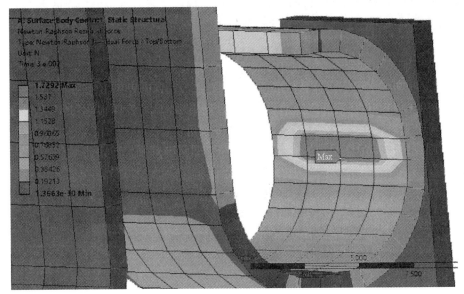

图 6-62　最大残差位置

6. 常见收敛问题诊断与处理

基于本节前面介绍的各种求解控制工具，下面简单讨论一些在非线性分析中常见的求解失败问题及其诊断和处理方法。

（1）刚体运动引起的计算失败。如果求解失败并发出错误信息"internal solution magnitude limit was exceeded"，这表明在模型中未能有效约束，也有可能是模型中有理想塑性或不稳定，在多体装配模型中则很有可能是有部件与其他部件之间未建立起接触关系，而引起了刚体运动。如果是由于接触未能成功建立的问题而出现刚体运动的情况，可以查看 Solver Output 信息，找到存在初始间隙的接触单元，如图 6-63 所示。根据输出信息中的实常数号，可识别这些接触单元所在的接触对。通过 contact tracker 中的 Number Contacting，也可以检查哪些接触区域未实际建立起接触。

```
*** NOTE ***                          CP =      0.297   TIME= 17:13:56
Min. Initial gap 0.36144331 was detected between contact element 386
and target element 414.
You may move entire target surface by: x= -0.36144331, y=
-1.166105398E-16, z= -4.66442159E-17, to bring it in contact.
*****************************************
```

图 6-63　存在初始间隙的接触单元信息

为了避免由于接触定义方面的问题引起的求解失败，在计算前可以通过 Contact Tool 工具对各个接触对进行检查。在 Connections 目录下选择要检查的接触区域，在右键菜单中选择 Create→Contact Tool，会在 Connections 目录下添加 Contact Tool 子目录，在 Contact Tool 目录下添加 Initial Information 对象，选择此对象时，图形显示窗口切换至 Worksheet 视图，详细列出所选择接触区域的各种诊断信息，包括可能的初始间隙量、初始穿透量、Pinball 半径等，如图 6-64 所示。

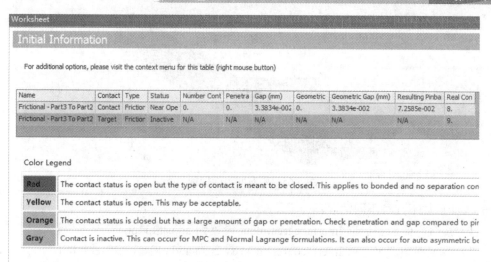

图 6-64　初始接触信息诊断工具

（2）在非线性分析中，如果求解失败并发出错误信息"solver engine was unable to converge on a solution for the nonlinear problem as constrained"，这种情况表示求解器无法在指定的最大迭代次数内达到收敛。这时可以查看最后几次平衡迭代的 Newton-Raphson Residuals 分布图，检查最大不平衡力所在的位置，根据情况具体分析：

1）如果计算已经表现出收敛的趋势并检查到模型中存在刚化行为，可以尝试打开线性搜索选项。

2）如果是载荷增量过大引起，可以调整载荷步选项，让载荷的变化平缓一些。

3）如果是位于接触区域，对于柔性变形接触，可以适当加密网格，重新计算，如果仍然不收敛，可将接触法向刚度调低一到两个数量级，再重新分析。

4）如果是材料特性或结构的不稳定引起的不收敛，如理想塑性、屈曲等，可采用位移控制的方法。

5）如果是由于大变形引起网格扭曲导致的计算失败，可以考虑加密网格，或使用 Nonlinear Adaptive Region 对象。

6.5　非线性分析例题

6.5.1　接触分析例题：接触界面调整

本节通过一个例子介绍 ANSYS Workbench 接触界面调整（Contact Offset）技术的具体应用。

1. 问题描述

如图 6-65 所示，两个尺寸为 0.1m×0.1m×0.5m 的长方体，材质为结构钢，$E=2×10^{11}$Pa。左右两端为固定，中间相邻面之间有 0.5mm 的间隙，建立一个 frictionless 接触，Part1 的左端面为接触面，Part2 的右端面为目标面，在接触面上施加沿+Z 向 0.6mm 的位移（指向目标面的方向），通过改变接触界面调整选项 Interface treatment，分别对下列各种不同的情况进行计算和比较。

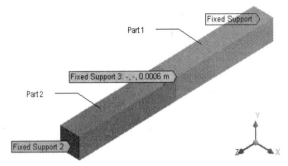

图 6-65　带有间隙的接触问题

要求计算如下几种不同情况：

（1）接触界面调整选项 Interface treatment 设置为 adjust to touch。

（2）接触界面调整选项 Interface treatment 设置为 add offset，Offset = 0m。

（3）接触界面调整选项 Interface treatment 设置为 add offset，Offset = 0.001m。

（4）接触界面调整选项 Interface treatment 设置为 add offset，Offset = -0.001m。

（5）接触界面调整选项 Interface treatment 设置为 add offset，Offset = -0.001m，且不施加接触面上的 0.6mm 强迫位移。

2. 定义分析流程及材料参数

（1）定义分析流程。按照如下步骤，在 Workbench 中建立本问题的分析流程。

1）创建几何组件。在 Workbench 左侧工具箱中选择 Component System 中的 Geometry，将其拖放至 Project Schematic 中，如图 6-66（a）所示。

2）创建各种情况的分析系统。在 Workbench 左侧工具箱中选择 Analysis System 中的 Static Structural，将其拖放至 Project Schematic 中 5 次，建立如图 6-66（b）所示的 5 个不相关的分析系统。

3）共享几何与材料数据。用鼠标左键，将 Geometry（A2）单元格拖放至 Geometry（B3）单元格并释放鼠标左键，将 Geometry（A2）单元格的几何模型共享给 Geometry（B3）单元格；用同样的操作方法，依次将 Geometry（A2）单元格共享给 Geometry（C3）、Geometry（D3）、Geometry（E3）、Geometry（F3）等各单元格。用鼠标左键，将 Engineering Data（B2）单元格拖放至 Engineering Data（C2）单元格并释放鼠标左键，将 Engineering Data（B2）单元格的材料数据共享给 Engineering Data（C2）单元格；用同样的操作方法，依次将 Engineering Data（B2）单元格共享给 Engineering Data（D2）、、Engineering Data（E2）及 Engineering Data（F2）等各单元格。共享操作完成后形成的分析流程如图 6-66（c）所示。

（2）定义材料参数。在 Engineering Data 中定义材料参数。

1）双击 Engineering Data（B2）单元格，进入 Engineering Data 界面。

2）在菜单 Units 中设置单位制为 Metric（kg,m,s,℃,A,N,V）制，如图 6-67 所示。

3）在 Engineering Data 界面下，确认 Structural Steel 的弹性模量为 2E11Pa，修改其 Poisson's Ratio 为 0，如图 6-68 所示。设置完成后，关闭 Engineering Data，返回 Workbench 界面。关于泊松比的设置，主要是为了简化模型以避免固定约束引起应力奇异等问题。如果设置为非零数值，则需要通过施加适当的边界约束形式，使得分析中的长方体在轴向变形的同时，横向变形不受限制，轴向应力和应变的计算结果与本节的结果将是一致的。

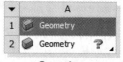

（a）几何组件

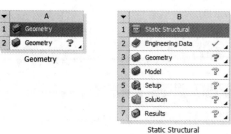

（b）5 种情况的分析系统

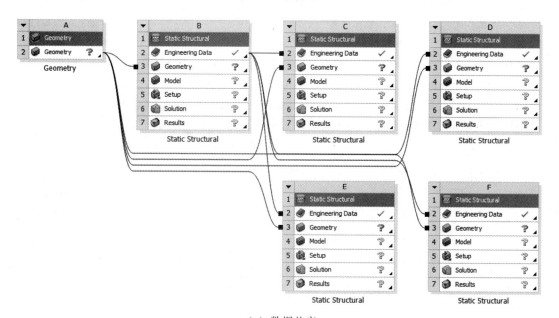

（c）数据共享

图 6-66　定义分析流程

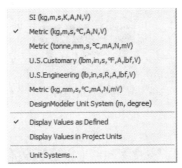

图 6-67　选择单位系统

		A	B	C
		Properties of Outline Row 3: Structural Steel		
1		Property	Value	Unit
2		Material Field Variables	Table	
3		Density	7850	kg m^-3
4	⊞	Isotropic Secant Coefficient of Thermal Expansion		
6	⊟	Isotropic Elasticity		
7		Derive from	Young's Modulus a...	
8		Young's Modulus	2E+11	Pa
9		Poisson's Ratio	0	
10		Bulk Modulus	6.6667E+10	Pa
11		Shear Modulus	1E+11	Pa
12	⊞	Strain-Life Parameters		
20	⊞	S-N Curve	Tabular	
24		Tensile Yield Strength	2.5E+08	Pa
25		Compressive Yield Strength	2.5E+08	Pa

图 6-68　定义材料参数

3. 创建几何模型

在 Workbench 的 Project Schematic 中选择 Geometry（A2）单元格，在其右键菜单中选择
New DesignModeler Geometry…，启动 DM 界面。在 DM 中，切换至 Sketch 草图模式下，选
择 Draw→Rectangle，在 XY 平面内绘制一个矩形，注意矩形的 4 个顶点处于 4 个不同的象限，
如图 6-69 所示。在草图模式下，选择 Dimensions→Semi-Automatic，在草图上标注如图 6-70
所示的尺寸标注，在 Sketch1 的 Details 中设置标注尺寸，如图 6-71 所示。

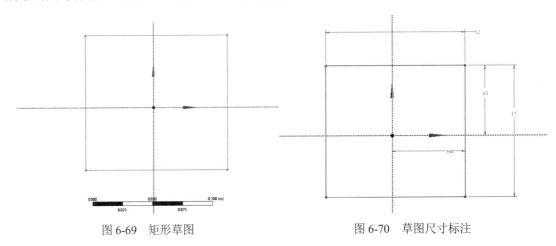

图 6-69　矩形草图　　　　　　　　　　　　　图 6-70　草图尺寸标注

单击工具栏上的 Extrude 按钮切换至 Modeling 模式，添加一个拉伸对象 Extrude1，在其 Details 中设置拉伸距离为 0.5m，如图 6-72 所示。单击 Generate 按钮，生成第一个长方体。

Details View	
Details of Sketch1	
Sketch	Sketch1
Sketch Visibility	Show Sketch
Show Constraints?	No
Dimensions: 4	
☐ H4	0.05 m
☐ L1	0.1 m
☐ L2	0.1 m
☑ V3	0.05 m

图 6-71　输入几何尺寸

Details View	
Details of Extrude1	
Extrude	Extrude1
Geometry	Sketch1
Operation	Add Material
Direction Vector	None (Normal)
Direction	Normal
Extent Type	Fixed
☐ FD1, Depth (>0)	0.5 m
As Thin/Surface?	No

图 6-72　Extrude1 属性设置

菜单中选择 Create→Pattern，添加一个 Pattern1 对象，在其 Details 中选择 Geometry 为刚才创建的长方体，Direction 选择一条 Z 方向的边，如果方向为指向 Z 轴负向，如图 6-73（a）所示，则通过图形窗口左下角的红黑两色箭头改变指向，如图 6-73（b）所示。在 Pattern1 的 Details 中，设置阵列距离 FD1，Offset 为 0.5005m，如图 6-74 所示。单击 Generate 按钮，复制形成另一个长方体，创建好的带有间隙的两个长方体模型如图 6-75 所示。

（a）阵列复制方向改变

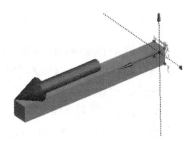

（b）Z 轴正方向

图 6-73　阵列拷贝的方向

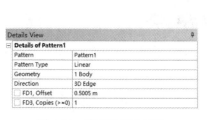

Details View	
Details of Pattern1	
Pattern	Pattern1
Pattern Type	Linear
Geometry	1 Body
Direction	3D Edge
☐ FD1, Offset	0.5005 m
☐ FD3, Copies (>=0)	1

图 6-74　阵列拷贝的设置

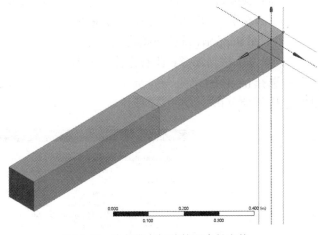

图 6-75　建立带有间隙的两个长方体

几何模型至此创建完成，注意两个长方体的相邻表面之间有一个 0.5mm 的间隙。关闭 DM 返回 Workbench 界面，展开后续多种情况下的接触分析。

4. 分析第一种情况

通过 Project Schematic 中的系统 Static Structural（B）来分析第一种情况。双击 Model（B4）单元格进入 Mechanical 界面，按如下步骤完成第一种情况的分析。

（1）接触设置。两个表面之间的接触对已经在模型导入时自动创建，对其 Details 进行如下设置，设置完成后如图 6-76 所示。

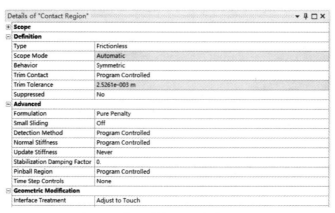

图 6-76   第一种情况下的接触对设置

1）接触类型 Type 改为 Frictionless。

2）接触行为 Behavior 设置为 Symmetric。

3）接触算法 Formulation 设置为 Pure Penalty。

4）Small Sliding 设置为 Off。

5）Update Stiffness 设置为 Never。

6）Interface Treatment 设置为 Adjust to Touch。

（2）边界条件与载荷。边界条件包括两侧的固定约束及右侧长方体左端的强迫位移。

1）固定约束。在 Graphics 工具条上按下面选择过滤按钮（或用快捷键 Ctrl+F），选择左侧长方体的左端面和右侧长方体的右端面，在 Static Structural（B5）分支的右键菜单中选择 Insert→Fixed Support，施加两端固定约束。

2）强迫位移。选择右侧长方体（Part1）的左侧面，在 Static Structural（B5）分支的右键菜单中选择 Insert→Displacement，施加一个位移约束并设置其 Z 方向位移为 6e-4m（即 0.6mm），其余位移分量为 0，如图 6-77 所示。

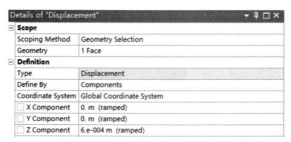

图 6-77   右侧长方体左端面的强迫位移

（3）求解及计算结果查看。首先添加左侧长方体的轴向（Z 方向）位移结果。选择 Solution

（B6），在其右键菜单中选择 Insert→Deformation→Directional，添加一个 Directional Deformation 分支，在其 Details 中选择 Scope Geometry 为左侧的长方体（Part2）并按下 Apply 按钮，选择 Orientation 为 Z Axis。注意选择体的时候，用快捷键 Ctrl+B 切换选择过滤器。

然后添加右侧长方体的轴向位移结果。在 Directional Deformation 分支的右键菜单中选择 Duplicate，复制形成一个 Directional Deformation 2 分支，在其 Details 中选择 Scope Geometry 为右侧的长方体（Part1）并按下 Apply 按钮。

继续添加左侧长方体的轴向应力结果。选择 Solution（B6），在其右键菜单中选择 Insert →Stress→Normal，添加一个 Normal Stress 分支，在其 Details 中选择 Scope Geometry 为左侧的长方体（Part2）并按下 Apply，选择 Orientation 为 Z Axis。

最后添加右侧长方体的轴向应力结果。在 Normal Stress 分支的右键菜单中选择 Duplicate，复制形成一个 Normal Stress 2 分支，在其 Details 中选择 Scope Geometry 为右侧的长方体（Part1）并按下 Apply 按钮。

单击工具栏上的 Solve 按钮进行求解。求解完成后，依次选择 Directional Deformation、Directional Deformation 2 分支，查看左侧长方体和右侧长方体的 Z 向位移分布情况分别如图 6-78（a）以及图 6-78（b）所示。

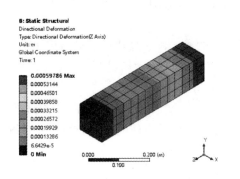
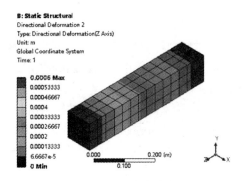

（a）左侧长方体轴向位移　　　　　　　（b）右侧长方体轴向位移

图 6-78　Z 方向位移分布

依次选择 Normal Stress 以及 Normal Stress 2 分支，查看左侧长方体和右侧长方体的 Z 向应力分布情况分别如图 6-79（a）以及图 6-79（b）所示。

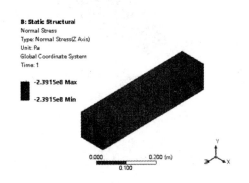
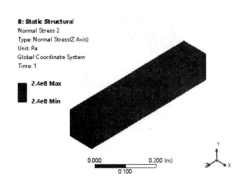

（a）左侧长方体轴向应力　　　　　　　（b）右侧长方体轴向应力

图 6-79　Z 方向的正应力分布

这种情况下，界面调整使得两个体在接触面上正好接触，强迫位移引起的轴向应变约为 0.0006/0.5=0.0012，轴向应力约为 $2×10^{11}×0.0012=2.4×10^8$Pa，左侧长方体中为压应力，而右侧的长方体中为拉应力。

5. 分析第二种情况

通过 Project Schematic 中的系统 Static Structural（C）来分析第二种情况。双击 Model（B4）单元格进入 Mechanical 界面，按如下步骤进行第二种情况的分析。

（1）接触设置。两个表面之间的接触对已经在模型导入时自动创建，除了 Interface Treatment 以外，对其进行与第一种情况中相同的设置。这种情况下，Interface Treatment 选项设置为 Add Offset，Offset=0，如图 6-80 所示。采用这个界面处理选项，实际上和不进行界面处理是相同的，即接触面存在 0.5mm 的间隙。

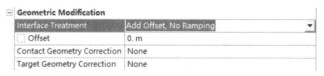

图 6-80　第二种情况的接触界面处理选项

（2）边界条件与载荷。按照上述第一种情况的描述，施加与之相同的固定约束及强迫位移约束。

（3）求解及计算结果查看。按照上述第一种情况的描述，添加位移结果项目 Directional Deformation、Directional Deformation 2 分支以及 Z 方向的正应力结果项目 Normal Stress、Normal Stress 2 分支。

单击工具栏上的 Solve 按钮进行求解。求解完成后，依次选择 Directional Deformation 分支和 Directional Deformation 2 分支，查看左侧长方体和右侧长方体的 Z 向位移分布情况分别如图 6-81（a）以及图 6-81（b）所示。

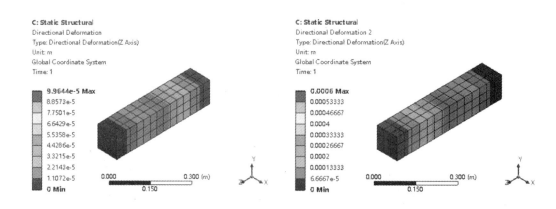

（a）左侧长方体的轴向位移　　　　　　（b）右侧长方体的轴向位移

图 6-81　Z 方向位移分布

依次选择 Normal Stress 以及 Normal Stress 2 分支，查看左侧长方体和右侧长方体的 Z 向应力分布情况分别如图 6-82（a）以及图 6-82（b）所示。

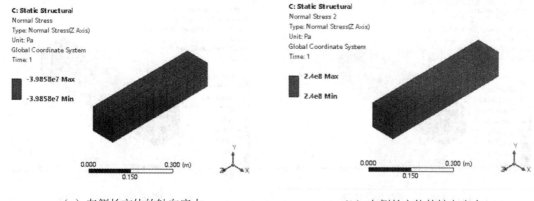

（a）左侧长方体的轴向应力　　　　　　（b）右侧长方体的轴向应力

图 6-82　Z 方向的正应力分布

这种情况下，由于没有进行实质上的界面调整，因此右边的长方体左端面向下运动 0.6mm，带动左边长方体右端面移动 0.1mm，左边长方体的应变和应力都为右边长方体的 1/6，因此其 Z 向正应力为 $0.4×10^8$Pa（压应力），图中计算结果为 $0.39858×10^8$Pa。右侧长方体的轴向应力与第一种情况的相同，为 $2.4×10^8$ Pa 的拉应力。

6. 分析第三种情况

通过 Project Schematic 中的系统 Static Structural（D）来分析第三种情况。双击 Model（D4）单元格进入 Mechanical 界面，按如下步骤进行第三种情况的分析。

（1）接触设置。两个表面之间的接触对已经在模型导入时自动创建，除了 Interface Treatment 以外，对其进行与第一种情况中相同的设置。这种情况下的 Interface Treatment 选项设置为 Add Offset，Offset=1mm，如图 6-83 所示。

Geometric Modification	
Interface Treatment	Add Offset, No Ramping
☐ Offset	1.e-003 m
Contact Geometry Correction	None
Target Geometry Correction	None

图 6-83　第三种情况的接触界面设置

（2）边界条件与载荷。按照上述第一种情况的描述，施加与之相同的固定约束及强迫位移约束。

（3）求解及计算结果查看。按照上述第一种情况的描述，添加位移结果项目 Directional Deformation、Directional Deformation 2 分支以及 Z 方向的正应力结果项目 Normal Stress、Normal Stress 2 分支。

单击工具栏上的 Solve 按钮进行求解。求解完成后，依次选择 Directional Deformation 分支、Directional Deformation 2 分支，查看左侧长方体和右侧长方体的 Z 向位移分布情况分别如图 6-84（a）以及图 6-84（b）所示。

依次选择 Normal Stress 分支以及 Normal Stress 2 分支，查看左侧长方体和右侧长方体的 Z 向应力分布情况分别如图 6-85（a）以及图 6-85（b）所示。

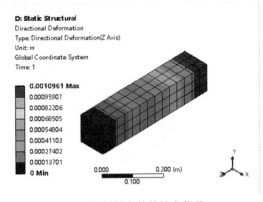

（a）左侧长方体的轴向位移

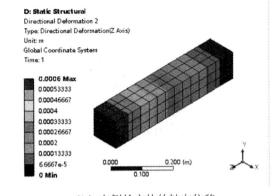

（b）右侧长方体的轴向位移

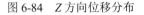

图 6-84　Z 方向位移分布

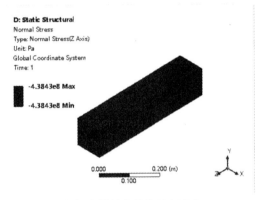

（a）左侧长方体的轴向应力

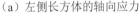

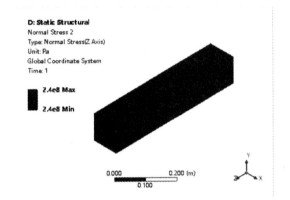

（b）右侧长方体的轴向应力

图 6-85　Z 方向的正应力分布

这种情况下，右侧长方体的左端面在界面调整后与左侧长方体发生 0.5mm 的干涉，在强迫位移作用下，右侧长方体的左端面位移 0.6mm，左侧长方体的右端面位移为 0.6mm+0.5mm=1.1mm，因此左右长方体 Z 向应变之比为 11:6，右侧长方体的应力为 $2.4×10^8$Pa（拉应力），左侧长方体的轴向应力为右侧长方体的 11/6 倍，即-4.4×10^8Pa（压应力），图中显示计算结果约为-4.38×10^8Pa。

7. 分析第四种情况

通过 Project Schematic 中的系统 Static Structural（E）来分析第四种情况。双击 Model（E4）单元格进入 Mechanical 界面，按如下步骤进行第四种情况的分析。

（1）接触设置。两个表面之间的接触对已经在模型导入时自动创建，除了 Interface Treatment 以外，对其进行与第一种情况中相同的设置。这种情况下，Interface Treatment 选项设置为 Add Offset，Offset=-0.001m，如图 6-86 所示。

Geometric Modification	
Interface Treatment	Add Offset, No Ramping
☐ Offset	-1.e-003 m
Contact Geometry Correction	None
Target Geometry Correction	None

图 6-86　第四种情况的接触选项设置

（2）边界条件与载荷。按照上述第一种情况的描述，施加与之相同的固定约束及强迫位移约束。

（3）求解及计算结果查看。按照上述第一种情况描述的方法，添加位移结果项目 Directional Deformation 分支、Directional Deformation 2 分支以及 Z 方向的正应力结果项目 Normal Stress 分支、Normal Stress 2 分支。

单击工具栏上的 Solve 按钮进行求解。求解完成后，依次选择 Directional Deformation 分支、Directional Deformation 2 分支，查看左侧长方体和右侧长方体的 Z 向位移分布情况分别如图 6-87（a）以及图 6-87（（b）所示。

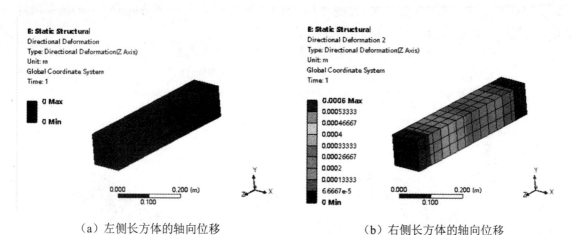

（a）左侧长方体的轴向位移　　　　　　（b）右侧长方体的轴向位移

图 6-87　Z 方向位移分布

依次选择 Normal Stress 以及 Normal Stress 2 分支，查看左侧长方体和右侧长方体的 Z 向应力分布情况分别如图 6-88（a）以及图 6-88（b）所示。

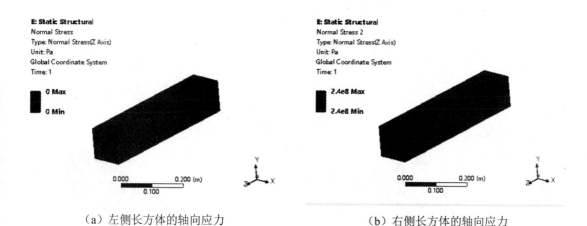

（a）左侧长方体的轴向应力　　　　　　（b）右侧长方体的轴向应力

图 6-88　Z 方向的正应力分布

这种情况下，右侧长方体的左端面在界面调整后与左侧长方体的右端面距离为 1.5mm，当右侧长方体的左端面发生 0.6mm 的强迫位移时，与左侧的长方体的右端面也不会接触。这种情况下，左侧长方体应力为 0，右侧则为 2.4×10^8Pa（拉应力）。

8. 分析第五种情况

通过 Project Schematic 中的系统 Static Structural（F）来分析第五种情况。双击 Model（F4）单元格进入 Mechanical 界面，按如下步骤进行第五种情况的分析。

（1）接触设置。在这种情况下与第三种情况采用相同的接触设置，即 Interface Treatment 选项设置为 Add Offset，Offset=0.001m。

（2）边界条件与载荷。仅施加左侧长方体左端面和右侧长方体右端面的固定约束，不施加接触面处右侧长方体左端面的强迫位移约束。

（3）求解及计算结果查看。按照上述第一种情况描述的方法，添加位移结果项目 Directional Deformation 分支、Directional Deformation 2 分支以及 Z 方向的正应力结果项目 Normal Stress 分支、Normal Stress 2 分支。

单击工具栏上的 Solve 按钮进行求解。求解完成后，依次选择 Directional Deformation、Directional Deformation 2 分支，查看左侧长方体和右侧长方体的 Z 向位移分布情况分别如图 6-89（a）以及图 6-89（b）所示。

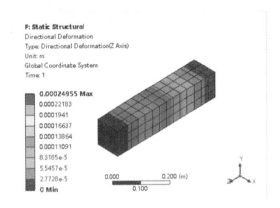
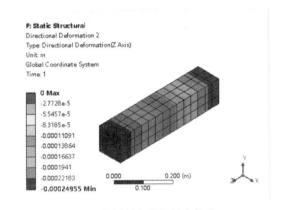

（a）左侧长方体的轴向位移　　　　　　　　　　（b）右侧长方体的轴向位移

图 6-89　Z 方向位移分布

依次选择 Normal Stress 以及 Normal Stress 2 分支，查看左侧长方体和右侧长方体的 Z 向应力分布情况分别如图 6-90（a）以及图 6-90（b）所示。

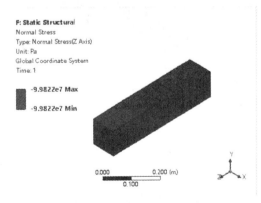
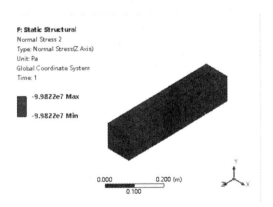

（a）左侧长方体的轴向应力　　　　　　　　　　（b）右侧长方体的轴向应力

图 6-90　Z 方向的正应力位移分布

这种情况下，右侧长方体的左端面在界面调整后与左侧长方体发生 0.5mm 的干涉，由于没有强迫位移，因此本次情况相当于计算由于界面干涉引起的过盈配合。根据过盈配合的概念可知，左侧长方体右端面的 Z 向位移 0.25mm 且处于受压状态，右侧长方体左端面的 Z 向位移则为-0.25mm，也处于受压的状态。轴向压应变均为 0.25mm/500mm=0.005，轴向应力理论值约为-1.0×10^8Pa，计算结果为-9.9822×10^7Pa。

6.5.2　接触分析例题：插销过盈装配与拔拉分析

1. 问题描述

本节给出一个典型的插销接触分析例题，涉及过盈配合以及接触的分析，采用 ANSYS Workbench 分析环境完成建模和计算。问题的简单描述如下。

（1）几何参数。如图 6-91 所示的插销装配在插座中，相关几何参数如下：

插销：半径 r_1=0.5in，长度 L_1=2.5in。

插座：宽度 W=4in，高度 H=4in，厚度=1in，插孔半径 r_2=0.49in。

（2）材料参数。插销和插座采用同一种材料，杨氏模量 E=3.6×10^7psi，泊松比=0.3。

（3）计算要求与载荷步规划。要求分析插销拔拉 1.2in 过程中插销和插座体内的接触受力状态。

由于插孔的半径比插销的半径要小，所以在插销装配到插座时，插销和插座内都会产生装配应力。要分析拔拉过程的应力分析，首先要得到装配应力的分布，所以本题分两个载荷步求解。第一个载荷步计算预应力，第二个载荷步计算拔拉过程的应力分布。

下面在 ANSYS Workbench 中进行具体的建模和分析操作。在 ANSYS DM 中建立几何模型，在 Mechanical Application 中进行设置和分析。

2. 创建分析流程

启动 Workbench，在 Workbench 窗口左侧的 Toolbox 中，双击 Static Structural，在 Project Schematic 中生成一个新的结构静力分析系统 Static Structural A，如图 6-92 所示。

图 6-91　插销装配在插座中　　　　图 6-92　静态分析系统

3. 指定材料及参数

在 Engineering Data 组件中指定材料名称与材料参数。

（1）在 Project Schematic 中双击 Engineering Data（A2）单元格，进入到 Engineering Data 材料数据界面。

（2）在 Outline of Schematic A2：Engineering Data 表格最下方，输入 New_Material 作为新材料名称。

（3）在 Engineering Data 左侧的 Toolbox 中，展开 Linear Elastic，双击 Isotropic Elasticity 将其添加至 New_Material 的材料属性列表中。

（4）输入 Young's Modulus 值为 36e6psi，Poisson's Ratio 为 0.3。

（5）关闭 Engineering Data 窗口，返回 Workbench 的 Project Schematic 界面。

4. 创建几何模型

按照下面的操作步骤，在 ANSYS DM 中创建插销和插座的几何模型。

（1）双击 Geometry（A3）单元格，启动几何组件 DM。

（2）建立插座模型。按照如下步骤进行操作。

1）选择 XYPlane，切换至 sketch 模式。

2）选择 Draw→Circle，以坐标轴原点为圆心绘制一个圆。

3）选择 Draw→Rectangle，绘制一个比圆大一些的矩形。

4）选择 Constraints→Symmetry，按照镜像轴、镜像对象的选择顺序，建立矩形 4 条边关于坐标轴的对称关系。

5）选择 Dimensions→General，分别标注圆的直径及矩形的边长，并在明细栏中将圆直径定义为 0.98in，矩形边长均为 4in，如图 6-93 所示。

6）在工具栏中，选择 Extrude 拉伸工具，在明细栏中输入拉伸深度"FD1,Depth(>1)"为 1in，生成的插座模型如图 6-94 所示。

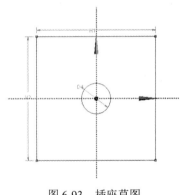

图 6-93　插座草图

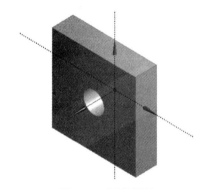

图 6-94　插座模型

（3）建立插销模型。按照下列步骤进行操作。

1）选中 XYPlane，然后单击✳图标基于 XYPlane 建立一个新的平面，在新平面的明细栏中将 Transform 1（RMB）改成 Offset Z，输入 FD1,Value 1 为-0.5in，单击 Generate，平移形成新建立的平面，其位置如图 6-95 及图 6-96 所示。

Details of Plane3	
Plane	Plane3
Sketches	1
Type	From Plane
Base Plane	XYPlane
Transform 1 (RMB)	Offset Z
FD1, Value 1	-0.5 in
Transform 2 (RMB)	None

图 6-95　参考平面明细设置

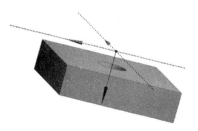

图 6-96　参考平面

2）在 Project 树中选中上一步创建的 Plane3，切换到草图绘制。

3）选择 Draw→Circle，以坐标轴原点为圆心绘制一个圆。

4）选择 Dimensions→General，标注圆的直径，并在明细栏中将圆直径定义为 1.00in。

5）在工具栏中，选择 Extrude 拉伸工具，在明细栏中将 Operation 改为 Add Frozen，输入拉伸深度"FD1,Depth(>1)"为 2.5in，生成的插销模型如图 6-97 所示。

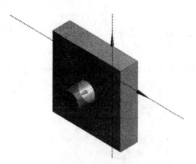

图 6-97　插销及插座模型

6）建模完成，关闭 DM，返回 Workbench 界面。

5. Mechanical 前处理

（1）导入几何模型并指定材料。启动 Mechanical 并导入几何模型。在 Project Schematic 中双击 Model（A4）单元格，进入 Mechanical 应用程序，插销及插座模型被导入。在 Mechanical 中选择 Project 树的 Geometry 分支，对于其中的两个部件，在其明细栏中设置 Material Assignment 为 New_Material。

（2）手动创建接触对。创建接触对是接触分析前处理过程中的关键环节，按如下的步骤进行操作。

1）选择项目树的 Connections 分支，删除程序自动创建的接触对（如存在接触对）。

2）右键单击 Connections，选择 Insert→Manual Contact Region。

3）在新增的 Contact 分支明细栏中，选择插销圆柱面作为 Contact；插孔面作为 Target；将接触类型改为 Frictional，输入摩擦系数 Friction Coefficient 为 0.2；将接触行为 Behavior 改为 Asymmetric；将接触算法 Formulation 改为 Augmented Lagrange；将法向刚度 Normal Stiffness 改为 Manual，输入 Normal Stiffness Factor 为 0.1。接触设置及创建的接触对如图 6-98 所示，其中 1 表示接触面，2 表示目标面。

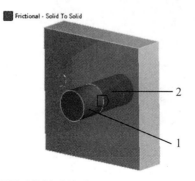

图 6-98　接触设置及接触对显示

（3）网格划分。按照如下步骤进行网格划分。

1）在项目树中选择 Mesh 分支，在右键菜单中选择加入 Mesh Control→Sizing，选择插座沿厚度方向的边，对其施加尺寸控制，在明细栏中将 Type 改为 Number of Divisions，并输入划分份数为 5。

2）再次加入 Mesh Control→Sizing，选择插销端面及插座孔圆边，保证明细栏中的 Type 为 Element Size，输入网格尺寸为 1.5mm。

3）右键单击 Mesh，选择 Generate Mesh，对模型进行网格划分，划分完成后的有限元模型如图 6-99 所示。

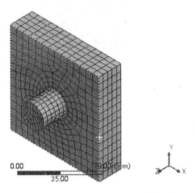

图 6-99　插销及插座有限元模型

6. 载荷步设置

在项目树中选择 Project→Model（A4）→Static Structural（A5）→Analysis Settings，在明细栏中进行如下设置：

（1）输入 Number Of Steps 为 2。

（2）设定载荷步 1 的 Step End Time 为 100s，Auto Time Stepping 选择 Off，Number of Substeps 输入 1。

（3）设定载荷步 2 的 Step End Time 为 200s，Auto Time Stepping 选择 On，Initial Substeps 为 100，Minimum Substeps 为 10，Maximum Substeps 为 10000；在 Solver Controls 中将 Large Deflection 设为 On，打开大变形。

设置完成后的载荷步选项如图 6-100 所示。

（a）载荷步 1 的选项设置　　　　　　（b）载荷步 2 的选项设置

图 6-100　载荷步设置

7．施加边界条件

按照两个载荷步进行边界条件的设置。

（1）施加固定约束。在 Project 树中选择 Static Structural（A5）分支，利用 Ctrl+鼠标左键，选中插座+X 方向、-X 方向的两个侧面，在上下文工具栏中选择 Insert→Supports→Fixed Support。

（2）施加强迫位移。选中插销+Z 方向端面，在上下文工具栏中选择 Insert→Supports→Displacement，在第二个载荷步，对插销端面施加+Z 方向位移 1.2in，其 Details 设置为：

1）将 Define By 改为 Components。

2）将 Z Component 改为 Tabular Data，并在窗口最下方的 Tabular Data 表格中按图 6-101 所示的内容进行输入。

Definition	
Type	Displacement
Define By	Components
Coordinate System	Global Coordinate System
☐ X Component	Free
☐ Y Component	Free
Z Component	Tabular Data
Suppressed	No

Tabular Data		Steps	Time [s]	☑ Z [in]
1		1	0.	0.
2		1	100.	0.
3		2	200.	1.2
*				

图 6-101 位移明细设置及表格定义

8．求解

设置完成后，按下工具栏上的 Solve 按钮进行求解。

9．后处理

求解结束后，按如下步骤查看计算结果。

（1）绘制载荷步 1 结束时的等效应力。

1）选中 Project→Model（A4）→Static Structural（A5）→Solution（A6），在上下文工具栏中选择 Stress→Equivalent（Von-Mises）。

2）在 Equivalent Stress 的 Details 中将 Definition 下的 By 改为 Result Set，输入 Set Number 为 1。

3）鼠标右键选择 Evaluate All Results，图形窗口中绘制出的等效应力云图如图 6-102 所示。

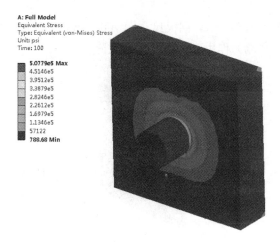

图 6-102 载荷步 1 结束时的等效应力分布

（2）绘制 120s 时的接触压力分布。

1）在上下文工具栏中单击 Tools→Contact Tool，在项目树中鼠标右键单击 Contact Tool，选择 Insert→Pressure。

2）在 Pressure 分支的 Details 中选择 Definition By Time，输入 Display Time 为 120。

3）右键选择 Evaluate All Results，图形窗口中绘制出的接触压力分布如图 6-103 所示。

（3）绘制 120s 时的接触状态。选中 Contact Tool→Status，在明细栏中将 Display Time 改为 120s，然后鼠标右键选择 Evaluate All Results，图形窗口中绘制出接触状态如图 6-104 所示。

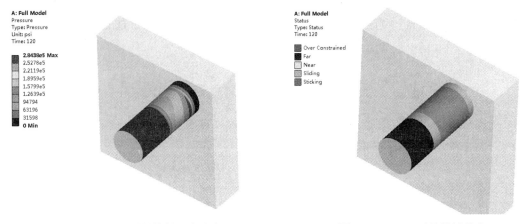

图 6-103　120s 时的接触压力分布　　　　图 6-104　120s 时的接触状态

在图 6-104 中可以清楚地看到，接触面为滑动状态，分离的部分为 Far 状态，刚分离或即将进入接触的为 Near 状态，这一分布也说明了分析结果的合理性。

6.5.3　非线性屈曲分析例题：悬臂钢板

结构的非线性屈曲是一类典型的非线性问题，往往涉及大变形以及材料非线性，本节介绍基于 ANSYS Workbench 的非线性屈曲实现方法。本节给出一个在 Workbench 环境中进行结构非线性屈曲分析的例题。

1. 问题描述

悬臂方形钢板，如图 6-105 所示。钢板尺寸为 1000mm×1000mm×10mm，底部（A 端）为固定约束，顶部悬臂端（B 端）作用有面内的压力载荷。

图 6-105　受压悬臂钢板示意图

如果悬臂钢板所采用的钢材弹性模量为2.0×10^5MPa，屈服强度为300MPa，屈服后切线模量为2.0×10^3MPa。计算此悬臂钢板的极限受压承载能力。

由材料力学知道，如果此悬臂钢板近似按照截面为10mm×1000mm的悬臂受压柱计算，根据Euler压杆理论，屈曲临界承载力近似值可由下式计算：

$$P_{cr}=\frac{\pi^2 EI}{(\mu L)^2}=\frac{\pi^2\times2.0\times10^5\times\frac{1}{12}\times10^3\times1000}{(2\times1000)^2}\approx4.11\text{kN}$$

上述近似值可以作为悬臂板临界屈曲载荷的一个初步的估计。

下面基于ANSYS Workbench对此钢板进行稳定性分析。首先进行特征值屈曲分析，随后通过引入与特征值屈曲模式成比例的初始几何缺陷进行非线性屈曲分析，计算此悬臂钢板的面内受压极限承载力。

2. 特征值屈曲分析

在Workbench环境中的特征值屈曲建模计算的过程包括搭建分析流程、创建几何模型、前处理、加载以及求解等步骤，下面按照操作次序进行介绍。

（1）搭建分析流程。启动Workbench，通过菜单Units，选择工作单位系统为Metric（kg,mm,s,℃, mA,N,mV），选择DisplayValues in Project Units，如图6-106所示。

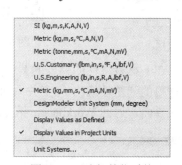

图6-106 选择单位系统

在Workbench左侧工具箱的分析系统中选择Static Structural，将其拖曳至Project Schematic，形成静力分析系统A。在工具箱中继续选择Eigenvalue Buckling，将其拖曳至Solution（A6）单元格上，创建特征值屈曲分析系统B，如图6-107所示。

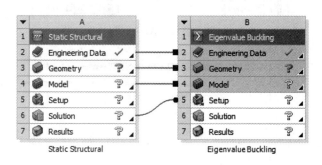

图6-107 建立特征值屈曲分析系统

（2）定义材料参数。双击A系统的Engineering Data单元格，进入Engineering Data界面。创建一个新的材料名称MAT-1，如图6-108所示。

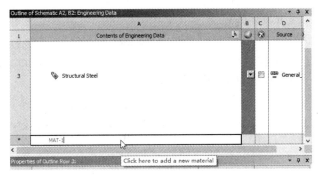

图 6-108　添加新材料

添加并指定线弹性材料特性。从左侧工具箱中选择 Linear Elastic→Isotropic Elasticity，如图 6-109 所示，拖放至 MAT-1 上，使之具备线弹性特性。添加并指定随动硬化材料特性。从左侧工具箱中选择 Plasticity→Bilinear Kinematic Hardening，如图 6-110 所示，拖放至 MAT-1 上，使之具备双线性随动硬化特性。

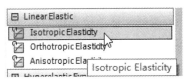

图 6-109　添加线弹性特性

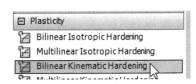

图 6-110　添加随动硬化特性

输入材料的特性参数。在 MAT-1 材料特性的列表的黄色高亮度显示区域输入对应的材料参数，如图 6-111 所示。MAT-1 材料的弹塑性应力-应变关系曲线如图 6-112 所示。材料参数定义完成后，关闭 Engineering Data 界面，返回 Workbench 环境中。

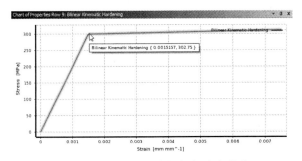

图 6-111　输入 MAT-1 材料特性参数

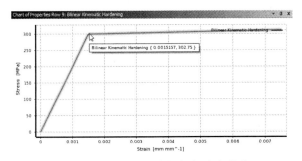

图 6-112　MAT-1 材料的应力-应变曲线

（3）创建几何模型。按照如下操作步骤在 SCDM 中建立悬臂板几何模型。

1）启动 SCDM 组件。用鼠标右键单击 Geometry（A2）组件单元格，在右键菜单中选择"New Space Claim Direct Modeler Geometry"，启动 SCDM 建模组件。

2）改变草图平面设置。在 SCDM 启动后，缺省的草图工作平面是 ZX 面，选择图形显示区域正下方的改变草图按钮，如图 6-113（a）所示的一排按钮中的左边起第二个，然后在屏幕上移动光标至 XY 轴第一象限区域，看到草图栅格出现在 XY 平面上，如图 6-113（b）所示。在此位置单击鼠标左键，栅格即固定在 XY 平面内，草图绘制平面随之改变为 XY 面。此时单击下方的平面视角按钮，即图 6-113（a）所示一排按钮中最右边的按钮，视图改变为面向 XY 平面，如图 6-113（c）所示。

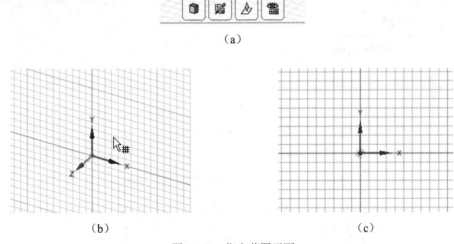

（a）

（b）　　　　　　　　　　　　　　　　　（c）

图 6-113　指定草图平面

3）绘制矩形方块。在"设计"工具栏中选择如图 6-114 所示的 Sketch 面板中的绘制矩形按钮（第一排第二个），或者按下 R 键，进入绘制矩形状态。光标移动至原点，单击鼠标左键，选择原点作为矩形的左下角顶点，然后在 XY 平面第一象限中移动光标，拉出一个矩形框，如图 6-115 所示，在其中输入尺寸为 1000mm×1000mm。

图 6-114　草图工具面板

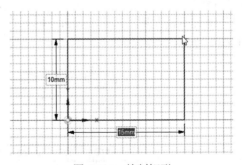

图 6-115　绘制矩形

这时注意到模型结构树如图 6-116 所示，仅包含 Curves。在 Mode 工具栏中选择最下面的 3D 模式，如图 6-117 所示，此时结构树显示如图 6-118 所示，包含一个生成的 Surface，模型显示如图 6-119 所示。

图 6-116　创建矩形后的结构树

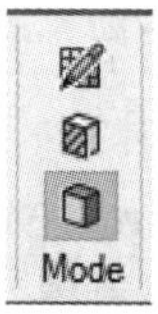

图 6-117　切换至 3D 模式

图 6-118　包含面的结构树

图 6-119　方板几何模型

至此，几何模型创建结束，关闭 SCDM 界面，返回 Workbench 界面。此时，系统 A 及 B 的 Geometry 单元格的状态均显示为绿色√，如图 6-120 所示。

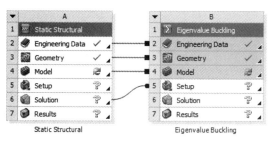

图 6-120　几何模型完成后的分析流程状态

（4）结构分析前处理。选择 Model（A3）单元格并双击，启动 Mechanical 组件，按如下步骤进行操作。

1）定义钢板厚度。选择 Geometry 分支下的面体分支，在其 Details 中设置厚度 Thickness 为 10mm，如图 6-121 所示。

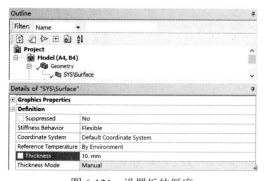

图 6-121　设置板的厚度

2）分配材料属性。在面体的 Details 中选择 Material→Assignment，单击右侧三角箭头，在弹出的材料列表菜单中选择其材料为在 Engineering Data 中创建的新材料 MAT-1，如图 6-122 所示。

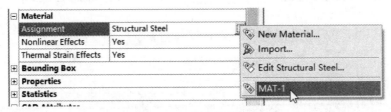

图 6-122　指定材料类型

3）划分网格。指定网格尺寸选择 Mesh 分支，在鼠标右键菜单中选择 Insert→Sizing，在 Sizing 的 Details 中选择 Geometry 为方板表面，并输入 Element Size 为 50mm，如图 6-123 所示。在 Mesh 分支右键菜单中选择 Generate Mesh，生成网格，如图 6-124 所示。

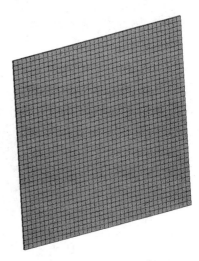

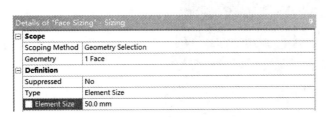

图 6-123　网格划分设置　　　　　　　　　　图 6-124　划分的板网格

（5）施加约束及载荷。施加的载荷包括固定约束以及顶部载荷。

1）固定端施加约束的施加。在 Graphics 工具条上单击下边选择过滤按钮，或者通过 Ctrl+E 组合键，进入边选择模式。在 Project 树中选择 Static Structural（A5）分支，用鼠标在模型上选择 X 方向坐标最小的边，鼠标右键菜单中选择 Insert→Fixed Support，在 Static Structural（A5）分支下创建一个 Fixed Support 分支，如图 6-125（a）所示。

2）在悬臂端施加面内压力。在工具条上单击下边选择过滤按钮，或者通过"Ctrl+E"组合键，进入边选择模式。在 Project 树中选择 Static Structure（A5）分支，用鼠标在模型上选择 X 方向坐标最大的边，鼠标右键菜单中选择 Insert→Force，在 Static Structural（A5）分支下创建一个 Force 分支，如图 6-125（b）所示。在 Force 分支的 Details 中，在 Defination 部分选择 Define By Components，为了便于获取临界载荷，在 X Component 中填写-1N，如图 6-125（c）所示。

（a）添加的约束分支　　　　　　　　　　　（b）添加的 Force 分支

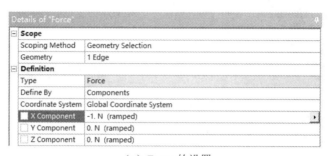

（c）Force 的设置

图 6-125　施加方板的约束及载荷

施加了约束及载荷后的分析模型如图 6-126 所示。

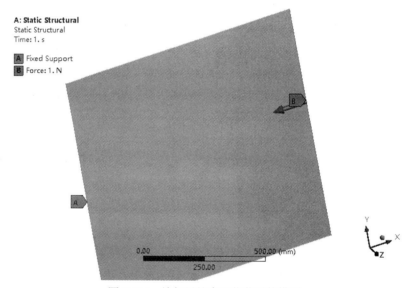

图 6-126　施加了约束及载荷后的模型

（6）运行特征值屈曲求解。选择 Eigenvalue Buckling（B5）分支，然后单击工具栏上的 Solve 按钮，进行特征值屈曲部分的求解。

（7）查看特征值屈曲结果。计算完成后，选择 Solution（B6）分支，在 Tabular Data 中查看特征值，由于前面施加的是单位载荷，因此这里的特征值就是悬臂板的临界屈曲载荷。缺省设置为计算前两个屈曲特征值，由计算结果可知，其一阶面外屈曲的临界载荷计算结果为 43549N。

通过添加屈曲模态结果查看特征变形模式。在 Tabular Data 中按住 Ctrl 键，同时选择两个屈曲模态 Mode 1 和 Mode 2，在鼠标右键菜单中选择 Create Mode Shape Results，如图 6-127 所示。

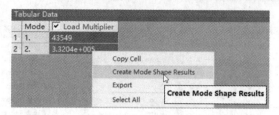

图 6-127　通过特征值列表添加特征变形结果

计算屈曲模态变形结果。选择 Solution（B6）分支，在鼠标右键菜单中选择 Evaluate All Results，如图 6-128 所示。

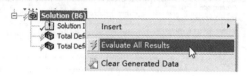

图 6-128　提取特征变形

分别在 Solution（B6）分支下选择 Total Deformation 及 Total Deformation 2 对象，观察一阶以及二阶屈曲模态的变形结果，如图 6-129 和图 6-130 所示。注意到这里的变形结果是经过归一化处理，即节点的最大变形为 1 个长度单位（即 1mm）。

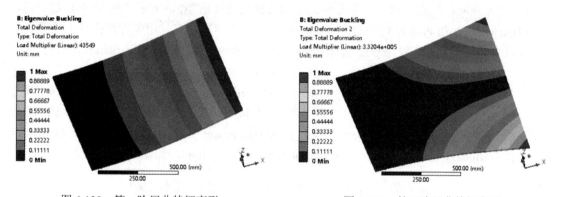

图 6-129　第一阶屈曲特征变形　　　　　　图 6-130　第二阶屈曲特征变形

3. 非线性屈曲分析

下面来进行悬臂方板的非线性屈曲分析。

（1）建立非线性屈曲分析系统并引入几何缺陷。按照如下步骤进行操作。

1）添加一个静力分析系统。由于非线性屈曲分析的实质为一个非线性结构静力分析，因此在 Workbench 左侧工具箱中选择 Static Structural 并将其用鼠标左键拖放至图 6-131 所示位置，创建一个结构静力分析系统 C。

2）共享材料参数。连接 Eigenvalue Buckling 系统的 Engineering Data（B2）单元格与 Static Structural 系统的 Engineering Data（C2）单元格。

3）为静力分析系统 C 引入几何缺陷。连接 Eigenvalue Buckling 系统的 Solution（B6）单元格与 Static Structural 系统的 Model（C4）单元格。选择 Solution（B6）单元格，选择 View →Properties，在 Update Settings for Static Structural（Component ID：Model 2）一栏中，设置 Scale Factor 为 5，选择 Mode 1，如图 6-132 所示。

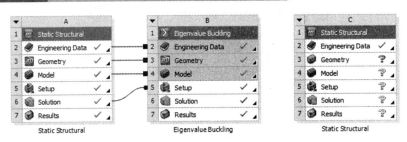

图 6-131 新建的静力分析系统

17	Update Settings for Static Structural (Component ID: Model 2)	
18	Process Nodal Components	☑
19	Nodal Component Key	
20	Process Element Components	☑
21	Element Component Key	
22	Scale Factor	5
23	Mode	1

图 6-132 引入几何缺陷

（2）非线性屈曲加载。进入 Mechanical 组件。双击 Model（C3）单元格打开 Mechanical 组件，这时可以观察到引入几何缺陷后的模型。采用位移控制加载的方式。需要施加的约束及载荷包括固定端位移约束，悬臂端的位移载荷。

1）固定端施加约束。在工具条上单击下边选择过滤按钮 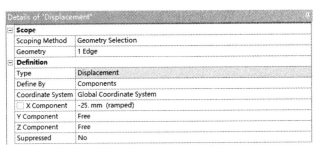，或者通过 Ctrl+E 组合键，进入边选择模式。在 Project 树中选择 Static Structural（C4）分支，用鼠标在模型上选择 X 方向坐标最小的边，鼠标右键菜单中选择 Insert→Fixed Support，在 Static Structural（C4）分支下创建一个 Fixed Support 分支。

2）悬臂端施加位移载荷。在 Project 树中选择 Static Structure（A5）分支，用鼠标在模型上选择 X 方向坐标最大的边，鼠标右键菜单中选择 Insert→Displacement，在 Static Structural（A5）分支下创建一个 Displacement 分支。在 Displacement 分支的 Details 中，在 Defination 部分选择 Define By Components，在 X Component 中填写-25mm，如图 6-133 所示。

Details of "Displacement"		4
Scope		
Scoping Method	Geometry Selection	
Geometry	1 Edge	
Definition		
Type	Displacement	
Define By	Components	
Coordinate System	Global Coordinate System	
☐ X Component	-25. mm (ramped)	
Y Component	Free	
Z Component	Free	
Suppressed	No	

图 6-133 位移载荷的数值

施加了载荷和固定约束的非线性屈曲分析模型如图 6-134 所示。

（3）分析选项设置。选择 Static Structural（C4）下的 Analysis Settings 分支，在其 Details 中进行非线性屈曲分析的求解选项设置。

1）时间步设置。在 Analysis Settings 分支 Details 中的 Step Controls 部分，设置 Auto Time Stepping 为 On，Define By 选择 Substeps，Initial Substeps、Minimum Substeps 以及 Maximum Substeps 分别为 20、10 以及 100，如图 6-135 所示。

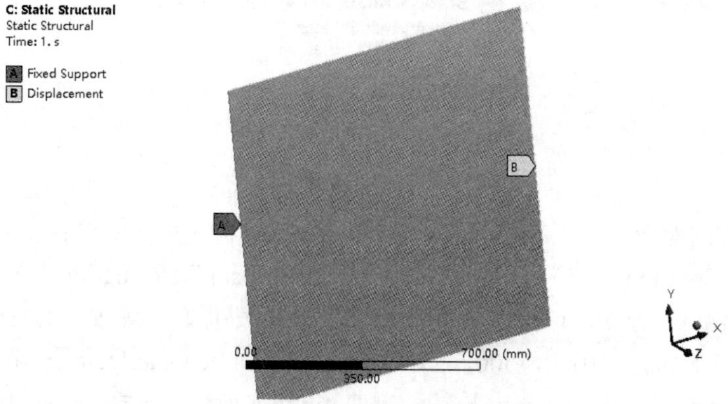

图 6-134　施加了载荷和约束的模型

Details of "Analysis Settings"

Step Controls	
Number Of Steps	1.
Current Step Number	1.
Step End Time	1. s
Auto Time Stepping	On
Define By	Substeps
Initial Substeps	20.
Minimum Substeps	10.
Maximum Substeps	100

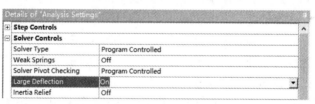

图 6-135　时间步设置

2）打开大变形选项。在 Analysis Settings 的 Details 设置中，设置 Large Deflection 为 On，如图 6-136 所示。

Details of "Analysis Settings"

Step Controls	
Solver Controls	
Solver Type	Program Controlled
Weak Springs	Off
Solver Pivot Checking	Program Controlled
Large Deflection	On
Inertia Relief	Off

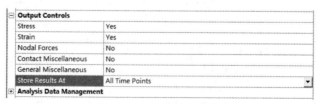

图 6-136　打开大变形选项

3）设置计算输出控制选项。在 Analysis Settings 的 Details 设置中的 Output Controls 部分，设置 Store Results At 为 All Time Points，如图 6-137 所示。

Output Controls	
Stress	Yes
Strain	Yes
Nodal Forces	No
Contact Miscellaneous	No
General Miscellaneous	No
Store Results At	All Time Points
Analysis Data Management	

图 6-137　求解输出设置

（4）添加后处理结果项目。按照如下步骤添加后处理结果项目。

1）添加 X 向支反力。将 Fixed Support 分支拖放至 Solution（C5）分支上，如图 6-138 所示，在 Solution（C5）分支下形成一个 Force Reaction 分支。

图 6-138　添加支反力结果

2）添加 Z 方向变形结果。在 Solution（C5）分支的右键菜单中选择 Insert→Deformation→Directional，在 Solution（C5）分支下增加一个 Directional Deformation 分支。选择新创建的 Directional Deformation 分支，单击工具栏上的节点选择按钮 ，或按下 Ctrl+N 键，切换至节点选择模式，选择坐标为（1000，500，5）的节点，在 Directional Deformation 分支 Details 的 Scope 部分 Geometry 栏中单击 Apply 按钮，在 Definition 部分，选择 Orientation 为 Z Axis，如图 6-139 所示。

Details of "Directional Deformation"		
Scope		
Scoping Method	Geometry Selection	
Geometry	1 Node	
Definition		
Type	Directional Deformation	
Orientation	Z Axis	
By	Time	
Display Time	Last	
Coordinate System	Global Coordinate System	
Calculate Time History	Yes	

图 6-139　添加方向性变形

3）添加总体变形结果项目。在 Solution（C5）分支的右键菜单中选择 Insert→Deformation→Total，在 Solution（C5）分支下添加一个 Total Deformation 分支。

4）添加总体应力结果项目。在 Solution（C5）分支的右键菜单中选择 Insert→Stress→Equivalent（von-Mises），在 Solution（C5）分支下添加一个 Equivalent Stress 分支。

5）添加塑性应变结果项目。在 Solution（C5）分支的右键菜单中选择 Insert→Strain→Equivalent Plastic，在 Solution（C5）分支下添加一个 Equivalent Plastic Strain 分支。

（5）求解。上述操作完成后，单击工具栏上的 Solve 按钮开始求解。在求解的过程中，可以选择 Solution Information 分支，在其 Details 的 Solution Output 选项下拉列表中选择 Force Convergence，在右侧显示收敛残差曲线，如图 6-140 所示。

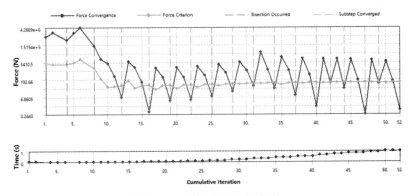

图 6-140　观察残差监控曲线

（6）非线性屈曲分析结果后处理。计算完成后，按照如下步骤对结果进行观察与后处理。

1)查看总体变形结果。在 Solution（C5）分支下选择 Total Deformation 分支，查看结构在最后一步的总体变形分布等值线图。首先在工具栏的 Result 工具条中进行设置，选择变形显示比例为 1.0（True Scale），并选择 Show Undeformed WireFrame 选项显示变形前的结构轮廓，如图 6-141（a）所示。结构的变形情况显示如图 6-141（b）所示。

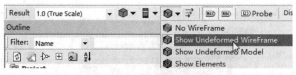

（a）变形等值线设置

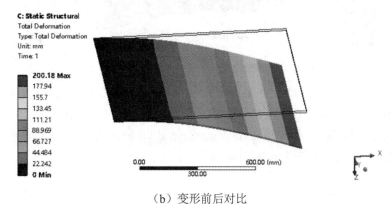

（b）变形前后对比

图 6-141　观察板的总体变形

2）查看悬臂端的 Z 方向变形结果。在 Solution（C5）分支下选择 Directional Deformation 分支，查看悬臂端中间节点的 Z 方向变形随"时间"的变化曲线，如图 6-142 所示，由图可知悬臂端边中间节点的最大面外位移一直单调增加，最大值约为 196.5mm。

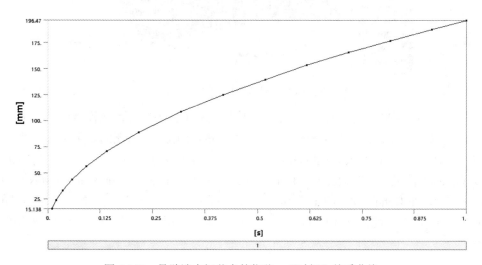

图 6-142　悬臂端中间节点的位移－"时间"关系曲线

3）查看总体应力分布结果。在 Solution（C5）分支下选择 Equivalent Stress 分支，查看结构在最后一步的 von-Mises 等效应力分布等值线图，在工具栏的 Result 工具条中选择变形显示比例为 1.0（True Scale），并选择 Show Undeformed WireFrame 选项显示变形前的结构轮廓，悬臂板的等效应力分布情况如图 6-143 所示。

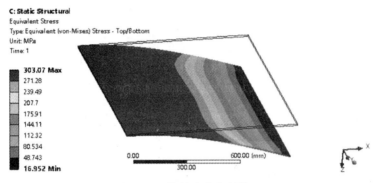

图 6-143　等效应力分布情况

4）查看塑性应变分布结果。在 Solution（C5）分支下选择 Equivalent Plastic Strain 分支，查看结构在最后一步的等效塑性应变分布等值线图，在工具栏的 Result 工具条中选择变形显示比例为 1.0（True Scale），并选择 Show Undeformed WireFrame 选项显示变形前的结构轮廓，悬臂板的等效塑性应变的分布情况如图 6-144 所示。

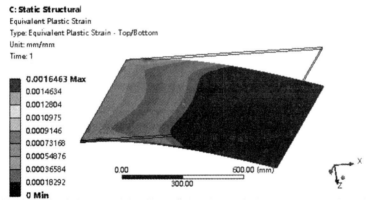

图 6-144　等效塑性应变分布情况

5）查看载荷-变形曲线。通过 Results 工具栏上的 Chart 按钮，在模型树的底部添加一个 Chart 对象分支。在 Details of "Chart" 中单击 Outline Selection 右侧的黄色区域，然后在项目树中按住 Ctrl 键，选择 Directional Deformation 和 Force Reaction 两个分支，单击 Apply 按钮，显示 2 Objects 被选中。在 Tabular Data 中仅勾选 Directional Deformation（Max）和 Force Reaction（X），在 Details of "Chart" 中，进行如图 6-145 所示的选项设置。绘制结构的反力-侧移曲线如图 6-146 所示，结构极限承载力大约为 4.29×10^4N，略低于特征值屈曲的第一阶临界载荷。

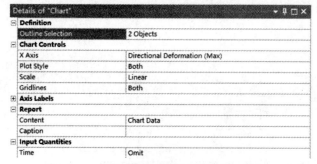

图 6-145　Chart 设置

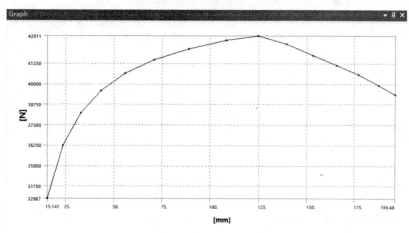

图 6-146　反力-侧移曲线

第7章
结构动力学分析及应用

本章为结构动力学分析专题，内容包括模态分析、谐响应分析、瞬态分析、响应谱分析、随机振动分析等动力分析技术的实现方法和操作要点，系统讲解了一系列典型的易错问题和疑难问题，在最后一节还提供了几个结构动力分析的计算实例。

7.1 模态分析要点

1. 模态分析的模型及边界条件

Workbench 中的结构模态分析包括一般模态分析和预应力模态分析两大类。一般模态分析在 Project Schematic 中为一个独立的 Modal 分析系统，如图 7-1 中所示的 A 系统。传统的预应力模态分析在刚度矩阵中计入几何刚度，如图 7-1 所示的 B 和 C 系统。

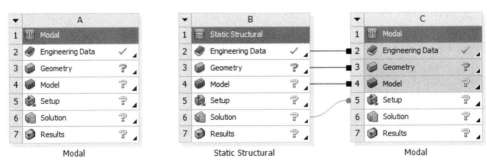

图 7-1　一般模态分析和预应力模态分析系统

模态分析过程假设刚度和质量为常量，因此不计入任何的非线性因素，在模态分析中，非线性接触类型也被替换为对应的线性接触类型，相关替换情况列于表 7-1 中。谐响应分析中对于接触也采用相同的处理方式。

模态分析是对结构自身固有特性的分析，与外部激励无关，因此模态分析无需施加任何外载荷。在预应力模态计算的静力分析中所施加的载荷仅用于计算几何刚度。模态与外部载荷无关，但是与约束方式密切相关，因此在模态分析中施加约束要符合实际情况。

表 7-1　模态分析中的接触对效果

接触类型	初始接触状态		
	初始接触	初始在 Pinball 区域内	初始在 Pinball 区域外
Bonded	Bonded	Bonded	Free
No Separation	No Separation	No Separation	Free
Rough	Bonded	Free	Free
Frictionless	No Separation	Free	Free
Frictional	$\mu = 0$, No Separation $\mu > 0$, Bonded	Free	Free

2. 模态分析的选项设置

模态分析的选项通过 Analysis Settings 分支的 Details 来设置。图 7-2 所示为无阻尼模态分析的 Details 选项设置。Options 部分用于设置模态提取选项：Max Modes to Find 为提取的模态阶数；Limit Search to Range 为模态搜索频率范围开关，Limit Search to Range 的缺省值为 No，即不考虑模态提取的限制范围，如果此选项设置为 Yes，则需要指定模态提取的频率范围 Range Minimum 以及 Range Maximum。图 7-2 所示为最多提取 10 阶模态，频率范围是 10Hz 到 50Hz。Solver Controls 部分用于设置求解器选项，Damped 为是否有阻尼选项，缺省为 No，这时可以选择的 Solver Type 有 Program Controlled（缺省）、Direct、Iterative、Unsymmetric、Supernode 及 Subspace 算法选项。如选择 Program Controlled，则 ANSYS 具体采用的算法可在求解后查看 Solver Output 信息的 "SOLUTION OPTIONS" 部分。相关算法的特性请参考第 1 章的理论部分。

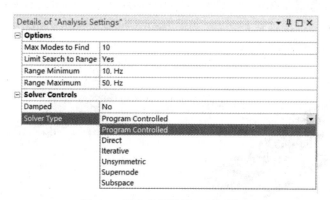

图 7-2　模态分析设置（无阻尼）

图 7-3 所示为有阻尼模态分析的选项设置，在 Options 部分的选项设置与无阻尼情况相同。在 Solver Controls 中设置 Damped 为 Yes，可选择的 Solver Type 有 Program Controlled（缺省值）、Full Damped 以及 Reduced Damped。Reduced Damped 的求解效率较高，但不建议用于高阻尼情况。

3. 模态分析后处理与结果的解释

模态分析的结果项目包括频率、振型、振型参与系数及有效质量等。下面对这些结果项目分别进行说明。

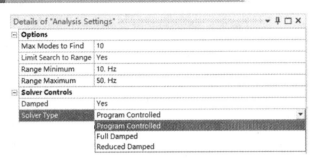

图 7-3　模态分析设置（有阻尼）

（1）频率。模态分析结束后，在 Tabular 区域会出现一个频率列表，由低到高依次列出模型的各阶自振频率数值，单位为 Hz。图 7-4 所示为某个桁架钢结构的各阶自振频率列表。

	Mode	☑ Frequency [Hz]
1	1.	9.3153
2	2.	27.914
3	3.	28.764
4	4.	31.633
5	5.	32.016
6	6.	33.057

图 7-4　模态频率列表

（2）振型。模态分析作为一个特征值问题，振型实际上就是相应于特征值的特征向量。由于特征值问题中方程的齐次性，特征向量任意缩放后仍然满足方程，因此 Workbench 对特征向量关于质量矩阵进行归一化处理后，作为振型输出。观察各阶振型时，首先在频率 Tabular 列表中选择频率，然后在右键菜单中选择 Create Mode Shapes。如果需要查看多阶振型，用 Ctrl 键或 Shift 键辅助选择多个频率点。随后，Solution 分支下出现相关的模态振型结果项目，在 Solution 分支的右键菜单中选择 Evaluate All Results 即可提取到振型变形。图 7-5 所示为某个桁架钢结构的某两阶模态的振型图。

图 7-5　桁架钢结构的振型图

（3）振型参与系数及有效质量。模态分析的求解器输出中包含各阶模态在各方向的振型参与系数、有效质量等重要信息。如图 7-6 所示，在 Solution Information 分支的 Details 中指定 Solution Output 类型为 Solver Output 时，在 Worksheet 视图中即可查看相关信息。图 7-7 所示为某悬臂板在 Z 方向（板面法线方向）各阶振型的参与系数及有效质量。

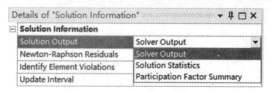

图 7-6　Solution Output 设置

```
***** PARTICIPATION FACTOR CALCULATION *****  Z  DIRECTION

                                                                CUMULATIVE     RATIO EFF.MASS
MODE   FREQUENCY      PERIOD      PARTIC.FACTOR    RATIO    EFFECTIVE MASS  MASS FRACTION  TO TOTAL MASS
  1   0.769537E-01    12.995       0.19070       1.000000   0.363672E-01    0.704863       0.612084
  2   0.252388        3.9622       0.10610E-05   0.000006   0.112581E-11    0.704863       0.189481E-10
  3   0.489172        2.0443      -0.10605       0.555108    0.112468E-01    0.922846       0.189291
  4   0.871114        1.1480       0.55919E-05   0.000029   0.312694E-10    0.922846       0.526286E-09
  5   1.15152         0.86842     -0.19149E-01   0.100412    0.366673E-03    0.929953       0.617135E-02
  6   1.46231         0.68385      0.60117E-01   0.315242    0.361407E-02    1.00000        0.608272E-01
     ---------------------------------------------------------------------------------------------------
 sum                                                         0.515947E-01                   0.868373
     ---------------------------------------------------------------------------------------------------
```

图 7-7　Z 方向各阶振型的参与系数及有效质量

在上述 PARTICIPATION FACTOR CALCULATION 输出信息中，从左至右依次列出了各阶模态的频率、周期、振型参与系数、参与系数比、有效质量、累计质量分数、总体质量分数等内容。振型参与系数及有效质量反映了振型在各方向上的振动参与程度。在基于模态叠加的动力分析中，为保证计算精度，通常需要提取足够多的模态，使得某个方向参与质量占总质量的分数足够大。

如图 7-8 所示，在 Solution Information 的 Details 中，如果设置 Solution Output 为 Participation Factor Summary，也可以查看各阶模态的 Participation Factor、Effective Mass、Cumulative Effective Mass Fraction 及 Ratio of Effective Mass to Total Mass 等信息列表，这些信息与 Solver Output 中的内容是相同的，只是按照每一阶模态的顺序列出相关信息，如图 7-9 所示。

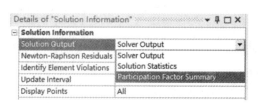

图 7-8　查看振型参与因子

Participation Factor Summary

Participation Factor

Mode	Frequency [Hz]	X Direction	Y Direction	Z Directi ^
1	9.3153	2.1009e-003	5.5149e-003	0.92945
2	27.914	-1.1303e-002	0.10806	6.8737e-0
3	28.764	5.1275e-003	0.22009	-1.2917e-
4	31.633	3.3831e-004	5.2051e-002	-1.2494e-
5	32.916	1.9397e-003	0.56312	2.4917e-

Effective Mass

Mode	Frequency [Hz]	X Direction [tonne]	Y Direction [tonne]	Z Direction [t ^
1	9.3153	4.4136e-006	3.0414e-005	0.86389

图 7-9　Participation Factor Summary 视图

7.2 谐响应分析要点

7.2.1 谐响应分析的两种求解方法

ANSYS Workbench 谐响应分析可以采用完全法或模态叠加法两种求解方法，且均可以考虑应力刚化效应。图 7-10 所示为一个独立的谐响应分析系统。

图 7-10 谐响应分析系统

谐响应分析所采用的算法在 Mechanical 界面中的 Analysis Settings 中设置，图 7-11（a）所示为 Full 方法（完全法），图 7-11（b）所示为 Mode Superposition（模态叠加法）。

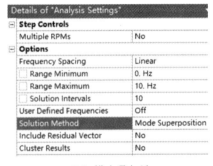

（a）完全法 （b）模态叠加法

图 7-11 谐响应分析的两种算法

对于模态叠加法谐响应分析，模态分析阶段还可以是一个独立的系统，如图 7-12 所示，这种方式与上述模态分析阶段非独立系统的方式在求解单个的谐响应分析时是没有区别的。但是，如果有多个谐响应分析需要基于模态叠加求解，建议采用独立的模态分析系统，这样对于每一个谐响应分析来说，就无需进行重复的模态提取计算了。如图 7-13 所示，谐响应分析系统 B 和 C 都是基于模态叠加算法，其模态计算结果均来自于模态分析系统 A，也就是说，只需在系统 A 中进行一次模态计算，系统 B 和 C 的模态分析阶段无需重复进行。对于大模型的多工况分析，这种方式可以有效节约模态提取部分的计算时间。

谐响应分析中还可以考虑应力刚化因素，即几何刚度对计算结果的影响。图 7-14 所示为独立的谐响应分析中考虑应力刚化的分析流程，图 7-15 所示为模态叠加法谐响应分析中考虑应力刚化效应的分析流程。

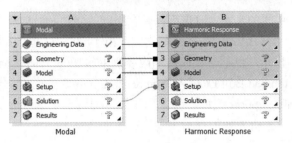

图 7-12　模态叠加法谐响应分析

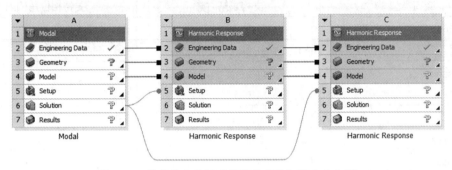

图 7-13　共享模态分析系统的模态叠加谐响应分析

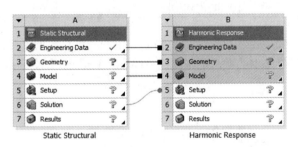

图 7-14　考虑应力刚化的谐响应分析流程

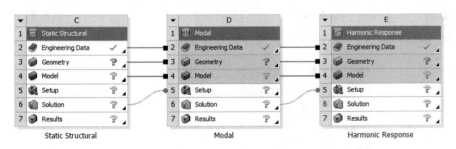

图 7-15　考虑应力刚化的模态叠加谐响应分析流程

7.2.2　谐响应分析的载荷与求解选项

1. 谐响应分析的载荷类型和施加方法

在谐响应分析中可施加很多类型的载荷，且这些载荷都是简谐变化的。在一个谐响应分析中施加的载荷都具有相同的频率，但是可以具有不同的相位角，加速度载荷除外，加速度载荷只能具有 0 相位角。对于 Bearing load 载荷类型，由于无法实现恰当的加载效果，应该避免在谐响应分析中应用。此外，也不建议在谐响应分析中施加 Gravity Loads、Thermal Loads、Rotational Velocity、Pretension Bolt Load、Compression-Only Support 等载荷及约束类型。如果施加了 Compression-Only Support 约束，其实际效果将类似于 Frictionless Support。

表 7-2 列出了谐响应分析支持的载荷类型及相关的限制。

表 7-2　谐响应分析支持的载荷类型及限制

载荷类型	支持求解方法	支持相位角输入
Acceleration	Full 或 MSUP	No
Pressure	Full 或 MSUP	Yes
Pipe Pressure	仅支持 Full	Yes
Force	Full 或 MSUP	Yes
Moment	Full 或 MSUP	Yes
Remote Force	Full 或 MSUP	Yes
Bearing load	Full 或 MSUP	No
Line Pressure	Full 或 MSUP	Yes
Displacement	Full 或 MSUP	Yes

指定简谐载荷时，要指定其频率范围、幅值和相位等信息，而不是像其他分析类型那样只需要指定载荷数值。载荷作用的频率范围是由 Analysis Settings 分支来指定的，如图 7-16 所示。

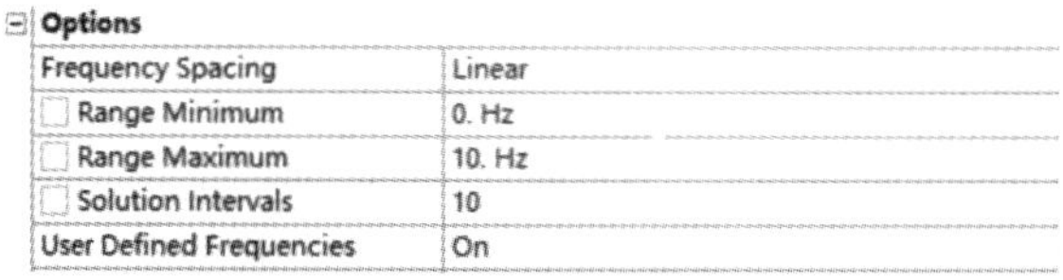

图 7-16　载荷作用频率范围指定

简谐载荷的幅值和相位角在载荷对象的 Details 中定义，图 7-17 所示为按分量方式定义一个集中力简谐载荷 Force，各个分量之间可以有相位差。

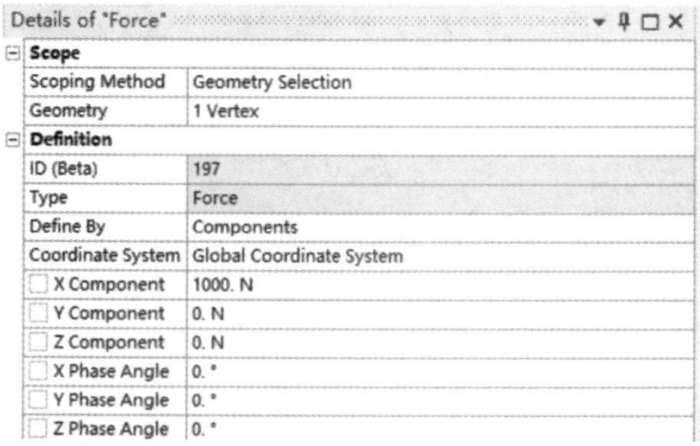

图 7-17　定义简谐的 Force 载荷

在 Mechanical 组件中，还支持通过 Tabular 方式定义与频率相关的简谐载荷幅值，图 7-18 所示为一个简谐压力载荷。目前支持与频率相关的载荷类型包括 Force、Pressure、Moment、Acceleration、Remote Force 以及 Displacement。

	Frequency [Hz]	☑ Magnitude [MPa]	☐ Phase Angle [°]
Tabular Data			
1	5.	95.	0
2	12.	170.	0.
3	15.	103.	0.
*			

图 7-18　与频率相关的简谐载荷幅值

2. 模态叠加法谐响应分析的选项设置

对于模态叠加法谐响应分析，计算选项主要通过 Analysis Settings 中的 Options 部分来设置，如图 7-19 所示。

Options	
Frequency Spacing	Linear
☐ Range Minimum	0. Hz
☐ Range Maximum	10. Hz
☐ Solution Intervals	10
User Defined Frequencies	On
Solution Method	Mode Superposition
Include Residual Vector	No
Cluster Results	No
Modal Frequency Range	Program Controlled
Skip Expansion (Beta)	No
Store Results At All Frequencies	Yes

图 7-19　MSUP 谐响应分析设置

在这些选项中，Frequency Spacing 通常选择 Linear；Range Minimum 和 Range Maximum 分别为频率下限和上限；Solution Intervals 为频率计算范围的求解间隔；User Defined Frequencies 为用户指定频率计算点，设置 On 时需要在 Tabular 中指定计算的频率点，程序将额外计算这些频率点上的响应；Solution Method 选择 Mode Superposition 为模态叠加法；Include Residual Vector 为包含剩余向量开关，对于高频激励可以设为 Yes 以提高精度；Cluster Results 为结果在自振频率附近聚集的选项，应用此选项可以使得频率响应曲线更准确，可更好地捕捉到峰值响应，设为 Yes 时还需指定 Cluster Number，缺省值为 4 个；Modal Frequency Range 为模态提取的频率范围，缺省为 Program Controlled，范围从 50% 的 Range Minimum 到 200% 的 Range Maximum；Store Results At All Frequencies 为结果保存选项，缺省为 Yes，即保存所有频率计算点的结果。

Analysis Settings 中的 Damping Controls 用于设置结构的阻尼，如图 7-20 所示。Damping Ratio 为结构的阻尼比，Stiffness Coefficient 和 Mass Coefficient 分别为瑞利阻尼的刚度阻尼系数和质量阻尼系数。

Damping Controls	
Eqv. Damping Ratio From Modal	No
☐ Damping Ratio	0.
Stiffness Coefficient Define By	Direct Input
☐ Stiffness Coefficient	0.
☐ Mass Coefficient	0.

图 7-20　模态叠加法谐响应分析的阻尼设置

3. 完全法谐响应分析的选项设置

对于 Full 方法谐响应分析，其分析选项如图 7-21 所示，注意，其中 Solution Method 选项设置为 Full，Options 部分的其余选项与模态叠加法相同。在 Rotordynamics Controls 中 Coriolis Effect 选项用于设置转子动力学分析中的科里奥利效应。完全法谐响应分析中，Constant Structural Damping Coefficient 用于设置结构阻尼系数，而不是采用模态叠加法中的 Damping Ratio；完全法谐响应分析中也可以设置瑞利阻尼系数。

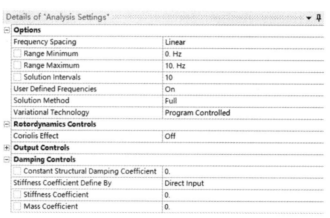

图 7-21　Full 法谐响应分析的选项设置

7.2.3　谐响应分析的结果后处理

谐响应分析计算完成后，可以通过 Frequency Response 图、Phase Response 图及各种结果的等值线图等来查看和分析计算结果。

1. Frequency Response 图

如图 7-22 所示，在 Solution 分支的右键菜单中选择 Insert→Frequency Response，在 Solution 分支下添加 Frequency Response 对象，可以查看变形、应变、应力、速度、加速度、支反力等各种结果的频率响应。

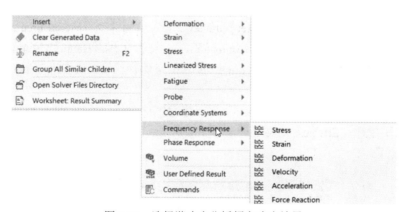

图 7-22　选择谐响应分析频率响应结果

图 7-23（a）所示为某个结果项目 Frequency Response 对象的 Details 视图，在 Definition 部分需要指定频率响应的类型，如位移、应力等，并指定作用范围；在 Options 部分，通常将

Display 选项设置为 Bode，即同时显示幅值和相位角，显示频率响应和各频率下的相位角如图 7-23（b）所示。

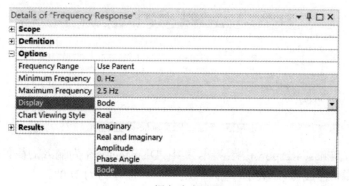

（a）频率响应设置

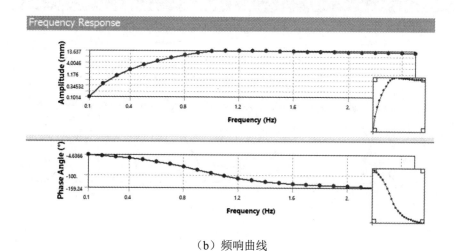

（b）频响曲线

图 7-23　Frequency Response 设置以及频响曲线

2. Phase Response 图

如图 7-24 所示，在 Solution 分支的右键菜单中选择 Insert→Phase Response，可在 Solution 分支下添加 Phase Response 对象，可以查看变形、应变、应力等结果的相位角响应。

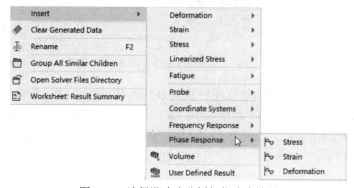

图 7-24　选择谐响应分析相位响应结果

图 7-25 所示为 Phase Response 对象的 Details，在 Definition 部分需要指定显示相位响应图的结果类型，在 Options 中需要指定 Frequency，并设置 Duration（缺省值为 720°）。

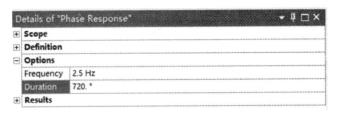

图 7-25　Phase Response 设置选项

图 7-26 所示为 Phase Response 响应图，其中，Displacement 为输入的简谐位移激励，Output 为响应位移，由图中曲线可以看到，输入和响应的相位差约为 160°。

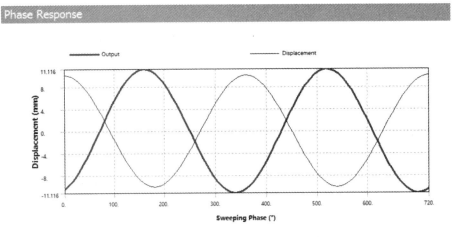

图 7-26　某位移激励和响应的相位差

3. 结果等值线图

在 Solution 目录下选择 Frequency Response 对象，在其右键菜单中选择 Create Contour Result，如图 7-27 所示，在 Solution 目录下添加一个与 Frequency Response 对象结果项目相同的等值线结果分支。

图 7-27　创建结果等值线显示

用户需要注意一点，就是在等值线图对象的 Details 中的相位角与 Frequency Response 中的相位角符号相反，如图 7-28（a）及图 7-28（b）所示，最大幅值发生在激励频率 1.25Hz，Tabular Data 中的 Phase Angle 为-119.75°，而位移等值线中的相位是 119.75Hz，位移的幅值是一致的，都是 13.614mm，如图 7-28（a）及图 7-28（c）所示。这是一个 SDOF 的弹簧-质量受到简谐基础运动激励的问题。

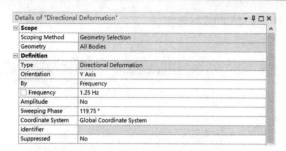

	Frequency [Hz]	☑ Amplitude [mm]	☑ Phase Angle [°]
1	0.41667	1.9637	-22.067
2	0.83333	9.5352	-65.804
3	1.25	13.614	-119.75
4	1.6667	12.484	-143.34
5	2.0833	11.615	-153.61

（a）频响结果　　　　　　　　　　　（b）等值线图设置

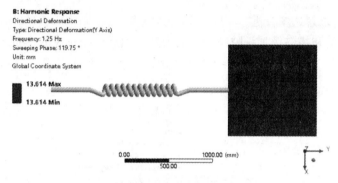

（c）最大变形响应及频率相位角

图 7-28　等值线图的相位角设置

7.3　瞬态分析要点

1. 瞬态分析方法与系统

瞬态分析可以使用完全法和模态叠加法。在 Workbench 中可以直接调用 ToolBox 中的 Transient Structural 系统进行完全法瞬态结构分析，如图 7-29 中所示的系统 A。

对于模态叠加法瞬态分析，首先建立一个 Modal 分析系统，再拖放一个 Transient Structural 系统到 Modal 系统的 Solution 单元格，形成基于模态叠加的瞬态分析系统，如图 7-29 所示的系统 B 和系统 C。

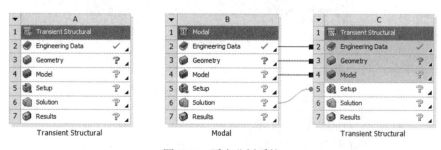

图 7-29　瞬态分析系统

对于考虑应力刚化效应的瞬态分析，如果采用模态叠加方法，可建立如图 7-30 所示的分析流程，其中的系统 A 计算几何刚度，系统 B 进行考虑刚化效应的模态分析，系统 C 进行基于模态叠加的瞬态分析。

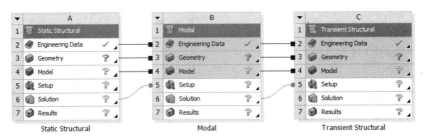

图 7-30   考虑应力刚化的模态叠加瞬态分析流程

2. 瞬态分析的求解选项设置

完全法瞬态分析和模态叠加法瞬态分析的求解选项通过 Analysis Settings 分支的 Details 进行设置，分别如图 7-31（a）及图 7-31（b）所示。

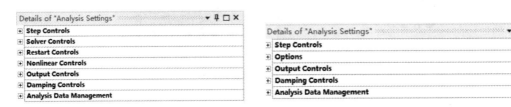

（a）完全法   （b）模态叠加法

图 7-31   瞬态分析的求解选项设置

（1）Step Controls。即载荷步设置选项，如图 7-32 所示。与静力分析中的各种载荷步选项意义相同，但是要注意瞬态分析中的时间是真实的物理时间，积分时间步长的设置要能够捕捉到关心的最高频率。Time Integration 选项缺省为 On，即考虑瞬态积分效应，仅在一些用于建立初始条件的载荷步中这一选项设置为 Off。

Step Controls	
Number Of Steps	1.
Current Step Number	1.
Step End Time	1. s
Auto Time Stepping	On
Define By	Time
Initial Time Step	0. s
Minimum Time Step	0. s
Maximum Time Step	0. s
Time Integration	On

（a）Full 法瞬态分析

Step Controls	
Number Of Steps	1.
Current Step Number	1.
Step End Time	1. s
Auto Time Stepping	Off
Define By	Time
Time Step	0. s
Time Integration	On

（b）模态叠加法瞬态分析

图 7-32   瞬态分析的载荷步设置选项

在完全法的非线性瞬态分析中，由于可以包含各种非线性因素，因此建议设置 Auto Time Stepping 选项为 On，并设置初始、最小及最大积分时间步长，如图 7-32（a）所示，这样在计算过程中遇到收敛困难时可以在指定范围内减小积分时间步长，而收敛容易时可加大积分时间步长。对于模态叠加法瞬态分析，由于不能考虑非线性因素，其 Auto Time Stepping 为 Off，只能定义恒定的积分时间步长，如图 7-32（b）所示。载荷步选项可以在不同的载荷步采用不同的设置。

（2）Solver Controls。即求解器选项，如图 7-33 所示。Solver Type 缺省为 Program Controlled，也可根据模型特点直接指定为 Direct 或 Iterative。对于细长的柔性结构或超弹性体，一般打开大变形选项，即 Large Deflection 选项设置为 On。对于模态叠加法瞬态分析，没有此选项组。

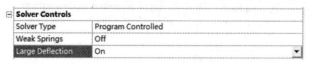

图 7-33　瞬态分析的求解器选项

（3）Restart Controls。即重启动选项，与静力分析的重启动选项相同，可参照第 6 章的介绍。

（4）Nonliear Controls。即非线性分析选项，与静力分析的非线性选项相同，可参照第 6 章的介绍。在不同的载荷步可以采用不同的非线性分析选项设置。

（5）Output Controls。即输出选项，与非线性静力分析类型的选项相同。可以根据需要选择输出的时间间隔和内容，以便控制瞬态分析结果文件的大小。

（6）Damping Controls。即阻尼选项。对完全法瞬态分析和模态叠加法瞬态分析，其阻尼设置分别如图 7-34（a）及图 7-34（b）所示。在完全法中可以指定瑞利阻尼的刚度系数和质量系数，在 MSUP 法中还可以指定阻尼比。数值阻尼在完全法和 MSUP 法中的缺省值分别为 0.1 和 0.005。

Damping Controls	
Stiffness Coefficient Define By	Direct Input
Stiffness Coefficient	0.
Mass Coefficient	0.
Numerical Damping	Program Controlled
Numerical Damping Value	0.1

（a）完全法的阻尼选项

Damping Controls	
Eqv. Damping Ratio From Modal	No
Damping Ratio	0.
Stiffness Coefficient Define By	Direct Input
Stiffness Coefficient	0.
Mass Coefficient	0.
Numerical Damping	Program Controlled
Numerical Damping Value	0.005

（b）模态叠加法的阻尼选项

图 7-34　瞬态分析的阻尼设置选项

（7）Analysis Data Management。即分析数据管理选项，可参照第 6 章中的介绍。

（8）Options。此选项组仅出现在模态叠加法瞬态分析中，包含一个选项，即 Include

Residual Vector，如图 7-35 所示。此选项设为 Yes 时，考虑高阶模态剩余向量对结果的修正。

图 7-35　模态叠加法的 Options 选项组

3. 瞬态分析加载与求解

完全法瞬态分析支持大部分的载荷类型。模态叠加法瞬态分析并不支持所有的载荷类型，具体可用的分析类型如图 7-36 中的右键菜单所示。

图 7-36　模态叠加法瞬态分析支持的载荷类型

在模态叠加法瞬态分析中，Acceleration 和 Displacement 载荷类型可以作为 Base Excitation（即基础激励）的方式施加，如图 7-37 所示。对于基础激励类型，Absolute 选项设置为 Yes 时，计算结构的绝对响应，否则为计算相对响应。

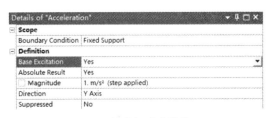
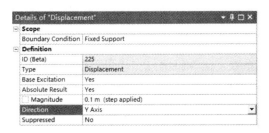

（a）地基加速度激励　　　　　　　　　　　　（b）地基位移激励

图 7-37　基础激励的施加选项

瞬态分析中的载荷数值可以通过 Constant、Tabular 或 Function 等形式来定义。在 Tabular 视图中，如果某个数值前面出现一个 "=" 号，则表示此时间点上的载荷数值是插值得来的，而不是直接指定的，如图 7-38 所示的斜坡阶跃载荷的水平段。

	Steps	Time [s]	☑ Force [N]
1	1	0.	0.
2	1	1.	100.
3	2	2.	= 100.
4	3	3.	= 100.
*			

图 7-38　斜坡阶跃载荷的表格

对于 Function 类型的载荷，一般是指定为时间 time 的函数，如图 7-39 所示为一个周期为 1s 的正弦载荷，其中，图 7-39（a）为函数表达式，图 7-39（b）为载荷-时间曲线。

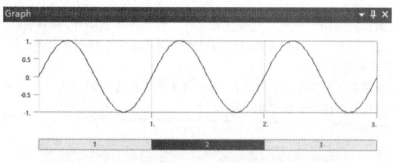

（a）表达式

（b）函数曲线

图 7-39　正弦时间函数载荷历程

　　完全法瞬态分析的求解过程中，可以通过 Result Tracker 工具对位移或能量等参数进行监控，图 7-40 所示为某节点某方向位移的监控曲线，在求解过程中这一曲线会随着时间和最新计算完成的子步结果自动更新。对于非线性问题，还可以监控 N-R 迭代残差曲线等。

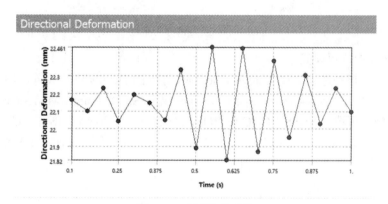

图 7-40　变形监控曲线

　　计算完成后，除通过动画和等值线等方式观察结果外，还可采用探针工具 Probe 对特定位置的结果项目进行提取，图 7-41 所示为某个 Vertex 的 Y 向位移 Probe 曲线。

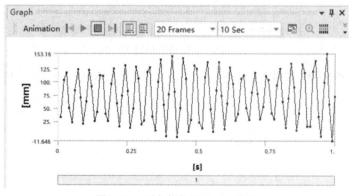

图 7-41　顶点的位移 Probe 曲线

7.4 响应谱分析及其在抗震工程中的应用

单点响应谱分析适用于核电站建筑物和部件、受到冲击载荷作用的机载电子设备、建造于地震区的商业建筑物等，限制条件是结构是线性的，即恒定的刚度和质量。

1. 响应谱分析的流程

响应谱分析是基于模态响应的叠加，因此首先进行模态分析，再进行响应谱分析，最后进行模态合并，其分析流程如图 7-42 所示。

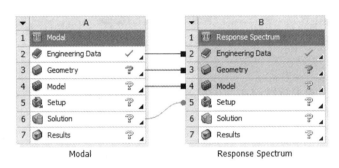

图 7-42 响应谱分析流程

2. 响应谱分析选项设置

响应谱分析的相关选项通过 Analysis Settings 分支的 Details 进行设置，如图 7-43 所示。在 Options 部分，对于单点响应谱，Spectrum Type 选择 Single Point；Modes Combination Type 为模态合并类型，可选择 SRSS、CQC 或 ROSE。在 Output Controls 部分，Calculate Velocity 和 Calculate Acceleration 为计算速度和加速度的选项，缺省设置是仅计算位移结果，如果需计算速度和加速度响应，则打开相应的开关。

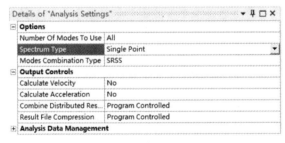

图 7-43 响应谱分析设置选项

如果选择 CQC 或 ROSE 模态组合方法，则还需要指定阻尼，可以定义阻尼比或瑞利阻尼系数，如图 7-44 所示。

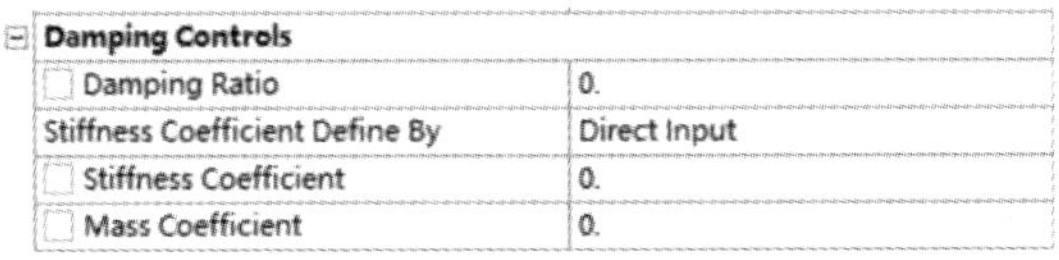

Damping Controls	
Damping Ratio	0.
Stiffness Coefficient Define By	Direct Input
Stiffness Coefficient	0.
Mass Coefficient	0.

图 7-44 响应谱分析阻尼选项

3. 加载以及求解

可以施加的响应谱类型包括加速度响应谱、速度响应谱以及位移响应谱 3 种。响应谱可以通过 Response Spectrum 分支右键菜单施加，如图 7-45（a）所示；也可以通过 Context 工具栏上的 Response Spectrum 命令组施加，如图 7-45（b）所示。

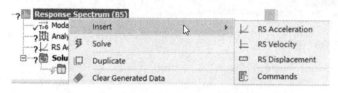
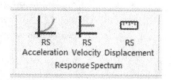

（a）通过右键菜单施加响应谱　　　　　　　　　（b）通过工具栏按钮施加响应谱

图 7-45　施加响应谱的方法

下面以加速度响应谱为例，介绍相关的响应谱选项。图 7-46 所示为 RS Acceleration 对象的 Details 设置，Boundary Condition 为施加响应谱的边界条件，对于单点响应谱分析，当结构受到已知方向的响应谱作用时，在所有支座节点一致地施加，即选择 All Supports。Load Data 通过表格来定义，也可以导入外部数据。定义完成后，在 Graph 面板及 Tabular Data 区域会显示谱曲线以及数据表格，如图 7-47 所示。

图 7-46　加速度响应谱选项设置

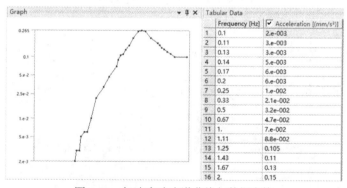

图 7-47　加速度响应谱曲线与数据表格

在响应谱选项中，如果选择打开 Missing Mass Effect，则还需指定 ZPA，即 0 周期加速度响应值，如图 7-48 所示。

图 7-48　Missing Mass Effect 选项

在加速度响应谱选项中，如果选择打开 Rigid Response Effect 选项，则还需指定 Rigid Response Effect Type，根据所选择的 Rigid Response Effect Type，分别指定相关的参数，如图 7-49 所示。对于结构频率集中在中低频的情况，无需考虑这一修正。

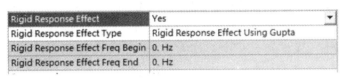

（a）Gupta 方法

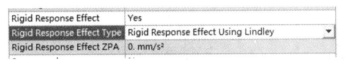

（b）Lindley 方法

图 7-49　Rigid Response Effect 选项

响应谱分析完成后，可以在 Solution 分支下通过添加后处理对象的方式查看位移、应力、应变、速度、加速度等结果的等值线图，还可以通过 Probe 工具查看支反力和反力矩，如图 7-50 所示。

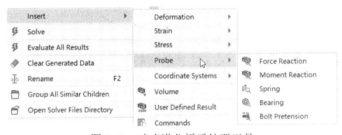

图 7-50　响应谱分析后处理工具

7.5　随机振动分析要点

随机振动分析也是基于模态叠加，因此首先进行模态分析，其分析流程如图 7-51 所示。

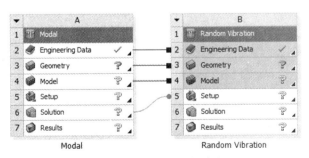

图 7-51　随机振动分析流程

随机振动分析的相关选项通过 Analysis Settings 分支的 Details 进行设置，如图 7-52 所示。

在 Options 部分，Exclude Insignificant Modes 选项用于排除不重要的模态，此选项设为 Yes 时需要指定 Mode Significance Level，只有那些大于此 Level 值的模态才被考虑。如果 Mode Significance Level 为 0，表示包含所有模态，设为 1 则表示不包含任何模态。在 Output Controls 部分，Keep Modal Results 用于保留模态结果；随机振动分析在缺省条件下仅计算位移响应，通过 Calculate Velocity 和 Calculate Acceleration 选项可以设置是否计算速度以及加速度响应。在 Damping Controls 部分用于设置分析阻尼，如果没有设置则系统默认阻尼比为 0.01。

Details of "Analysis Settings"	▾ ⇥ □ ×
Options	
Number Of Modes To Use	All
Exclude Insignificant Modes	No
Output Controls	
Keep Modal Results	No
Calculate Velocity	No
Calculate Acceleration	No
Combine Distributed Result Files (Beta)	Program Controlled
Result File Compression	Program Controlled
Damping Controls	
Constant Damping	Program Controlled
Damping Ratio	1.e-002
Stiffness Coefficient Define By	Direct Input
☐ Stiffness Coefficient	0.
☐ Mass Coefficient	0.
⊞ **Analysis Data Management**	

图 7-52 随机振动分析的选项设置

可以施加的 PSD 类型包括 PSD Acceleration、PSD Velocity、PSD G Acceleration 以及 PSD Displacement。PSD 激励可以通过 Random Vibration 分支右键菜单施加，如图 7-53（a）所示；也可以通过 Context 工具栏上的 Random Vibration 命令组施加，如图 7-53（b）所示。

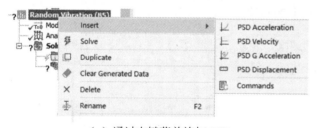

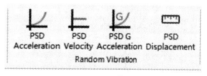

（a）通过右键菜单施加 PSD   （b）通过工具栏施加 PSD

图 7-53 施加 PSD 激励

下面以加速度 PSD 为例，介绍相关的 PSD 激励选项。图 7-54 所示为 PSD Acceleration 对象的 Details 设置。Boundary Condition 为施加 PSD 激励的边界；Direction 为激励的方向。Load Data 为 PSD 曲线，可导入数据或在 Tabular 区域定义，并在 Graph 面板绘制，如图 7-55 所示。

Details of "PSD Acceleration"	▾ ⇥ □ ×
Scope	
Boundary Condition	Fixed Support
Definition	
Load Data	Tabular Data
Direction	Y Axis
Suppressed	No

图 7-54 加速度 PSD 激励

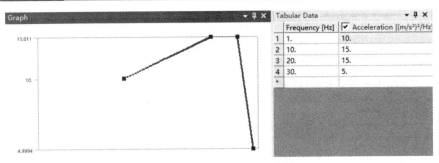

图 7-55　PSD 激励曲线与表格

随机振动分析完成后，可以查看响应 PSD 曲线以及 Sigma 响应等。选择 Solution 分支，在其右键菜单中选择 Insert→Response PSD Tool→Response PSD Tool，可以添加 Response PSD Tool 分支，其下面包含一个 Response PSD 分支，此分支的 Details 中可选择查看响应位置及类型，图 7-56（a）所示为某个顶点位置的 Y 方向位移响应设置，图 7-56（b）所示为响应 PSD 曲线。

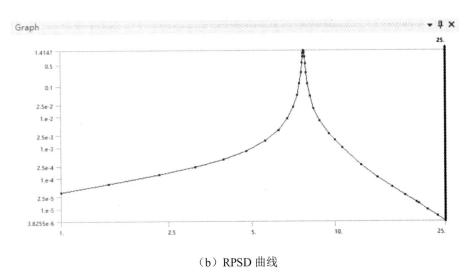

（a）RPSD 设置

（b）RPSD 曲线

图 7-56　某个顶点 Y 向位移的 Response PSD 曲线

在 Solution 分支的右键菜单中选择 Insert→Deformation 可查看位移 Sigma 响应分布等值线图。图 7-57（a）所示为 Y 方向位移的 Details 设置，Scale Factor 选择 1 Sigma，即查看 1 Sigma 位移，对应 Probability 为 68.269%；1Sigma 位移分布等值线如图 7-57（b）所示。

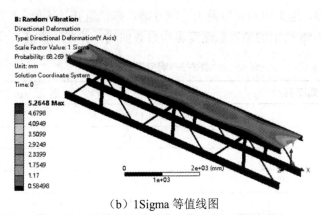

（a）变形图设置

（b）1Sigma 等值线图

图 7-57　结构 Y 方向 1Sigma 位移等值线结果

7.6　结构动力学分析例题

7.6.1　烟囱结构的抗震分析

本节对一个高度为 30m 的等截面钢筋混凝土圆筒形烟囱进行抗震分析，主要计算内容包括模态分析及地震响应谱分析。

1. 问题描述

等截面钢筋混凝土圆筒形烟囱，高度为 30m，截面为一个空心圆，内直径为 2.1m，外直径为 2.5m，混凝土为 C30，弹性模量为 3×10^{10}Pa，钢筋混凝土材料的密度近似按 2500kg/m³ 计算。假设结构的阻尼比为 0.05。抗震设防烈度为 7 度，场地分组为第二组，II 类场地。对此烟囱结构进行模态分析及水平单向地震作用的响应谱分析。

根据建筑结构抗震设计规范中的相关规定，水平地震作用影响系数如图 7-58 所示。

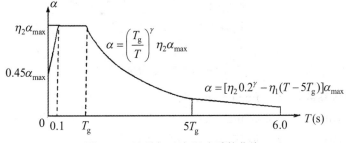

图 7-58　地震加速度影响系数曲线

其中，下降段的参数按下列几个公式计算：

$$\gamma = 0.9 + \frac{0.05 - \xi}{0.3 + 6\xi}$$

$$\eta_1 = 0.02 + \frac{0.05 - \xi}{4 + 32\xi}$$

$$\eta_2 = 1 + \frac{0.05 - \xi}{0.08 + 1.6\xi}$$

按 7 度多遇地震，地震影响系数最大值取 0.08，第二组 II 类场地，特征周期 T_g=0.40s，阻尼比 0.05，根据图 7-58 所示的地震加速度影响系数曲线，计算的谱值与频率列于表 7-3 中。

表 7-3　响应谱数据

频率/Hz	谱值/（m/S^2）
0.1667	0.1215
0.5000	0.1842
0.6250	0.2251
0.8333	0.2917
1.250	0.4214
2.500	0.7840
10.00	0.7840
1000	0.3528

2. 自振特性计算

按照如下步骤完成烟囱结构的建模以及自振特性分析。

（1）创建分析系统。在 Workbench 的 Project Schematic 中添加一个 Modal 分析系统，如图 7-59 所示。

图 7-59　添加模态分析系统

（2）定义材料参数。双击 Engineering Data（A2）单元格，进入 Engineering Data 界面，在 Outline of Schematic A2 中 Structural Steel 下的空格中输入一个新的材料名称 C30，如图 7-60 所示，按 Enter 键确认，这时 C30 材料出现在 Material 列表中。

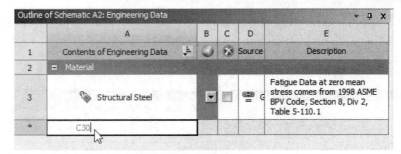

图 7-60　新建一个名为 C30 的材料

在 Engineering Data 界面左侧的工具箱中选择 Physical Properties 下面的 Density，然后用鼠标左键拖放至 Material 列表的 C30 上，光标出现一个+号时释放鼠标，如图 7-61 所示，这时在 C30 材料的特性列表中出现 Density 属性，如图 7-62 所示。

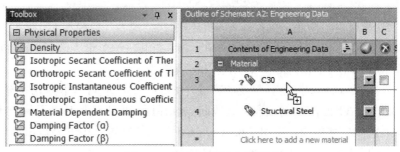

图 7-61　添加材料的密度属性

	A	B	C
	Property	Value	Unit
1			
2	Material Field Variables	Table	
3	Density		kg m^-3

图 7-62　材料属性列表中的密度属性

采用与添加密度特性相同的方法，继续为 C30 材料添加 Linear Elastic 下面的 Isotropic Elasticity 特性，如图 7-63 所示。

	A	B	C
	Property	Value	Unit
1			
2	Material Field Variables	Table	
3	Density		kg m^-3
4	Isotropic Elasticity		
5	Derive from	Young's Modulus a...	
6	Young's Modulus		Pa
7	Poisson's Ratio		
8	Bulk Modulus		Pa
9	Shear Modulus		Pa

图 7-63　添加的线弹性材料属性

在材料特性列表中，输入材料参数：密度（Density）为 2500kg/m³，弹性模量（Young's Modulus）为 3E10Pa，泊松比（Poisson's Ratio）为 0.2，如图 7-64 所示。定义完成后，关闭 Workbench 窗口的 Engineering Data 标签，返回 Project Schematic 页面。

Properties of Outline Row 3: C30

	A	B	C
1	Property	Value	Unit
2	Material Field Variables	Table	
3	Density	2500	kg m^-3
4	Isotropic Elasticity		
5	Derive from	Young's Modulus and Poi...	
6	Young's Modulus	3E+10	Pa
7	Poisson's Ratio	0.2	
8	Bulk Modulus	1.6667E+10	Pa
9	Shear Modulus	1.25E+10	Pa

图 7-64 输入的材料参数

（3）创建几何模型。按照下列操作步骤创建烟囱结构的几何模型。

1）启动几何组件。选择 Geometry（A3）单元格，在其右键菜单中选择 New DesignModeler Geometry…，打开 DM 界面，通过 DM 创建几何模型。

2）绘制草图。用 Look at 按钮调整视图方向，使得屏幕正对 XY 平面。切换至 Sketch 模式，选择 Draw Lines，在 XY 面内绘制线段。线段起点选择原点，当光标移动至原点附近时出现一个字母 P 时按下鼠标绘制直线，如图 7-65（a）所示，在绘制过程中屏幕显示字母 V 表示绘制的是沿 Y 轴方向的线段，如图 7-65（b）所示。

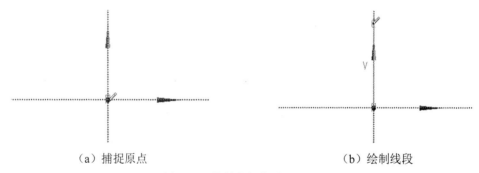

（a）捕捉原点　　　　　　　　　　　　　（b）绘制线段

图 7-65 绘制线段草图 Sketch1

3）草图尺寸标注。在草图工具箱中选择 Dimension→Semi-Automatic，添加尺寸标注 L1，如图 7-66（a）所示，在草图 Sketch1 的 Details 中，设置尺寸 L1 为 30m，如图 7-66（b）所示。

（a）尺寸标注　　　　　　　　　　　　　（b）输入长度值

图 7-66 标注尺寸

4）创建 Line Body。通过菜单 Concept→Lines From Sketches，创建一个线体。

5）创建梁的截面。通过菜单 Concept→Cross Section→Circular Tube，如图 7-67 所示，创建一个圆环形梁截面，在其 Details 定义内径和外径，如图 7-68 所示。

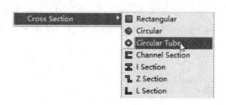

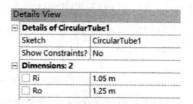

图 7-67　创建圆环截面　　　　　　　　　　图 7-68　圆环截面参数

6）给线体赋予截面特性。在 Line Body 的 Details 中，设置 Cross Section 属性为刚才定义的 CircularTube1，如图 7-69 所示。

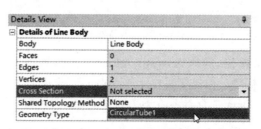

图 7-69　为线体赋予截面属性

7）建模操作完成后，关闭 DM，返回 Workbench 的 Project Schematic 页面。

（4）结构分析前处理。按照如下步骤进行 Mechanical 前处理操作。

1）定义材料。在 Geometry 分支下选择 Line Body，在其 Details 中设置 Material Assignment 为 C30，如图 7-70 所示。

2）定义单元尺寸。用快捷键 Ctrl+E 或在 Graphics ToolBar 中单击 Edge（边）选择过滤按钮，在图形显示窗口选择烟囱整体线段，然后在 Outline 中选择 Mesh 分支，在 Mesh 分支的右键菜单中选择 Insert→Sizing，在 Mesh 分支下添加一个 Edge Sizing 对象，在其 Details 中设置 Element Size 为 1.0m，如图 7-71 所示。

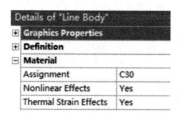

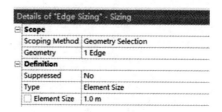

图 7-70　赋予材料特性　　　　　　　　　　图 7-71　指定单元尺寸

3）划分网格。选择 Mesh 分支，在其右键菜单中选择 Generate Mesh，把烟囱沿高度方向划分为 30 个单元。

（5）施加边界条件。由于只计算单向地震响应，因此只需要计算面内的模态，为此除了底部固定外，还需施加整体的面外约束。

1）施加底部约束。用快捷键 Ctrl+P 或在 Graphics ToolBar 中按下 Vertex（顶点）选择过滤按钮，在图形显示窗口选择底部的端点，然后在 Outline 中选择 Modal（A5）分支，在右键菜单中选择 Insert→Fixed Support，添加底部的固定约束。

2）施加面外约束。用快捷键 Ctrl+E 或在 Graphics ToolBar 中按下 Edge（边）选择过滤按钮，在图形显示窗口选择烟囱整体线段，然后在 Outline 中选择 Modal（A5）分支，在其右键菜单中选择 Insert→Displacement，在其 Details 中选择约束 Z 方向，即指定 Z 方向分量为 0，添加面外约束，如图 7-72 所示。

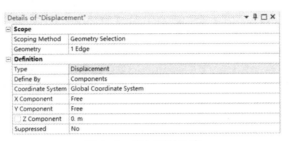

图 7-72　添加面外约束

（6）模态分析及结果查看。选择 Analysis Settings 分支，在其 Details 中设置 Max Modes to Find 为 12，即提取 12 阶振型。单击工具栏上的 Solve 按钮进行模态分析。计算完成后，选择 Solution 分支，在 Tabular Data 中查看各阶频率列表，如图 7-73 所示。

	Mode	Frequency [Hz]
1	1.	1.7399
2	2.	10.325
3	3.	18.634
4	4.	26.828
5	5.	28.868
6	6.	48.036
7	7.	55.902
8	8.	72.264
9	9.	86.603
10	10.	93.17
11	11.	98.291
12	12.	125.37

图 7-73　各阶频率计算结果列表

选择 Solution Information 分支，在 Worksheet 中查看模态计算输出信息，找到 X 方向各阶模态的参与系数及有效质量统计信息，如图 7-74 所示。

```
***** PARTICIPATION FACTOR CALCULATION *****  X  DIRECTION
                                                              CUMULATIVE      RATIO EFF.MASS
MODE  FREQUENCY   PERIOD      PARTIC.FACTOR  RATIO    EFFECTIVE MASS  MASS FRACTION   TO TOTAL MASS
 1    1.73989   0.57475       257.97      1.000000   66546.9     0.640712    0.614465
 2    10.3251   0.96852E-01  -145.23      0.562968   21090.9     0.843775    0.194744
 3    18.6339   0.53666E-01   0.0000      0.000000   0.00000     0.843775    0.00000
 4    26.8277   0.37270E-01   86.163      0.334007   7424.00     0.915254    0.685500E-01
 5    28.8675   0.34641E-01   0.0000      0.000000   0.00000     0.915254    0.00000
 6    48.0359   0.20818E-01  -62.306      0.241528   3882.07     0.952630    0.358453E-01
 7    55.9017   0.17889E-01   0.0000      0.000000   0.00000     0.952630    0.00000
 8    72.2638   0.13838E-01   48.405      0.187638   2343.00     0.975188    0.216342E-01
 9    86.6025   0.11547E-01   0.0000      0.000000   0.00000     0.975188    0.00000
10    93.1695   0.10733E-01   0.0000      0.000000   0.00000     0.975188    0.00000
11    98.2909   0.10174E-01  -39.102      0.151578   1528.96     0.989909    0.141178E-01
12    125.368   0.79765E-02   32.374      0.125496   1048.07     1.00000     0.967738E-02

sum                                                  103864.                 0.959034
```

图 7-74　烟囱 X 方向各阶模态的参与系数及有效质量

由相关的输出信息可知，前 12 阶模态在地震激励的 X 方向累计参与有效质量占总质量的百分数已经达到 95.9%，因此可以认为已经提取到了足够多的模态，以保证模态叠加计算的精度。在 X 方向参与系数较为显著的振型包括第 1 阶、第 2 阶、第 4 阶、第 6 阶、第 8 阶、第 11 阶及第 12 阶，这些振型的变形如图 7-75 所示。实际上，前面 4 阶振型的参与质量也几乎占到总质量的 90%，可见这类结构前面几个低阶振型的贡献起到决定性的作用。

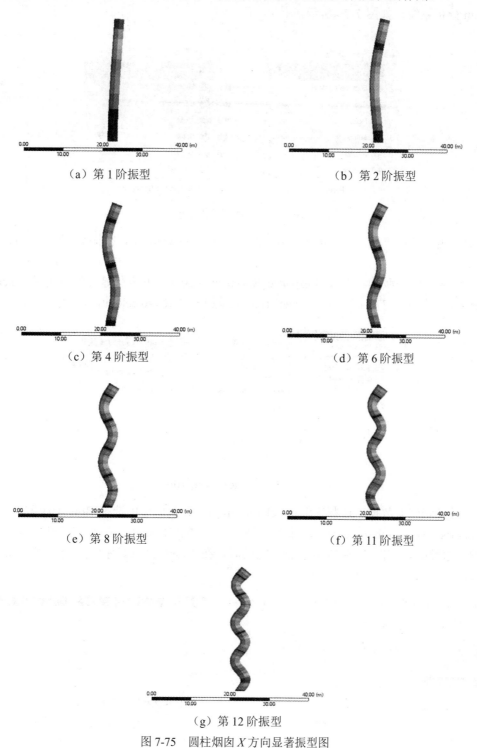

图 7-75　圆柱烟囱 X 方向显著振型图

模态分析完成后，关闭 Mechanical 界面，返回 Workbench 的 Project Schematic 页面。

3. 响应谱分析

（1）创建单点响应谱分析系统。在 Workbench 的 Project Schematic 中，添加 Response Spectrum 分析系统，如图 7-76 所示。

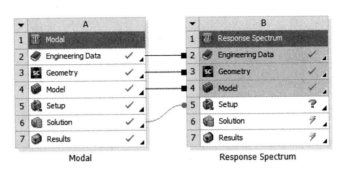

图 7-76　响应谱分析系统

（2）施加响应谱激励。双击 Setup（B5），进入 Mechanical，按照如下步骤完成响应谱分析。

1）添加响应谱激励。选择 Response Spectrum（B5），在其右键菜单中选择 Insert→RS Acceleration，如图 7-77 所示，在 Project Tree 中添加一个 RS Acceleration 对象。

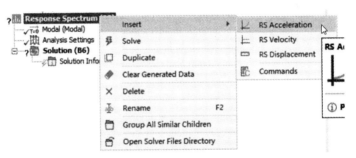

图 7-77　加入 RS Acceleration

2）定义响应谱数据。选择 RS Acceleration，在其 Details 中选择 Boundary Condition 为 All Supports，Direction 为 X Axis，如图 7-78 所示。单击 Load Data，在 Tabular Data 区域内输入响应谱数据，如图 7-79 所示。输入完成后，在 Graph 区域显示响应谱曲线，如图 7-80 所示。

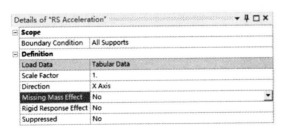

图 7-78　响应谱设置　　　　　　　　　　　图 7-79　响应谱数据

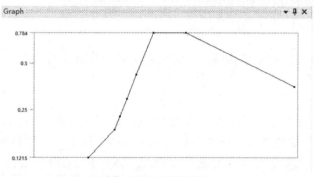

图 7-80　响应谱曲线

3）响应谱分析设置。选择 Response Spectrum（B5）下面的 Analysis Settings 分支，实际上此结构的响应由低阶几个振型所决定，且不存在密频情况，因此选择模态合并方法为 SRSS，如图 7-81 所示。

Details of "Analysis Settings"	
Options	
Number Of Modes To Use	All
Spectrum Type	Single Point
Modes Combination Type	SRSS
Output Controls	

图 7-81　响应谱分析设置

（3）响应谱分析及结果后处理。按照如下步骤进行响应谱分析后处理操作。

1）在 Solution（B6）分支的右键菜单中选择 Insert→Deformation→Total，添加 Total Deformation 分支。

2）求解。单击工具栏的 Solve 按钮，完成响应谱分析求解。

3）选择 Total Deformation 分支，观察结构响应谱分析的位移结果，如图 7-82 所示，结构顶部的最大侧向位移约为 7.39mm。

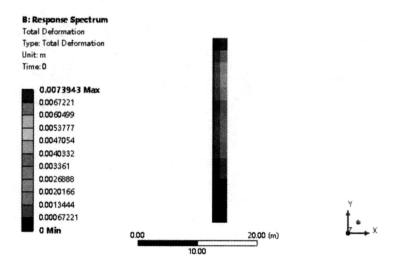

图 7-82　响应谱分析位移等值线图

7.6.2 设备支架的谐响应及随机振动分析

本节以一个钢平台支架结构为例，介绍梁结构的建模方法及其在简谐载荷和随机激励作用下的动力学分析。

1. 问题描述

如图 7-83 所示，钢平台支架总高度为 3010mm，柱子中线距离为 1435mm，柱子及主横梁为 75×5 的方钢，其他部位的次横梁及斜撑为 60×40×3.5 及 25×3 的方钢，详细布置及尺寸见图中的标注。如果此支架上方承载重量为 1000kg 的设备，设备重心位于支架顶面重心以上 1.000m 的位置，设备中间层各横梁上承载分布式配重，总重量为 300kg。要求进行如下三种不同工况下的动力分析。

（1）设备中安装电机，其偏心转子在运转过程中产生幅值为 10kN 离心力的作用，电机转速为 600r/min，用 Full 法分析在此离心力作用下的谐振响应，不考虑阻尼。

（2）假设结构阻尼比为 2%，如果地面发生幅值为 0.005m 的简谐运动（X 方向），计算支架结构在 X 方向的最大相对变形。

（3）分析设备受到地面水平加速度随机激励的响应。相关计算条件为：假设地面 X 向加速度采用如图 7-84 所示的简化的有限带宽白噪声 PSD，在 0～30Hz 频率范围内均匀分布，幅值为 $0.1g^2/Hz$。

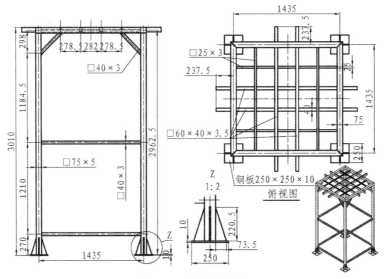

图 7-83 钢平台支架

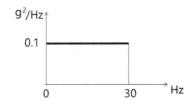

图 7-84 有限带宽白噪声功率谱密度

2. 创建几何模型

通过 ANSYS SCDM 创建设备支架的几何模型，具体按如下步骤进行操作。

（1）独立启动 Spaceclaim。在开始菜单指向 ANSYS 程序组，启动 Spaceclaim，选择文件→保存，输入"Steel Plateform"作为文件名称保存文件。

（2）创建平台柱草图。按照如下步骤进行操作。

1）启动 Spaceclaim 后，程序会自动创建一个名为"设计 1"的设计窗口，并自动激活至草图模式，且当前激活平面为 *XZ* 平面。

2）依次单击主菜单中的设计→定向→⊞图标或微型工具栏中的⊞图标，也可直接单击字母 V 键，正视当前草图平面，如图 7-85 所示。

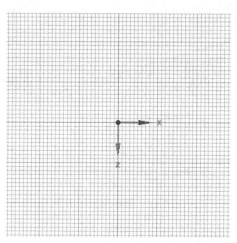

图 7-85　正视草图平面

3）单击主菜单中的设计→草图→⊡矩形工具或按快捷键 R，绘制一个长、宽均为 1435 的正方形，如图 7-86 所示。

4）单击主菜单中的设计→编辑→移动工具↘或按快捷键 M，框选选中上一步创建的正方形，利用直到工具↘，使得正方形中心与坐标原点重合，如图 7-87 所示。

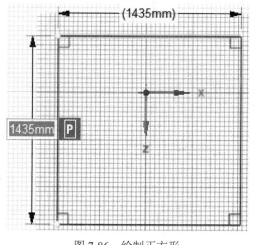

图 7-86　绘制正方形

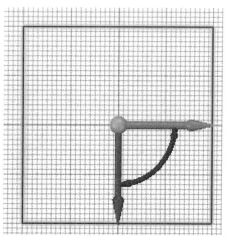

图 7-87　对齐中心

5）创建支架立柱。按如下步骤进行操作。

a．单击主菜单中的设计→编辑→拉动工具 ✍，或按快捷键 P，此时将自动进入三维模式中。

b．按住鼠标滚轮，然后拖动鼠标将视角调至便于观察的视角。

c．按 Ctrl 键，鼠标左键选中 4 个角点。

d．单击窗口左侧的拉动方向按钮 ✍，然后选中 Y 轴，定义拉动方向。

e．向上拖动鼠标，按空格键并输入 2967.5mm 作为拉伸高度。

f．单击窗口空白位置，完成平台柱的创建，如图 7-88 所示。

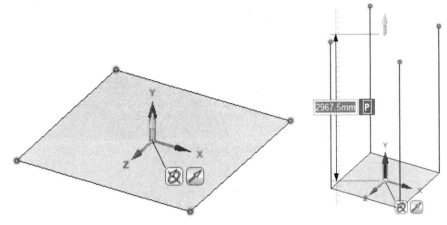

图 7-88　创建平台柱草图

g．选中底部平面，按 "Delete" 键将其删除。

（3）创建框架线段的草图。按照如下步骤进行操作。

1）单击主菜单中的设计→草图→➘线工具或按快捷键 L，单击设计→编辑→▢三维模式按钮或按快捷键 D，进入三维模式。

2）依次单击柱顶任意两个相邻的端点，将其连接，创建主横梁，如图 7-89 所示。

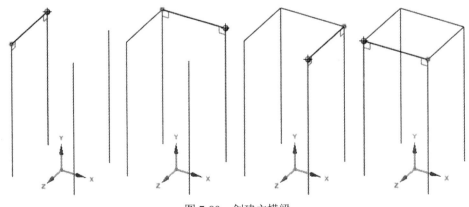

图 7-89　创建主横梁

3）单击主菜单中的设计→编辑→移动工具 ✎ 或按快捷键 M，框选选中上一步创建的 4 条次横梁，按住 Ctrl 键并拖动向下的移动图标，输入距离 298mm。

4）参照上一步操作，分别间隔 1184.5mm、1210mm 创建次横梁，如图 7-90 所示。

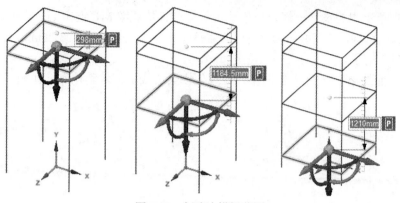

图 7-90　创建次横梁草图

5）单击主菜单中的设计→草图→ ◉ 点工具，单击设计→编辑→ ⬜ 三维模式按钮或按快捷键 D，进入三维模式。

6）将鼠标放置在任意一个柱顶的端点处，然后沿主横梁移动鼠标，利用 Tab 键切换至距离对话框，输入 298mm，创建第一个点；类似地，在距离另一个柱顶端点 298mm 处，创建第二个点，如图 7-91 所示。

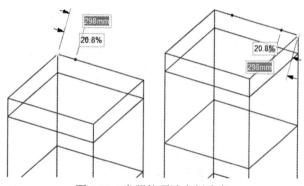

图 7-91　参照柱顶端点创建点

7）单击主菜单中的设计→编辑→移动工具 或按快捷键 M，选中上一步创建的第一个点，按住 Ctrl 键并沿横梁方向移动图标，输入距离 278.5mm，创建第三个点；类似地，在距离另一个点 278.5mm 处，创建第四个点，如图 7-92 所示。

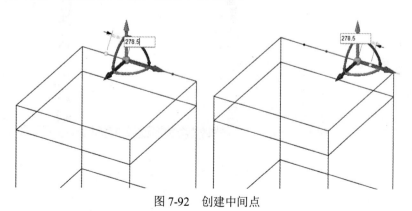

图 7-92　创建中间点

8）单击主菜单中的设计→编辑→移动工具 或按快捷键 M，选中上一步创建的第三、四个点，按住 Ctrl 键并沿与点所在横梁垂直方向移动图标，输入距离 237.5mm，创建第五、六个点，如图 7-93 所示。

9）参照上面的第 5）～8）步操作，在其他横梁边线上创建其他点，如图 7-94 所示。

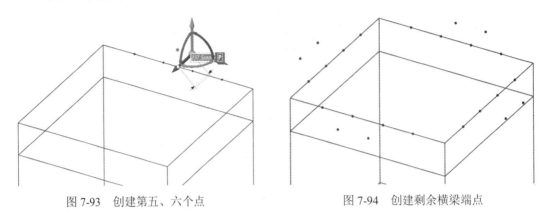

图 7-93　创建第五、六个点　　　　　　图 7-94　创建剩余横梁端点

（4）定义梁、柱横截面。按如下步骤进行操作。

1）单击主菜单中的准备→横梁→轮廓→□矩形管道工具，此时 Project 树中出现了"横梁轮廓"分支，如图 7-95 所示。

图 7-95　横梁轮廓

2）在 Project 树中，鼠标右键单击"矩形管道"并将其重命名为"矩形轮廓 75×5"，再选择编辑横梁轮廓，此时将打开"矩形管道 75×5"的编辑窗口，在窗口左侧的群组中修改矩形截面信息为 75×5，定义完成后关闭窗口，如图 7-96 所示。

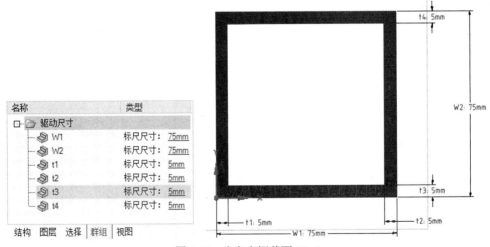

图 7-96　定义方钢截面 75×5

3）参照上面两步的操作，分别创建截面为 60×40×3.5、40×40×3、25×25×3 的轮廓，如图 7-97 所示。

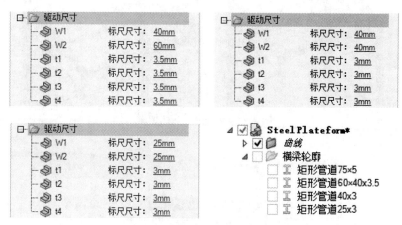

图 7-97　各种横梁截面信息及结构树

（5）创建平台柱及主横梁。按如下步骤进行操作。

1）单击主菜单中的准备→横梁→轮廓，在下拉窗口中选中"矩形管道 75×5"，如图 7-98（a）所示。

2）单击主菜单中的准备→横梁→显示工具，将显示方式改为"实体横梁"，再次单击创建工具，然后依次选择平台柱及主横梁草图，如图 7-98（b）所示。

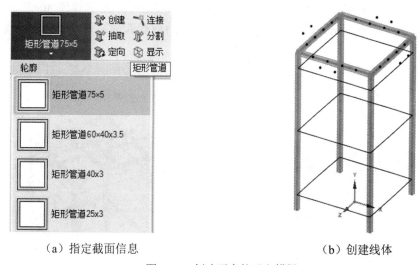

（a）指定截面信息　　　　　　　　　（b）创建线体

图 7-98　创建平台柱及主横梁

（6）创建 60×40×3.5 次横梁。按如下步骤进行操作。

1）单击主菜单中的准备→横梁→轮廓，在下拉窗口中选中"矩形管道 60×40×3.5"。

2）激活图形显示窗口左侧的选择点对工具，然后依次选择两个点，共计 4 组点对，创建横梁，如图 7-99 所示。

3）单击主菜单中的准备→横梁→定向工具，检查横梁轮廓方向是否合适，将不合适的横梁方向进行调整，如图 7-100 所示。

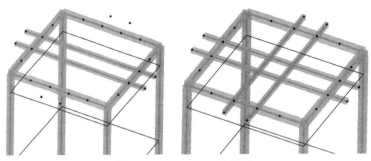

图 7-99 60×40×3.5 次横梁

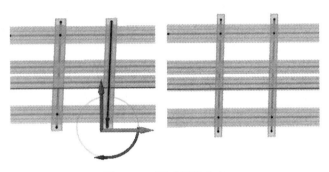

图 7-100 更改横梁方向

（7）创建 40×3 次横梁及斜支撑。按如下步骤进行操作。

1）单击主菜单中的准备→横梁→轮廓，在下拉窗口中选中"矩形管道 40×3"。

2）激活图形显示窗口左侧的选择点链工具 ，然后依次选择 8 条边线，创建横梁，如图 7-101 所示。

3）激活图形显示窗口左侧的选择点对工具 ，然后依次选择两个点，共计 8 组点对，创建斜支撑，如图 7-102 所示。

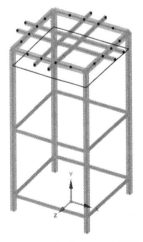

图 7-101 创建 40×3 次横梁

图 7-102 创建斜支撑

（8）创建 25×3 次横梁。按如下步骤进行操作。

1）单击主菜单中的准备→横梁→轮廓，在下拉窗口中选中"矩形管道 25×3"。

2）激活图形显示窗口左侧的选择点对工具，然后依次选择两个点，共计 4 组点对，创建横梁，如图 7-103 所示。

3）单击主菜单中的文件→保存，保存当前设计。

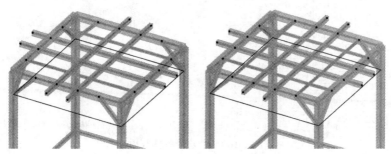

图 7-103　创建 25×3 次横梁

（9）创建平台柱底板。按如下步骤进行操作。

1）按住 Ctrl 键，选中任意 3 个平台柱的柱底端点，然后单击设计→模式→草图模式，或按快捷键 K，进入草图模式，单击设计→定向→平面图工具或快捷键"V"正视当前草图，如图 7-104 所示。

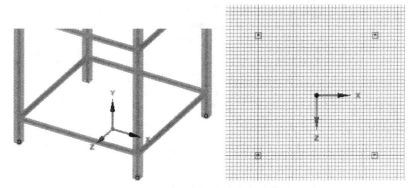

图 7-104　通过 3 个柱底端点创建草绘平面

2）单击主菜单中的设计→草图→矩形工具或按快捷键 R，绘制一个长、宽均为 250mm 的正方形。

3）单击主菜单中的设计→编辑→移动工具或按快捷键 M，框选选中上一步创建的正方形，利用直到工具，使得正方形中心与柱底端点重合，如图 7-105 所示。

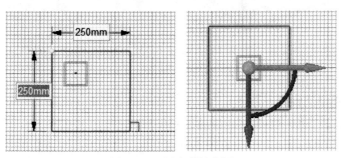

图 7-105　创建底板草图

4）参照上面两步的操作，分别创建以另外 3 个柱底端点为中心的正方形，如图 7-106 所示。

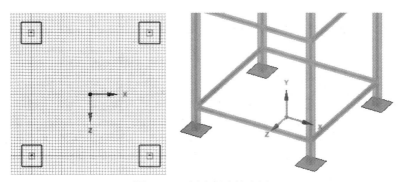

图 7-106　创建平台柱底板

5）在 Project 树中选中上述操作创建的底板平面，在窗口左下方的属性面板中，输入平面的厚度为 10mm，输入完成后 Project 树中的平面名称后会自动加入厚度的后缀，如图 7-107 所示。

图 7-107　指定底板厚度

（10）创建平台柱根部筋板。按如下步骤进行操作。

1）按住 Ctrl 键，选中任意两个相邻的平台柱，然后单击设计→模式→草图模式，或按快捷键 K，进入草图模式，单击设计→定向→平面图工具或快捷键 V 正视当前草图，如图 7-108 所示。

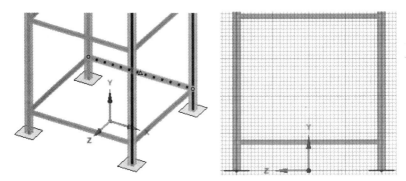

图 7-108　通过两个直线进入草绘模式

2）单击主菜单中的设计→草图→线工具或按快捷键 L，绘制一个底边长 111mm，顶边长 37.5mm，高度 225.5mm 的四边形，如图 7-109 所示。

3）在 Project 树中选中上述操作创建的筋板平面，在窗口左下方的属性面板中，输入平面的厚度为 10mm，输入完成后 Project 树中的平面名称后会自动加入厚度的后缀。

4）单击主菜单中的设计→编辑→移动工具 🖐 或按快捷键 M，选中上一步创建的筋板平面，单击图形显示窗口左侧的定位工具 ⚓，将其放置在平台柱上，设置回转轴线，如图 7-110 所示。

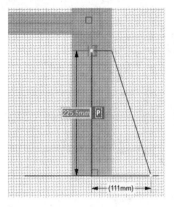

图 7-109　绘制筋板草图

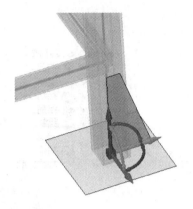

图 7-110　设置回转轴线

5）勾选窗口左侧的常规选项面板→创建阵列前的复选框，拖动绕柱轴线回转的箭头至适当位置，输入阵列数量及角度，单击空白位置，完成筋板的创建，如图 7-111 所示。

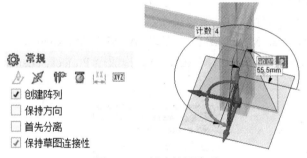

图 7-111　创建筋板阵列

6）单击主菜单中的设计→编辑→移动工具 🖐 或按快捷键 M，选中上一步创建的 4 个筋板平面，按 Ctrl 键拖动 Z 向移动箭头，按空格键后输入移动距离 1435mm，完成另一柱根部筋板的创建。

7）参照上一步操作，同时选中两个柱根部共计 8 块筋板平面，按 Ctrl 键拖动 X 向移动箭头，按空格键后输入移动距离 1435mm，完成剩下两个柱根部筋板的创建，如图 7-112 所示。

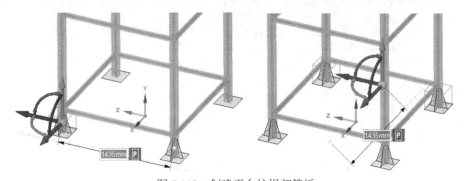

图 7-112　创建平台柱根部筋板

（11）保存几何模型。隐藏无关的点、线特征后，单击主菜单中的文件→保存，保存当前设计，最终的 Project 树及模型如图 7-113 所示。

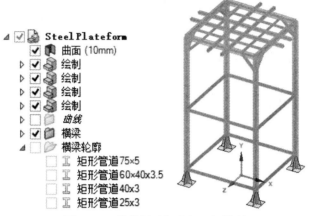

图 7-113　结构树及钢支架几何模型

（12）建模操作完成，关闭 SCDM。

3. 建立有限元分析模型

按照如下步骤完成结构分析的前处理操作。

（1）建立 Mechanical Model 组件。启动 ANSYS Workbench，在窗口左侧工具箱的 Component System 中选择 Mechanical Model，将其拖放至 Project Schematic，如图 7-114 所示。

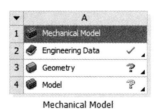

图 7-114　创建钢平台支架的 Mechanical Model 系统

（2）确认材料参数。双击 Engineering Data（A2）单元格，进入 Engineering Data 界面，缺省材料类型为 Structural Steel，在材料属性栏中确认材料的密度及弹性参数，如图 7-115 所示。

		A	B	C
Properties of Outline Row 3: Structural Steel				
1		Property	Value	Unit
2		Material Field Variables	Table	
3		Density	7850	kg m^-3
4		Isotropic Secant Coefficient of Thermal Expansion		
6		Isotropic Elasticity		
7		Derive from	Young's Modulus and Po...	
8		Young's Modulus	2E+11	Pa
9		Poisson's Ratio	0.3	
10		Bulk Modulus	1.6667E+11	Pa
11		Shear Modulus	7.6923E+10	Pa

图 7-115　确认材料参数

（3）导入几何模型。选择 Geometry（A3）单元格，在其右键菜单中选择 Import Geometry，导入在 SCDM 中创建的几何模型文件 Steel Plateform.scdoc。导入后 Geometry（A3）单元格右侧出现绿色的√状态标志。

（4）确认几何共享拓扑属性。双击 Geometry（A3）单元格，启动几何组件 SCDM，选中 Project 树中的根目录，然后在窗口左下方的属性面板中，确认共享拓扑设置改为共享，应用该选项可使得设备支架的梁、柱相交处共用节点，如图 7-116 所示。确认后关闭 SCDM。

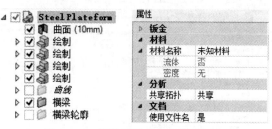

图 7-116　设置钢平台支架共享拓扑

（5）几何模型导入 Mechanical 组件。在 Project Schematic 中双击 Model（A4）单元格，打开 Mechanical 组件并导入几何模型，如图 7-117 所示。

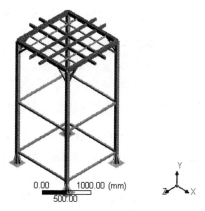

图 7-117　钢平台支架模型

（6）指定单元尺寸。按照如下步骤指定网格划分的单元尺寸。

1）线段划分数指定。

a．隐藏表面体。在图形显示窗口中单击鼠标右键，在菜单中选择 Hide→Surface Bodies，如图 7-118 所示。

b．切换选择模式。在 Graphics 工具条上单击边选择过滤按钮（快捷键为 Ctrl+E）并切换选择模式 Mode 为 Box Select，如图 7-119 所示。

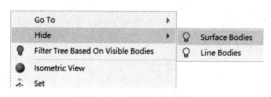

图 7-118　隐藏表面体

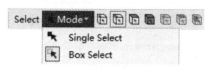

图 7-119　切换至框选模式选择边

c. 选择线段并指定网格划分数。在 Project 树中选择 Mesh 分支。在图形窗口中从左到右拉一个矩形框，选中所有线段，然后单击鼠标右键，在弹出的菜单中选择 Insert→Sizing，在 Mesh 分支下出现一个 Edge Sizing 分支，选择此 Edge Sizing 分支，在其 Details 中选择 Definition Type 为 Number of Divisions，并设置 Number of Divisions 为 5，选择 Behavior 选项为 Hard，如图 7-120 所示。

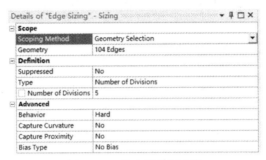

图 7-120　指定线段划分数

2）指定面单元尺寸。

a. 切换选择模式。在图形显示区域右键菜单中选择 Show All Bodies。在 Graphics 工具条中单击表面选择按钮（快捷键为 Ctrl+F）并切换选择模式到 Single Select，如图 7-121 所示。

图 7-121　切换至单选模式选择面

b. 选择表面并指定单元尺寸。再次在 Project 树中选中 Mesh 分支，按下 Ctrl 键，在图形显示窗口中选择 4 个柱脚的底面，然后在图形窗口的鼠标右键菜单中选择 Insert→Sizing，在 Mesh 分支下出现一个 Face Sizing 分支。选择此 Face Sizing 分支，在其 Details 中选择 Definition Type 为 Element Size，并设置 Element Size 为 0.025m，选择 Behavior 选项为 Hard，如图 7-122 所示。

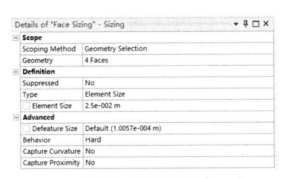

图 7-122　设置面单元尺寸

（7）划分面单元。在 Mechanical 界面左侧的 Project 树中选择 Mesh 分支，右键菜单中选择 Generate Mesh 生成计算网格，在顶部工具栏的 Display 选项卡中选择 Style 分组下面的 Thick

Shells and Beams 工具，显示梁板单元的实际截面形状和厚度，整体模型如图 7-123（a）所示，柱脚处的单元局部放大如图 7-123（b）所示。

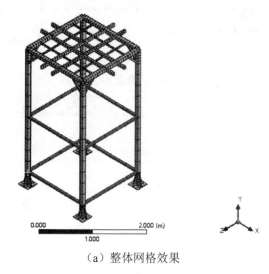

（a）整体网格效果

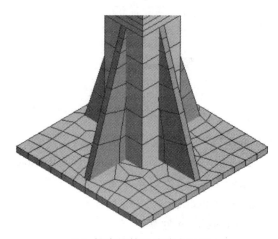

（b）柱脚处的局部放大效果

图 7-123　设备支架的有限元模型

（8）定义顶部设备集中质量。集中质量可以通过 Remote Point 来定义，按照如下步骤进行操作。

1）加入 Remote Point。

a.创建一个命名集合。在 Project 树中选择 Model 分支，在其右键菜单中选择 Insert→Named Selection，在 Project 树中添加 Named Selections 目录，下面包含一个名为 Selection 的对象分支，选择 Selection 分支，在其 Details 中设置 Scoping Method 为 Worksheet，在 Worksheet 窗口中通过右键菜单 Add 添加操作行，在 Entity Type 中选择 Edge，在 Criterion 中选择 Location Y，在 Operator 中选择 Equal，在 Value 中输入 2.9675（注意 Units 为 m），然后单击 Worksheet 视图中的 Generate 按钮，形成支架顶面梁组成的线段集合，如图 7-124（a）所示。这时，在图形窗口中高亮度显示被选中的线段集合，如图 7-124（b）所示。

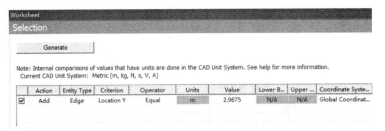

（a）基于选择逻辑建立 NS

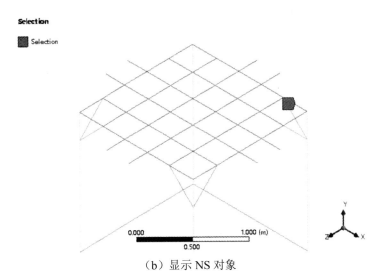

（b）显示 NS 对象

图 7-124　形成顶面梁的集合

　　b. 定义远程点。在 Project 树中再次选择 Model（A4）分支，在其右键菜单中选择 Insert →Remote Point，如图 7-125 所示，在 Project 树中添加一个 Remote Points 目录，在此目录下包含了一个 Remote Point 对象分支。选择 Remote Point 分支，在其 Details 中设置 Scoping Method 为 Named Selection，在 Named Selection 中选择上面定义的线段集合 Selection，依次填写 X Coordinate、Y Coordinate、Z Coordinate 为 0，3.5，0（注意单位为 m），设置 Remote Point 的 Behavior 选项为 Deformable，如图 7-126 所示。

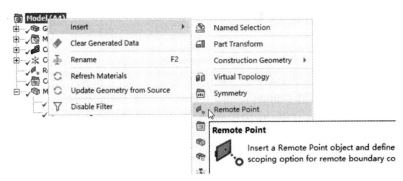

图 7-125　添加 Remote Point 对象

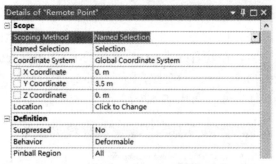

图 7-126　Remote Point 对象的设置

2）定义设备集中质量。在 Project 树中选择 Geometry 分支，在其右键菜单中选择 Insert→Point Mass，在 Geometry 分支下添加一个 Point Mass 对象分支。选择此 Point Mass 分支，在其 Details 中设置 Scoping Method 为 Remote Points，在 Remote Points 选项中选择上面定义的远程点 Remote Point，在 Definition 部分的 Mass 域输入集中质量为 1000kg，如图 7-127 所示。在图形窗口中显示的集中质量效果如图 7-128 所示。

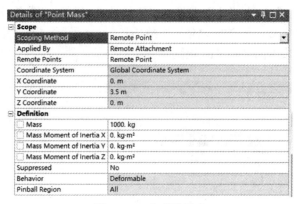

图 7-127　定义质量点

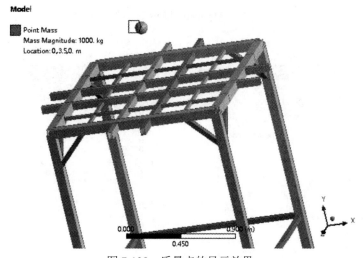

图 7-128　质量点的显示效果

（9）定义中间层的分布质量。在 Graphics 工具条单击线段选择按钮（或快捷键 Ctrl+E），并切换选择模式为 Single Select，按住 Ctrl 键选择支架立柱中间高度的 4 根横梁，在 Project 树中再次选择 Geometry 分支，在其右键菜单中选择 Insert→Distributed Mass，在 Geometry 分支下添加一个 Distributed Mass 分支，在此分支的 Details 中看到其 Scope Geometry 对象为 4 Edges，设置 Total Mass 为 300kg，如图 7-129 所示。

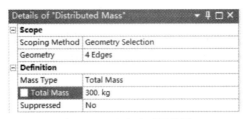

图 7-129 分布式质量设置

上述前处理操作完成后，关闭 Mechanical 界面，返回 Workbench。

4．简谐载荷作用的结构响应分析

（1）创建谐响应分析系统。在 Workbench 左侧的 ToolBox 中选择 Harmonic Response，将其用鼠标左键拖放至 Model（A4）单元格，如图 7-130（a）所示，释放鼠标左键形成 Harmonic Response 分析系统 B，如图 7-130（b）所示。

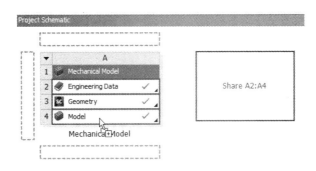

（a）Mechanical Model 组件

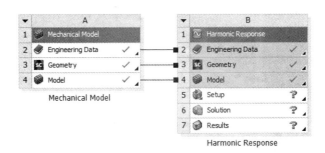

（b）添加谐响应分析系统

图 7-130 创建谐响应分析流程

（2）施加约束条件。双击 Setup（B5）单元格，进入 Mechanical 界面。选择 Project 树的 Harmonic Response（B5）分支，在 Graphics 工具条中单击选择按钮（快捷键为 Ctrl+F）并切

换选择模式到 Single Select，按下 Ctrl 键，在图形显示窗口中选择 4 个柱脚的底面，然后在图形窗口的鼠标右键菜单中选择 Insert→Fixed Support，在 Harmonic Response（B5）分支下添加一个 Fixed Support 分支。

（3）施加简谐载荷。再次选择 Harmonic Response（B5）分支，在其右键菜单中选择 Insert →Remote Force，添加一个 Remote Force 对象，在其 Details 中设置 Scoping Method 为 Remote Point，在 Remote Points 中选择前面定义的远程点 Remote Point，设置 Define By 选项为 Components，输入 X Component 和 Y Component 均为 10000N，输入 X Phase Angle 为-90°，Y Phase Angle 为 0°，如图 7-131 所示。

Details of "Remote Force"

Scope	
Scoping Method	Remote Point
Remote Points	Remote Point
Coordinate System	Global Coordinate System
X Coordinate	0. m
Y Coordinate	3.5 m
Z Coordinate	0. m
Location	Click to Change
Definition	
Type	Remote Force
Define By	Components
X Component	10000 N
Y Component	10000 N
Z Component	0. N
X Phase Angle	-90. °
Y Phase Angle	0. °
Z Phase Angle	0. °
Suppressed	No
Behavior	Deformable
Advanced	
Pinball Region	All

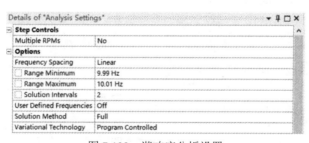

图 7-131 简谐载荷设置

（4）谐响应分析设置与求解。选择 Analysis Settings 分支，设置频率范围为 9.99Hz 到 10.01Hz，求解间隔为 2，Solution Method 选择 Full，如图 7-132 所示。由于频率范围很窄，可以忽略在此范围内载荷幅值的变化。设置完成后，选择工具条上的 Solve 按钮求解。

Details of "Analysis Settings"

Step Controls	
Multiple RPMs	No
Options	
Frequency Spacing	Linear
Range Minimum	9.99 Hz
Range Maximum	10.01 Hz
Solution Intervals	2
User Defined Frequencies	Off
Solution Method	Full
Variational Technology	Program Controlled

图 7-132 谐响应分析设置

（5）计算结果的后处理。

1）查看频率响应及相位响应。

a．添加频率响应。在 Project 树中选择 Solution（B6）分支，在其右键菜单中选择 Insert →Frequency Response→Deformation，在 Solution（B6）下添加一个 Frequency Response 对象，在其 Details 中选择 Scoping Method 为 Named Selection，在 Named Selection 中选择之前定义的顶面梁组成的线段命名选择集合 Selection，在 Spatial Resolution 中选择 Use Average，在 Orientation 中选择 X Axis，如图 7-133 所示。

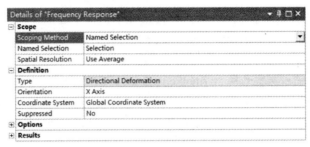

图 7-133　设置频率响应选项

b．添加相位响应。在 Solution（B6）分支的右键菜单中选择 Insert→Phase Response→Deformation，在 Solution（B6）分支下添加一个 Phase Response 对象分支，在 Phase Response 的 Details 中选择 Scoping Method 为 Named Selection，在 Named Selection 中选择之前定义的顶面梁组成的线段集合 Selection，在 Spatial Resolution 中选择 Use Average，在 Orientation 中选择 X Axis，其余选项保持缺省设置，如图 7-134 所示。

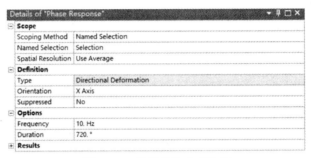

图 7-134　设置相位响应选项

c．查看频率响应及相位角响应。在 Solution（B6）分支的右键菜单中选择 Evaluate All Results，分别选择 Frequency Response 和 Phase Response 分支，查看频率响应如图 7-135 所示，查看相位角响应如图 7-136 所示。

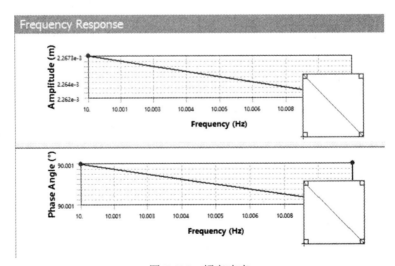

图 7-135　频率响应

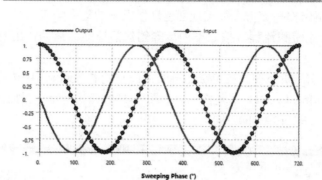

图 7-136　相位角响应

2）查看激励频率下的变形分布。

a．添加变形结果项目。选择频率响应分支 Frequency Response ，在其右键菜单中选择 Create Contour Result，在 Solution（B6）分支下添加一个 Directional Deformation 分支，其 Details 如图 7-137 所示。

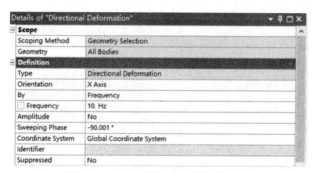

图 7-137　方向变形结果等值线选项

b．查看方向变形等值线图。再次选择 Solution（B6）分支，在其右键菜单中选择 Evaluate All Results。随后选择 Directional Deformation 分支，观察激励频率为 10Hz 时，结构的最大 X 方向变形分布等值线图，如图 7-138 所示。

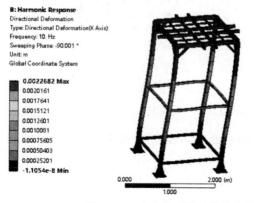

图 7-138　方向变形结果等值线图

5. 简谐地面运动作用的结构响应分析

下面计算支架钢结构在 X 方向简谐地面运动激励下的动力响应。

（1）创建分析系统和流程。按照下列步骤创建简谐地面运动作用的结构动力响应分析系统。

1）建立一个模态分析系统。在 Workbench 窗口左侧的 Toolbox 中选择 Modal 系统，用鼠标左键将其拖放至 Modal（A4）单元格上，如图 7-139（a）所示；释放鼠标左键，形成一个模态分析系统 C，如图 7-139（b）所示。

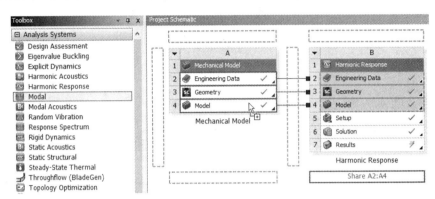

（a）共享模型

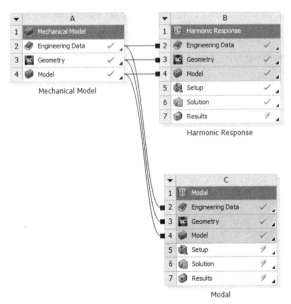

（b）数据传递

图 7-139　建立模态分析系统 C

2）创建谐响应分析系统。Workbench 窗口左侧的 Toolbox 中选择 Harmonic Response 系统，用鼠标左键将其拖放至 Solution（C6）单元格上，这时 Project Schematic 区域出现 Share C2：C4，Transfer C6 字样，如图 7-140（a）所示；释放鼠标左键，形成一个基于模态的谐响应分析系统 D，如图 7-140（b）所示。

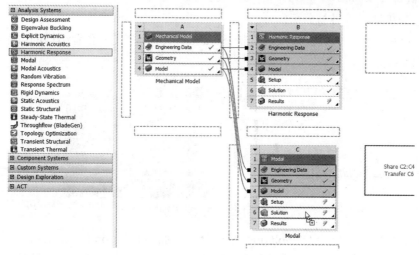

（a）拖放位置

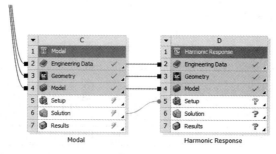

（b）数据共享与传递

图 7-140 建立基于模态的谐响应分析系统

（2）支架钢结构的模态分析。按照如下步骤进行支架结构的模态分析。

1）施加约束条件。双击 Setup（C5）单元格打开 Mechanical 界面。在 Project 树中选择 Modal（C5）分支，在 Graphics 工具条中单击表面选择按钮（快捷键为 Ctrl+F）并切换选择模式到 Single Select，按下 Ctrl 键，同时选中 4 个柱脚底面。在图形窗口的右键菜单中选择 Insert →Fixed Support，在 Modal（C5）分支下添加一个 Fixed Support 约束条件分支。

2）模态分析选项设置与求解。选择 Modal（C5）分支下面的 Analysis Settings 分支，在其 Details 中设置提取模态数为 5 阶，其余选项保持缺省设置，如图 7-141 所示。设置完成后选择 Modal（C5）分支下的 Solution（C6）分支，在其右键菜单中选择 Solve，求解支架模态。

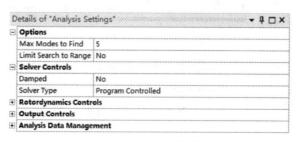

图 7-141 模态分析设置

3）模态分析结果查看与分析。

a. 查看频率。模态计算完成后，选择 Solution（C6）分支，查看结构的自振频率列表，如图 7-142 所示。

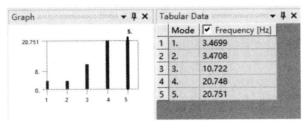

图 7-142　自振频率列表

b. 查看振型参与系数。选择 Solution（C6）分支下面的 Solution Information 分支，在 Solver Output 信息中查找 X 方向的参与系数及累计有效质量，如图 7-143 所示。通过计算结果可知，前面 5 阶模态的 X 方向振动参与累计质量已经超过总质量的 90%，可以认为提取到了计算 X 方向整体变形的足够多的模态。

```
***** PARTICIPATION FACTOR CALCULATION *****   X   DIRECTION
                                                              CUMULATIVE       RATIO EFF.MASS
     MODE    FREQUENCY      PERIOD      PARTIC.FACTOR    RATIO     EFFECTIVE MASS    MASS FRACTION    TO TOTAL MASS
      1       3.46986      0.28820      -0.21618E-02   0.000057    0.467353E-05     0.304763E-08     0.285513E-08
      2       3.47076      0.28812       38.108        1.000000    1452.22          0.947002         0.887183
      3       10.7220      0.93266E-01  -0.48998E-05   0.000000    0.240077E-10     0.947002         0.146666E-13
      4       20.7483      0.48197E-01  -0.14796E-02   0.000039    0.218919E-05     0.947002         0.133741E-08
      5       20.7514      0.48190E-01  -9.0151        0.236567    81.2721          1.00000          0.496503E-01

     sum                                                           1533.49                           0.936834
```

图 7-143　振型参与系数及有效质量

c. 观察 X 方向显著振型。在 Tabular Data 中按住 Shift 键，依次用鼠标单击第 1 阶和第 5 阶频率，然后在右键菜单中选择 Create Mode Shape Results，如图 7-144 所示。这时在 Solution（C6）下出现各阶模态的 Total Deformation 对象，在 Solution（C6）分支的右键菜单中选择 Evaluate All Results，提取各阶模态的振型。

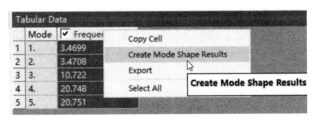

图 7-144　提取振型位移

由上述振型参与系数的计算结果知道，对 X 方向整体振动参与程度较为显著的是第 2 阶以及第 5 阶振型，分别选择 Total Deformation 2 以及 Total Deformation 5 分支观察这两阶振型所对应的结构变形，如图 7-145（a）及图 7-145（b）所示。

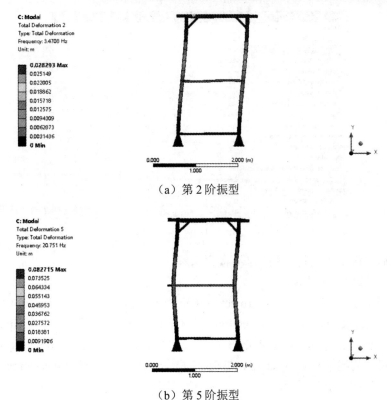

（a）第 2 阶振型

（b）第 5 阶振型

图 7-145　*X* 方向振动显著的振型

（3）基础运动的谐响应分析。下面基于模态叠加计算结构在简谐地面激励作用下的响应。

1）施加基础激励。选择 Harmonic Response 2（D5）分支，在其右键菜单中选择 Insert→Displacement，在 Harmonic Response 2（D5）分支下面添加一个 Displacement 对象，在其 Details 中设置 Base Excitation 为 Yes，Boundary Condition 选择 Fixed Support，Absolute Result 选择 No，Define By 选择 Magnitude - Phase，在 Magnitude 中输入 0.01m（注意单位），Phase Angle 为 0°，如图 7-146 所示。

Details of "Displacement"	▾ ￤ □ ×
Scope	
Boundary Condition	Fixed Support
Definition	
Type	Displacement
Base Excitation	Yes
Absolute Result	No
Define By	Magnitude - Phase
☐ Magnitude	1.e-002 m
☐ Phase Angle	0. °
Direction	X Axis
Suppressed	No

图 7-146　施加基础激励

2）谐响应分析选项设置与求解。选择 Harmonic Response 2（D5）分支下面的 Analysis Settings 分支，在其 Details 的 Options 部分，设置频率范围为 0Hz 到 25Hz，Cluster Number 选择 4，Cluster Results 选择 Yes；在 Damping Controls 部分，输入 Damping Ratio 为 0.02，如图 7-147 所示。

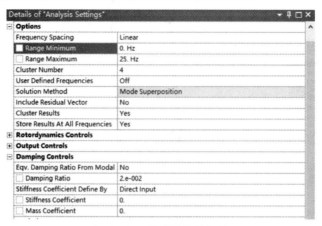

图 7-147　谐响应分析设置

设置完成后，按下工具栏上的 Solve 按钮求解。

3）谐响应计算结果的查看。

a．添加频率响应结果项目。在 Project 树中选择 Solution（B6）分支，在其右键菜单中选择 Insert→Frequency Response→Deformation，在 Solution（B6）下添加一个 Frequency Response 对象，在其 Details 中选择 Scoping Method 为 Named Selection，在 Named Selection 中选择之前定义的顶面梁组成的线段集合 Selection，在 Spatial Resolution 中选择 Use Average，在 Orientation 中选择 X Axis，如图 7-148 所示。

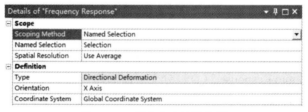

图 7-148　频率响应结果选项

b．添加相位响应结果项目。在 Solution（D6）分支的右键菜单中选择 Insert→Phase Response →Deformation，在 Solution（B6）下添加一个 Phase Response 对象，在其 Details 中选择 Scoping Method 为 Named Selection，在 Named Selection 中选择之前定义的顶面梁组成的线段集合 Selection，在 Spatial Resolution 中选择 Use Average，在 Orientation 中选择 X Axis，在 Options 中设置 Frequency 为 3.4721Hz，Duration 为 720°，如图 7-149 所示。

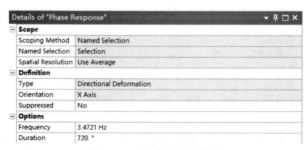

图 7-149　相位角响应设置

c．查看频率响应及相位角响应。在 Solution（D6）分支的右键菜单中选择 Evaluate All Results，在 Solution（D6）分支下分别选择 Frequency Response 和 Phase Response，查看频率响应如图 7-150 所示，查看相位角响应如图 7-151 所示。

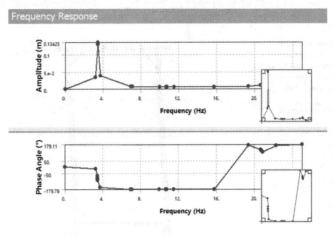

图 7-150　频率响应结果

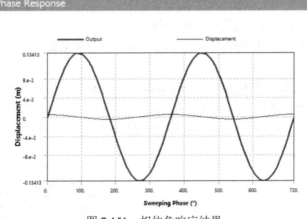

图 7-151　相位角响应结果

d. 添加变形结果项目。选择频率响应分支 Frequency Response，在其右键菜单中选择 Create Contour Result，在 Solution（D6）分支下添加一个 Directional Deformation 分支，其 Details 如图 7-152 所示。

Details of "Directional Deformation"	
Scope	
Scoping Method	Geometry Selection
Geometry	All Bodies
Definition	
Type	Directional Deformation
Orientation	X Axis
By	Frequency
Frequency	3.4721 Hz
Amplitude	No
Sweeping Phase	91.149 °
Coordinate System	Global Coordinate System

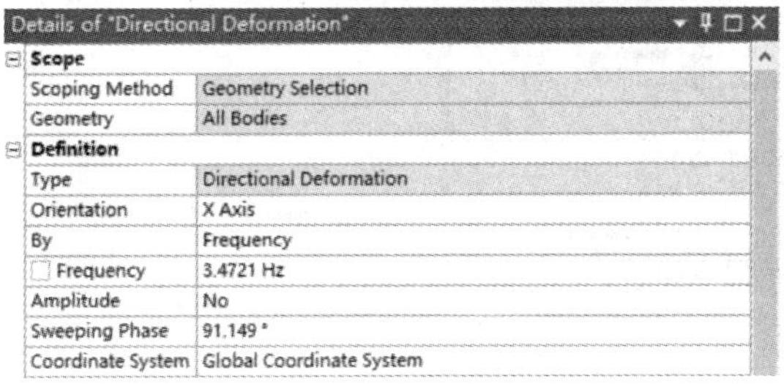

图 7-152　方向变形结果选项

e. 查看方向变形等值线图。选择 Solution（D6）分支，在其右键菜单中选择 Evaluate All Results。随后选择 Directional Deformation 分支，观察激励频率大约为 3.47Hz 时，结构的 X 方向的相对变形响应分布等值线图，如图 7-153 所示。由图形显示结果可知，结构的相对变形较大，最大值约为 0.135m，柱顶相对变形位移角接近 1/20，应考虑增加结构的抗侧向变形刚度。

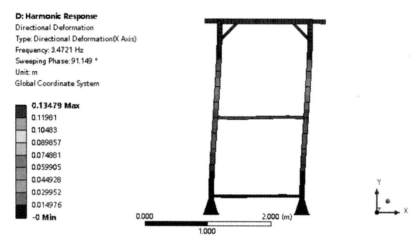

图 7-153　结构位移等值线图

6. 水平地面加速度激励下的随机振动分析

下面进行支架钢结构在水平地面加速度随机激励下的随机振动分析，具体按照如下的步骤进行操作。

（1）创建结构随机振动分析系统。在 Workbench 界面下，从左侧 Toolbox 中选择 Random Vibration 系统，用鼠标左键将其拖放至 Solution（C6）单元格，如图 7-154（a）所示；这时释放鼠标左键，建立一个随机振动分析系统 E，如图 7-154（b）所示。

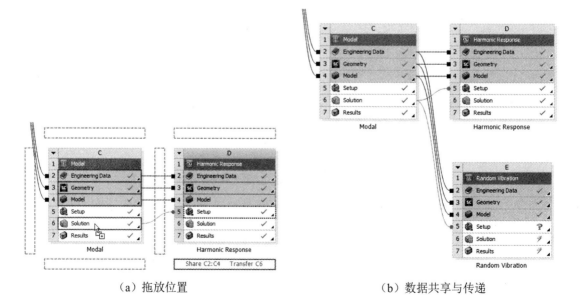

（a）拖放位置　　　　　　　　　　　　　　（b）数据共享与传递

图 7-154　建立一个随机振动分析系统

（2）随机振动分析。

1）施加 PSD 加速度激励。双击 Setup（E5）单元格，进入 Mechanical 界面。选择 Random Vibration（E5）分支，在其右键菜单中选择 Insert→PSD G Acceleration，如图 7-155 所示，在 Random Vibration（E5）分支下添加一个 PSD G Acceleration 分支。

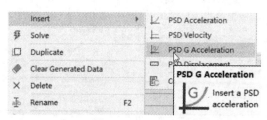

图 7-155　施加 PSD G 地面运动激励

选择刚添加的 PSD G Acceleration 分支，在其 Details 中设置相关信息：在 Scope 部分，设置 Boundary Condition 为 Fixed Support；在 Definition 部分，设置 Direction 为 X Axis，在 Load Data 中选择 Tabular Data，如图 7-156 所示。在右侧 Tabular Data 中输入频率 0.1Hz、30Hz 以及 PSD 值 $0.1G^2/Hz$，在 Graph 区域显示 PSD 曲线，如图 7-157 所示。

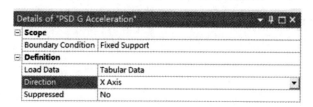

图 7-156　PSD G 激励选项设置

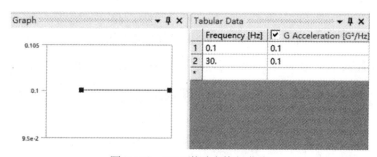

图 7-157　PSD 激励表格与曲线

2）求解。选择 Random Vibration（E5）分支，在工具栏上选择 Solve 按钮进行求解。

（3）随机振动分析后处理。求解完成后，按下面操作步骤进行结果查看。

1）查看加速度 RPSD。

a. 添加相对加速度 RPSD。选择 Solution（E6）分支，在其右键菜单中选择 Insert→Response PSD Tool→Response PSD Tool，添加一个 Response PSD Tool 分支，其下面包含一个 Response PSD 分支。选择 Response PSD Tool 分支下面的 Response PSD 分支，在其 Details 中设置 Location Method 为 Remote Ponits，Reference 为 Relative to base motion，Remote Points 选择质量点所在的 Remote Point，Result Type 选择 Acceleration，Result Selection 选择 X Axis，如图 7-158 所示。

b. 添加绝对加速度 RPSD。选择 Response PSD Tool 分支下面的 Response PSD 分支，在其右键菜单中选择 Duplicate，在 Response PSD Tool 分支下添加一个 Response PSD 2 分支。选择 Response PSD 2 分支，在其 Details 中采用与 Response PSD 相同的设置，只是 Reference 改为 Absolute（including base motion），如图 7-159 所示。

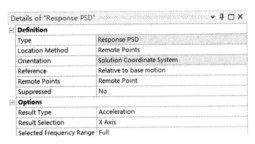

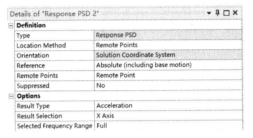

图 7-158　相对加速度 RPSD 设置　　　　　图 7-159　绝对加速度 RPSD 设置

c. 选择 Response PSD Tool 分支，在其右键菜单中选择 Evaluate All Results。

d. 选择 Response PSD 分支，观察质量点处的相对加速度 RPSD 曲线，如图 7-160 所示。

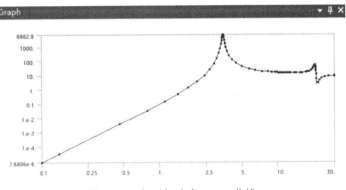

图 7-160　相对加速度 RPSD 曲线

e. 选择 Response PSD 2 分支，观察质量点处的绝对加速度 RPSD 曲线，如图 7-161 所示。

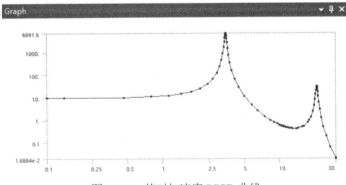

图 7-161　绝对加速度 RPSD 曲线

2）查看位移 RPSD。

a. 添加相对位移 RPSD。选择 Solution（E6）分支，在其右键菜单中选择 Insert→Response PSD Tool→Response PSD Tool，添加一个 Response PSD Tool 分支，其下面包含一个 Response

PSD 分支。选择 Response PSD Tool 分支下面的 Response PSD 分支,在其 Details 中设置 Location Method 为 Remote Ponits,Reference 为 Relative to base motion,Remote Points 选择质量点所在的 Remote Point,Result Type 选择 Displacement,Result Selection 选择 X Axis,如图 7-162 所示。

b. 添加绝对位移 RPSD 结果。选择 Response PSD Tool 分支下面的 Response PSD 分支,在其右键菜单中选择 Duplicate,在 Response PSD Tool 分支下添加一个 Response PSD 2 分支。选择 Response PSD 2 分支,在其 Details 中采用与 Response PSD 相同的设置,只是 Reference 改为 Absolute(including base motion),如图 7-163 所示。

Details of "Response PSD"	
Definition	
Type	Response PSD
Location Method	Remote Points
Orientation	Solution Coordinate System
Reference	Relative to base motion
Remote Points	Remote Point
Suppressed	No
Options	
Result Type	Displacement
Result Selection	X Axis

图 7-162 相对位移 RPSD 设置

Details of "Response PSD 2"	
Definition	
Type	Response PSD
Location Method	Remote Points
Orientation	Solution Coordinate System
Reference	Absolute (including base motion)
Remote Points	Remote Point
Suppressed	No
Options	
Result Type	Displacement
Result Selection	X Axis
Selected Frequency Range	Full

图 7-163 绝对位移 RPSD 设置

c. 选择 Response PSD Tool 分支,在其右键菜单中选择 Evaluate All Results。

d. 选择 Response PSD 分支,观察质量点处的相对位移 RPSD 曲线,如图 7-164 所示。

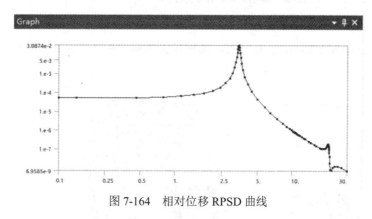

图 7-164 相对位移 RPSD 曲线

e. 选择 Response PSD 2 分支,观察质量点处的绝对位移 RPSD 曲线,如图 7-165 所示。

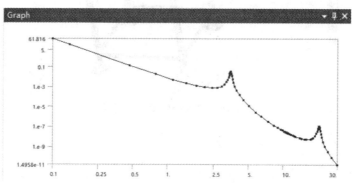

图 7-165 绝对位移 RPSD 曲线

3）查看 1 Sigma 位移分布。

a．添加 1 Sigma 相对位移结果。选择 Solution（E6）分支，在其右键菜单中选择 Insert→Deformation→Directional，如图 7-166 所示，添加一个 Directional Deformation 分支，在此分支的 Details 设置 Orientation 为 X Axis，Scale Factor 为 1 Sigma，如图 7-167 所示。

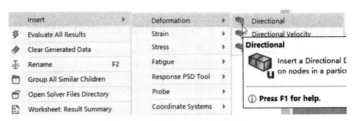

图 7-166　添加方向变形结果

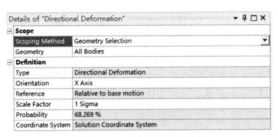

图 7-167　指定比例因子

b．选择 Directional Deformation 分支，观察在 X 方向上的 1 Sigma 相对位移分布等值线如图 7-168 所示。

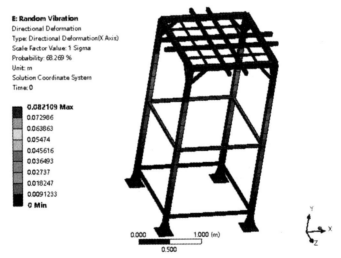

图 7-168　1 Sigma 变形等值线

7.6.3　平台结构在多种激励下的瞬态振动分析

本节给出一个瞬态分析的典型例题，计算一个两层平台钢结构在 3 种不同激励作用下的瞬态动力响应。

1. 问题描述

两层钢结构工作平台，层高及平面内两个方向的跨度均为 3000mm，各层平台钢板厚度均为 20mm。平台梁、平台支架梁及支架柱构件的截面尺寸均为方管 200mm×200mm×7.5mm×7.5mm。假设结构刚度阻尼系数 Stiffness Coefficient 为 0.005，二层各顶点承受总的水平载荷最大值为 10kN，计算结构在以下 3 种载荷时间历程作用下的瞬态动力过程。

（1）上升时间为 1.0s 的斜坡递增载荷，在 1.0s 末达到最大载荷值 10kN 并保持，计算 0～1.5s 的结构动力响应过程。

（2）10kN 的阶跃式载荷，计算 0～1.5s 的结构动力响应过程。

（3）如图 7-169 所示的载荷—时间历程，计算 0～1.5s 的结构动力响应过程。

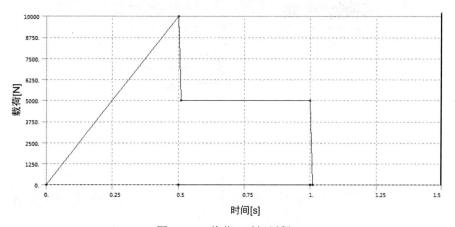

图 7-169　载荷—时间历程

2. 创建分析项目和流程

启动 ANSYS Workbench，选择 File→Save As 菜单，选择存储路径并将项目文件另存为 steel_platform.wbpj，如图 7-170 所示。

图 7-170　保存项目文件

在 Workbench 左侧工具栏中选择 Geometry 组件，双击或直接将其拖放至 Project Schematic 区域。继续在左侧工具箱中继续选择 Transient Structural 分析系统，将其拖放至 Geometry（A2）单元格，如图 7-171 所示，释放鼠标左键创建一个 Transient Structural 分析系统 B，如图 7-172 所示。

在 Workbench 的 Project Schematic 中选择 Setup（B5）单元格，打开右键菜单，选择 Duplicate，如图 7-173（a）所示，复制一个瞬态分析系统 C，如图 7-173（b）所示。重复这一操作，基于分析系统 C，再复制一个瞬态分析系统 D，如图 7-173（c）所示。

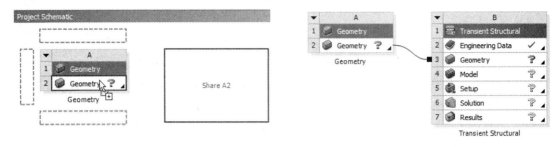

图 7-171　拖放位置　　　　　　　　　　图 7-172　Transient 分析系统 B

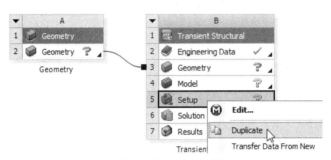

（a）基于系统 B 复制系统 C

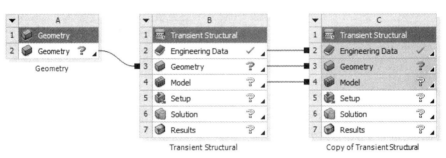

（b）系统 B 和复制的系统 C

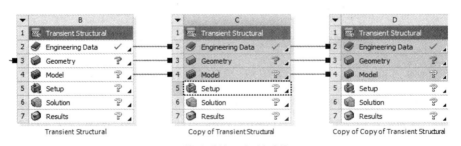

（c）基于系统 C 复制系统 D

图 7-173　建立分析流程

　　对上述的 B、C、D 3 个结构瞬态分析系统，分别将其标题重命名为 Ramped、Stepped 以及 Arbitrary，依次代表斜坡载荷、跳跃载荷以及一般动力载荷作用的计算工况，如图 7-174 所示。

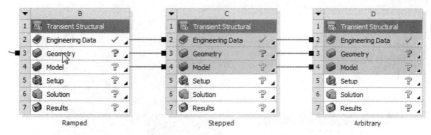

图 7-174　重命名分析系统

3. 创建几何模型

在 Project Schematic 中选择 Geometry（A2）单元格，在右键菜单中选择 New Design Modeler Geometry…，启动 DM，通过 Units 菜单设置建模长度单位为 mm。

在 DM 左侧的 Tree Outline 中选择 XYPlane，为了便于操作，单击正视于按钮，选择正视此平面。选择 Tree Outline 底部的 Sketching 标签切换到草图绘制模式，在绘图工具箱 Draw 中选择 Rectangle 绘制矩形。此时，在右边的图形窗口上出现一个画笔，移动画笔放到原点上时会出现一个 P 标志，表示与原点重合，此时单击鼠标并拖动绘制矩形，如图 7-175 所示。

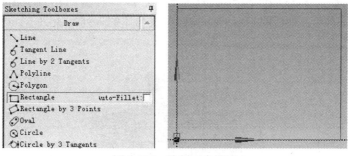

图 7-175　绘制一个矩形

选择草图工具箱的 Dimensions 标注面板中的 General 标签，单击矩形的两个边，并将尺寸均设置为 3000mm，如图 7-176 所示。

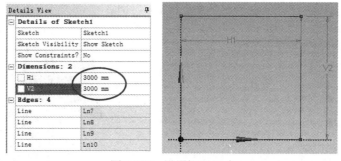

图 7-176　设置矩形尺寸

单击 Modeling 标签，切换至 3D 建模模式。通过菜单 Concept→Surface From Sketches 在 Tree Outline 中创建一个表面体 SurfaceSk1 分支，选择 SurfaceSk1 分支，在其 Details 中选择 Base Objects，然后在 Tree Outline 中选择上述绘制的草图 Sketch1 分支，并单击 Base Objects 选项右侧的 Apply 按钮，随后单击 Generate 按钮完成面创建，如图 7-177 所示。

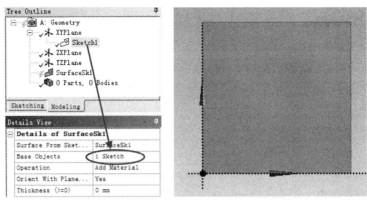

图 7-177 通过草图生成面体

下面通过面体线性阵列的方法创建其他的平台板。在菜单中选择 Create→Pattern，在 Tree Outline 中添加一个 Pattern1 对象分支。在 Pattern1 的 Details 中，阵列类型选择 Linear，即线性阵列；Geometry 选择上述面体；Direction 为阵列方向，选择工具栏上的面选择过滤按钮，选择上面创建的面体的法向，通过左下侧的红黑箭头调整方向向下，如图 7-178 所示。阵列总数= Copies +1，因此将"FD3,Copies(>0)"的值设置为 2，偏移值 FD1 设为 3000mm，如图 7-179 所示。设置完成后单击工具栏的 Generate 按钮完成面体的阵列，如图 7-180 所示。

图 7-178 调整阵列方向

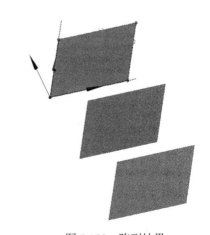

图 7-179 阵列设置   图 7-180 阵列结果

下面创建立柱线体。选择 Concept→Lines From Points 菜单，在模型树中出现一个 Line1 分支，然后在图形显示区域按住 Ctrl 顺次选择各立柱的下层、中层两个端点，再按住 Ctrl 键选择各立柱的中层、上层两个端点，即可形成各立柱线段的预览，然后在 Line1 的 Details 中 Point Segments 中单击 Apply，形成 8 段线体，单击 Generate 按钮，完成 Line1 的创建，如图 7-181 所示。

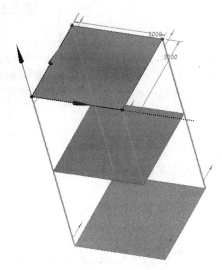

图 7-181　创建立柱线段

创建平台梁线段。选择菜单 Concept→Lines From Edges，在模型树中出现一个 Line2 线体分支，在工具条中选择边选过滤按钮，按住 Ctrl 键，逆时针方向顺次选择上方表面和中间表面的各边，在 Line 的详细列表的 Edges 中单击 Apply，然后单击 Generate 按钮完成 Line2 线体的创建，如图 7-182 所示。

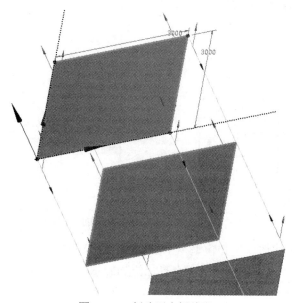

图 7-182　创建平台梁线段

在 Tree Outline 中单击选中未添加线体边的最下方的面体，右键菜单中选择 Suppress Body，如图 7-183 所示，将此面体抑制。抑制不需要的表面后形成的钢平台几何体模型如图 7-184 所示。

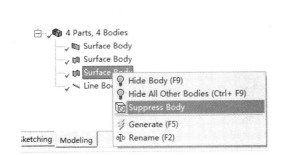

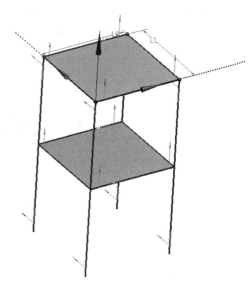

图 7-183 抑制面体 图 7-184 抑制下层表面后的模型

下面为线体定义横截面。在菜单中选择 Concept→Cross Section→Rectangular Tube，创建方管横截面，并在左下角的详细列表中修改横截面的尺寸，如图 7-185（a）所示，图形区域中显示的横截面尺寸如图 7-185（b）所示。

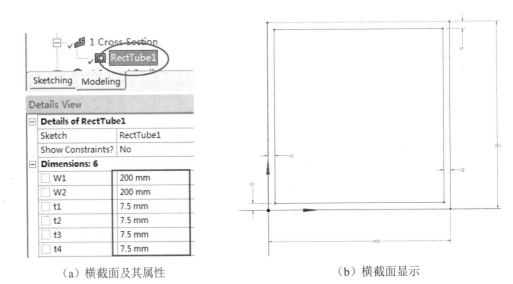

（a）横截面及其属性 （b）横截面显示

图 7-185 定义线体横截面

下面将横截面赋予线体。选择模型树中的 Line Body，在左下角的详细列表中单击 Cross Section 选项的黄色区域，在下拉菜单中选择已添加的 RectTube1 横截面，然后单击 Generate 按钮。勾选菜单项 View→Cross Section Solids，可以观察到显示横截面的几何模型如图 7-186 所示。

图 7-186　显示横截面属性的几何模型

　　下面来创建多体部件。选择 Tree Outline 中的"4 Parts，4Bodies"下的所有的体（包括面体和线体），然后单击菜单栏 Tools→Form New Part，创建多体部件，形成"1 Part，4Bodies"，如图 7-187 所示。

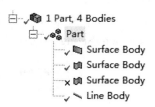

图 7-187　创建多体部件

　　为了保证梁和板能够协调变形，还需要添加 Joint 对象。选择菜单 Tools→Joint，在模型树中出现 Joint1 分支，在 Outline Tree 中选择未被抑制的两个面体及线体，在 Joint1 分支的 Details 的 Target Geometries 中单击 Apply 按钮，单击 Generate 按钮，完成 Joint1 的创建。

　　至此，钢结构平台的几何建模已完成，关闭 DM，返回 Workbench 界面。

　　4．结构分析前处理

　　（1）几何分支。在 Project Schematic 中双击 Model（B4）单元格，打开 Mechanical 界面。展开 Project 树的 Geometry 分支，确认在 DM 中创建的几何模型已经被导入，包含两个 Surface Body 和一个 Line Body，其中 Surface Body 前面有"？"号，表示目前缺少厚度信息，如图 7-188 所示。

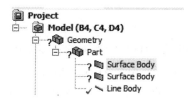

图 7-188　模型导入后的 Geometry 分支

依次选择各个体，在其Details中确认Material Assignment为Structural Steel。选择Geometry分支下的Line Body分支，在其Details中确认Properties下的Cross Section为RectTube1，其截面参数如图7-189所示。

由于两个Surface Body没有定义厚度，因此在分支前面有一个“?”号，按住Ctrl选择两个面体分支，在Details of“Multiple Selection”的Thickness选择中指定厚度为20mm，如图7-190所示。

Details of "Line Body"	
⊞ Graphics Properties	
⊞ Definition	
⊞ Material	
⊞ Bounding Box	
⊟ Properties	
Volume	2.772e+008 mm³
Mass	2176. kg
Length	48000 mm
Cross Section	RectTube1
Cross Section Area	5775. mm²
Cross Section IYY	3.5721e+007 mm²·mm²
Cross Section IZZ	3.5721e+007 mm²·mm²

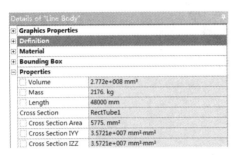

图7-189　Line Body的截面参数

Details of "Multiple Selection"	
⊞ Graphics Properties	
⊟ Definition	
Suppressed	No
Stiffness Behavior	Flexible
Coordinate System	Default Coordinate System
Reference Temperature	By Environment
Thickness	20. mm
Thickness Mode	Manual
Offset Type	Middle

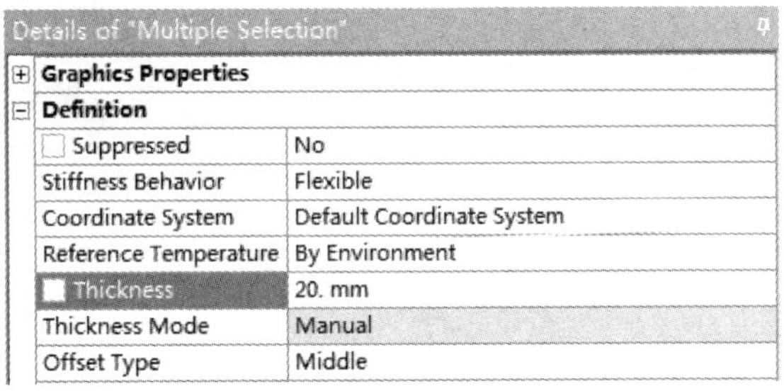

图7-190　定义板的厚度

（2）网格划分。在Project树中选择Mesh分支，在其右键菜单中选择Insert→Sizing，向Project Tree中添加一个Sizing分支。在Sizing分支的Details中选择Geometry，切换到Box Select模式选择边，在图形区域中框选全部的线段共16条，在Details中单击Apply确认，这时Sizing分支自动更名为Edge Sizing。在Edge Sizing的Details中设置Element Size为500mm，如图7-191所示。指定了Edge Sizing的Element Sizing后的模型如图7-192所示。

Details of "Edge Sizing" - Sizing	
⊟ Scope	
Scoping Method	Geometry Selection
Geometry	16 Edges
⊟ Definition	
Suppressed	No
Type	Element Size
Element Size	500. mm

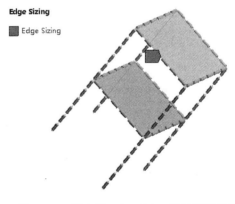

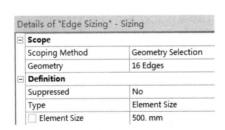

图7-191　Sizing设置

图7-192　指定了Edge Sizing后的模型显示

在Mesh分支的右键菜单中选择Generate Mesh，对模型进行网格划分。划分完成后形成的有限元模型如图7-193所示。为了显示梁的截面及板厚度，选择菜单View→Thick Shells and Beams，模型显示如图7-194所示。

5. 计算斜坡上升载荷的响应

（1）求解设置。选择Transient（B5）分支下的Analysis Settings分支，在其Details中设置求解选项。指定Step End Time为1.5s；Auto Time Step为On，Define by Time，Initial Time Step、Minimum Time Step、Maxmum Time Step依次为0.01s、0.005s、0.02s；指定刚度阻尼系数Stiffness Coefficient为0.005。

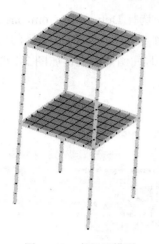
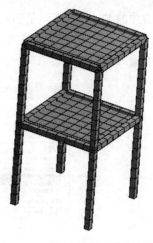

图 7-193　有限元模型　　　　　　　　图 7-194　显示截面与厚度的模型

（2）施加位移约束及载荷。

1）施加位移约束。选择 Transient（B5）分支，在图形区域内选择柱底部的 4 个顶点，右键菜单选择 Insert→Fixed Support，如图 7-195 所示，在 Transient（B5）下增加 Fixed Support 分支。

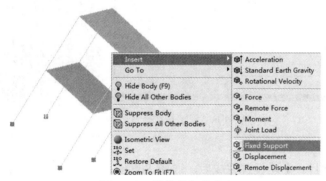

图 7-195　柱脚施加约束

2）施加动力载荷。在图形区域内选择平台顶面的 4 个顶点，右键菜单中选择 Insert→ Force，如图 7-196 所示，，在 Transient（B5）下增加一个 Force 分支。

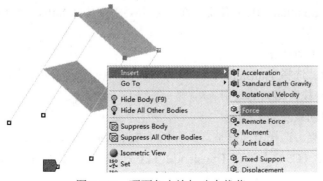

图 7-196　顶面角点施加动力载荷

选择新增加的 Force 分支，在 Force 分支的 Details 中选择 Defined by Components，单击 X Component 右侧的三角形，在弹出的菜单中选择 Tabular，如图 7-197 所示。在右侧的 Tabular Data 区域的表格中输入载荷表格，在 Graph 区域显示出载荷-时间函数历程，如图 7-198 所示。

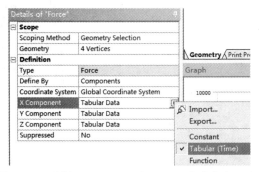

图 7-197　选择 Component 及 Tabular 方式定义 Force

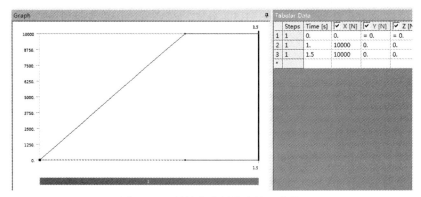

图 7-198　斜坡载荷数值表格及曲线

（3）求解。

1）加入结果项目。上述设置完成后，选择 Solution（B6）分支，在其右键菜单中插入如下的 3 个结果项目：

a. 通过菜单 Insert→Deformation→Total 插入总体变形结果项目。

b. 通过菜单 Insert→Stress→Equivalent（von-Mises）插入等效应力结果项目。

c. 通过菜单 Insert→Beam Tool→Beam Tool 插入梁的应力工具箱结果项目。

2）求解。选择 Solution（B6）分支，在其右键菜单中选择 Solve，求解斜坡上升载荷作用下的瞬态动力分析工况。

6．计算跳跃载荷的响应

（1）求解设置。选择 Transient 2（C5）下的 Analysis Settings 分支，在其 Details 中采用与上述计算斜坡上升载荷相同的设置。

（2）施加位移约束及动力载荷。

1）施加位移约束。选择上面斜坡载荷分析中 Transient（B5）分支下的 Fixed Support，用鼠标拖至 Transient 2（C5）上，在 Transient 2（C5）分支下增加一个 Fixed Support 支座约束分支。

2）施加动力载荷。按照与上面斜坡载荷指定相同的方法，仅仅是载荷时间表格不同，假设水平载荷经过 0.01s 后达到最大值 10kN，跳跃载荷表格及时间历程曲线如图 7-199 所示。

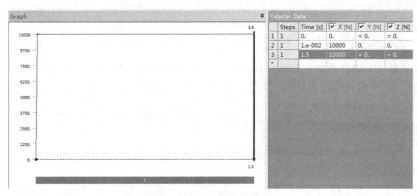

图 7-199　跳跃载荷曲线

（3）求解。

1）加入结果项目。上述设置完成后，选择 Solution（C6）分支，在其右键菜单中插入如下的 3 个结果项目：

a．通过菜单 Insert→Deformation→Total 插入总体变形结果项目。

b．通过菜单 Insert→Stress→Equivalent（von-Mises）插入等效应力结果项目。

c．通过菜单 Insert→Beam Tool→Beam Tool 插入梁的应力工具箱结果项目。

2）求解。选择 Solution（C6）分支，在其右键菜单中选择 Solve，求解阶跃载荷作用下的瞬态动力分析工况。

7．计算任意时间历程载荷的响应

（1）求解设置。选择 Transient 2（D5）下的 Analysis Settings 分支，在其 Details 中采用与上述计算斜坡载荷以及阶跃载荷时相同的设置。

（2）施加位移约束及动力载荷。

1）施加位移约束。选择上面阶跃载荷分析中 Transient（C5）分支下的 Fixed Support，用鼠标拖至 Transient 3（D5）上，在 Transient 2（D5）分支下增加一个 Fixed Support 支座约束分支。

2）施加动力载荷。按照与上面载荷指定相同的方法，仅仅是载荷时间表格不同，载荷的表格及时间历程曲线如图 7-200 所示。

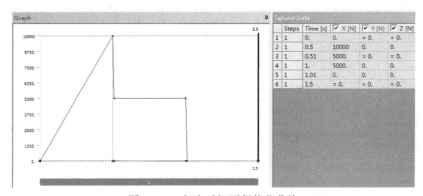

图 7-200　任意时间历程载荷曲线

（3）求解。

1）加入结果项目。上述设置完成后，选择 Solution（D6）分支，在其右键菜单中插入如下的 3 个结果项目：

a．通过菜单 Insert→Deformation→Total 插入总体变形结果项目。

b．通过菜单 Insert→Stress→Equivalent（von-Mises）插入等效应力结果项目。

c．通过菜单 Insert→Beam Tool→Beam Tool 插入梁的应力工具箱结果项目。

2）求解。选择 Solution（D6）分支，按下工具栏上的 Solve 按钮，求解任意时间历程载荷作用下的瞬态动力分析工况。

8．后处理与结果分析

分别对 3 种不同工况下的结果进行后处理。

（1）斜坡上升载荷的响应。

1）获取平台顶部位移时间历程曲线。在 Project Tree 中选择 Solution（B6）下的 Total Deformation 分支，单击工具栏上的 Chart 按钮，在 Project Tree 的最底部出现一个 Chart 分支，按图 7-201 所示在其 Details 中进行相关的设置，其中 Plot Style 为 Lines，栅格线 Gridlines 为 Both，X 轴及 Y 轴的 Labels 分别设置为 Time 及 Disp，绘制得到工况 1 平台顶部侧移时间曲线如图 7-202 所示。

Details of "Chart"	
Definition	
Outline Selection	1 Objects
Chart Controls	
X Axis	Time
Plot Style	Lines
Scale	Linear
Gridlines	Both
Axis Labels	
X-Axis	Time
Y-Axis	Disp

图 7-201　Chart 的设置选项

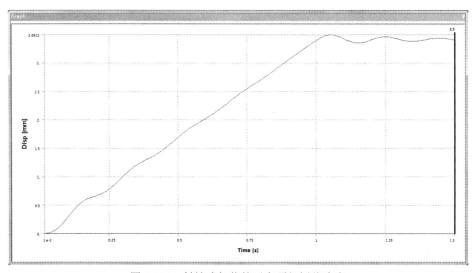

图 7-202　斜坡式加载的平台顶部侧移响应

由斜坡式加载的侧移时间历程曲线可以看出，最大水平侧移出现在载荷上升段结束点 1s 附近，之后在平衡位置附近作小幅波动，且幅值逐渐降低。由此可见，结构的响应基本上类似于等幅值的静力载荷的响应。经实际计算，结构在 10kN 的静力载荷作用下顶部水平侧移为 3.4098mm。上升时间为 1s 的斜坡载荷引起的响应仅略微高于此数值。

2）最大位移时刻结构变形及应力观察。在 Project Tree 中，选择 Solution（B6）下的 Total Deformation，在 Tabular Data 中找到最大侧移时刻 1.05s，在表格的 1.05s 对应的行中单击右键，弹出菜单中选择 Retrieve this result。得到斜坡载荷作用下最大侧移时刻的结构变形等值线图，如图 7-203 所示，结构的最大水平侧移为 3.4923mm，略微高于静变形。

选择 Solution（B6）分支，在 Beam Tool 的右键菜单中选择 Evaluate All Results，选择 Beam Tool 下面的 Maximum Combined Stress，在此结果 Tabular 表格的 1.05s 对应的行中单击右键，弹出菜单中选择 Retrieve this result，得到 1.05s 时刻框架中的应力分布，如图 7-204 所示，框架的最大应力出现在柱底端。

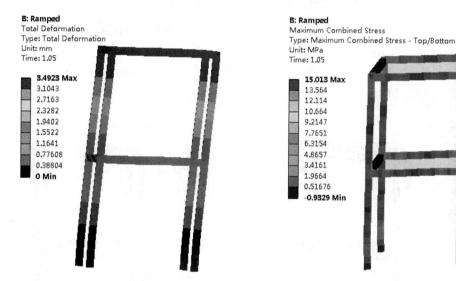

图 7-203　斜坡载荷作用下的变形　　　　图 7-204　斜坡载荷作用下的应力

（2）跳跃载荷的响应。

1）获取平台顶部位移时间历程曲线。在 Project Tree 中选择 Solution（B6）下的 Total Deformation 分支，按工具栏上的 Chart 按钮图，在 Project Tree 的最底部出现一个 Chart 2 分支，在 Chart 2 分支的 Details 中按图 7-201 所示进行相关的设置，其中 Plot Style 为 Lines，栅格线 Gridlines 为 Both，X 轴及 Y 轴的 Labels 分别设置为 Time 及 Disp，绘制得到在跳跃载荷作用下平台顶部侧移时间曲线如图 7-205 所示。最大侧移出现在大约 0.1s 附近，数值大约为 6mm，这是由于突加载荷引起的动力放大。

2）最大位移时刻结构变形及应力观察。在 Project Tree 中，选择 Solution（B6）下的 Total Deformation，在 Tabular Data 中找到最大侧移时刻 0.1s，在表格的 0.1s 时刻所对应的行中单击鼠标右键，弹出菜单中选择 Retrieve this result，得到跳跃载荷作用下最大侧移为 5.92mm，在最大侧移时刻结构的水平位移等值线图如图 7-206 所示。

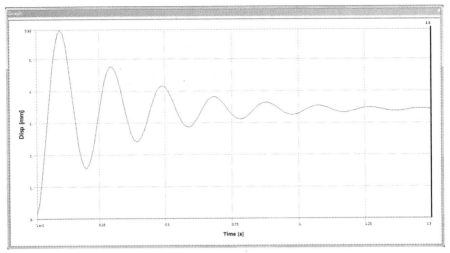

图 7-205　在跳跃载荷作用下结构顶部侧移时间曲线

选择 Solution（C6）分支，在 Beam Tool 的右键菜单中选择 Evaluate All Results，选择 Beam Tool 下面的 Maximum Combined Stress，在此结果 Tabular 表格的 0.1s 对应的行中单击右键，弹出菜单中选择 Retrieve this result，得到 0.1s 时刻框架中的应力分布如图 7-207 所示。框架的最大应力也是出现在柱底位置。

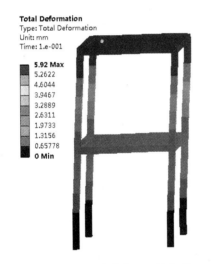

图 7-206　跳跃载荷作用下的变形

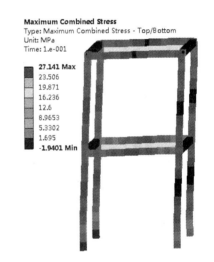

图 7-207　跳跃载荷作用下的应力

（3）任意载荷的响应。

1）获取平台顶部位移时间历程曲线。在 Project Tree 中选择 Solution（B6）下的 Deformation Probe 分支，按工具栏上的 Chart 按钮，在 Project Tree 的最底部出现一个 Chart 3 分支，在 Chart 3 的 Details 中进行相关的设置，其中 Plot Style 为 Lines，栅格线 Gridlines 为 Both，X 轴及 Y 轴的 Labels 分别设置为 Time 及 Disp，绘制得到任意时间历程载荷作用下平台顶部侧移时间曲线，如图 7-208 所示，顶部的最大侧移出现在上升段结束点附近的 0.51s 时刻，最大侧移为 3.4069mm，与静位移基本相当。在 0.51s 及 1.0s 附近由于突然卸载引起显著的振动，由于阻尼的影响振幅逐渐衰减。

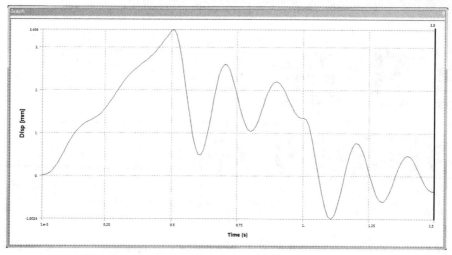

图 7-208　在时间历程载荷作用下结构顶部侧移时间曲线

2）最大位移时刻结构变形及应力观察。在 Project Tree 中，选择 Solution（D6）下的 Deformation Probe，在 Tabular Data 中找到最大侧移时刻 0.51s，在表格的 0.51s 对应的行中单击右键，弹出菜单中选择 Retrieve this result。得到斜坡载荷作用下最大侧移时刻的结构变形等值线图，如图 7-209 所示。

选择 Solution（B6）分支，在 Beam Tool 的右键菜单中选择 Evaluate All Results，选择 Beam Tool 下面的 Maximum Combined Stress，在此结果 Tabular 表格的 0.51s 对应的行中单击右键，弹出菜单中选择 Retrieve this result，得到 0.51s 时刻框架中的应力分布，如图 7-210 所示，框架中的最大应力仍然是出现在柱底部位置。

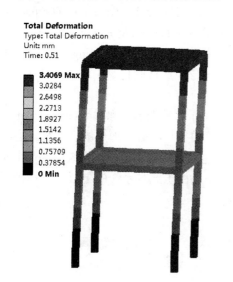

图 7-209　任意变化载荷作用下的变形

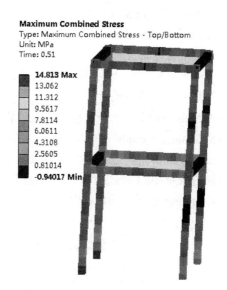

图 7-210　任意变化载荷作用下的应力

上述操作完成后，关闭 Mechanical，返回 Workbench 并保存项目文件。

第8章
流固耦合动力分析

本章介绍在 ANSYS Workbench 环境下通过 System Coupling 组件实现基于 CFD 求解器 Fluent 和 FEM 求解器 Mechanical 之间的流固耦合分析的方法和要点，并结合典型计算例题进行讲解。

8.1 流固耦合实现方法与过程

目前，ANSYS Mechanical 可以与 ANSYS Fluent 通过 Workbench 的 System Coupling 组件进行流固耦合（FSI）分析。本节介绍与之相关的基本分析流程及注意事项。

System Coupling 是集成于 ANSYS Workbench 的通用多学科耦合仿真系统，耦合分析的参与方可以是 Workbench 中的分析系统（Analysis Systems）或组件系统（Component Systems）。目前，System Coupling 中支持的参与方包括 Steady-State Thermal、Transient Thermal、Static Structural、Transient Structural、Fluid Flow（Fluent）等分析系统以及 Fluent、External Data 等组件系统。耦合分析过程中，各参与方之间的耦合分析通过 System Coupling 来管理，各参与方之间执行一系列单向或双向的数据传递。每一个参与方完成协同仿真中各自的计算任务，同时又作为数据传递的源或目标。

在 Workbench 中，一个典型的 FSI 流程如图 8-1 所示。其中的各参与系统通过 Setup 单元格连接至 System Coupling 的 Setup 单元格，以协同模式参与分析，形成耦合系统。当参与系统为 External Data 时，它将作为静态数据参与耦合。建立耦合后，各参与系统中 Solution 单元格右键快捷菜单中的 Update 功能将不再允许使用，这是由于此时系统的更新（求解执行）由 System Coupling 求解选项所控制。

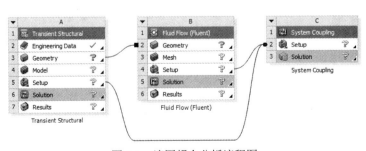

图 8-1　流固耦合分析流程图

在 Workbench 中进行系统耦合分析的实现步骤如下：

（1）创建分析项目。

（2）建立分析流程。

（3）各参与系统 Setup。

（4）System Coupling 系统 Setup。

（5）耦合分析。

（6）结果后处理。

在各参与系统的 Setup 环节，与单场分析的设置相似。在 Mechanical Application 的设置中，添加一个 Fluid Solid Interface 边界条件；在 Fluent Setup 中，激活 Dynamic Mesh，并将 FSI 界面类型设置为 System Coupling 即可。

在 System Coupling 的 Setup 环节，用户需要进行耦合分析设置和数据传递设置。分析设置（Analysis Settings）包括分析类型设置、初始化设置、时间步设置。数据传递则提供了直观的定义方式，可指定传递的源和目标系统、传递的区域和变量等参数。

8.2　流固耦合分析例题：双立板在流体的摆动模拟

8.2.1　问题描述

如图 8-2 所示，两个立板被固定在空腔底部，板高 1m，厚 0.05m。在初始的时刻，两板侧面均受 80Pa 的初始压力，为了激发板的摆动，初始压力将在 0.5s 末被去除。通过 ANSYS Workbench 分析此动态过程。其他相关参数见操作过程。

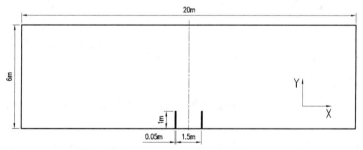

图 8-2　FSI 的问题图示

由于一旦释放压力，立板将发生摆动。摆动过程中，立板的变形会影响流场，而流场的压力变化又反过来影响结构的变形，因此需要在 ANSYS Workbench 中进行 2-Way FSI 的求解。Fluent 求解器可以计算立板运动对流场的影响，Mechanical 求解器则能计算在初始位移和流体压力作用下立板的变形情况，通过 ANSYS Workbench 的 System Coupling 系统实现流固耦合求解。

8.2.2　建立分析流程

首先在 Workbench 中按照下列步骤建立分析流程。

（1）启动 ANSYS Workbench。

（2）在 Workbench 左侧工具箱的分析系统中选择 Transient Structural，并将其添加至 Project Schematic 窗口中。

（3）在 Workbench 左侧工具箱的分析系统中选择 Fluid Flow（Fluent），并将其拖动至 Transient Structural 系统的 Geometry（A3）单元格上，释放鼠标。

（4）在 Workbench 左侧工具箱的组件系统中选择 System Coupling，并将其添加至 Project Schematic 的 Fluid Flow（Fluent）右侧。

（5）拖动 Transient Structural 的 Setup（A4）单元格至 System Coupling 系统的 Setup（C2）单元格上，释放鼠标。

（6）拖动 Fluid Flow（Fluent）的 Setup（B4）单元格至 System Coupling 系统的 Setup（C2）单元格上，释放鼠标。

（7）选择菜单 File→Save，在弹出的窗口中输入“Oscillating Plate”作为项目名称，保存分析项目。在 Project Schematic 窗口中搭建的项目分析流程如图 8-3 所示。

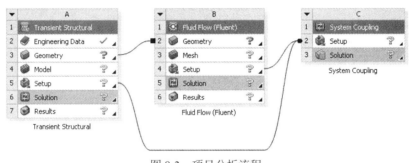

图 8-3　项目分析流程

8.2.3　瞬态结构分析前处理

本节介绍流固耦合分析中结构分析的前处理过程，主要的步骤包括定义材料、几何建模、建立命名选择集、划分网格及分析设置。

1. 定义立板材料

在 Engineering Data 中定义名为 Plate 的新材料，并将其设定为分析使用的默认材料。具体操作步骤如下。

（1）在 Workbench 的 Project Schematic 窗口中，双击 Transient Structural 的 Engineering Data（A2）单元格，进入 Engineering Data 界面，在 Outline of Schematic A2 表格最下方的空白行中输入 Plate，定义新材料名称，如图 8-4 所示。

Outline of Schematic A2: Engineering Data

	A	B	C	D
1	Contents of Engineering Data		Source	Description
2	Material			
3	Structural Steel			Fatigue Data at zero mean stress comes from 1998 ASME BPV Code, Section 8, Div 2, Table 5-110.1
4	Plate			
*	Click here to add a new material			

图 8-4　定义材料名称

（2）在 Engineering Data 左侧 ToolBox 中，选择 Physical Properties 分类下的 Density 并双击，密度属性被添加至材料 Plate 的属性表格中，输入密度值 2550kg/m^3。

（3）在 Engineering Data 左侧 ToolBox 中，选择 Linear Elastic 分类下的 Isotropic Elasticity 并双击，在材料 Plate 的属性表格中输入 Young's Modulus 为 2.5×10^{6}Pa，Poisson's 为 0.35。

完成属性定义后 Plate 材料属性表格如图 8-5 所示。

	A	B	C	D	E
1	Property	Value	Unit	⊗	🗗
2	Density	2550	kg m^-3	☐	☐
3	⊟ Isotropic Elasticity			☐	
4	Derive from	Young... ▾			
5	Young's Modulus	2.5E+06	Pa		☐
6	Poisson's Ratio	0.35			☐
7	Bulk Modulus	2.7778E+06	Pa		☐
8	Shear Modulus	9.2593E+05	Pa		☐

图 8-5　Plate 材料属性表格

（4）在 Outline of Schematic A2：Engineering Data 表格中，右键单击 Plate 并在弹出的菜单中选择 Default Solid Material For Model，将 Plate 作为默认的材料。

（5）关闭 Engineering Data，返回 Project Schematic 窗口。

2．创建几何模型

下面根据问题描述中的内容，创建流场以及双立板的几何模型。建模中利用切割的方法获得立板周围的流场分析域。具体的建模步骤如下。

（1）启动 DM 并设置单位。在 Transient Structural 系统的 Geometry（A3）单元格右键菜单中选择"New DesignModeler Geometry"，启动 DM，在 DM 的 Units 菜单中选择建模长度单位为"m"。

（2）绘制流场域的草图。选中 XYPlane，单击 Sketching 标签切换到草绘模式，在 XY 平面上绘制流场草图。选择 Draw→Rectangle，在图形显示窗口中绘制一个矩形，保证矩形底边与 X 轴共线；选择 Constraints→Symmetry，分别选择坐标轴 Y 轴和矩形的两个边，使得矩形关于 Y 轴对称；选择 Dimension→General，分别标注矩形的长、宽，在左下角的明细栏中修改矩形长宽值为 20m、6m，选择显示标注为数值，创建完成的草图如图 8-6 所示。

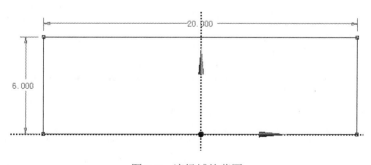

图 8-6　流场域的草图

（3）形成流场域。选择拉伸工具 Extrude，在其 Details View 中，Geometry 选择流场草图 Sketch1；Operation 选择 Add Material；Direction 选择 Both-Symmetric；Extent Type 选择 Fixed 并输入"FD1,Depth(>0)"为 0.2m；单击 Generate 按钮，生成流场域的几何实体模型如图 8-7 所示。

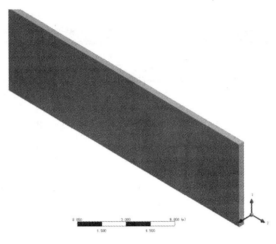

图 8-7　流场模型

（4）绘制立板草图。选择 XYPlane，单击新建草图工具，通过 Sketching 标签切换到草绘模式。选择 Draw→Rectangle，在图形显示窗口中 Y 轴左右两侧各绘制一个矩形，保证矩形底边与 X 轴共线；选择 Constraints→Equal Length，设定两个矩形的长、短边分别相等；选择 Constraints→Symmetry，分别选择坐标轴 Y 轴、左侧矩形右边及右侧矩形的左边，使得两个矩形关于 Y 轴对称；通过 Dimension→General 工具，分别标注矩形的长、宽，单击 Dimension →Horizontal，标注矩形之间的距离，在左下角的明细栏中修改矩形长、宽值为 1m、0.05m，距离值为 1.5m。创建完成的草图及尺寸标注如图 8-8 所示。

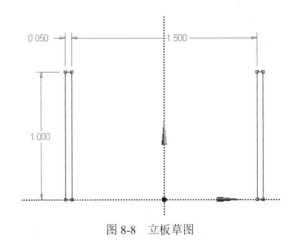

图 8-8　立板草图

（5）形成立板几何体。选择拉伸工具 Extrude，在其 Details 中，Geometry 选择立板草图 Sketch2；Operation 选择 Add Frozen；Direction 选择 Both-Symmetric；Extent Type 选择 Fixed 并输入"FD1,Depth(>0)"为 0.2m；单击 Generate 按钮，生成实体模型如图 8-9 所示。

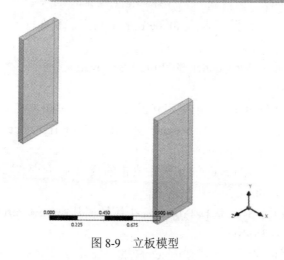

图 8-9　立板模型

（6）切割流场域。在菜单中单击 Create→Slice，在 Slice 的 Details 中，Slice Type 选择 Slice by Surface；Target Surface 在窗口中选择左侧立板的左侧平面；单击 Generate 按钮，此时整个流场区域被切割成两部分。

重复此操作，分别利用左侧板的顶面、右侧面，右侧板的左侧面、右侧面对流场进行分割，完成分割操作后，流场域的体被分成 10 部分。

（7）抑制重合的体。在模型树中找出从流场区域中分割出来的且与立板重合的两个体，将其抑制。

（8）整合流场域的体。在模型树中选择组成流体区域的各个体，共计 8 个体，然后单击鼠标右键并在弹出的菜单中选择 Form New Part。最终生成的分析模型如图 8-10 所示。

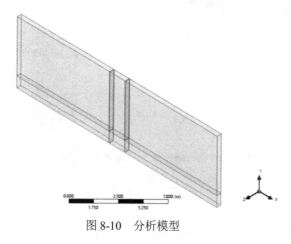

图 8-10　分析模型

3. 创建命名选择集

为了便于在后续分析中施加边界条件，对有关的对象建立命名选择集，按如下步骤操作。

（1）隐藏立板模型，在菜单中选择 Tools→Named Selection，在其 Details 中进行如下设定：Named Selection 输入 Symmetry1，Geometry 选择+Z 方向上的 8 个面，单击 Generate 按钮。

（2）重复此操作，创建-Z 方向上 8 个面为 Symmetry2；流体域左端面为 wall_inlet；流体域右端面为 wall_outlet；流体域 5 个顶面为 wall_top；流体域 3 个底面为 wall_bottom；流体域与左侧立板的 3 个交界面为 wall_deforming1；流体域与右侧立板的 3 个交界面为 wall_deforming2。

（3）关闭 DM，返回 Workbench 的 Project Schematic 界面。

4. 划分立板网格

下面在 Mechanical Application 中指定立板材料并划分立板网格。

（1）在 Workbench 的 Project Schematic 窗口中，双击 Transient Structural 的 Model（A4）单元格进入 Mechanical Application 界面。

（2）确认立板材料。单击 Project 树中立板的两个几何体分支，查看并确认 Details 中 Material Assignment 为 Plate。

（3）抑制流场域几何体。选择 Project 树中流场域几何体的 Part 分支（在 Geometry 分支下），右键选择 Suppress Body。

（4）设置立板网格尺寸。选择 Project 树的 Mesh 分支，在上下文工具栏中选择 Mesh Control→Sizing，在 Sizing 的 Details 中进行设置：Geometry 选择两个立板厚度方向的任一条边，共计 2 条；Type 选择 Number of Divisions，输入份数为 1；类似地，将立板沿 Z 向划分成 4 份，沿 Y 向分成 10 份。

（5）划分立板网格。在 Mesh 分支的右键菜单中选择 Generate Mesh，形成如图 8-11 所示的立板网格。

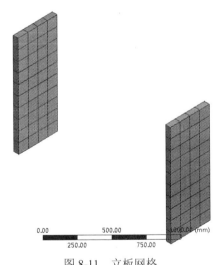

图 8-11　立板网格

5. 结构分析设置

下面对瞬态结构分析系统定义载荷步、施加载荷及约束并创建流－固交界面。

（1）定义时间步选项。选择 Project 树 Transient 分支下的 Analysis Settings 分支，在明细栏中进行设置：Step Controls 项中的 Step End Time 设定为 10s；Auto Time Stepping 设定为 off；Time Step 设定为 0.1（System Coupling 中的相关设置会覆盖该值）；将 Restart Controls 中的 Retain Files After Full Solve 设定为 Yes。

（2）施加约束。选择 Transient 分支，在上下文工具栏中选择 Supports→Fixed Support，在 Fixed Support 分支的 Geometry 项中选择两个立板的底面。

（3）施加瞬态压力载荷。在上下文工具栏中选择 Loads →Pressure，在明细栏中进行设置：Geometry 选择左侧立板的左侧面；Define By 为 Normal To；Magnitude 选择 Tabular Data，并按图 8-12 所示的内容进行输入。

	Steps	Time [s]	☑ Pressure [Pa]
1	1	0.	80.
2	1	0.5	80.
3	1	0.51	0.
4	1	10.	0.
*			

图 8-12 压力载荷表

（4）重复步骤（3）的操作，在右侧立板的左侧面施加相同的压力。

（5）创建 FSI 界面。选择 Transient 分支，在其右键菜单中选择 Insert→Fluid Solid Interface，在明细栏中选择左侧立板的左、右侧面及顶面作为 Geometry；类似地，创建第二个 Fluid Solid Interface，Geometry 选择右侧立板的左、右侧面及顶面。

（6）关闭 Mechanical Application，返回 Workbench 的 Project Schematic 窗口。右键单击 Transient Structural 分析系统的 Setup（A5）单元格，在弹出的快捷菜单中选择 Update，然后通过菜单 File→Save，保存分析项目。

至此，结构分析的相关设置设定完毕。

8.2.4 流体域分析前处理

下面对流体域进行前处理，主要操作内容包括流体域的网格划分、流体材料创建、指定边界条件及其他流动分析选项设置等。

1. 生成流体域网格

（1）启动 ANSYS Mesh 在 Project Schematic 窗口中，双击 Fluid Flow（Fluent）的 Mesh（B3）单元格，进入 Meshing 界面。

（2）在 Project 树中的 Geometry 分支下，右键选择两个立板几何模型，在弹出的快捷菜单中选择 Suppress Body，将其抑制。

（3）选择 Mesh 分支，设置其 Details：Defaults 下的 Solver Preference 改为 Fluent，Sizing 下的 Min Size 改为 0.05m，Max Face Size 改为 0.2m。

（4）选择上下文工具条 Mesh Control→Method，加入 Method 分支，设置其 Details 为：Geometry 选择代表流体的所有 8 个体；Method 选择 Sweep；Src/Trg Selection 选择 Manual Source；Source 项中选择+Z 方向上的所有 8 个面；Free Face Mesh Type 选择 All Quad；Type 选择 Number of Divisions，输入 Sweep Num Divs 值为 1。

（5）在 Mesh 分支的右键菜单中选择 Update，形成流场网格，如图 8-13 所示。

（6）关闭 Meshing 应用，返回 Workbench 的 Project Schematic 窗口。

2. 流动分析设置

下面对流体域进行物理定义和求解设置，主要内容包括创建流体材料、动网格设置、定义边界条件、求解设置及初始化等。

（1）启动 Fluent 界面。在 Project Schematic 窗口中，双击 Fluid Flow（Fluent）系统中的 Setup（B4）单元格，保留弹出窗口中的默认设置（3D，single-precision，serial），单击 OK，进入 Fluent。

（2）检查网格。选择 Fluent 界面中 Outline View 的 Setup→General 分支，在 General 面板中选择 Mesh→Check 按钮，对网格进行检查，查看右下方窗口中的网格信息，保证无负体积出现，如图 8-14 所示。

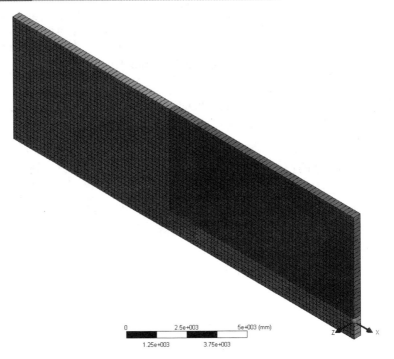

图 8-13 流体域的网格

```
Domain Extents:
  x-coordinate: min (m) = -1.000000e+01, max (m) = 1.000000e+01
  y-coordinate: min (m) = 0.000000e+00, max (m) = 6.000000e+00
  z-coordinate: min (m) = -2.000000e-01, max (m) = 2.000000e-01
Volume statistics:
  minimum volume (m3): 3.999999e-03
  maximum volume (m3): 1.600003e-02
    total volume (m3): 4.796000e+01
Face area statistics:
  minimum face area (m2): 1.000000e-02
  maximum face area (m2): 8.000000e-02
Checking mesh.........................
Done.
```

图 8-14 网格检查输出信息

（3）设置分析类型。在 General 面板中选择，选择 Time→Transient 选项。

（4）流场材料定义。选择 Outline View 的 Setup→Materials→Fluid→Air 分支，单击 Create/Edit 按钮打开材料定义面板，更改 Density（kg/m³）为 1，Viscosity（kg/m-s）为 0.2，单击 Change/Create 按钮，再按下 Close 按钮关闭材料定义面板。

（5）Dynamic Mesh 设置。选择 Setup→Dynamic Mesh 分支，检查 Dynamic Mesh 选项，确认 Smoothing 被选中；单击 Settings 按钮，打开 Mesh Method Settings 对话框，在 Smoothing 标签下，Method 选择 Diffusion，Diffusion Parameter 输入 2，单击 OK。

（6）设置 Dynamic Mesh Zones。单击 Dynamic Mesh Zones 下的 Create/Edit，显示 Dynamic Mesh Zones 对话框。

1）在 Dynamic Mesh Zones 对话框中，在 Dynamic Mesh Zones 列表中选择"Symmetry1"并进行设置：Type 选择 Deforming；将 Geometry Definition 标签下的 Definition 指定为 plane，定义 Point on Plane 为 0,0,0.2，定义 Plane Normal 为 0,0,1；如图 8-15 所示，单击 Create 按钮。

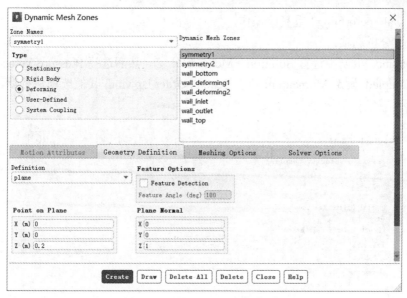

图 8-15　Symmetry1 动网格设置

2）在 Dynamic Mesh Zones 对话框中，在 Dynamic Mesh Zones 列表中选择"Symmetry2"并进行设置：Type 选择 Deforming；Geometry Definition 标签下的 Definition 指定为 plane，定义 Point on Plane 为 0,0,-0.2，定义 Plane Normal 为 0,0,1；如图 8-16 所示，单击 Create 按钮。

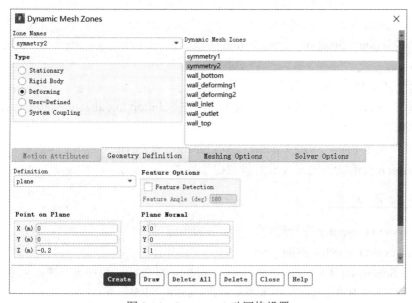

图 8-16　Symmetry2 动网格设置

3）在 Dynamic Mesh Zones 对话框中，在 Dynamic Mesh Zones 列表中选择"wall_bottom"，将 Type 改为 Stationary，单击 Create。针对 wall_top、wall_inlet、wall_outlet，重复此操作。

（7）设置 FSI 界面。

1）在 Dynamic Mesh Zones 的列表中选择"wall_deforming1"，将 Type 改为 System Coupling，单击 Create。

2）针对 wall_deforming2 重复此操作，然后单击 Close。

（8）设置分析选项。

1）在 Outline View 中选择 Solution→Methods 分支，然后选择 Pressure-Velocity Coupling→Scheme→Coupled，设定 Momentum 项为 Second Order Upwind，其他选项保持默认设置即可，如图 8-17 所示。

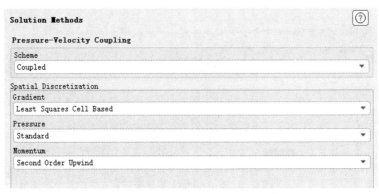

图 8-17　求解方法设置

2）双击 Solution→Calculation Activities 分支，在 Calculation Activities 面板中指定 Autosave Every（Time Steps）为 2。

3）双击 Solution→Run Calculation 分支，在 Number of Time Steps 中输入 5（System Coupling 输入可覆盖该值），设置 Max iterations/Time Step 为 5，其他选项保持默认设置。

4）双击 Solution→Solution Initialization 分支，将 Initialization Methods 设定为 Standard Initialization。

（9）选择菜单 File→Save Project，保存文件。

（10）双击 Solution→Solution Initialization，在 Solution Initialization 面板上单击 Initialize 按钮，进行初始化。

（11）选择菜单 File→Close Fluent，关闭 Fluent，返回 Workbench。

至此，流场分析的物理定义及求解设置已经完成。

8.2.5　系统耦合设置及求解

下面对 System Coupling 进行设置，按如下的步骤操作。

1. 进入 System Coupling 界面

在 Project Schematic 窗口中双击 System Coupling 的 Setup（C2）单元格，在弹出的是否读取上游数据的对话框中单击 Yes，进入 System Coupling 界面。

2. System Coupling 设置

在窗口左侧的 Outline of Schematic C1：System Coupling 中，选择 System Coupling→Setup→Analysis Settings，在 Properties of Analysis Settings 中进行如下设置：

（1）设定 Duration Controls→End Time 为 10。

（2）设定 Step Controls→Step Size 为 0.1。

（3）设定 Maximum Iterations 为 20，如图 8-18 所示。

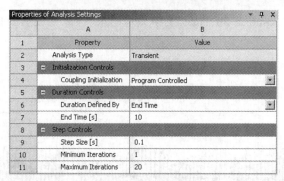

图 8-18　分析设置

3. 创建数据传递

（1）在 Outline of Schematic C1：System Coupling 中展开 System Coupling→Setup→Participants 的所有项目。

（2）用 Ctrl 键选择 Fluid Solid Interface 以及 wall-deforming1，然后单击鼠标右键，在弹出的菜单中选择 Create Data Transfer，如图 8-19 所示，此时 Data Transfer 和 Data Transfer 2 将被创建出来。

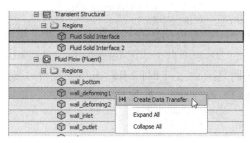

图 8-19　创建数据传递

（3）用 Ctrl 键选择 Fluid Solid Interface1 和 wall-deforming2，然后单击鼠标右键，在弹出的菜单中选择 Create Data Transfer，此时 Data Transfer 3 和 Data Transfer 4 将被创建出来。

4. 设置输出选项

选择 System Coupling→Setup→Execution Control→Intermediate Restart Data Output，在下方属性表格中将 Output Frequency 设定为 At Step Interval，输入 Step Interval 值为 5，如图 8-20 所示。

	A	B
	Property	Value
1		
2	Output Frequency	At Step Interval
3	Step Interval	5

图 8-20　重启动数据输出设置

5. 保存项目文件

单击 File→Save，保存分析项目。

6. 求解

右键单击 System Coupling→Solution，在弹出的快捷菜单中选择 Update 执行求解，计算进程会在 Chart Monitor 和 Solution Information 中显示出来。计算完成后的 Chart Monitor 如图 8-21 所示。

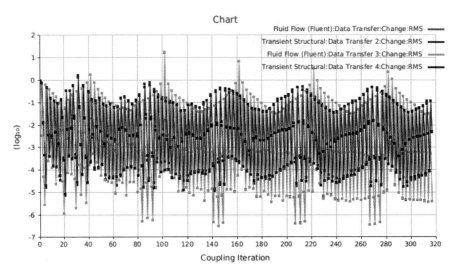

图 8-21　Chart Monitor 曲线图

需要注意的是，Fluent 中设定的自动保存频率为 2，也就是说每两个时间步 Fluent 就会输出结果文件（例如 2、4、6、8、10 等）。此外，在 Intermediate Restart Data Output 中 Step Interval 被设定为 5，那么 Fluent 同时还会每 5 个时间步输出结果文件（例如 5、10、15、20 等）。进入 CFD-POST 进行后处理时，这些结果文件都是可用的。

8.2.6　结果后处理

计算完成后，下面通过 CFD-POST 查看分析结果，主要包括创建动画、绘制位移曲线图、绘制应力云图等操作。

1. 将结构瞬态分析结果导入 CFD-POST

在 Project Schematic 窗口中，拖动 Transient Structural 系统的 Solution（A6）单元格至 Fluid Flow（Fluent）系统的 Results（B6）单元格，然后双击 B6 单元格启动 CFD-Post。进行该步骤的目的是将瞬态分析所得结果导入至 CFD-Post 中，以便于在 CFD-Post 可同时查看结构及流体分析的结果。

2. 创建动画

（1）选择 Tools→Timestep Selector，打开 Timestep Selector 对话框，并将其切换至 Fluid 标签，选择 Time Value 为 0.2s 时的时间步，单击 Apply 按钮，如图 8-22 所示，然后关闭对话框。

（2）在大纲树中依次展开 Cases→FFF at 0.2s→Part Solid，在 symmetry2 前的方框中打对号，然后双击 symmetry2 对其进行编辑，在左下方明细栏中进行设置：Color 标签中，将 Mode 改为 Variable，设定 Variable 为 Pressure，如图 8-23 所示；切换至 Render 标签，取消 Lighting 前的勾选，勾选 Show Mesh Lines；单击 Apply 按钮。图形显示窗口中将绘制出 symmetry2 上的压力云图，如图 8-24 所示。

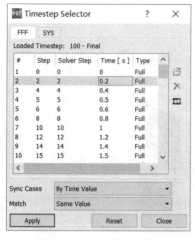

图 8-22　时间步选择面板

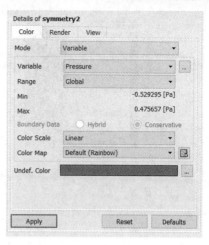

图 8-23　symmetry2 明细设置

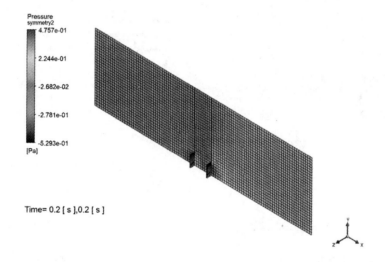

图 8-24　symmetry2 压力云图

（3）在大纲树中依次展开 Cases→SYS at 0.2s→Default Domain，勾选 Default Boundary 前的方框，双击 Default Boundary 对其进行编辑，在左下方明细栏中进行设置：在 Color 标签中，将 Mode 改为 Variable，设定 Variable 为 Von Mises Stress；切换至 Render 标签，勾选 Show Mesh Lines；单击 Apply 按钮。图形显示窗口中将绘制出立板上的等效应力云图，如图 8-25 所示。

（4）选择菜单 Insert→Vector 创建新的矢量图，接收默认名称，然后单击 OK。在左下方的明细栏中进行设置：在 Geometry 标签中，将 Locations 设定为 symmetry2，Sampling 设定为 Face Center，Variable 设定为 Velocity，单击 Apply，如图 8-26（a）所示；切换至 Symbol 标签，将 Symbol 设定为 Arrow3D，输入 Symbol Size 为 2，单击 Apply，如图 8-26（b）所示。

（5）选择 Insert→Text，单击 OK 接收默认命名，在左下方的明细栏中进行设置：在 Text String 中输入 Time=，勾选 Embed Auto Annotation，从 Expression 下拉列表中选择 Time；切换至 Location 标签，将 X Justification 设为 Center，Y Justification 设为 Bottom；单击 Apply。

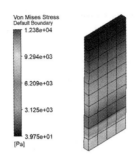
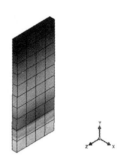

图 8-25　立板等效应力云图

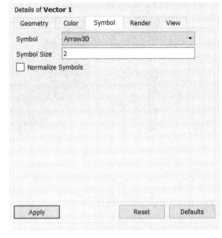

（a）Geometry 标签　　　　　　　　　　（b）Symbol 标签

图 8-26　矢量图明细设置

（6）确认大纲树中的 symmetry2、Default Boundary、Text 1、Vector 均被勾选，同时不勾选 Default Legend View 1，此时图形显示窗口中的内容如图 8-27（a），局部放大显示如图 8-27（b）所示。

（7）利用缩放工具适当调整图形显示窗口中的图像，保证立板能够被清晰显示。

（8）单击动画按钮，在弹出的对话框中选择 Keyframe Animation，然后进行如下设置，如图 8-28 所示。单击按钮，创建 KeyframeNo1；选中 KeyframeNo1，更改# of Frames 为 48；单击时间步选择器，加载最后一步（100）；单击按钮，创建 KeyframeNo2，因此次# of Frames 对 KeyframeNo2 无影响，保留默认数值即可；如图 8-28（a）所示。单击右下角的箭头打开扩展设置，勾选 Save Movie 选项，按需设定文件保存路径及名称，如图 8-28（b）所示，然后单击 Save 按钮。单击 To Beginning 按钮，加载第一步数据；单击 Play the animation 按钮，程序开始创建动画；动画创建完毕后，单击 File→Save Project，保存项目。图 8-29 所示为部分时刻的视频截图。

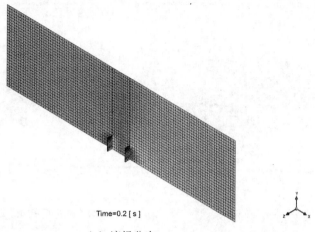

Time=0.2 [s]

（a）流场分布

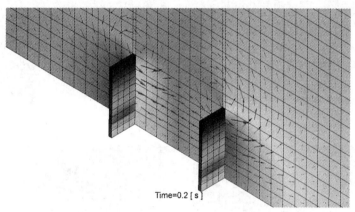

Time=0.2 [s]

（b）板子附近的流场放大显示

图 8-27　图形窗口所示图像

（a）选择关键帧

（b）设置保存选项

图 8-28　动画面板设置

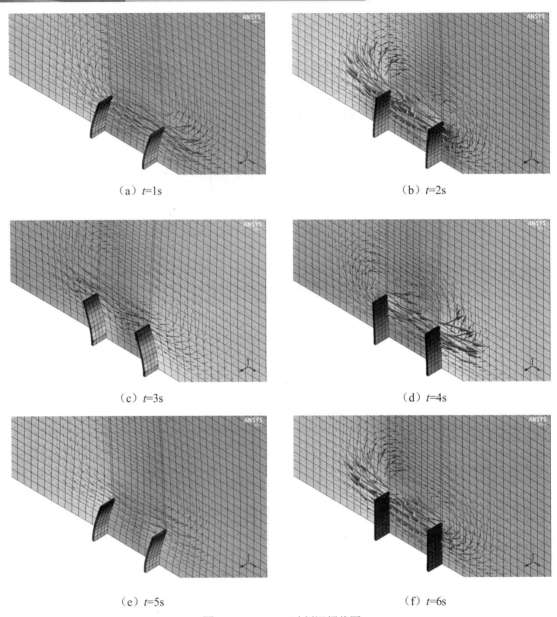

(a) t=1s　　　　　　　　　　　　　(b) t=2s

(c) t=3s　　　　　　　　　　　　　(d) t=4s

(e) t=5s　　　　　　　　　　　　　(f) t=6s

图 8-29　t=1～6s 时刻视频截图

3. 绘制立板摆动位移曲线

（1）利用立板上的节点创建一个点，具体操作方法为：选择菜单 Insert→Location→Point，单击 OK 接受默认命名；在明细栏 Geometry 标签中，设定 Domains 为 Default Domain，设定 Method 为 Node Number，输入 Node Number 为 430（改点为右侧立板顶面上的一点）；单击 Apply。

（2）绘制 Point1 处 X 方向的位移与时间变化曲线。具体操作方法为：选择 Insert→Chart，单击 OK 接受默认命名；在 General 标签中，设定 Type 为 XY-Transient or Sequence；在 Data Series 标签中，设定 Name 为 System Coupling，设定 Location 为 Point1；在 X Axis 标签中，设定 Expression 为 Time；在 Y Axis 标签中，在 Variable 下拉列表中选择 Total Mesh Displacement X；

单击 Apply，生成图标，如图 8-30 所示。从图中可以看出，节点处 X 方向位移振幅逐渐降低，这是受到流体阻力影响的缘故，摆动周期大约为 4s。

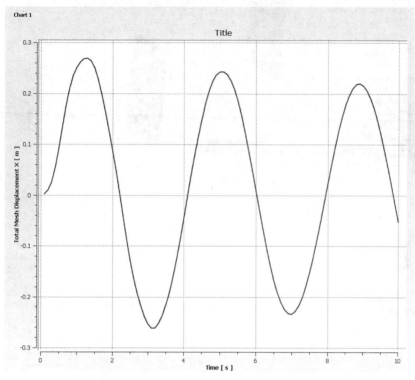

图 8-30　Point1 处 X 向位移随时间的变化曲线

除了在 CFD-POST 中的后处理操作，也可在 Mechanical Application 中查看结构分析结果。在 Workbench Project Schematic 中，双击 Transient Structural 系统的 Results（A7）单元格，启动 Mechanical Application。在 Mechanical Application 中添加 Von Mises 应力及 X 方向位移结果。单击 Solution 分支，在右键菜单中选择 Evaluate All Results，显示结果如图 8-31 及图 8-32 所示。默认情况下显示的是最后时间步（10s）的结果。

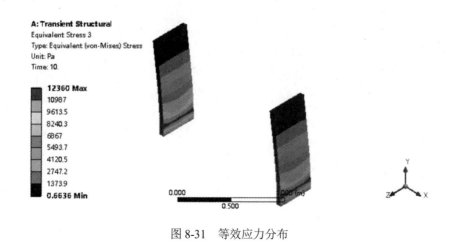

图 8-31　等效应力分布

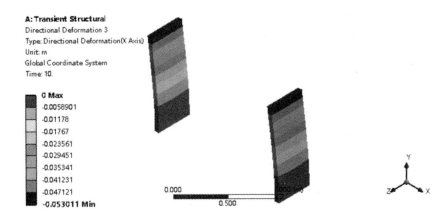

图 8-32　位移云图

第9章
机构运动及多体动力分析

本章介绍了 Workbench 环境中的刚体动力学分析和刚柔混合多体动力学分析方法和实现要点，内容包括刚体动力学分析、一般瞬态方法计算刚柔混合多体动力学问题、部件模态综合方法计算刚柔多体动力学问题，并结合计算实例进行讲解。

9.1 刚体动力学分析

在 ANSYS Workbench 中，进行多刚体的运动分析时，可以调用工具箱中提供的 Rigid Dynamics 分析系统模板。具体方法是双击 Workbench 界面左侧工具箱中的 Toolbox→Analysis Systems→Rigid Dynamics，在 Workbench 的 Project Schematic 区域创建一个如图 9-1 所示的分析系统 A：Rigid Dynamics。

图 9-1 刚体动力学分析系统模板

Rigid Dynamics 分析系统包含 Engineering Data、Geometry、Model、Setup、Solution、Results 等组件。

在 Engineering Data 中要注意正确指定材料的密度，否则无法正确计算体系的质量。

几何模型创建或导入完成后，双击 Model 单元格即进入 Mechanical 组件，分析系统的 Model、Setup、Solution 以及 Results 等系列单元格都是在 Mechanical 界面中进行操作的。下面介绍与刚体动力学分析有关的几个 Mechanical 分支。

1. Geometry 分支

Rigid Dynamics 仅支持 3D Solid Body 以及 Surface Body，不支持 Line Body 以及 2D Solid

Body。刚体运动分析中，Geometry 分支下各 Part 实体的 Stiffness Behavior 缺省为 Rigid，如图 9-2 所示。

在 Geometry 分支下，还可以指定模型中的集中质点或转动惯性，通过选择 Geometry 分支，在其右键菜单中选择 Insert→Point Mass，在 Geometry 分支下即出现新增加的 Point Mass 分支，在 Point Mass 分支的 Details 中需要选择质点位置、指定质点质量及转动惯量等参数。质量点与模型中所选择的几何对象之间的连接可以是 Rigid，也可以是 Deformable，这个属性通过 Details 中的 Behavior 参数来设置。通过 Point Mass 分支 Details 中的 Pinball Region 参数，还可以进一步指定质点与所选择的几何对象的连接半径范围，这样仅在质点周围指定半径范围的节点与 Point Mass 相连接。Point Mass 分支的 Details 设置选项如图 9-3 所示。

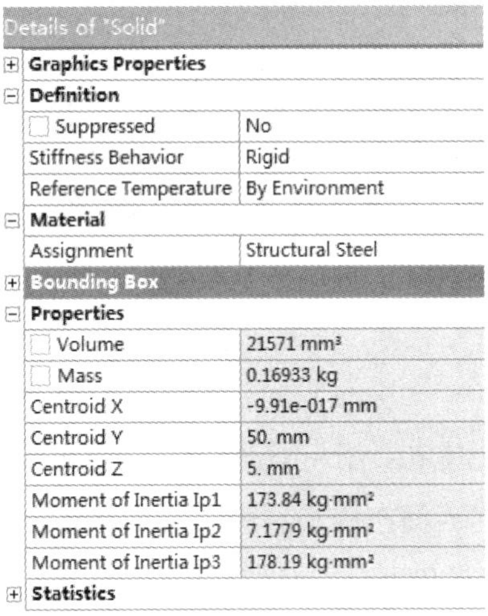

<table>
<tr><td colspan="2">Details of "Solid"</td></tr>
<tr><td>⊞ Graphics Properties</td><td></td></tr>
<tr><td>⊟ Definition</td><td></td></tr>
<tr><td>☐ Suppressed</td><td>No</td></tr>
<tr><td>Stiffness Behavior</td><td>Rigid</td></tr>
<tr><td>Reference Temperature</td><td>By Environment</td></tr>
<tr><td>Material</td><td></td></tr>
<tr><td>Assignment</td><td>Structural Steel</td></tr>
<tr><td>⊞ Bounding Box</td><td></td></tr>
<tr><td>⊟ Properties</td><td></td></tr>
<tr><td>☐ Volume</td><td>21571 mm³</td></tr>
<tr><td>☐ Mass</td><td>0.16933 kg</td></tr>
<tr><td>Centroid X</td><td>-9.91e-017 mm</td></tr>
<tr><td>Centroid Y</td><td>50. mm</td></tr>
<tr><td>Centroid Z</td><td>5. mm</td></tr>
<tr><td>Moment of Inertia Ip1</td><td>173.84 kg·mm²</td></tr>
<tr><td>Moment of Inertia Ip2</td><td>7.1779 kg·mm²</td></tr>
<tr><td>Moment of Inertia Ip3</td><td>178.19 kg·mm²</td></tr>
<tr><td>⊞ Statistics</td><td></td></tr>
</table>

图 9-2　实体的 Details 设置

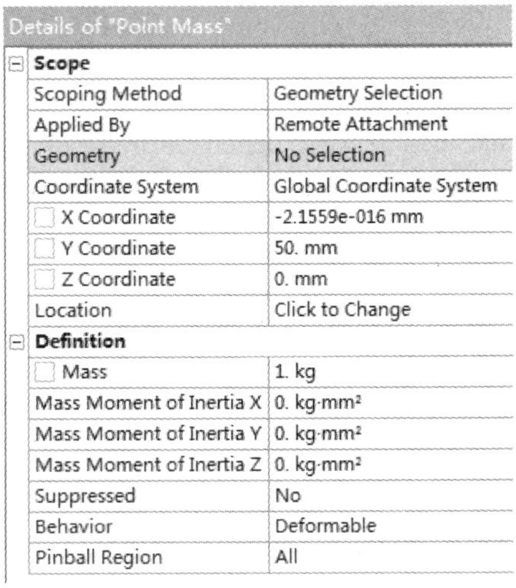

<table>
<tr><td colspan="2">Details of "Point Mass"</td></tr>
<tr><td>⊟ Scope</td><td></td></tr>
<tr><td>Scoping Method</td><td>Geometry Selection</td></tr>
<tr><td>Applied By</td><td>Remote Attachment</td></tr>
<tr><td>Geometry</td><td>No Selection</td></tr>
<tr><td>Coordinate System</td><td>Global Coordinate System</td></tr>
<tr><td>☐ X Coordinate</td><td>-2.1559e-016 mm</td></tr>
<tr><td>☐ Y Coordinate</td><td>50. mm</td></tr>
<tr><td>☐ Z Coordinate</td><td>0. mm</td></tr>
<tr><td>Location</td><td>Click to Change</td></tr>
<tr><td>⊟ Definition</td><td></td></tr>
<tr><td>☐ Mass</td><td>1. kg</td></tr>
<tr><td>Mass Moment of Inertia X</td><td>0. kg·mm²</td></tr>
<tr><td>Mass Moment of Inertia Y</td><td>0. kg·mm²</td></tr>
<tr><td>Mass Moment of Inertia Z</td><td>0. kg·mm²</td></tr>
<tr><td>Suppressed</td><td>No</td></tr>
<tr><td>Behavior</td><td>Deformable</td></tr>
<tr><td>Pinball Region</td><td>All</td></tr>
</table>

图 9-3　Point Mass 的定义

2. Connection 分支

刚体动力学分析实际上就是计算一系列通过 Joint 和 Spring 相连接的多刚体系统的运动过程，系统的各个体之间可能还有 Contact（接触面）。Connections 分支的任务就是定义系统的这些体之间的连接关系，因此 Connections 分支在刚体动力学分析中具有十分重要的作用。Joint 即运动副，是刚体系统分析中最主要的连接方式，Spring 除了模拟弹簧以外，还可以向模型中引入粘滞阻尼。关于这些连接的指定方法，可参考本书第 3.3 节的有关内容。

3. Mesh 分支

对于刚体动力学而言，Mesh 仅仅用于定义了接触的表面。

4. Analysis Settings 分支

Analysis Settings 分支的 Details 选项如图 9-4 所示。Step Controls 允许设置多个求解步，多步分析适用于计算在不同时刻添加或删除载荷的整个历程。时间步控制方面，刚体动力学求解器可以自动调整时间步以获取最优的计算效率，也可以手工设置时间步以固定时间步长，但手工设置时间步可能导致更长的计算时间，因此一般不建议使用。缺省的时间积分方法是 Runge-Kutta 4 阶算法。Energy Accuracy Tolerance 选项用于控制自动时间步积分步长的增加或减小。Output Controls 用于控制结果的输出频率，缺省设置为保存所有时间点上的积分结果。

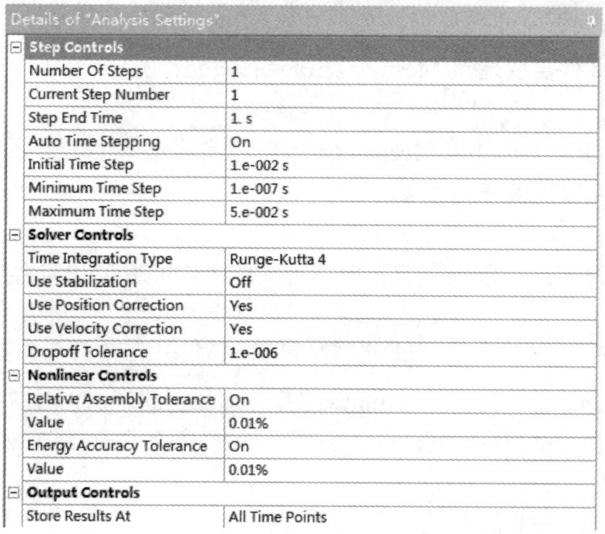

Details of "Analysis Settings"	
Step Controls	
Number Of Steps	1
Current Step Number	1
Step End Time	1. s
Auto Time Stepping	On
Initial Time Step	1.e-002 s
Minimum Time Step	1.e-007 s
Maximum Time Step	5.e-002 s
Solver Controls	
Time Integration Type	Runge-Kutta 4
Use Stabilization	Off
Use Position Correction	Yes
Use Velocity Correction	Yes
Dropoff Tolerance	1.e-006
Nonlinear Controls	
Relative Assembly Tolerance	On
Value	0.01%
Energy Accuracy Tolerance	On
Value	0.01%
Output Controls	
Store Results At	All Time Points

图 9-4　刚体动力学的 Analysis Settings 选项

5．加载

在 Rigid Dynamics 分析中，可以施加的载荷类型包括 Acceleration、Standard Earth Gravity、Joint Load、Remote Displacement、Remote Force、Constraint Equation，其中 Acceleration、Standard Earth Gravity 的数值必须为常数。

6．Solution 分支

Solution 分支用于指定后处理所需的结果项目，包括各种位移、速度、加速度以及 Joint 所传递的力等。

加载和分析选项设置完成后，加入所需的结果项目，按下工具栏上的 Solve 按钮即可进行刚体动力学的求解，求解结束后可按照前面介绍的后处理方法查看计算结果。

9.2　刚柔混合多体分析

如果模型中既包含刚性体又包含柔性体，则需要求解刚柔混合多体动力学问题。本节介绍两种计算方法，即一般瞬态分析方法和部件模态综合方法。

9.2.1　一般瞬态分析方法

在 ANSYS Workbench 中，刚柔混合多体系统动力学分析可以通过瞬态结构动力分析系统 Transient Structural 来完成。Transient Structural 系统与 Rigid Dynamics 分析系统的主要区别在于以下几点。

1．指定柔性体材料数据

在 Engineering Data 中，除了正确指定各部件对应材料的质量外，还需要指定柔性部件所对应材料的力学特性，如弹性模量、泊松比。

2．指定柔性体类型

Transient 分析中，几何模型导入后，需要在 Geometry 分支下选择柔性体部件，并在其 Details 中指定 Stiffness Behavior 为 Flexible。

3. 柔性体的网格划分

被指定为柔性的部件需要通过 Mesh 分支划分有限元计算网格。

4. 计算设置

刚体混合多体动力学分析用到 Mechanical 动力学求解器，因此需按照瞬态结构分析中介绍的方法进行载荷步设置以及输出设置。

5. 后处理

除了刚形体的位置外，还可以在后处理中对柔性体添加变形和应力结果并进行查看。

9.2.2 部件模态综合方法（CMS 方法）

在 ANSYS Workbench 的 Rigid Dynamics 系统中，还提供了计算刚柔混合动力问题的部件模态综合法，即 Component Mode Synthesis 方法，简称 CMS 法，此方法计算刚柔混合多体动力学问题的基本步骤如下。

1. 建立刚体动力学分析系统

在 Workbench 的工具箱中选择 Rigid Dynamics 分析系统，并将几何模型导入 Rigid Dynamics 系统。

2. 定义部件连接关系

如需要，指定部件之间的连接关系，比如 Joints，Springs，Point Mass，Remote Points，Contacts 等。

3. 指定柔性部件的行为

在 Geometry 分支下，指定将被转化为 Condensed Parts 的柔性部件行为为 Flexible。

4. 创建 Condensed Part 对象

选择 Model 分支，在其右键菜单中选择 Insert→Condensed Geometry，在 Model 分支下创建一个 Condensed Geometry 分支。选择 Condensed Geometry 分支，在其右键菜单中选择 Create Automatic Condensed Parts，如图 9-5 所示，在 Condensed Geometry 分支目录下自动创建 Condensed Part 对象，也可选择 Insert→Condensed Parts，手动创建 Condensed Part。对于手工创建的 Condensed Part 对象，在其右键菜单中选择 Detect Condensed Part Interface，可识别凝聚部件的界面。

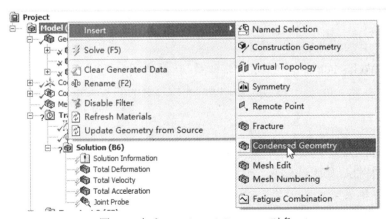

图 9-5　加入 Condensed Geometry 对象

5. 求解及后处理

选择 Expansion Settings 分支，在 Expansion Settings Worksheet 中选择需要扩展的凝聚部件的结果，添加所需的结果项目并求解。求解结束后，查看计算结果，包括刚体部件的运动以及柔性体的变形、应力等计算结果。

9.3 连杆滑块系统的多体动力学分析实例

如图 9-6 所示的曲柄滑块机构，其曲柄在电机带动下以 25rad/s 的作用下匀速转动。分别进行刚体机构运动分析以及考虑连杆变形的瞬态刚柔混合多体动力分析，计算机构各部件的位移、速度、加速度以及柔性体的变形和应力等参数。在进行刚柔混合多体动力分析时，分别采用了一般瞬态动力分析方法以及部件模态综合方法，并进行了比较。

图 9-6 曲柄滑块机构示意图

9.3.1 连杆滑块系统的刚体运动分析

1. 搭建分析流程

启动 ANSYS Workbench，通过 Units 菜单选择工作单位系统为 Metric（kg,mm,s,℃, mA,N,mV），选择 Display Values in Project Units。

在 Workbench 工具箱的组件系统中，选择 Geometry 组件，将其用鼠标左键拖曳到 Project Schematic 窗口（或者直接双击 Geometry 组件），在 Project Schematic 中出现名为 A 的 Geometry 组件，如图 9-7 所示。

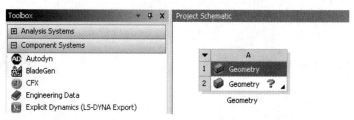

图 9-7 创建 Geometry 组件

继续在 Workbench 左侧工具箱的分析系统中选择 Rigid Dynamics，用鼠标左键将其拖曳至 Geometry（A2）单元格中，形成刚体动力学分析系统 B，该系统的几何模型来源于几何组件 A，如图 9-8 所示。

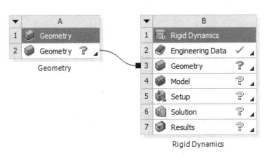

图 9-8　建立刚体动力学分析系统

2．创建几何模型

（1）启动 DM 并指定单位。在 Project Schematic 中选择 Geometry（A2）组件单元格，在其右键菜单中选择"New DesignModeler Geometry…"，启动 DM 建模组件。DesignModeler 启动后，在 Units 菜单中选择建模长度单位为 Millimeter（mm）。

（2）曲柄建模。在 DM 的 Tree Outline 中选择 XYPlane，单击 Tree Outline 下方的 Sketching 标签，切换至草绘模式。单击 Draw 工具栏的 Oval 工具绘制如图 9-9 所示的草图，并用 Dimension 下的尺寸标注工具标注如图 9-10 所示的尺寸。

Details View	
Details of Sketch1	
Sketch	Sketch1
Sketch Visibility	Show Sketch
Show Constraints?	No
Dimensions: 3	
☐ D3	10 mm
☐ L1	100 mm
☐ R2	10 mm

图 9-9　草图绘制　　　　　　　　　　　图 9-10　尺寸控制

单击工具栏上的 Extrude 按钮，自动跳转到三维建模界面进行拉伸操作。在 Extrude1 的 Details 中，将 Geometry 选择为刚才创建的 Sketch1，并单击 Apply，设置 Operation 为 Add Material，将 Extent Type 改为 Fixed，在"FD1,Depth(>0)"中输入拉伸厚度 10mm，如图 9-11 所示。然后单击工具栏上的 Generate 按钮，生成三维模型，如图 9-12 所示。

Details View	
Details of Extrude1	
Extrude	Extrude1
Geometry	Sketch1
Operation	Add Material
Direction Vector	None (Normal)
Direction	Normal
Extent Type	Fixed
☐ FD1, Depth (>0)	10 mm
As Thin/Surface?	No

图 9-11　拉伸绘制　　　　　　　　　　　图 9-12　三维模型

（3）连杆建模。在 Tree Outline 中选择 XYPlane 并单击 创建一个新的草图，选择 Tree Outline 下的 Sketching 标签，切换至草绘模式下，单击 Draw 工具栏的 Oval 工具绘制如图 9-13 所示的草图，并用 Dimension 下的尺寸标注工具标注如图 9-14 所示的尺寸。

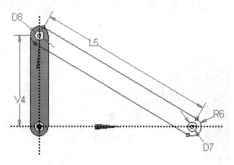

图 9-13　草图绘制

Details View	
Details of Sketch2	
Sketch	Sketch2
Sketch Visibility	Show Sketch
Show Constraints?	No
Dimensions: 5	
☐ D7	10 mm
☐ D8	10 mm
☐ L5	200 mm
☐ R6	10 mm
☐ V4	100 mm

图 9-14　尺寸控制

单击工具栏上的 Extrude 按钮，自动跳转到三维建模界面进行拉伸操作。在 Extrude1 的 Details 中将 Geometry 选择为刚才创建的草图，并单击 Apply，设置 Operation 为 Add Frozen，Direction 为 Reversed，将 Extent Type 改为 Fixed，在"FD1,Depth(>0)"中输入拉伸厚度 10mm，如图 9-15 所示。然后单击工具栏上的 Generate 按钮，生成三维模型，如图 9-16 所示。

Details View	
Details of Extrude2	
Extrude	Extrude2
Geometry	Sketch2
Operation	Add Frozen
Direction Vector	None (Normal)
Direction	Reversed
Extent Type	Fixed
☐ FD1, Depth (>0)	10 mm
As Thin/Surface?	No
Merge Topology?	Yes

图 9-15　拉伸控制

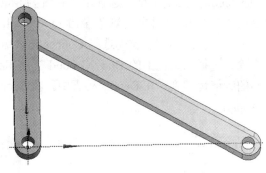

图 9-16　三维模型

（4）滑块建模。在 Tree Outline 中选择 XYPlane 并单击 创建一个新的草图，单击 Tree Outline 下的 Sketching 标签，切换至草绘模式。单击 Draw 工具栏的 Oval 工具绘制如图 9-17 所示的草图，并用 Dimension 下的尺寸标注工具标注如图 9-18 所示的尺寸。

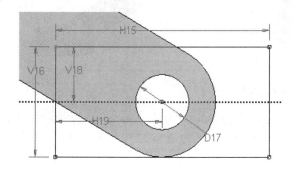

图 9-17　草图绘制

Details View	
Details of Sketch4	
Sketch	Sketch4
Sketch Visibility	Show Sketch
Show Constraints?	Yes
Dimensions: 5	
☐ D17	10 mm
☐ H15	40 mm
☐ H19	20 mm
☐ V16	20 mm
☐ V18	10 mm

图 9-18　尺寸控制

单击工具栏上的 Extrude 按钮，自动跳转到三维建模界面添加一个拉伸操作 Extrude1。在 Extrude1 的 Details 中将 Geometry 选择为刚才创建的草图，并单击 Apply，设置 Operation 为 Add Material，将 Extent Type 改为 Fixed，在 "FD1,Depth(>0)" 中输入拉伸厚度 10mm，如图 9-19 所示。然后单击工具栏上的 Generate 按钮，生成三维模型，如图 9-20 所示。几何建模完成，关闭 DesignModeler，返回 Workbench 界面。

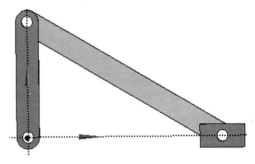

图 9-19　拉伸控制　　　　　　　　　　图 9-20　三维模型

3. 分析前处理

在 Workbench 的项目图解中双击 Model（B4）单元格，启动 Mechanical 组件。通过 Mechanical 的 Units 菜单，选择单位系统为 Metric（mm,kg,N,s,mV,mA）。在 Details of "Solid" 中确认 3 个 Solid 实体的材料为 Structural Steel。

下面定义运动副。首先选择 Connections 分支下的 Contacts，单击鼠标右键选择 Delete 将其删除。选择工具栏上的 Body-Ground 下的 Revolute，在 Connection 分支下添加曲柄与地面之间的铰链运动副。在 Details 列表中，将 Scope 选为图 9-21 中所示曲柄下部孔的内表面，单击 Apply。

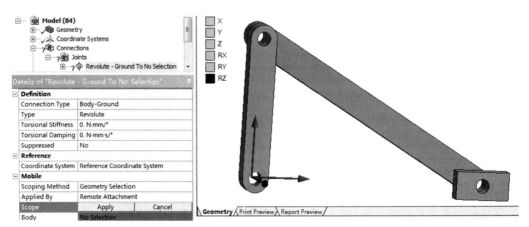

图 9-21　定义曲柄－地面旋转副

选择工具栏上的 Body-Body 下的 Revolute，在 Connection 分支下添加曲柄与摇杆之间的旋转运动副。在 Details 列表中，将 Reference 下 Scope 选为图 9-22 中所示曲柄上部圆孔的内表面，单击 Apply，将 Mobile 下 Scope 选为图 9-22 中所示摇杆上部圆孔的内表面，单击 Apply。

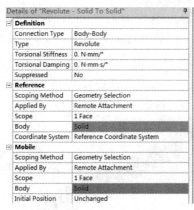

图 9-22　定义曲柄－摇杆旋转副

选择工具栏上的 Body-Body 下的 Revolute，在 Connections 分支下添加摇杆与滑块之间的旋转运动副 Revolute- Solid To Solid。在其 Details 列表中，将 Reference 下 Scope 选为图 9-23 中所示曲柄下部孔的内表面，单击 Apply，将 Mobile 下 Scope 选为图 9-23 中所示滑块内孔表面，单击 Apply。

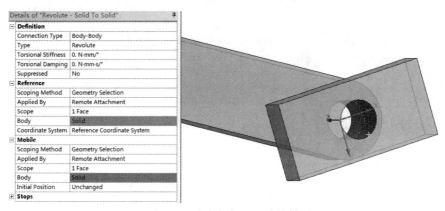

图 9-23　定义摇杆－滑块旋转副

选择工具栏上的 Body-Ground 下的 Translational，在 Connection 分支下添加滑块与大地之间的移动副。在 Details 列表中，将 Scope 选为图 9-24 中所示滑块上表面，单击 Apply。

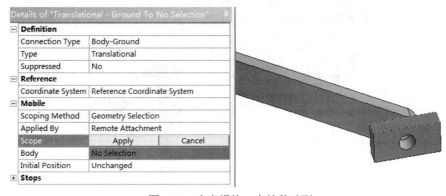

图 9-24　定义滑块－大地移动副

选择刚添加的 Translational-Ground To Solid 分支 Details 中的 Reference Coordinate System，将 Principal Axis 下的 Defined By 改为 Global X Axis，让滑块的局部参考坐标系的 X 轴与整体坐标系 X 轴方向一致，如图 9-25 所示。

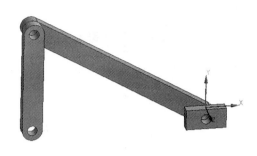

图 9-25　定义移动副参考坐标系

选择刚添加的 Translational-Ground To Solid，然后单击工具栏上的 Configure 按钮，可以设置结构的初始位置，在后面的文本框中输入 30 后单击 Set 按钮，可以将曲柄初始位置绕 Z 轴旋转 30°，如图 9-26 所示。单击后面的 Revert 按钮可以取消初始位置设定。

图 9-26　修改曲柄初始位置

4. 加载以及求解

（1）施加角速度。选择 Transient（B5）分支，在图形区域右键菜单，选择 Insert→Joint Load，插入 Joint Load 分支。在 Joint Load 分支的 Details 列表中，将 Scope 下的 Joint 选为曲柄与大地之间的旋转副 Revolute-Ground To Solid，Type 设置为角速度 Rotational Velocity，下面的幅值 Magnitude 中输入旋转角速度 10rad/s，如图 9-27 所示。

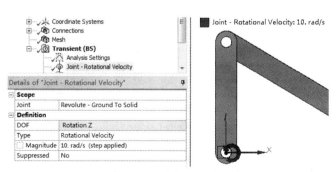

图 9-27　施加角速度

（2）分析设置。选择 Analysis Settings 分支，由于求解的问题较为简单，为了便于和后续刚柔混合问题的解答比较，此处将 Auto Time Stepping 设置成 Off，并在 Time Step 中输入时间步的步长为 0.01s，如图 9-28 所示。

Details of "Analysis Settings"	
Step Controls	
Number Of Steps	1
Current Step Number	1
Step End Time	1. s
Auto Time Stepping	Off
Time Step	1.e-002 s

图 9-28　分析设置

（3）求解。加载以及设置完成后，按下工具栏上的 Solve 按钮进行求解。

5．结果后处理

按如下步骤进行结果的后处理操作。

（1）添加要查看的后处理项目。首先添加选择要查看的结果项目。选择 Solution（B6）分支，在其右键菜单中选择 Insert→Deformation→Total，在 Solution 分支下添加一个 Total Deformation 分支、一个 Total Velocity 分支以及一个 Total Acceleration 分支。

单击 Project 树的 Joints 目录下的 Revolute-Ground To Solid 分支，拖动鼠标将其拖至 Solution 分支下，在结果中插入曲柄与大地之间旋转铰链的 Joint Probe 分支，在 Joint Probe 分支的 Details 列表中将 Options 列表下的 Result Type 分支改成 Relative Angular Velocity，监测旋转副绕 Z 轴的旋转角速度，如图 9-29 所示。

单击 Project 树的 Joints 目录下的 Revolute-Ground To Solid 分支，拖动鼠标将其拖至 Solution 分支下，在结果中插入曲柄与大地之间旋转铰链的 Joint Probe 2 分支，在 Details 列表中将 Options 列表下的 Result Type 分支改成 Total Force，监测旋转副传递的合力，如图 9-30 所示。用同样的方式创建其他两个转动副传递力的 Joint Probe 3 以及 Joint Probe 4。

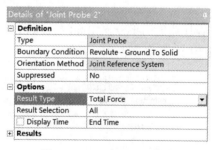

Details of "Joint Probe"	
Definition	
Type	Joint Probe
Boundary Condition	Revolute - Ground To Solid
Orientation Method	Joint Reference System
Orientation	Reference Coordinate System
Suppressed	No
Options	
Result Type	Relative Angular Velocity
Result Selection	Z Axis

图 9-29　Joint Probe 设置

Details of "Joint Probe 2"	
Definition	
Type	Joint Probe
Boundary Condition	Revolute - Ground To Solid
Orientation Method	Joint Reference System
Suppressed	No
Options	
Result Type	Total Force
Result Selection	All
Display Time	End Time
Results	

图 9-30　Joint Probe 2 设置

（2）评估待查看的结果项目。按下工具栏上的 Solve 按钮，评估上述加入的结果项目。

（3）查看结果。首先选择变形结果分支 Total Deformation，在 Display Time 中分别输入 0.01s、0.15s、0.31s、0.63s，然后单击鼠标右键选择 Retrieve This Result，分别得到如图 9-31 至图 9-34 所示的结果。

选择速度结果分支 Total Velocity。结构的最大速度约为 1123.2mm/s，总体速度的极值变化趋势如图 9-35 所示。

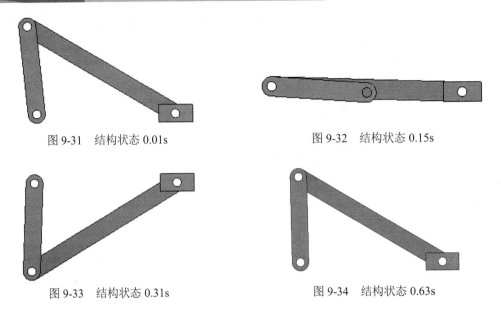

图 9-31　结构状态 0.01s

图 9-32　结构状态 0.15s

图 9-33　结构状态 0.31s

图 9-34　结构状态 0.63s

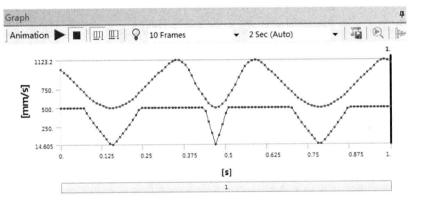

图 9-35　Total Velocity 极值变化趋势

选择加速度结果分支 Total Acceleration。结构的最大加速度约为 14998mm/s^2，总体加速度的极值变化趋势如图 9-36 所示。

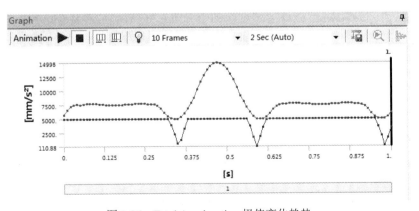

图 9-36　Total Acceleration 极值变化趋势

选择 Joint Probe 分支，结果如图 9-37 所示，由于结构匀速旋转，因此该旋转副的角速度为恒定的 10rad/s。

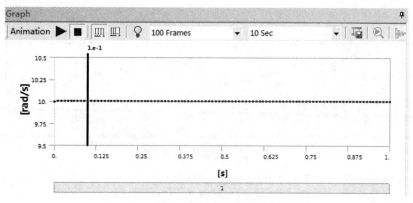

图 9-37　转动速度

选择 Joint Probe 2 分支，如图 9-38 所示，在 Graph 中曲线表示了此运动副传递的各方向力以及合力的数值随时间的变化过程，在表格中显示运动副所传递的力在 3 个坐标轴下的分量及合力的数值，如图 9-39 所示。

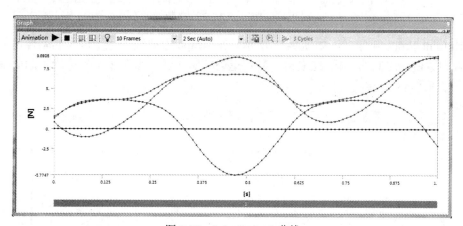

图 9-38　Joint Probe 2 曲线

Time [s]	✓ Joint Probe 2 (Total Force X) [N]	✓ Joint Probe 2 (Total Force Y) [N]	✓ Joint Probe 2 (Total Force Z) [N]	✓ Joint Probe 2 (Total Force Total) [N]
1	0.	1.269	0.78421	0.	1.4918
2	1.e-002	1.7044	0.3313	0.	1.7363
3	2.e-002	2.0746	-6.6593e-002	0.	2.0756
4	3.e-002	2.3821	-0.39956	0.	2.4154
5	4.e-002	2.6331	-0.66299	0.	2.7153
6	5.e-002	2.8357	-0.8568	0.	2.9623
7	6.e-002	2.9987	-0.98414	0.	3.1561
8	7.e-002	3.1302	-1.0502	0.	3.3016
9	8.e-002	3.237	-1.0608	0.	3.4064
10	9.e-002	3.3245	-1.0222	0.	3.4781

图 9-39　Joint Probe 2 表格数据

选择 Joint Probe 3 分支，结果如图 9-40 所示，在 Graph 中曲线表示该运动副传递的各方向力以及合力的数值随时间的变化，在表格中显示运动副所传递的力在 3 个坐标轴下的分量及合力的数值，如图 9-41 所示。

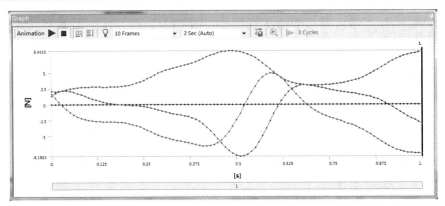

图 9-40　Joint Probe 3 曲线

	Time [s]	☑ Joint Probe 3 (Total Force X) [N]	☑ Joint Probe 3 (Total Force Y) [N]	☑ Joint Probe 3 (Total Force Z) [N]	☑ Joint Probe 3 (Total Force Total) [N]
1	0.	1.269	1.6309	0.	2.0664
2	1.e-002	1.7289	1.0061	0.	2.0004
3	2.e-002	2.02	0.36924	0.	2.0534
4	3.e-002	2.1576	-0.23902	0.	2.1708
5	4.e-002	2.1671	-0.78939	0.	2.3064
6	5.e-002	2.0778	-1.2648	0.	2.4325
7	6.e-002	1.9192	-1.6588	0.	2.5367
8	7.e-002	1.7176	-1.9731	0.	2.6159
9	8.e-002	1.4943	-2.2145	0.	2.6715
10	9.e-002	1.2658	-2.3929	0.	2.7071
11	1.e-001	1.044	-2.5192	0.	2.7269

图 9-41　Joint Probe 3 表格数据

选择 Joint Probe 4 分支，如图 9-42 所示，在 Graph 中曲线表达了该运动副传递的各方向力以及合力数值随时间的变化，在表格中显示运动副所传递的力在 3 个坐标轴下的分量及合力的数值，如图 9-43 所示。

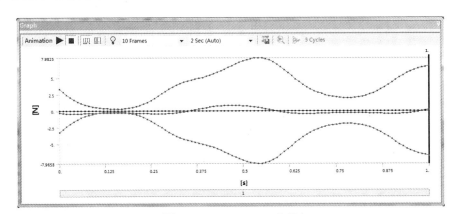

图 9-42　Joint Probe 4 曲线

	Time [s]	☑ Joint Probe 4 (Total Force X) [N]	☑ Joint Probe 4 (Total Force Y) [N]	☑ Joint Probe 4 (Total Force Z) [N]	☑ Joint Probe 4 (Total Force Total) [N]
1	0.	-0.32698	-3.2625	0.	3.2788
2	1.e-002	-0.3754	-2.7972	0.	2.8223
3	2.e-002	-0.40767	-2.3623	0.	2.3972
4	3.e-002	-0.42507	-1.968	0.	2.0134
5	4.e-002	-0.42978	-1.6196	0.	1.6757
6	5.e-002	-0.42452	-1.3181	0.	1.3848
7	6.e-002	-0.41209	-1.0613	0.	1.1385
8	7.e-002	-0.39515	-0.84533	0.	0.93313
9	8.e-002	-0.37598	-0.66581	0.	0.76463
10	9.e-002	-0.3564	-0.51829	0.	0.62901
11	1.e-001	-0.33778	-0.39895	0.	0.52273

图 9-43　Joint Probe 4 表格数据

此外，用户还可以根据自己的需要选择不同的运动副 Probe 监测内容选项，如图 9-44 所示。后处理操作完成后，关闭 Mechanical 模块回到 Workbench 界面。

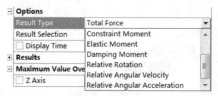

图 9-44　Probe 监测选项

9.3.2　刚柔混合多体动力学分析：一般瞬态分析方法

本节通过 Transient Structural 分析系统计算当连杆是柔性体时，上一节的连杆－滑块系统的动力学响应。

1. 建立分析系统

在工具栏中选择 Transient Structural 模块用鼠标拖放到 Model（B4）单元格中，建立两个分析系统之间数据传递关系。系统 C 中前几个单元格中的数据从分析系统 B 中传递而来，如图 9-45 所示。

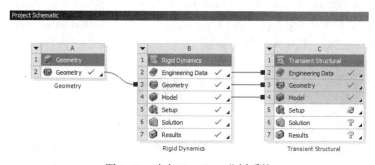

图 9-45　建立 Transient 分析系统

2. 模型设置与计算

按照如下步骤完成模型的前处理操作。

（1）设置柔性部件属性。双击 Setup（C5）单元格，进入 Mechanical 分析组件界面。在显示窗口中选择连杆（斜杆），在右键菜单中选择 Go To→Corresponding Bodies in Tree，定位几何体并在其 Details 列表中将 Stiffness Behavior 改成 Flexible，设置连杆为柔性部件，如图 9-46 所示。

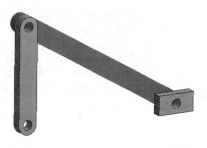

图 9-46　设置柔性部件

（2）柔性体的网格划分。选择 Mesh 分支，单击鼠标右键选择 Generate Mesh，采用系统默认的网格设置进行网格划分，得到如图 9-47 所示的模型。

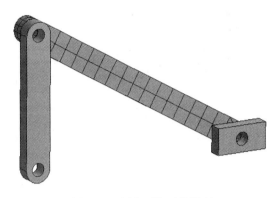

图 9-47　划分网格后的模型

（3）施加角速度。

1）加入 Joint Load 对象。选择 Transient（C5）分支，在图形区域右键菜单，选择 Insert →Joint Load，插入 Joint Load 分支。

2）设置加速度。在 Joint Load 分支的 Details 列表中，将 Scope 下的 Joint 选为曲柄与大地之间的旋转副 Revolute-Ground To Solid，Type 设置为角速度 Rotational Velocity，Magnitude 中输入旋转角速度 10rad/s，如图 9-48 所示。

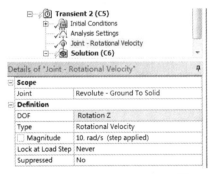
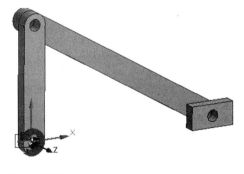

图 9-48　施加角速度

（4）设置时间步选项。在 Analysis Setting 分支的 Details 中设置瞬态分析中时间步选项。Auto Time Stepping 选项设置为 Off，Time Step 设为 0.01s，如图 9-49 所示。

Details of "Analysis Settings"	
Step Controls	
Number Of Steps	1
Current Step Number	1
Step End Time	1. s
Auto Time Stepping	Off
Time Step	1.e-002 s

图 9-49　分析设置

（5）求解。设置完成后，单击工具栏上的 Solve 按钮，进行刚柔混合动力学分析。

3. 结果后处理

计算完成后，按照下列步骤进行后处理。

（1）选择要查看的结果。选择 Solution（B6）分支，在其右键菜单中选择 Insert→Deformation→Total 以及 Insert→Stress→Equivalent，在 Solution 分支下添加 Total Deformation 以及 Equivalent Stress 分支。

（2）评估待查看的结果项目。选择 Solution（B6）分支，在其右键菜单中选择 Evaluate All Results，评估上述加入的结果项目。

（3）查看结果。

1）查看变形结果。选择 Solution 分支下的 Total Deformation 分支，在 Tabular Data 中分别选择时间为 0.25s、0.5s、0.75s 和 1s 所在的行，用鼠标右键菜单 Retrieve This Result，查看模型在这些时间点上的总体变形结果如图 9-50 所示。

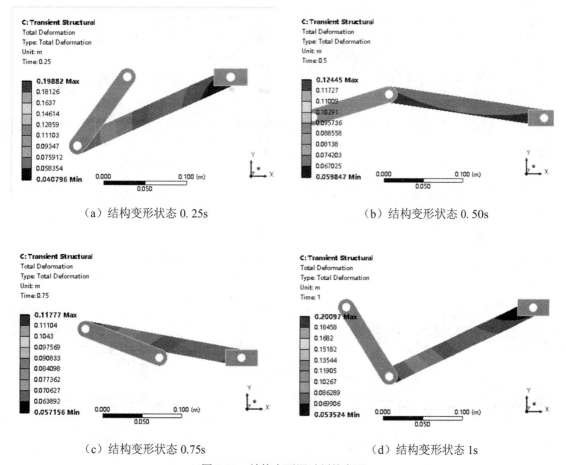

（a）结构变形状态 0.25s   （b）结构变形状态 0.50s

（c）结构变形状态 0.75s   （d）结构变形状态 1s

图 9-50　结构在不同时刻的变形

2）查看等效应力结果。选择 Solution 分支下的 Equivalent Stress 分支，在 Graph 区域观察最大等效应力随时间变化的曲线如图 9-51 所示，可见等效应力最大值出现在 0.05 秒。

在 Tabular Data 中分别选择时间为 0.25s、0.5s、0.75s 和 1s 所在的行，用鼠标右键菜单 Retrieve This Result，查看模型在这些时间点上的等效应力结果如图 9-52 所示。

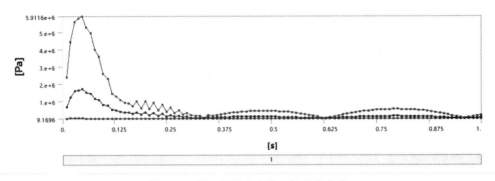

图 9-51　最大等效应力随时间变化曲线

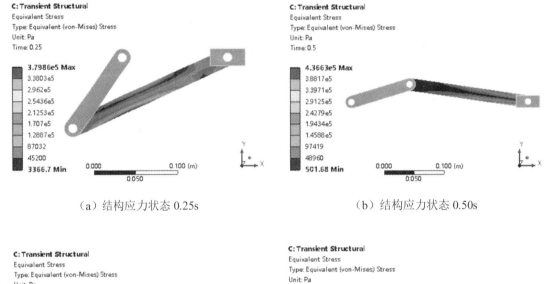

（a）结构应力状态 0.25s　　　　　　　　　（b）结构应力状态 0.50s

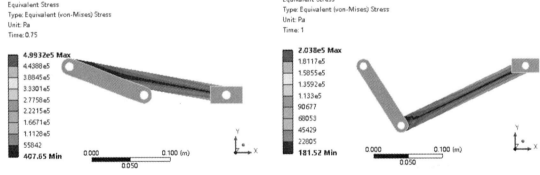

（c）结构应力状态 0.75s　　　　　　　　　（d）结构应力状态 1s

图 9-52　结构在不同时刻的等效应力

　　观察并提取结果后，关闭 Mechanical 返回 Workbench 界面。

　　注意： 由于修改了连杆的刚柔特性，导致之前的刚体分析系统失效，可根据需要备份之前刚体动力分析的文件。如果仅共享 Geometry 而不共享 Model 则不会出现这种问题，但是在瞬态刚柔分析中的 Joint 都必须重新定义。

9.3.3 刚柔混合多体动力学分析：CMS 方法

本节通过 CMS 方法来分析上述连杆滑块机构的刚柔混合动力学问题。

1. 模型设置

按照如下步骤完成前处理操作。添加 Condensed Geometry。选择 Model 分支，在其右键菜单中选择 Insert→Condensed Geometry，在 Project 树中添加一个 Condensed Geometry 分支，在 Solution（C6）分支下出现一个 Expansion Settings（beta），如图 9-53 所示。在 Condensed Geometry 分支的右键菜单中选择 Create Automatic Condensed Parts，如图 9-54 所示，在 Condensed Geometry（beta）分支下形成一个 Condensed Part 分支，如图 9-55 所示。

注意：由于 Condensed Geometry 为 Beta 功能，因此需要在 Workbench 界面的 Options→Appearance 中勾选 Beta Options 选项。

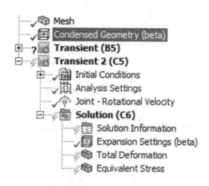

图 9-53 添加 Condensed Geometry 分支

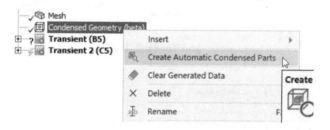

图 9-54 创建 Condensed Parts

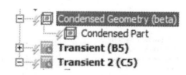

图 9-55 添加的 Condensed Part

注意：在 Project Schematic 的系统 C：Transient Structural 中通过 CMS 方法计算时，原来的瞬态分析结果会失效，建议操作时可以先备份原来的文件。也可以在 Project Schematic 中创建一个新的 Transient Structural 系统，与之前的系统共享 Geometry 但不共享 Model，但是这样做，需要在新的系统中重新定义所有的 Joint 及载荷等。

2. 求解

设置完成后，单击工具栏上的 Solve 按钮，进行刚柔混合动力学分析。

3. 结果后处理

计算完成后，按照下列步骤进行后处理。

（1）扩展结果设置。选择 Solution（C6）分支下的 Expansion Settings（beta）分支，在 Worksheet 视图中勾选 All Results，如图 9-56 所示。

图 9-56 扩展选项设置

（2）评估待查看的结果项目。选择 Solution（B6）分支，在其右键菜单中选择 Evaluate All Results，评估上述加入的结果项目。

（3）查看结果。

1）查看变形结果。选择 Solution 分支下的 Total Deformation 分支，在 Tabular Data 中分别选择时间为 0.25s、0.5s、0.75s 和 1s 所在的行，用鼠标右键菜单 Retrieve This Result，查看模型在这些时间点上的总体变形结果如图 9-57 所示。

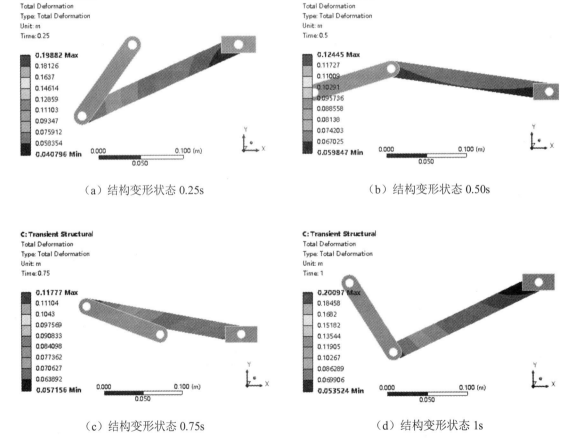

（a）结构变形状态 0.25s　　　　　　　　　（b）结构变形状态 0.50s

（c）结构变形状态 0.75s　　　　　　　　　（d）结构变形状态 1s

图 9-57 结构在不同时刻的变形

2）查看等效应力结果。选择 Solution（C6）分支下的 Equivalent Stress 分支，在 Graph 区域观察最大等效应力随时间变化的曲线如图 9-58 所示，可见等效应力最大值出现在 0.05 秒，最大等效应力值与前述一般瞬态动力分析方法的结果相对差异仅约为 2.2%。

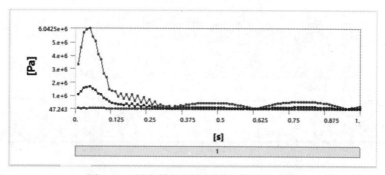

图 9-58　最大等效应力随时间变化的曲线

选择 Solution 分支下的 Equivalent Stress 分支，在 Tabular Data 中分别选择时间为 0.25s、0.5s、0.75s 和 1s 所在的行，用鼠标右键菜单 Retrieve This Result，查看模型在这些时间点上的等效应力结果如图 9-59 所示，应力的计算数值与前述瞬态动力分析的结果很接近，且这些时刻的应力数值总体上并不大。

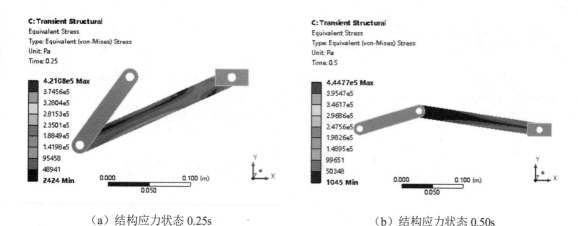

（a）结构应力状态 0.25s　　　　　　　（b）结构应力状态 0.50s

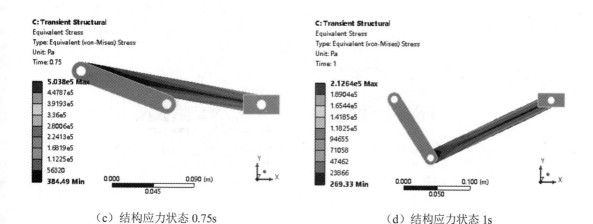

（c）结构应力状态 0.75s　　　　　　　（d）结构应力状态 1s

图 9-59　结构在不同时刻的等效应力

第10章
热分析及热应力计算的技术要点

本章介绍结构热传导分析及热应力计算的实现方法，内容包括在 Workbench 环境中的热分析和热应力计算两部分，重点讲解了操作要点和一些初级用户容易出错的问题，并结合计算实例进行讲解。

10.1 结构热分析实现要点

Workbench 的 Toolbox 中的 Analysis Systems 中提供稳态热传导 Steady-State Thermal 以及瞬态热传导 Transient Thermal 两种热传导分析系统，如图 10-1 所示。对于瞬态热传导计算，经常通过一个稳态热传导的结果作为初始条件，其分析流程如图 10-2 所示。

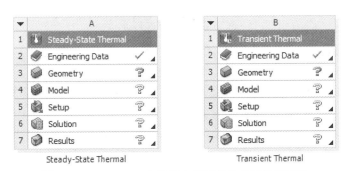

图 10-1　Workbench 中的稳态及瞬态热传导分析系统

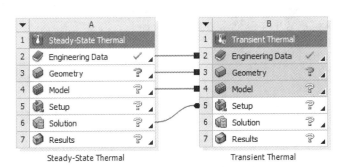

图 10-2　以稳态分析作为瞬态分析的初始条件

下面介绍在 Workbench 中进行固体结构热传导分析的有关要点和注意事项。

1. 定义材料参数

对于稳态热传导分析，需要定义的材料参数是导热系数（Thermal Conductivity）。对于瞬态热传导分析，除了导热系数外，还需要指定密度及比热（Specific Heat）。这些材料参数均通过 Engineering Data 来定义。如果相关的材料特性被指定为与温度相关，将在分析中引入非线性。

2. 几何模型

几何模型可以由三维 CAD 系统创建后导入 Mechanical 组件，也可通过 DM 或 SCDM 创建或编辑后导入 Mechanical 组件。需要注意的是，对于 Surface Body 而言，不考虑厚度方向的温度梯度；对于 Line Body 而言，不考虑横截面上的温度梯度。

3. 前处理

在 Mechanical 组件中进行热分析的前处理，包括为部件指定材料、定义接触装配、网格划分，这些操作与结构分析的操作方法基本一致。接触区域可用于分析部件界面之间的热传导，通过接触面的热流率 q 按下式给出：

$$q = TCC \times (T_{\text{target}} - T_{\text{contact}})$$

式中，T_{target} 和 T_{contact} 为目标面及接触面的温度；TCC 为接触热导率，其单位为 W/(m²℃)，通常取一个较大的数值，这就保证了接触面上良好的热传导。接触热导率在 Mechanical 组件中通过接触区域 Details 中的 Thermal ConductanceValue 属性定义，如图 10-3 所示。

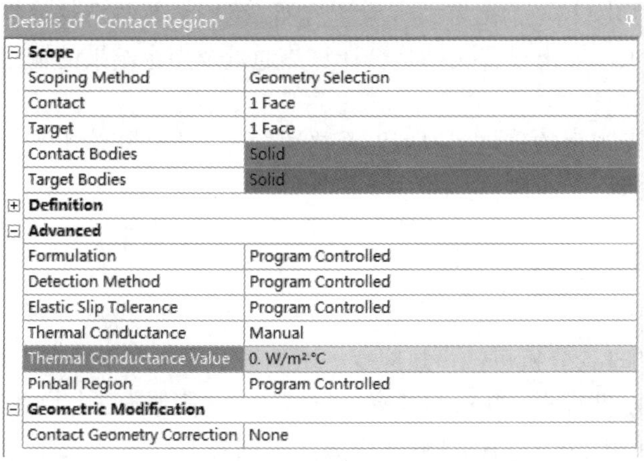

图 10-3　接触热导率定义

4. 热载荷

在 Mechanical 组件中，热传导问题支持热流量（Heat Flow）、热通量（Heat Flux）以及热生成（Internal Heat Generation）3 种类型的热载荷，其单位分别是 W（能量/时间）、W/m²（能量/时间/面积）以及 W/m³（能量/时间/体积）。3 种类型的热载荷都是取正值时增加系统的能量。其中，热流量载荷可以施加于点、线以及面上；热通量载荷只能施加于表面上（对于 2D 分析施加于边上）；热生成载荷只能施加于体积上。

5. 边界条件

在边界条件方面，常用的边界条件有 3 种，即恒温边界（Temperature）、对流边界（Convection）以及辐射边界（Radiation）。恒温边界可施加于点、边、面或体上。对流边界仅能施加于表面（对于 2D 分析施加于边上），需要定义对流换热系数（Film Coefficient），对流换热系数可指定为与温度相关的 Tabular 形式，如图 10-4 所示。辐射边界条件施加于表面上（对于 2D 分析施加于边上），可以是表面环境辐射，也可以是表面之间的辐射。

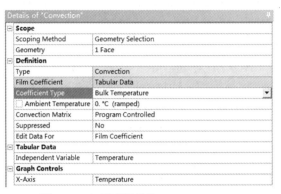

图 10-4　与温度相关的 Film Coefficient

此外，还提供了绝热边界（Perfectly Insulated），通过此边界的热流量为零，此边界条件一般用于删除已经施加于表面上的其他边界条件。

6. 热分析选项设置

热分析的分析选项主要包括载荷步设置、非线性设置及输出设置。建议打开自动时间步，同时设置子步数（时间步长）范围。非线性设置方面，可以设置关于热流量及温度的收敛准则，还可使用线性搜索选项。输出设置包括是否计算热通量及指定结果的输出频率。

7. 结果后处理

在后处理方面，可观察的量包括温度以及热通量（如果计算输出）。还可以得到对流或辐射边界上通过的热流量。

10.2　热应力计算方法

根据第 1.3.3 节的理论分析可知，热应变产生的根本原因在于温差，当结构受到约束不能自由伸缩时就产生了温度应力。既然温度应力与材料的热膨胀有关，因此在材料参数方面，需要在 Engineering Data 中定义材料的线膨胀系数（单位为 1/℃）。

对于均匀的温度变化引起的应力，可直接在静力分析（Static Structural）中施加温度作用 Thermal Condition，其 Details 如图 10-5 所示。其中的 Magnitude 为施加的温度，注意此温度与环境温度（在 Static Structural 的 Details 中设置）之差为计算热应变的温差。

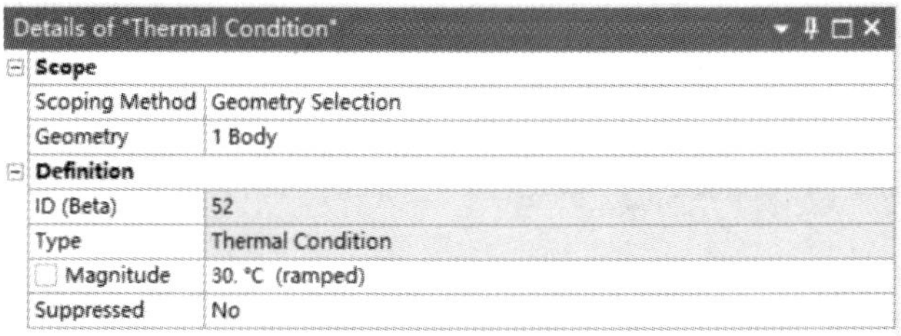

图 10-5　均匀温度变化作用

对于不均匀温度变化引起的热应力，则需要首先进行热分析，再将热分析得到的温度场结果导入到结构分析中，进行温度应力计算。对于热分析和结构分析网格匹配的情况，可采用如图 10-6 所示的分析流程，热分析和结构分析网格不匹配的情况，可采用如图 10-7 所示的分析流程。

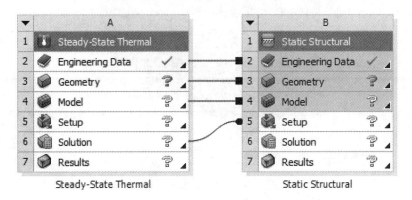

图 10-6　Workbench 中热应力计算流程

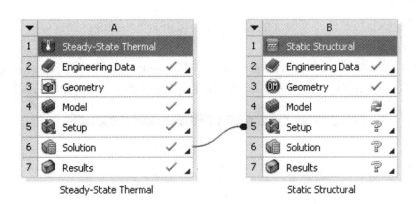

图 10-7　Workbench 中热应力计算流程（网格不匹配）

10.3　热分析及热应力计算例题：换热片

10.3.1　问题描述

换热片常见于工业电器设备中，通过与周围流体之间的对流可将电器元件产生的热量释放出去，进而保证设备正常工作。如图 10-8 所示，换热片底面工作温度 500K，其他表面与周围流体的对流换热系数大约为 1100W/m^2·K。相关几何尺寸详见本节后面建模部分。

（1）分析换热片正常工作状态下的温度分布。

（2）如果换热片底面法向支撑，并约束底面某一条长边的 X 方向和一条短边的 Z 方向位移分量，计算换热片中的热应力。

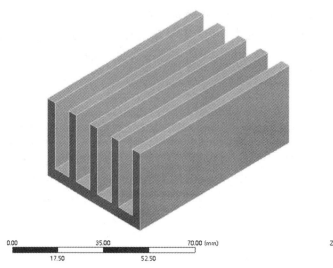

0.00   35.00   70.00 (mm)
17.50   52.50

图 10-8 换热片模型示意图

10.3.2 换热片的散热分析

本节进行换热分析，计算换热片的温度分布，按照如下步骤进行操作。

1. 添加换热片材料

（1）建立分析系统。启动 Workbench，在 Workbench 左侧工具箱的分析系统中拖动 Steady-State Thermal 系统至项目图解窗口中，建立稳态热分析系统 A，如图 10-9 所示。

图 10-9 热分析系统 A

（2）添加材料模型。

1）在 Project Schematic 中，双击 Steady-State Thermal 系统的 A2：Engineering Data 单元格进入 Engineering Data 页面。

2）在 Engineering Data 页面中按下 Engineering Data Sources 按钮▦。

3）在 Engineering Data Sources 列表中选择 General Materials。

4）在 Contents of General Materials 列表中找到 Copper Alloy 并单击右侧的▨按钮，在后面一列出现一本书的标识，如图 10-10 所示。这时，Copper Alloy 即被添加至当前项目的材料模型列表中，如图 10-11 所示。

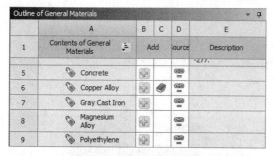

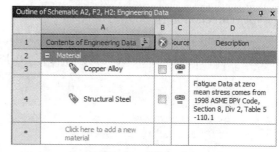

图 10-10　添加铜合金材料　　　　　　图 10-11　材料列表

5）关闭 Engineering Data 标签页，返回 Workbench 界面中。

2. 创建几何模型

下面通过几何组件 DM 创建换热片的几何模型。

（1）在 Project Schematic 中，在 Geometry（A3）单元格的右键菜单中选择 New DesignModeler Geometry…，启动几何组件 DM。

（2）绘制换热片截面草图。

1）在模型树中选择 XYPlane 作为工作平面，单击 Sketching 标签切换至草图模式，在 XY 平面上绘制换热片草图。

2）绘制草图。选择 Draw→Line 工具，从坐标原点开始，依次绘制如图 10-12 所示的草图中的线段；绘制过程中，选择 Constraints→Symmetry，为草图中对应竖直边添加对称约束，使得它们关于 Y 轴对称；选择 Constraints→Equal Length，为草图中代表换热片厚度的边添加等长约束。

3）尺寸标注。分别用 Dimension→Horizontal 以及 Dimension→Vertical，标注如图 10-12 所示的横向以及纵向尺寸，并在 Details View 中输入相应尺寸数值，如图 10-13 所示。

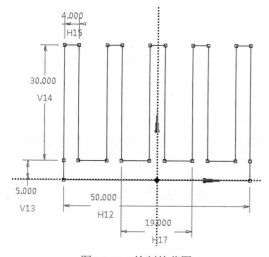

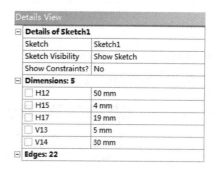

图 10-12　绘制的草图　　　　　　　　图 10-13　草图尺寸

（3）单击工具栏上的拉伸工具 Extrude，创建换热片模型，具体设置如图 10-14 所示。

1）Geometry 选择 Sketch1。

2）Operation 选择 Add Material。

3）Direction 选择 Both-Symmetric。

4）Extent Type 选择 Fixed 并输入"FD1,Depth(>0)"为 40mm。

5）单击 Generate，生成实体模型如图 10-15 所示。

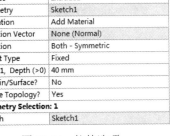

Details of Extrude1	
Extrude	Extrude1
Geometry	Sketch1
Operation	Add Material
Direction Vector	None (Normal)
Direction	Both - Symmetric
Extent Type	Fixed
FD1, Depth (>0)	40 mm
As Thin/Surface?	No
Merge Topology?	Yes
Geometry Selection: 1	
Sketch	Sketch1

图 10-14 拉伸选项

图 10-15 换热片实体模型

至此，几何模型创建完成后，关闭 DM 返回 Workbench 界面。

3. **热分析前处理**

（1）启动 Mechanical 组件。在项目图解窗口中，双击 Steady-State Thermal 系统的 Model（A4）单元格打开 Mechanical 组件。

（2）指定换热片材料。在 Project 树中选中换热片实体，在明细栏中展开 Material 项，将 Assignment 改为 Copper Alloy，如图 10-16 所示。

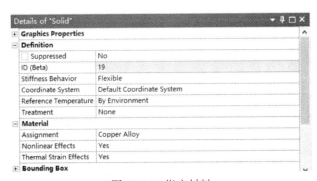

Details of "Solid"	
Graphics Properties	
Definition	
Suppressed	No
ID (Beta)	19
Stiffness Behavior	Flexible
Coordinate System	Default Coordinate System
Reference Temperature	By Environment
Treatment	None
Material	
Assignment	Copper Alloy
Nonlinear Effects	Yes
Thermal Strain Effects	Yes
Bounding Box	

图 10-16 指定材料

（3）划分网格。选择 Mesh 分支，在其右键菜单中选中 Insert→Sizing，在 Mesh 分支下加入一个 Sizing 分支，在 Sizing 分支明细栏中进行如下设置，如图 10-17 所示。

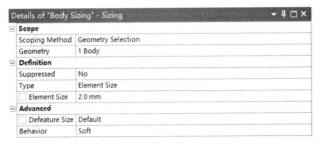

Details of "Body Sizing" - Sizing	
Scope	
Scoping Method	Geometry Selection
Geometry	1 Body
Definition	
Suppressed	No
Type	Element Size
Element Size	2.0 mm
Advanced	
Defeature Size	Default
Behavior	Soft

图 10-17 体网格尺寸控制

1）Geometry 选择换热片实体，注意选择时切换至体选择，快捷键为 Ctrl+B。

2）Type 选择 Element Size。

3）输入 Element Size 值为 2mm。

设置完成后，在 Mesh 分支的右键菜单中选择 Generate Mesh，生成如图 10-18 所示的计算网格。

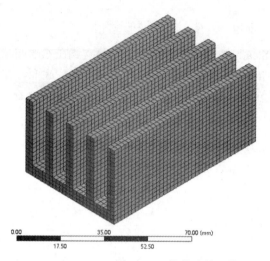

图 10-18　换热片的网格

4. 加载与计算

在换热片上需要施加底面温度边界和其他表面的对流边界。

（1）设置单位。在 Ribbon 栏的 Home 标签栏中选择 Tools 组下面的 Unit 工具，或者选择在界面右下角的单位快捷菜单，设置单位系统为 kg-m-s 制，并将温度的单位由 Celsius 改为 Kelvin，如图 10-19 所示。

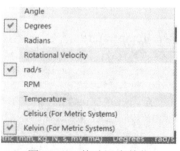

图 10-19　修改温度单位

（2）指定对流边界。选择 Steady-State Thermal（A5）分支，在 Graphics 工具条中选择面选择过滤按钮，或使用快捷键 Ctrl+F，在图形显示窗口选择换热片除底面外的其他所有 21 个表面，在右键菜单中选择 Insert→Convection，在分析环境分支下添加一个 Convection 分支，并在其 Details 中进行如下设置，如图 10-20 所示。

1）Film Coefficient 输入 1100W/m^2·K。

2）Ambient Temperature 输入 300K。

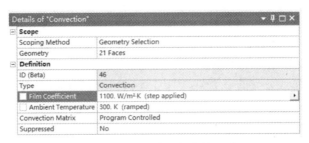

图 10-20　对流边界条件的设置

（3）指定温度边界。选择 Steady-State Thermal（A5）分支，在 Graphics 工具条中选择面选择过滤按钮，或使用快捷键 Ctrl+F，在图形显示窗口选择换热片底面，在右键菜单中选择 Insert→Temperature，在分析环境分支下添加一个 Temperature 分支，并在其 Details 中输入 Magnitude 值为 500K，如图 10-21 所示。

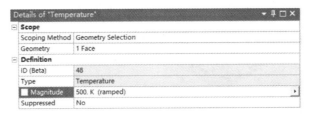

图 10-21　温度边界设置

（4）添加计算结果项目。

1）选择 Solution（A5）分支，在右键菜单中选择 Insert→Thermal→Temperature 及 Insert→Thermal→Total Heat Flux，在 Solution 分支下添加一个 Temperature 分支和一个 Total Heat Flux 分支。

2）将 Temperature 分支拖放至 Solution 分支上，添加一个 Reaction Probe 分支。

3）将 Convection 分支拖放至 Solution 分支上，添加一个 Reaction Probe 2 分支。

（5）求解。按下工具栏上的 Solve 按钮，执行求解。

5. 结果后处理

（1）查看温度分布情况。选择 Temperature 分支，查看换热片上的温度分布等值线如图 10-22 所示，换热片温度分布范围介于 394.93～500K 之间。

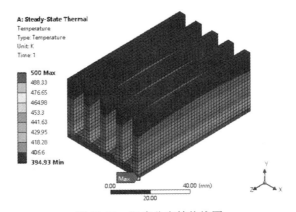

图 10-22　温度分布等值线图

（2）查看热通量分布。选择 Total Heat Flux 分支，查看热通量分布等值线如图 10-23 所示，总热通量变化范围介于 $1.0949 \times 10^5 \sim 3.0559 \times 10^6 \text{W/m}^2$ 之间。

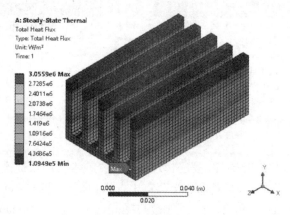

图 10-23　热通量分布

（3）检查热平衡条件。分别选择 Reaction Probe 分支和 Reaction Probe 2 分支，在其 Details 中查看通过温度边界和对流边界的热流量，如图 10-24 及图 10-25 所示。

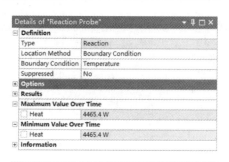

图 10-24　恒温边界热流量

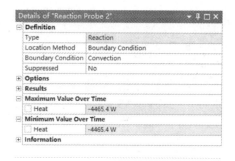

图 10-25　对流边界热流量

由上述计算结果可知，两个边界面上的热流大小相等，一个为净流入，另一个为净流出，满足稳态系统的热平衡条件。

10.3.3　热应力计算

本节在前面一节稳态热分析基础上进行温度应力的计算。

1. 搭建分析流程

切换至 Workbench 窗口，从左侧 Toolbox 中选择 Static Structural，并将其拖放至 Solution（A6）单元格，形成一个静力分析系统 B，如图 10-26 所示。

2. 加载以及求解

（1）施加约束条件。

1）切换至 Mechanical 组件，选择 Static Structural（B5）分支。

2）在 Graphics 工具条中选择表面选择过滤工具（或者使用快捷键 Ctrl+F），在图形窗口中选择换热片的底面，在鼠标右键菜单中选择 Insert→Frictionless Support，在 Static Structural（B5）下添加一个 Frictionless Support 分支。

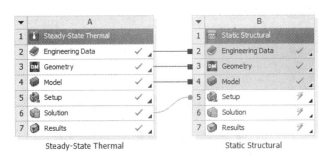

图 10-26　搭建分析系统

3）在 Graphics 工具条中选择线段选择过滤工具（或者使用快捷键 Ctrl+E）。在图形窗口中选择换热片底面的一条短边，在鼠标右键菜单中选择 Insert→Displacement，在 Static Structural（B5）下添加一个 Displacement 分支，并在其 Details 中指定 Z Component 为 0，如图 10-27 所示。在图形窗口选择换热片底面的一条长边，在鼠标右键菜单中选择 Insert→Displacement，在 Static Structural（B5）下添加一个 Displacement 分支，并在其 Details 中指定 X Component 为 0，如图 10-28 所示。

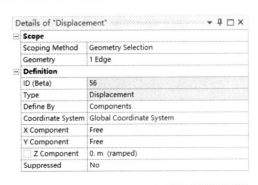

图 10-27　施加线段 Z 向位移约束

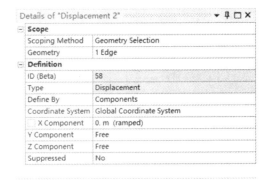

图 10-28　施加线段 X 向位移约束

（2）添加分析结果。选择 Solution（B5）分支，在右键菜单中选择 Insert→Stress→Equivalent（von-Mises），在 Solution（B5）分支下添加一个 Equivalent Stress 分支。

（3）求解。边界条件施加完成后，按下工具栏上的 Solve 按钮执行求解。

3. 结果后处理

计算完成后，选择 Solution（B5）分支下的 Equivalent Stress 分支，并选择工具栏上的变形显示放大比例为 100 倍，如图 10-29 所示。图形窗口中显示的变形情况和应力等值线分布如图 10-30 所示。

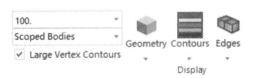

图 10-29　设置变形放大比例

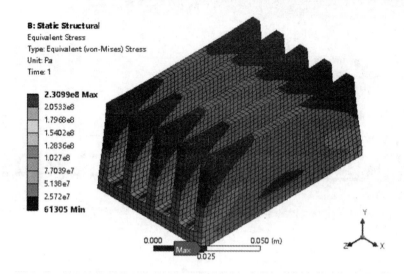

图 10-30　换热片的等效应力等值线分布

第11章

在 Mechanical 中应用 APDL Command 对象

本章介绍了在 Mechanical 组件中进行结构分析时应用 APDL 命令对象的方法，内容包括：APDL 命令对象的工作原理与作用、APDL 命令对象在 Mechanical 中的应用场景、APDL 命令对象的应用算例等。

11.1 APDL 命令的背景知识

目前，ANSYS 结构分析软件的基本架构可概括为"一个基础、两座大厦"。"一个基础"是指 ANSYS 结构分析求解器，"两座大厦"即 Mechanical APDL 以及 Workbench 中的 Mechanical 组件两个前后处理环境。ANSYS Mechanical 的这一架构可用图 11-1 来概括描述，图中两个虚线框分别为前后处理环境 Mechanical APDL 以及 Workbench。根据结构分析过程的阶段划分，这两种操作环境都包含了各自的结构分析前后处理程序，并共同使用统一的核心求解器 Mechanical Solver。在 Mechanical APDL 环境中，几何建模、网格划分、加载、后处理均在同一个 Mechanical APDL 的图形界面下完成，求解可以在此环境下进行，也可以用独立提交模型文件的方式进行；在 Workbench 环境中，几何建模采用 DM/SCDM 模块或导入第三方模型，网格划分、加载、递交求解及后处理均在 Mechanical 组件下进行，递交求解也可通过独立提交模型文件的方式进行。

由于求解器的内在统一性，无论用户采用 Mechanical APDL 还是 Mechanical 组件进行结构建模和分析，其实质是完全相同的，即求解器的输入文件和输出的信息文件、结果文件具有完全相同的类型。输入文件由一系列 APDL 命令组成，又被称为 APDL 命令文件，正是其中的每一条命令驱动着求解器读取模型和载荷信息、执行求解、写出结果文件以及进行后处理操作。Mechanical 组件和 Mechanical APDL 界面中读取的 APDL 命令文件具有相同的逻辑结构，即起始层（Begin Level）以及处理器层（Processor Level）两层结构，这个结构可以通过图 11-2 来加以形象地表示。

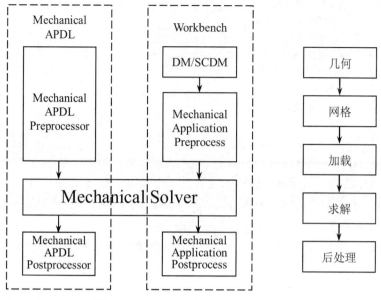

图 11-1　ANSYS 软件架构与分析流程

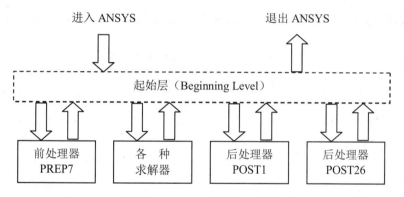

图 11-2　ANSYS 的内部工作原理

在两层逻辑结构中，用户在起始层中并不开展实质性的操作，真正的操作则是在处理器层次中完成的。起始层是用户进入和离开 ANSYS 分析环境时所处的层，通常经由起始层进入到各处理器层，或经由起始层进行各处理器的中间切换。处理器层由一系列处理器和求解器组成，包括前处理器 PREP7、各种问题类型的求解器、通用后处理器 POST1 和时间历程后处理器 POST26 等。每一个处理器实质上就是一个 APDL 命令的集合，在特定处理器中只包含特定类型的 APDL 命令，比如前处理器中只包含提供模型数据（如节点、单元、材料数据等）的命令，不包含求解设置或后处理操作命令；在求解器中只包含加载、分析设置及求解命令，不包含前后处理操作相关的命令；在后处理器中主要进行计算结果后处理，不包含建模和求解命令。一个 APDL 命令文件（输入文件）中应当体现这样的逻辑结构，即：首先进入特定的处理器，然后调用该处理器的命令实现相关操作，然后退出此处理器，经由起始层进入其他处理器去实现其他的操作。一个典型的 APDL 命令文件（求解器的输入文件）应当参考如下的结构。

```
/PREP7          !进入前处理器
......           !建模以及定义模型信息命令
FINISH          !建模结束退出前处理器，回到起始层
/SOLU           !由起始层进入求解器
......           !加载和求解操作命令
FINI            !求解结束退出求解器
/POST1          !进入通用后处理器
......           !后处理操作命令
FINI            !退出 POST1 返回起始层
```

以上关于 APDL 命令文件的讨论可以归纳为 3 点，即：

（1）ANSYS 结构分析求解器的输入文件是一个 APDL 命令文件。

（2）APDL 命令文件可通过 Mechanical APDL 界面或 Workbench 的 Mechanical 组件写出。

（3）APDL 命令文件应遵循内在的逻辑结构。

除了 APDL 文件的上述逻辑结构外，其中的每一条命令还需符合命令的语法，命令的语法如下：

Command,Argument1,Argument2,…

其中，Command 为命令名称，Argument1、Argument2 等为命令的参数，一条命令后面可以有多个命令参数。要正确地使用命令，必须熟悉命令的参数。命令及其参数在 *ANSYS Mechanical APDL Command Reference* 手册中列出，需要添加命令对象时可以参考此手册。

11.2　APDL 命令对象在 Mechanical 组件中的应用

1. Commands 对象的作用概述

对于 Workbench 中的 Mechanical 组件，输入文件就是在分析项目路径下的 dat 文件，求解时，dat 文件中的 APDL 命令信息逐条被求解器所读取。尽管 Mechanical 组件为分析人员提供了工程化的操作界面，对很多复杂操作过程的 APDL 命令集合进行了封装和简化，形成了很多简单易用的对象，如远程点、Joint、螺栓预紧力等，这些在很大程度上提高了建模和分析的效率。但在一些特定情形下，可能还是需要人工添加 APDL 命令对象来实现部分 Mechanical 组件暂时不具备的功能，如添加特殊的单元类型、添加额外的节点或单元、设置分析选项、定义复杂材料模型及参数、需要借助于 APDL 的后处理操作等。在这些情况下，就需要在 Mechanical 界面中添加 APDL Command Object（命令对象）来扩展 Mechanical 的功能。

Mechanical 组件在分析计算前，可以将 Commands 对象中添加的命令写入模型输入命令文件中，具体方法是：选择分析环境分支（如 Static Structural），在上下文相关工具栏中选择 Tools 组的 Write Input Files，在弹出的对话框中指定路径，在此路径下保存后缀名为 dat 的求解器输入文件。如果没有事先输出 dat 文件，在计算开始后可以到工作路径下看到自动形成的 dat 文件，工作路径可以在分析环境分支的右键菜单中通过 Open Solver Files Directory 菜单项查看，如图 11-3 所示。

2. Commands 对象编写方法及变量属性

在编辑 Commands 对象的过程中，Mechanical 支持 APDL 命令缩写联想及命令变量提示等功能，如图 11-4 和图 11-5 所示。

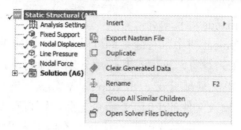

图 11-3　通过 Open Solver Files Directory 打开工作路径

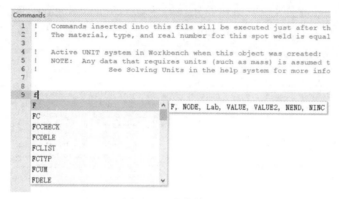

图 11-4　命令提示

在命令编辑窗口，通过组合键 Ctrl+F 可以搜索任意字段，此工具还支持文字替换功能，如图 11-6 所示。

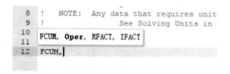

图 11-5　参数提示

图 11-6　命令搜索工具

在 Commands 对象的 Details 中，还可以为 Commands 设置变量（Argument），最多可以设置 9 个变量的数值，如图 11-7 所示。这些在 Details 中输入的数值会传递给 APDL 命令对象中的参数（ARG1-ARG9），这些参数还可被提升为 Workbench 参数（Parameter）。

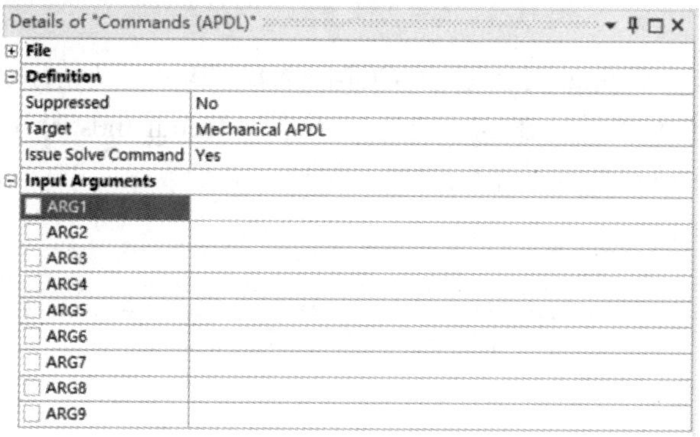

图 11-7　命令对象变量

3. 常见分支及其 Commands 对象简介

在 Mechanical 组件的 Project 树中，右键菜单可以在一些特定的分支下面添加 APDL 命令对象，即 Commands（APDL）对象，下面对其作用分别进行简单介绍。

（1）Geometry 分支下的几何体分支。在 Geometry 分支下的几何体分支下加入的 APDL Commands 对象，会添加在输入文件的/PREP7 命令之后，可以改变这个体的单元特性，如单元类型、单元选项、材料特性、截面及单元坐标系。在编写相关命令时注意一个关键变量 MATID，该变量用于指代材料号、单元类型号、实常数号或截面号。

（2）Contact Region 分支。对某个特定接触区域（Contact Region）添加 APDL Commands 对象时，注意应用两个关键变量 cid 和 tid，即：接触单元类型和目标单元类型的 ID 号，如图 11-8 所示。

```
!   Commands inserted into this file will be executed just after the contact region definitio
!   The type and mat number for the contact type is equal to the parameter "cid".
!   The type and mat number for the target type is equal to the parameter "tid".
!   The real number for an asymmetric contact pair is equal to the parameter "cid".
!   The real numbers for symmetric contact pairs are equal to the parameters "cid" and "tid".

!   Active UNIT system in Workbench when this object was created:  Metric (mm, kg, N, s, mV,
!   NOTE:  Any data that requires units (such as mass) is assumed to be in the consistent sol
!                See Solving Units in the help system for more information.
```

图 11-8 接触对分支下的命令输入界面

例如，通过下列命令定义名称为"contact_1"的由接触单元所组成的单元组件。

ESEL,s,type,,cid
cm,contact_1,elem
ALLSEL,all

（3）Joint 分支。Joint 对象是基于 MPC184 单元定义的，添加命令时需要用户熟悉 MPC184 单元的特性和参数。在 Joint 分支下添加 Commands 时注意一个关键变量 _jid，此变量用于表示与此 Joint 相关的单元类型、材料特性、实参数、截面等的 ID 号，如图 11-9 所示。

```
Commands
1  #   RBD python commands - using Python scripting language
2  #   Commands inserted into this file will be executed before actual solve
3  #   The joint id is equal to "_jid".
4
5  #   Active UNIT system in Workbench when this object was created:  Metric
6
```

图 11-9 Joint 分支下的命令输入界面

（4）Spring 分支。Spring 对象基于 COMBIN14 单元定义，添加命令时需要用户熟悉 COMBIN14 单元的特性和参数。在 Spring 分支下添加 Commands 时注意一个关键变量 _sid，此变量用于表示与此 Spring 相关的单元类型、材料、实参数等的 ID 号，如图 11-10 所示。

```
Commands
1  #   RBD python commands - using Python scripting language
2  #   Commands inserted into this file will be executed before actual solve.
3  #   The spring id is equal to "_sid".
4
5  #   Active UNIT system in Workbench when this object was created:  Metric (mm,
6
```

图 11-10 弹簧分支下的命令输入界面

例如，通过如下命令对象可改变弹簧单元为 3D 的扭转弹簧：

KEYOPT,_sid,3,1

（5）Beam 分支。Beam 对象基于 BEAM188 单元定义，添加命令时需要用户熟悉 BEAM188 单元的特性和参数。在 Beam 分支下添加 Commands 时注意一个关键变量_jid，此变量用于表示与此 Joint 相关的单元类型、材料特性、实参数、截面等的 ID 号，如图 11-11 所示。

```
Commands
  1  !  Commands inserted into this file will be executed just after the beam definition.
  2  !  The material, type, and section ID number for this beam is equal to the parameter "_bid".
  3  !  Active UNIT system in Workbench when this object was created: Metric (mm, kg, N, s, mV,
  4  !  NOTE:  Any data that requires units (such as mass) is assumed to be in the consistent solu
  5  !         See Solving Units in the help system for more information.
  6
```

图 11-11　Beam 分支下的命令输入界面

（6）Spot Weld 分支。Spot Weld 是基于 BEAM188 梁单元来定义的，添加命令时注意一个关键变量_sid，此变量用于表示材料、单元类型等的 ID 号，如图 11-12 所示。

```
Commands
  1  !  Commands inserted into this file will be executed just after the spot weld definition.
  2  !  The material, type, and real number for this spot weld is equal to the parameter "_sid".
  3
  4  !  Active UNIT system in Workbench when this object was created: Metric (mm, kg, N, s, mV,
  5  !  NOTE:  Any data that requires units (such as mass) is assumed to be in the consistent solu
  6  !         See Solving Units in the help system for more information.
  7
```

图 11-12　焊点分支下的命令输入界面

（7）Remote Point 分支。在每一个 Remote Point 分支下添加 Commands 时，注意关键变量 cid、tid 以及_npilot。这些变量可以在命令中被引用，cid 为接触单元类型的 ID 号，tid 为目标单元类型的 ID 号，_npilot 为导航节点号，如图 11-13 所示。

```
Commands
  1  !  Commands inserted into this file will be executed just after the remote point definition.
  2  !  Constraint equation based contact elements are used to define the remote point.
  3  !  The material, type, and real number for the contact/beam elements are equal to the parameter "cid".
  4  !  The type number for the target(pilot) element is equal to the parameter "tid".
  5  !  The remote point node number is equal to "_npilot"
  6
```

图 11-13　远程点分支下的命令输入界面

（8）Analysis 分支。在 Analysis 分支下的 APDL 命令对象可用于添加前处理命令、加载以及求解控制命令。如果是前处理命令，首先写一条/prep7 命令表示进入前处理器。如果是加载或求解控制命令，以/solu 命令开始。在命令中的分析设置将改写 Mechanical 界面中的设置。

（9）Solution 分支。在 Solution 分支下添加的 Commands 主要用于需要 Mechanical APDL 进行的后处理操作。比如通过下列命令在 Solution 分支下形成 png 格式的单元应力等值线图和单元应力误差等值线图，这些通过命令对象形成的图片出现在 Commands 分支下，如图 11-14 所示。

set,last

/show,png

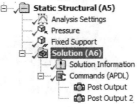

图 11-14　命令对象生成的结果后处理图片分支

```
/gfile,650
/edge,1,1
/view,,1,1,1
ples,s,eqv
ples,serr
```

4. 关于坐标系

很多 APDL 命令都涉及坐标系，尤其是局部坐标系。在 Commands Object 中，APDL 命令可以引用 Project 树 Coordinate Systems 分支中的局部坐标系编号，坐标系的编号在坐标系分支的 Details 中列出，如图 11-15 所示。注意在 APDL 中局部坐标系编号大于 10。

Details of "Coordinate System"	
Definition	
Type	Cylindrical
Coordinate System	Manual
Coordinate System ID	12.
APDL Name	
Suppressed	No
Origin	
Define By	Geometry Selection
Geometry	Click to Change

图 11-15　坐标系的 ID 号

5. 关于命名集合

在 Mechanical 中定义的 Named Selections 在 Mechanical APDL 中被自动转化为节点或单元组成的组件（即 Component）。比如实体及实体的表面如果分别被定义为 Named Selection，则在 Mechanical APDL 中分别被转化为单元组件和节点组件，如图 11-16 及图 11-17 所示。在 Commands Object 中，APDL 命令可以引用对应于 Named Selections 的节点和单元组名称。

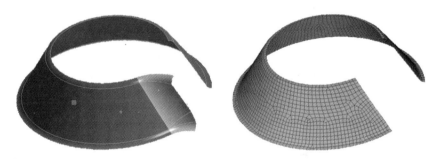

图 11-16　实体命名集合及其对应的单元组件

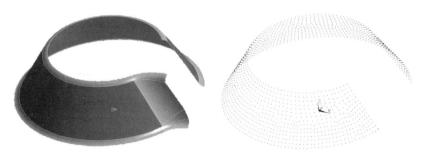

图 11-17　表面命名集合及其对应的节点组件

11.3　Command 对象应用举例：梁结构的内力图

带有外伸臂的超静定梁，如图 11-18 所示，承受 20kN/m 的均布载荷以及端部 10kN 集中力，梁的横截面为 200mm×250mm×10mm×12mm 的工字型截面，计算梁的变形以及内力。

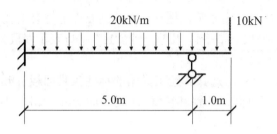

图 11-18　带有外伸臂的超静定梁

在 Workbench 环境下，按照如下步骤完成建模和计算。

1．创建分析流程

（1）定义单位系统。启动 ANSYS Workbench，通过菜单 Units，选择工作单位系统为 Metric(kg,mm,s,℃，mA,N,mV)，选择 Display Values in Project Units，如图 11-19 所示。

（2）创建几何组件。在 Workbench 工具箱的 Component Systems 中，选择 Geometry，将其用鼠标左键拖曳到 Project Schematic 窗口内（或者直接双击 Geometry 组件）。在 Project Schematic 内会出现名为 A 的 Geometry 组件。

（3）建立静力分析系统。用鼠标选中 A2 栏（即 Geometry 栏）。在 Workbench 左侧工具箱的分析系统中选择 Static Structural（ANSYS），用鼠标左键将其拖曳至

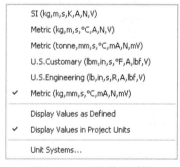

图 11-19　选择单位系统

Geometry（A2）单元格中，形成静力分析系统 B，该系统的几何模型来源于几何组件 A，如图 11-20 所示。

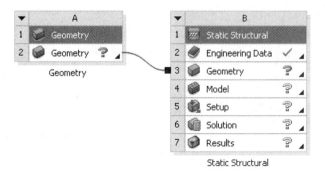

图 11-20　建立静力分析系统

2. 创建几何模型

（1）启动 DM 组件。用鼠标点选 Geometry（A2）组件单元格，在其右键菜单中选择 New DesignModeler Geometry，启动 DM。在 DM 中通过 Units 菜单选择建模单位为 Millimeter(mm)。

（2）创建草图。在 DM 的模型树中单击 XYPlane，选择 *XY* 平面作为草图绘制平面，接着选择草图按钮 新建草图 Sketch1。为了便于操作，单击正视按钮 选择正视工作平面。

（3）绘制梁的轴线。切换至草绘模式，在绘图工具面板 Draw 中，选择 Line 绘制直线，此时右边的图形界面上出现一个画笔，拖动画笔放到原点上时会出现一个"P"字标志，表示与原点重合，此时向右拖动鼠标左键，出现一个"H"字母表示线段为水平方向，此时松开鼠标左键，绘制一条水平线段。

（4）标注梁的轴线尺寸。选择草绘工具箱的标注工具面板 Dimensions，选择通用标注 General，选择绘制的水平轴线，设置其长度 H1 为 6000mm，如图 11-21 所示。

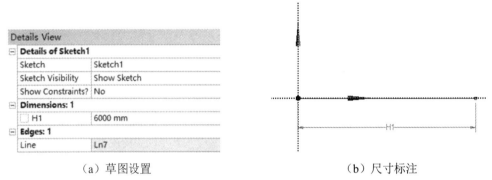

（a）草图设置　　　　　　　　　　　　　　　　（b）尺寸标注

图 11-21　轴线尺寸标注

（5）基于草图生成线体。切换到 3D 模式（Modeling），选择菜单项 Concept→Lines From Sketches，这时在模型书中出现一个 Line1 分支，在其 Details 选项中 Base Objects 选择 XYPlane 上的 Sketch1，然后单击工具栏中的 Generate 按钮以创建一个线体，如图 11-22 所示。

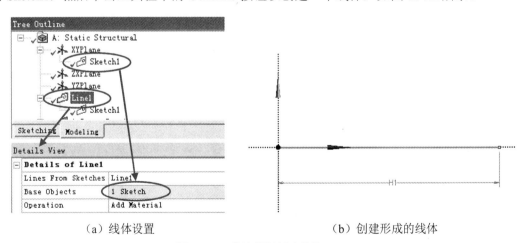

（a）线体设置　　　　　　　　　　　　　　　　（b）创建形成的线体

图 11-22　基于草图创建线体

（6）定义线体的横截面。在菜单栏中选择 Concept→Cross Section→I Section，创建工字型横截面 I1，并在左下角的详细列表中修改横截面的尺寸，如图 11-23 所示。

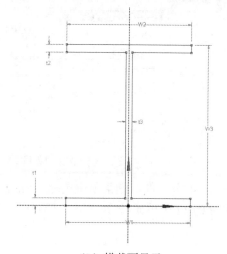

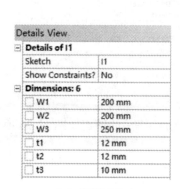

（a）横截面尺寸　　　　　　　　　　　（b）横截面显示

图 11-23　指定横截面

（7）对线体赋予横截面属性。单击选中模型树的 Line Body 分支，在其 Details 中单击黄色 Cross Section 选项，在下拉菜单中选择已添加的工字型截面 I1，然后单击工具栏上的 Generate 按钮完成截面指定，如图 11-24（a）所示。选择菜单栏 View→Cross Section Solids，可以观察到显示横截面的线体模型及其单元坐标系，如图 11-24（b）所示。

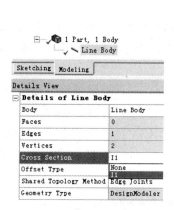

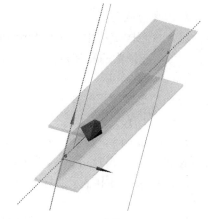

（a）赋予截面　　　　　　　　　　　（b）实体显示

图 11-24　赋予截面后的线体显示效果

至此，几何建模操作已经全部完成，关闭 DM 返回 Workbench 界面。

3．前处理

（1）启动 Mechanical 组件。在 Workbench 的 Project Schematic 中双击 Modal（B4）单元格，启动 Mechanical 组件。通过 Mechanical 的 Units 菜单，选择单位系统为 Metric（m,kg,N,s,V,A）。

（2）确认材料。在 Geometry 下面的 Line Body 分支的 Details 中确认材料 Assignment 为 Structural Steel。

（3）网格划分。用鼠标选择 Mesh 分支，在其右键菜单中选择 Insert→Sizing，指定线体的 Element Size 尺寸为 500mm，如图 11-25 所示。

图 11-25　设置单元尺寸

在 Mesh 分支的右键菜单中选择 Generate Mesh，划分网格后的结构如图 11-26 所示，整根梁被划分为 12 个单元。

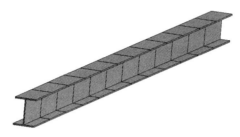

图 11-26　划分单元后的梁模型

4．施加约束与载荷

（1）施加左端固定约束。选择 Structural Static（B5）分支，工具面板的过滤选择按钮选择 Vertex（点），选择梁的左端点；在图形窗口的右键菜单中选择 Insert→Fixed Support，添加左端固定约束。

（2）施加均布载荷。选择 Structural Static（B5）分支，在其右键菜单中选择 Insert→Line Pressure，在 Project Tree 中出现一个 Line Pressure 分支。选择此 Line Pressure 分支，在其 Details 属性中，选择 Geometry，在图形显示窗口用鼠标左键拾取梁的轴线，然后单击 Apply。设置 Line Pressure 的指定方式 Define By 为 Components，输入 Y Component 为-20N/mm，如图 11-27（a）所示，在图形窗口中显示的均布载荷如图 11-27（b）所示。

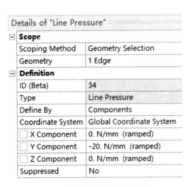

（a）均布线载荷设置

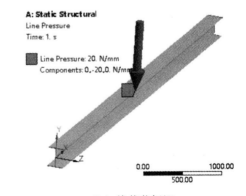

（b）线载荷标识

图 11-27　施加均布载荷

（3）通过命令对象添加中间支座约束以及右端集中力。在 Structural Static（B5）分支的右键菜单中选择 Insert→Commands，添加一个 Commands 对象。选择此 Commands 对象，在右侧 Commands 区域填写命令流，如图 11-28 第 8、9 行所示，其中，X 坐标为 6000 的位置是梁的右端点，在此施加集中力；X 坐标为 5000 的位置是中间支座位置。

```
Commands
 1 !   Commands inserted into this file will be executed just pr
 2 !   These commands may supersede command settings set by Work
 3
 4 !   Active UNIT system in Workbench when this object was crea
 5 !   NOTE:  Any data that requires units (such as mass) is ass
 6 !          See Solving Units in the help system for mor
 7
 8   f,node(6000,0,0),fy,-10000
 9   d,node(5000,0,0),uy,0
```

图 11-28　添加约束及加载命令流

5．添加后处理结果

（1）添加变形结果。选择 Solution（B6）分支，在其右键菜单中选择 Insert→Deformation →Total。

（2）添加左端支反力结果。在 Project Tree 中选择 Fixed Support 约束分支。用鼠标的左键将其拖动至 Solution（B6）分支上，出现+号图标，放开鼠标左键，这时在 Solution 分支下出现一个 Force Reaction 分支，即固定支座的支反力。

（3）通过命令对象绘制添加内力图和提取中间支座反力。选择 Solution（B6）分支，在其右键菜单中选择 Insert→Commands，选择新添加的 Commands 对象，在右侧的 Commands 区域填写命令流，如图 11-29 第 7～16 行所示。

```
Commands
 1 !   Commands inserted into this file will be executed immedia
 2
 3 !   Active UNIT system in Workbench when this object was crea
 4 !   NOTE:  Any data that requires units (such as mass) is ass
 5 !          See Solving Units in the help system for mor
 6
 7   set,last
 8   /view,,,,1
 9   ETABLE,MI,SMISC, 2      !I端节点弯矩
10   ETABLE,MJ,SMISC,15      !J端节点弯矩
11   ETABLE,FSI,SMISC, 5     !I端节点剪力
12   ETABLE,FSJ,SMISC,18     !J端节点剪力
13   /show,png
14   PLLS,MI,MJ,1,0   !绘制弯矩图
15   PLLS,FSI,FSJ,1,0  !绘制剪力图
16   *get,my_reaction_FY1,node,node(5000,0,0),rf,fy
```

图 11-29　添加后处理命令流

（4）添加单元局部坐标系结果项目。选择 Solution（B6）分支，在其右键菜单中选择 Insert →Coordinate Systems→Elemental Triads，如图 11-30 所示，在 Solution 分支下增加一个 Elemental Triads 分支。

（5）添加 Beam Tool 工具箱结果。选择 Solution（B6）分支，在其右键菜单中选择 Insert →Beam Tool→Beam Tool，在 Solution 分支下添加一个 Beam Tool 分支，其中包含 Direct Stress、Minimum Combined Stress 以及 Maximum Combined Stress 3 个分支项目。

6．求解及后处理

（1）求解。单击工具栏上的 Solve 按钮进行结构计算。

（2）查看结构变形。结构的总体变形如图 11-31 所示，最大变形发生跨内距固定端约 2.5m 处，数值为 3.556mm。

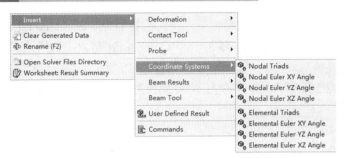

图 11-30　加入单元局部坐标系结果

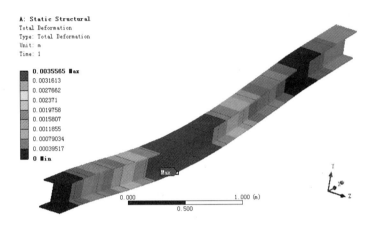

图 11-31　梁的变形图

（3）查看支反力。分别选择 Solution（B6）分支下面的 Force Reaction 分支和 Commands 分支，查看支反力如图 11-32 所示。

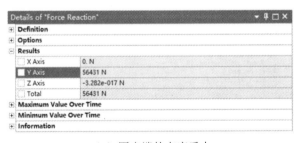

（a）固定端的支座反力

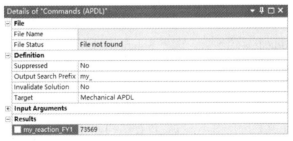

（b）Commands 对象提取的中间支座反力

图 11-32　结构的支反力

上述两处竖向支反力之和为 73569N+56431N=130000N，而总的竖向载荷为 20N/mm×6000mm+10000N=130000N，满足平衡条件。

（4）查看单元坐标系结果。选择 Elemental Triads 分支，查看梁单元的局部坐标系，可以看到梁的局部坐标系方向正好平行于总体坐标方向，如图 11-33 所示。

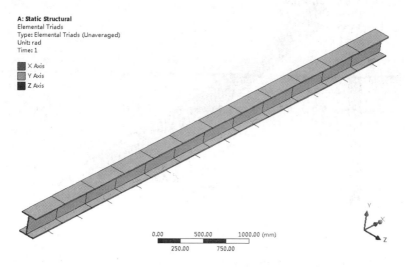

图 11-33　梁的局部坐标方向

（5）查看弯矩图和剪力图。在后处理的 Commands 对象分支下形成了 Post Output 和 Post Output 2 两个 PNG 图像，如图 11-34 所示。依次选择每一个分支即得 Mechanical APDL 风格的弯矩图和剪力图，分别如图 11-35 和图 11-36 所示。

图 11-34　内力图分支

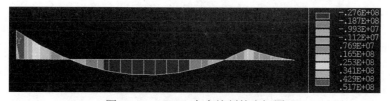

图 11-35　APDL 命令绘制的弯矩图

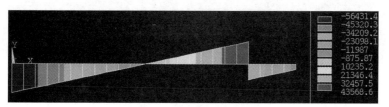

图 11-36　APDL 命令绘制的剪力图

（6）查看 Beam 工具箱的应力结果。Beam 工具箱给出的 Direct Stress 结果为零，最小以及最大组合应力结果如图 11-37 和图 11-38 所示，分别为-83.291MPa 以及 83.291MPa，均发生在固定端截面上，因为此截面的弯矩绝对值最大。

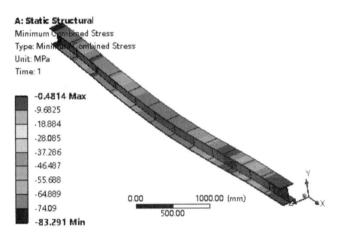

图 11-37　最小组合应力分布

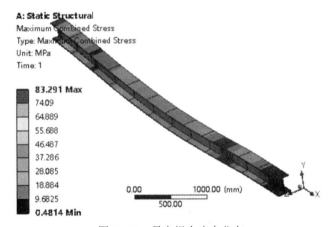

图 11-38　最大组合应力分布

第12章

DesignXplorer 结构优化
方法与应用

本章介绍基于 ANSYS DesignXplorer 的结构优化分析技术,内容包括结构优化问题的数学表述、ANSYS Workbench 参数管理与设计点的概念、参数相关性、DOE、响应面以及目标驱动优化技术及其应用要点,并且结合优化分析实例进行了讲解。

12.1　结构优化问题的数学表述

ANSYS 结构参数优化设计问题的基本数学表述如下。

对于一组选定的设计变量:$\alpha_1, \alpha_2, \cdots, \alpha_N$,确定其具体的取值,使得以这些设计变量为自变量的多元目标函数 $f_{\text{obj}} = f_{\text{obj}}(\alpha_1, \alpha_2, \cdots, \alpha_N)$ 在满足一定的约束条件下,取得最大值(最小值)或最接近指定的目标值。

例如,在要求结构的反应(应力、位移)不超出允许范围等设计要求的前提下,结构用材料最少或造价最低,就是一个典型的参数优化设计问题。

在 ANSYS 中,参数优化问题中的约束条件包括两类,即:设计变量取值范围的限制条件及其他约束条件。

首先,设计变量的取值要具有实际的意义,即需要满足一定的合理性范围的限制(比如杆件的截面积必须大于零),这些设计变量取值范围的限制条件可表达为如下的不等式组:

$$\alpha_{iL} < \alpha_i < \alpha_{iU} \quad (i = 1, 2, \cdots, N)$$

式中,N 为设计变量的总数;α_{iL} 和 α_{iU} 分别为第 i 个设计变量 α_i 合理取值范围的下限以及上限。

另一方面,设计变量的取值还需要满足以其为自变量的相关状态变量的约束条件,比如杆件截面的应力不超过材料的许用应力等条件,这些约束条件可以表达为如下的不等式组:

$$g_{jL} < g_j(\alpha_1, \alpha_2, \cdots, \alpha_N) < g_{jU} \quad (j = 1, 2, \cdots, M)$$

式中,$g_j(\alpha_1, \alpha_2, \cdots, \alpha_N)$ 称为状态变量,是以设计变量为自变量的函数;g_{jL} 和 g_{jU} 分别为第 j 个状态变量取值范围的下限以及上限;M 为约束状态变量的总数。

由结构优化问题的上述表述可知，参数优化问题中涉及 3 种变量：优化目标变量、设计变量和状态变量。因此结构优化问题可以进一步概括为：满足设计变量和状态变量约束条件的前提下，寻求目标变量的最优解（最大或最小）。

12.2 ANSYS DX 优化技术及实现要点

ANSYS Workbench 环境提供了参数（Parameter）和设计点（Design Point）的管理功能。集成于 Workbench 中的 ANSYS DesignXplorer 模块（简称 DX）则提供了全面的设计探索及参数优化分析功能。基于 Workbench 以及 DX 的分析结果，设计人员将能够识别影响结构性能的关键变量、确定结构的性能响应同设计变量之间的内在关系、找到满足相关约束条件下的最优设计方案。

12.2.1 ANSYS Workbench 的参数管理与设计点的概念

ANSYS Workbench 的 Parameter Set 功能可以实现对分析项目中所有参数的管理，只要在分析流程的相关组件中包含了参数，在 Workbench 的 Project Schematic 中就会出现一个 Parameter Set 条，如图 12-1 所示。用户可通过 Parameter Set 进行参数分析和设计点管理，也可从 Design Exploration 工具箱中选择优化组件，添加到 Project Schematic 中进行参数优化。本节首先介绍参数分析和设计点管理。

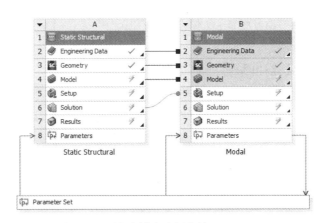

图 12-1　预应力模态分析中的 Parameter Set

Workbench 参数可以来自于 Project Schematic 中分析流程的各个程序组件，比如 Engineering Data 的材料参数、DM 或 SCDM 中的几何参数、Mechanical 组件中的网格参数、载荷参数及结构计算结果参数、APDL 命令定义或者提取的参数等。参数可以分为输入参数（Input Parameters）以及输出参数（Output Parameters），用户定义表达式导出的参数通常也归入输出参数类型。

双击 Parameter Set 条即可进入参数管理界面，界面正中间为 Outline of All Parameters，即项目中所有的参数列表，这些参数按照 Input Parameters 以及 Output Parameters 类型的顺序列出。图 12-2 所示的参数列表中一共有 P1、P2、P3、P4 4 个参数，其中，Input Parameters 列表中包含 P1 和 P2 两个参数，P1 为板壳的厚度，P2 为施加的压力值；Output Parameters 列表中则包含 P3 和 P4 这两个参数，P3 为结构的一阶自振频率（Hz），P4 为一个导出参数。选择参数 P4，在下方的属性中可以看到其表达式为 2*acos(-1)*P3，如图 12-3 所示，表示与 P3 相对应的一阶自振圆频率。

Outline of All Parameters				
	A	B	C	D
1	ID	Parameter Name	Value	Unit
2	☐ Input Parameters			
3	☐ ⚏ Static Structural (A1)			
4	ℓp P1	surface Thickness	0.025	m
5	ℓp P2	Pressure Magnitude	1E+05	Pa
*	ℓp New input parameter	New name	New expression	
7	☐ Output Parameters			
8	☐ ▦ Modal (B1)			
9	pⱼ P3	Total Deformation Reported Frequency	⚡	Hz
10	pⱼ P4	Output Parameter	⚡	s^-1
*	pⱼ New output parameter		New expression	
12	Charts			

图 12-2　Parameter Set 参数列表

Properties of Outline A10: P4		▼ ⊐ X
	A	B
1	Property	Value
2	⊟ General	
3	Expression	2*acos(-1)*P3
4	Usage	Expression Output
5	Description	
6	Error Message	
7	Expression Type	Derived
8	Quantity Name	▼

图 12-3　导出参数表达式

在 Parameter Set 管理页面右侧的"Table of Design Points"列表即设计点列表，这个表格中列出了一系列输入变量的不同取值组合和对应的输出变量的数值表，如图 12-4 所示。Workbench 中的 Design Points（设计点），就是一组给定的输入参数取值及其相应的输出参数取值，每一个设计点实际上代表了一种设计方案。输入参数在其取值范围内变化和组合，可以有很多的设计点，这些设计点就构成了一个设计空间。

Table of Design Points					
	A	B	C	D	E
1	Name ▼	P1 - surface Thickness	P2 - Pressure Magnitude	P3 - Total Deformation Reported Frequency	P4 - Output Parameter ▼
2	Units	m	Pa	Hz	s^-1
3	DP 0 (Current)	0.025	1E+05	⚡	⚡
4	DP 1	0.02	1E+05	⚡	⚡
5	DP 2	0.025	1.2E+05	⚡	⚡
6	DP 3	0.015	1E+05	⚡	⚡
7	DP 4	0.015	1.2E+05	⚡	⚡
8	DP 5	0.01	1E+05	⚡	⚡
*					

图 12-4　设计点列表

设计点列表中，输出参数未知的情况下会显示黄色的闪电 ⚡ 符号，用户可以通过右键菜单 Update Selected Design Points 更新选定的设计点，或者通过工具栏上的 Update All Design Points 更新全部设计点，上面所示的设计点列表在更新后如图 12-5 所示。

	A	B	C	D	E
1	Name	P1 - surface Thickness	P2 - Pressure Magnitude	P3 - Total Deformation Reported Frequency	P4 - Output Parameter
2	Units	m	Pa	Hz	s^-1
3	DP 0 (Current)	0.025	1E+05	19.715	123.87
4	DP 1	0.02	1E+05	16.684	104.83
5	DP 2	0.025	1.2E+05	19.955	125.38
6	DP 3	0.015	1E+05	14.221	89.355
7	DP 4	0.015	1.2E+05	14.756	92.715
8	DP 5	0.01	1E+05	13.05	81.998
*					

图 12-5　更新后的设计点列表

通过 Parameter Set 界面左侧的工具箱，可以绘制参数平行图以及变量曲线图。参数平行图即 Parameter Parallel Chart，如图 12-6 所示，此图的意义是每一个参数占据一个不同刻度的数轴，刻度范围是所有设计点相关参数的取值范围，每个设计点的每一个参数在对应的数轴上描出一个点，这些点构成一条折线。于是，每一条折线即表示一个设计点。

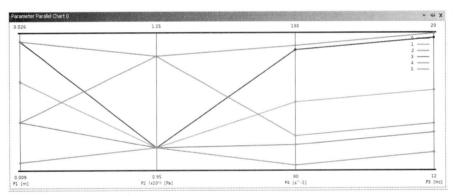

图 12-6　参数平行图

变量曲线图即 Parameters Chart，可用来绘制一个参数关于另一个参数变化，或者两个参数关于一个或者两个参数变化的曲线。在属性列表中可以选择绘制参数图时用于 X 轴或 Y 轴的变量，如图 12-7 所示，选择 P3（自振频率）作为 X 变量，选择 P4（自振圆频率）作为 Y 变量，绘制的 Parameters Chart 如图 12-8 所示，即两者之间为线性关系。

	A	B
	Property	Value
1	Properties of Outline A14: 0	
2	Parameter Chart: General	
3	Exclude Current Design point	☐
4	X-Axis (Bottom)	P3 - Total Deformation Reported Frequency
5	X-Axis (Top)	
6	Y-Axis (Left)	P4 - Output Parameter
7	Y-Axis (Right)	

图 12-7　Parameters Chart 变量选择

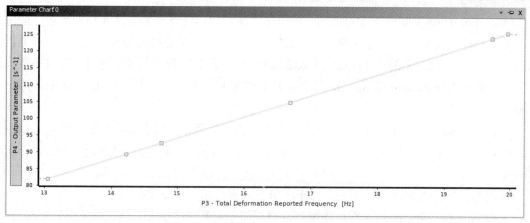

图 12-8　参数关系曲线

除了上述参数化研究，用户还可以选择特定的设计点，在其鼠标右键菜单中选择"Copy inputs to Current"，将此设计点复制到当前设计方案，这样就可以在更新当前设计点后，进入 Mechanical 界面，通过各种后处理功能查看此设计点的各种响应。这个功能在 DX 参数优化后也经常用到，比如将优化后的方案复制到当前，进行详细后处理或设计验证。

12.2.2　参数相关性、DOE 与响应面技术

1. 参数相关性

结构优化问题区别于数学规划问题的根本特点在于，约束变量和目标函数一般情况下是关于优化设计变量的隐函数，必须通过实际结构计算才能得到特定设计点处的函数值，这一特点在客观上增加了结构优化问题的复杂程度。结构优化设计经常是对求解时间的一个挑战，尤其是在有限元模型很大的时候，包含成百上千次计算的优化迭代是不可行的。在这种情况下，发展了基于 DOE 的响应面技术，化有限元分析为近似函数值的计算。然而即便是在 DOE 分析中，当输入参数增加时，采样点数据还是会急剧增加。例如，在 Central Composite Design（中心复合设计）中使用部分因子设计来分析 10 个输入变量，共需要 149 个采样点（有限元模拟）。当输入变量增加时，分析就会变得越来越困难。这时，就需要从 DOE 的采样中剔除不重要的输入参数来减少不必要的采样点。

DX 提供了参数相关性分析系统（Parameters Correlation），对于结构中的输入参数较多的情况，该系统能提供变量之间的相关性矩阵以及输出变量关于输入变量的敏感性矩阵，这些方法能帮助设计人员确定哪些输入参数对设计的影响最重要（或最不重要），以便在后续设计探索和优化过程中识别出关键输入变量，以减少设计变量个数，提高后续响应面和优化计算的效率和精度。

在 DX 的参数相关性分析中，用 LHS（拉丁超立方抽样）生成做相关性计算的样本点。LHS 方法所产生的样本点是随机的，各输入参数的相关性小于等于 5%，且任两个样本点的输入参数值各不相同。参数相关性分析中，会基于所产生的样本点执行一系列仿真计算，仿真模拟的次数取决于参数的个数以及所指定的参数平均值和标准偏差的收敛准则。参数相关性分析提供了两种相关性计算方法供用户选择，这两种参数相关性分析还可以确定参数之间的相关关系是线性的还是二次的。

（1）Spearman's Rank Correlation。使用样本变量值的排序（秩）计算相关系数，适用于具有非线性单调变化函数关系的变量之间的相关性，被认为是更精确的方法。二次相关分析可给出任意一对变量之间的判定系数，此系数越接近 1，则二次相关的效果越好。这些系数构成了判定矩阵（Determination Matrix），此矩阵是非对称的，这与相关性矩阵（Correlation Matrix）不同。

（2）Pearson's Linear Correlation。采用变量值来计算相关性系数，用于关联具有线性关系的变量。可计算给出相关性系数矩阵（Correlation Matrix）及判定系数矩阵（Determination Matrix）。

参数相关性分析完成后，提供了以下图形方式来显示分析结果：

（1）相关性矩阵图。相关性矩阵图可以直观显示参数之间的相关性，相关系数越接近±1，表明相关程度越高。

（2）相关性散点图。可以显示给定参数对的相关性样本散点图，在相关性样本散点图中可选择显示线性和（或）二次的趋势线（Trendlines），图中的样本点越接近这些趋势线，则相应的判定系数就越接近最佳值 1。

（3）判定矩阵图。判定系数矩阵的图示类似于相关性矩阵，判定系数越接近 1 则表示相关程度越高。

（4）判定系数柱状图。对线性或二次相关，可给出判定系数柱状图，直观显示输入变量对输出变量的影响程度。可以设置一个阈值，使判定系数高于此阈值的输入参数被过滤掉。

（5）敏感性图。给出各个输入变量对每一个选择的响应变量的总体敏感性柱状图。这种敏感性的统计是基于 Spearman 秩相关系数分析，同时考虑了输入参数变化范围和输出参数关于输入参数变化程度两方面的因素。

2. DOE 技术

DOE 即 Design of Experiment，是用来拟合响应面的试验样本点的选取技术。DOE 是响应面技术中的一个关键的问题，样本点选取的位置好，能降低计算成本的同时又提高响应面的精度。现阶段，常用取点方法的共同点是都尽量用最少量的样本点对设计空间进行填充，且试验样本点的位置满足一定的对称性和均匀性要求。DX 提供了下面 7 种试验设计（DOE）方法从设计空间中抽取设计样本点，这些方法中，缺省的 DOE 方法是 CCD，即中心复合设计法。

（1）Central Composite Design（CCD）。即中心复合设计方法，其样本点包括一个中心点，输入变量轴的端点以及水平因子点。缺省选项为 Auto-Defined，如果输入变量为 5 个采用 G-Optimal 填充，否则采用 VIF-Optimal 填充。此方法的另外两个选项，Rotatable 选项是一个 5 水平试验取样方法，Face-Centered 选项则退化为一个 3 水平试验取样方法。如果缺省选项造成后续响应面的拟合效果不佳，可以考虑采用 Rotatable 选项。

CCD 方法随着设计变量增加所形成的部分因子样本点数按下式给出：

$$N = 1 + 2n + 2^{n-f}$$

式中，f 为部分因子数；n 为输入参数个数；N 为形成的样本点个数。

DX 的 CCD 方法形成的样本点数与输入变量个数几部分因子数之间的关系列于表 12-1 中。

表 12-1　中心组合设计样本点数与设计变量数

n	f	N	n	f	N
1	0	5	9	2	147
2	0	9	10	3	149
3	0	15	11	4	151
4	0	25	12	4	281
5	1	27	13	5	283
6	1	45	14	6	285
7	1	79	15	7	287
8	2	81			

（2）Optimal Space-Filling Design（OSF）。此方法采用最少的设计点填充设计空间。OSF 更适合于更为复杂的响应面算法，如 Kriging，Non-Parametric Regression 以及 Neural Networks 等。OSF 的一个弱点是不一定能取到端点（角点）附近的样本，因此会影响到这些区域的响应面质量，尤其当样本点数量较少时。

（3）Box-Behnken Design。此方法是一种 3 水平的抽样方法，与其他方法相比试验次数少，效率较高，且各因素不会同时处于高水平上。

（4）Custom。此方法允许用户创建自己的 DOE 算法，可直接创建设计点或通过导入 CSV（Comma Separated Values）数据文件的设计点。也可通过增加用户定义的设计点对已有的 DOE 进行改进。

（5）Custom + Sampling。此方法包含 Custom 方法的功能，并且允许自动添加 DOE 样本点以有效地填充设计空间。比如，DOE 列表最初可以是从前一次分析中导入的设计点组成，或是用其他方法（如 CCD、OSF 等）形成，可以自动添加新的样本点来完成采样，新添加样本点时会考虑已有设计点的位置。用户需要输入 Total Number of Samples（即总的样本点数），如总的样本点数小于已有的样本点数，则不会添加新的样本点。

（6）Sparse Grid Initialization。此方法为 Sparse Grid 类型的响应面的专用 DOE 方法，是一种基于设定的精度要求的自适应方法，可在输出变量梯度较大位置处自动细化设计点数量以提高响应面的精度。

（7）Latin Hypercube Sampling Design（LHS）。LHS 是一种修正的 Monte Carlo 抽样方法，该方法的目的是避免样本点的聚集。LHS 方法的样本点是随机生成的，但任两个点都不共享一个输入变量值。此方法的一个可能的缺点是角点附近不一定有样本点，这就会影响到这些位置附近的响应面预测。前面提到的 OSF 方法属于 LHS 方法基础上的改进，OSF 使得设计点的距离尽量大，以获得更为均匀分布的设计点来填充设计空间。

DX 的 DOE 组件允许用户为每一个设计变量指定类型（连续型、离散型）、对不同类型变量分别设置取值范围上、下限或 Level 值（离散型参数），如图 12-9 所示，并允许预览（Preview）以上方法所生成的样本点，也可直接求解这些样本点并查看结果。

在 DOE 中的样本点都计算完成后，可以通过参数平行图（Parameters Parallel Chart ）以及设计点参数图（Design Points vs Parameter Chart）查看 DOE 计算结果。

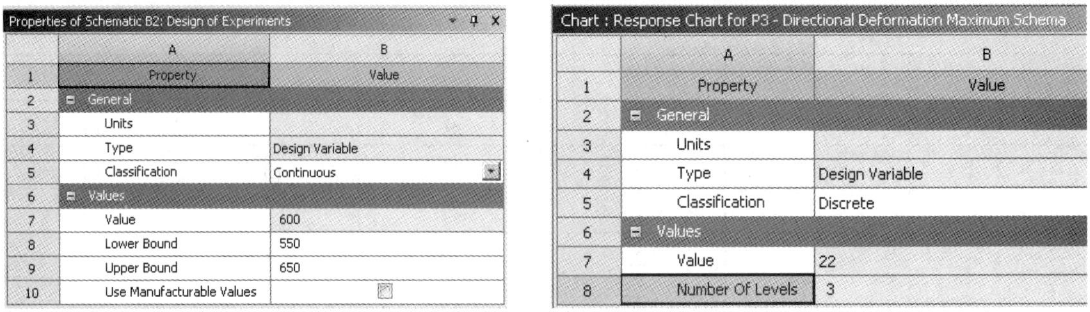

（a）连续型参数　　　　　　　　　　　　　（b）离散型参数

图 12-9　DOE 中指定参数类型及范围

3. 响应面技术

响应面是通过 DOE 点插值或拟合形成的输出参数关于设计变量（输入参数）的近似函数。ANSYS DX 的响应面算法适合于 10～15 个输入参数的问题，设计参数过多会严重降低计算效率以及响应面的精度。如果参数的个数超出了合理范围，可先进行参数相关性分析以识别关键参数。参数相关性系统应在响应面系统之前使用。DX 提供的响应面类型有完全二次多项式、Kriging、Non-Parametric Regression、Neural Network、Sparse Grid 等类型。

（1）Standard Response Surface（完全二次多项式）。此类型为缺省响应面类型，采用回归分析确定近似的二次响应函数，回归分析结果可通过 Goodness of fit 来评价。

（2）Kriging。当标准响应面类型给出的结果不满意，或响应关于输入变量的变化较剧烈和非线性震荡的情况，应用 Kriging 类型可获得更好的结果。此类型的响应面通过所有的 DOE 样本点。如果 DOE 样本点有扰动，则不推荐用此方法。

（3）Non-Parametric Regression。此类型即非参数回归方法，适合于响应为非线性的情况。该类型的计算速度较慢，仅当标准响应面的 "Goodness of fit" 不理想的情况下才考虑使用。此外，该类型还适合于处理 DOE 样本点计算结果有扰动的情况。

（4）Neural Network。此响应面类型采用神经网络方法，适合于高度非线性问题，计算速度较慢，一般场合较少用到。

（5）Sparse Grid。此响应面类型采用自适应的算法，会自动对生成的响应面局部细化以改善这些位置附近的响应面质量。必须采用 "Sparse Grid Initialization" DOE 类型，一般需要计算更多设计点，因此对计算速度的要求较高。此方法还适合于处理响应中包含不连续的情况。

ANSYS DX 提供了 Goodness Of Fit 工具来估计响应面的质量，此工具位于 Response Surface 的 Outline 下的 Metrics 中，任何一个输出变量的 Goodness Of Fit 均可在此查看。Goodness Of Fit 工具包含一系列评价指标，表 12-2 中给出了各种指标的名称及其理想值。Goodness Of Fit 的指标与所选择的响应面算法密切相关，如果 Goodness Of Fit 指标较差，则说明选择的响应面类型不适合于所求解的问题，可考虑改变一种响应面类型。

表 12-2　Goodness Of Fit 指标及其理想值

Goodness Of Fit 指标名称	理想值
判定系数（Coefficient of Determination）	1
调整的判定系数（Adjusted Coefficient of Determination）	.1

续表

Goodness Of Fit 指标名称	理想值
最大相对残差（Maximum Relative Residual）	0%
均方根误差（Root Mean Square Error）	0
相对均方根误差（Relative Root Mean Square Error）	0%
相对最大绝对误差（Relative Maximum Absolute Error）	0%
相对平均绝对误差（Relative Average Absolute Error）	0%

除了 Goodness Of Fit 之外，还可通过 Predicted versus Observed Chart 散点图来直观地显示响应面和设计点输出变量取值的差异。在 Predicted versus Observed Chart 中，纵轴为响应面预测的值，横轴为设计点计算值，如果预测结果较好，则散点基本位于 45 度线的附近。如果有较多的点偏离 45 度线，则响应面的质量较差。

DX 提供验证点的 Goodness Of Fit 列表以及验证点和响应预测点的 Predicted vs Observed 图，通过这些工具可以反映出响应图的质量，如图 12-10 所示。

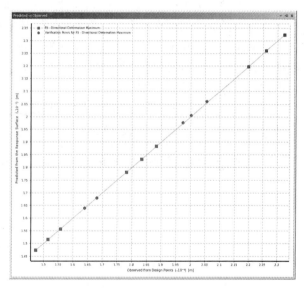

（a）Goodness Of Fit 列表   （b）Predicted vs Observed 图

图 12-10 响应面质量检查

此外，用户还可以通过 Verification Points（验证点）来检查响应面质量。对于 Kriging 类型的响应面，由于采用插值的方法，响应面通过全部的 DOE 样本点，因此 Goodness Of Fit 不能客观反映其质量，此时可通过验证点来评价响应面。验证点是在响应面计算完成后单独计算的，可用于任一种类型的响应面类型的验证和评价，尤其适合于验证 Kriging 以及 Sparse Grid 类型的响应面精度。用户可在响应面的属性中选择 Generate Verification Points （生成验证点）复选框，并指定 Number of Verification Points（验证点数量），如图 12-11 所示，这样在计算响应面时会自动生成验证点，这些验证点的位置选择会尽量远离已有的 DOE 样本点或细化点（对 OSF 算法）。也可以在 Table of Verification Points（验证点列表）中直接插入或导入 CSV 数据文件中的验证点，然后在列表中选择新插入的验证点，右键菜单选择 Update 即可计算此验证点。验证点计算完成后，即可与响应面在此点处的值进行比较了。

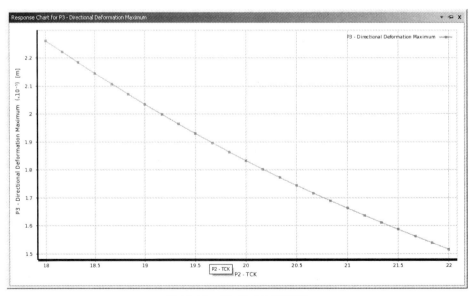

图 12-11　响应面及验证点设置

响应图（Response Chart）是近似响应函数的图形或曲线显示。在响应图中，可以选择查看任意输出参数关于一个或两个输入参数的变化曲线或曲面。显然，响应图跟局部敏感性一样，也随着所选择的响应点而不同。可在 Response Chart 的属性中勾选 Show Design Points 选项，这样在响应图中会显示出所有当前使用的设计点（包括 DOE 的样本点及响应面改善中形成的细化点），这有助于评价响应面对设计点拟合的接近程度。

DX 提供了如下 3 种响应图显示模式：

（1）2D 模式。2D 模式显示为二维的曲线或图表，用于表示一个输出参数关于一个输入参数变化的响应情况，如图 12-12 所示。

图 12-12　2D 模式的响应图

（2）3D 模式。3D 模式显示为三维的等值线图，用于表示一个输出参数关于两个输入参数改变的响应情况，如图 12-13 所示。

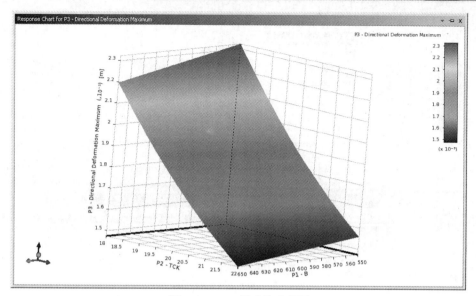

图 12-13　3D 模式的响应图

（3）2D Slices 模式。2D Slices 模式结合了 2D 以及 3D 模式的特点，把输出变量设为 Y 轴，一个输入变量设为 X 轴，在一个平面上画出另一个变量取一系列不同值时切三维响应面得到的一系列曲线，每条曲线用不同的颜色绘制，以区别另一个变量的不同取值，如图 12-14 所示。

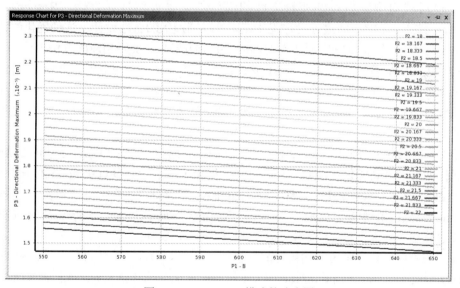

图 12-14　2D Slices 模式的响应图

12.2.3　目标驱动优化

目前，ANSYS DX 中提供了两大类目标驱动优化（Goal Driven Optimization，GDO）方法，即基于响应面的优化（Response Surface Optimization）以及直接优化（Direct Optimization），其分析流程如图 12-15 所示。

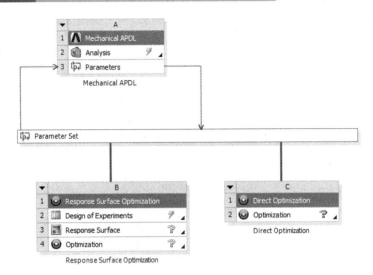

图 12-15　DX 的 GDO 流程

图 12-15 中的系统 B 为响应面优化系统，此系统包括 Design of Experiments（简称 DOE）、Response Surface 以及 Optimization 3 个组件。DOE 组件中提供了多种采样方式（如 CCD、LHS、OSF 等），形成一系列设计样本点。Response Surface 基于这些设计样本点拟合形成响应面，响应面类型包括 Standard Response Surface、Kriging、Non-Parametric Regression、Neural Network、Sparse Grid 等，响应面（Kriging 除外）的拟合效果可通过 Goodness Of Fit 来评价。通过形成响应面，使得结构响应与设计变量之间的隐函数关系近似地显性化。Response Surface Optimization 就是基于响应面进行设计优化搜索，找到最优的备选设计。这种优化的特点是速度快，缺点是优化结果受到响应面质量的影响。由于响应面是实际响应的近似表达，因此基于响应面的方法优化结果，必须通过一次真正的结构分析（设计点的更新）来加以验证。

图 12-15 中的系统 C 为直接优化（Direct Optimization）系统，可以发现直接优化仅包含一个 Optimization 组件。由于此方法不基于响应面，因此优化得到的备选设计方案是经过结构分析验证的，可直接使用。

无论选择了何种 GDO 系统，在 Project Schematic 界面中，双击该 GDO 系统的 Optimization 组件单元格即可进入到优化的 Outline 界面，此 Outline 包含一个 Optimization 处理节点，此节点下面又包含 Objectives and Constraints、Domain、Results 3 个子处理节点。用鼠标选择 Optimization 节点，出现 Properties of Outline：Method，在其中 Method Name 的下拉列表中选择优化搜索算法，并进行与算法相关的参数设置，如图 12-16 所示。

目前，在响应面优化中可选的优化算法包括 Screening 方法、MOGA 方法、NLPQL 方法以及 MISQP 方法；在 Direct Optimization 中，可选择的优化算法包括 Screening、MOGA、NLPQL、MISQP、ASO 以及 AMO。下面对这些算法做简单介绍。

（1）Screening 方法是一种非迭代直接采样方法，可用于响应面优化以及直接优化。此方法适合于初步的优化，得到近似的优化解。在此基础上可再使用 MOGA 方法或 NLPQL 方法作进一步的优化。可以用于离散变量优化。

（2）MOGA 方法全称为 Multi-Objective Genetic Algorithm，即多优化目标的迭代遗传算法，用于处理连续变量的多目标全局优化问题，可用于响应面优化系统以及直接优化系统。

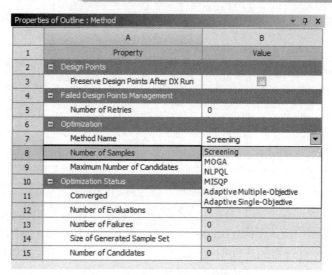

图 12-16　目标驱动优化算法选择

（3）NLPQL 方法即 Nonlinear Programming by Quadratic Lagrangian 方法，是基于梯度的单目标优化方法，可用于响应面优化系统以及直接优化系统。

（4）MISQP 方法即 Mixed Integer Sequential Quadratic Programming，是基于梯度的单目标优化方法，其算法基础为改进的序列二次规划法，用于处理连续变量及离散变量的非线性规划问题。该方法能同时用于响应面优化系统以及直接优化系统。

（5）ASO 方法全称为 Adaptive Single-Objective Optimization，是基于梯度的单目标优化方法，该方法采用了 LHS 试验设计、Kriging 响应面以及 NLPQL 优化算法，目前此方法仅能应用于 Direct Optimization 系统。ASO 方法会首先形成 LHS 样本并基于这些样本形成 Kriging 响应面，随后会通过 NLPQL 方法对响应面进行一系列搜索，这些搜索是基于一系列不同的起始点，得到一系列不同的备选设计（Candidate）。如果备选设计质量较差，最佳 Candidate 被作为一个验证点进行计算，并作为细化点（Refinement）重新生成 Kriging 响应面，直至后续优化响应面 NLPQL 搜索得到的备选设计质量足够好；如果备选设计质量较好，则 ASO 会检查当进一步细化 Kriging 响应面后是否还会搜索到此点，如果细化响应面后 Candidate 有变化，AMO 会缩小优化域，在缩减的优化域上重新生成 LHS（落在缩减域内的既有样本会保留），并在缩减域上得到 Kriging 响应面，再进行 NLPQL 搜索；如果细化响应面后得到的 Candidate 没有变化，则这些点被认为是可以接受的。最后得到的最佳设计点在进行验证后输出。

（6）AMO 方法全称为 Adaptive Multiple-Objective Optimization，是一种迭代的多目标优化方法。该方法采用了 Kriging 响应面和 MOGA 优化算法，适合于处理连续变量的优化问题。目前仅可用于 Direct Optimization 系统中。

在设定了优化方法及控制参数后，接下来的环节是定义优化问题。在优化的 Outline 中选择 Optimization 的子处理节点 Objectives and Constraints。右边出现表格（Table），在此表格中指定关于各参数（输入参数和输出参数）的优化目标和约束条件。具体操作时，可以根据需要增加 Table 的行数，每一行中在变量列表中选择一个变量，并为其指定优化目标或约束条件。图 12-17 所示为一个优化问题的具体定义，其中设置了 P6、P7、P8、P9、P10 等参数的约束条件为不大于 1，优化目标是使得参数 P11 尽量小（Minimize）。

	A	B	C	D	E	F	G
	Name	**Parameter**	**Objective**		**Constraint**		
			Type	Target	Type	Lower Bound	Upper Bound
3	P6 <= 1	P6 - S1	No Objective ▼		Values <= Upper Bound ▼		1
4	P7 <= 1	P7 - S2	No Objective ▼		Values <= Upper Bound ▼		1
5	P8 <= 1	P8 - S3	No Objective ▼		Values <= Upper Bound ▼		1
6	P9 <= 1	P9 - S4	No Objective ▼		Values <= Upper Bound ▼		1
7	P10 <= 1	P10 - S5	No Objective ▼		Values <= Upper Bound ▼		1
8	Minimize P11	P11 - VOLUME	Minimize ▼		No Constraint		
*		Select a Parameter ▼					

Table of Schematic B4: Optimization

图 12-17　优化目标及约束条件

优化问题定义完成后，下面一个环节是指定优化域。在优化 Outline 的 Domain 节点下指定各设计变量取值范围的上、下限（Lower Bound 以及 Upper Bound）。对于离散型变量或带有 Manufacturable Values 过滤器的连续型变量，指定其 Level 上、下限，这些上、下限范围应在 DOE 中设置的上、下限以内，以达到缩小优化搜索域、提高分析效率的效果。对于 NLPQL 以及 MISQP 优化方法，还可以在 Domain 节点下指定优化搜索时各输入变量的 Starting Value，在此处指定的参数初始值一定要位于上面指定的 Lower Bound 以及 Upper Bound 之间。

至此，已经完成参数优化问题的设置。按下工具栏上的 Update 按钮，或返回 Project Schematic 界面，选择 Optimization 组件，右键菜单中选择 Update，启动优化求解。在优化 Outline 界面的 Objectives and Constraints 以及 Domain 工作节点的 Monitoring 列以及 History Chart 提供了优化过程参数监控功能，可以观察任意一个被指定为目标或约束条件的参数的优化迭代变化曲线。如果关心的变量已经满足要求的条件，则可以提前中断优化分析过程。

优化分析完成后，可通过优化 Outline 的 Results 节点下的工具对优化结果进行查看和分析，这些工具包括查看备选设计点结果、查看敏感性图、查看多目标权衡图、查看样本图。通常情况下 DX 会给出几个备选方案（Candidate Points）。这些备选方案会基于其目标函数值与优化目标之间的差距来评分，3 个红色的 X 表示最差，而 3 个黄色的☆表示最佳。对响应面优化而言，必须验证结果的正确性。差距较大时可将备选设计点作为 Verification Point，重新计算时考虑验证点，修正响应面，并重新进行优化分析。

多目标优化问题中，由于存在目标之间的冲突和无法兼顾的现象，一个解在某个目标上是最好的，在其他的目标上可能比较差。Pareto 在 1986 年提出多目标的解不受支配解（Non-dominated set）的概念。其定义为：假设任何二个解 S1 及 S2 对所有目标而言，S1 均优于 S2，则称 S1 支配 S2，若 S1 的解没有被其他解所支配，则 S1 称为非支配解（不受支配解），也称 Pareto 解。而 Pareto 解的集合即所谓的帕累托前沿（Pareto Front）。Pareto Front 中的所有解皆不受 Pareto Front 之外的解（以及 Pareto Front 曲线以内的其他解）所支配，因此这些非支配解较其他解而言拥有最少的目标冲突，可提供决策者一个较佳的选择空间。在某个非支配解的基础上改进任何目标函数的同时，必然会削弱至少一个其他目标函数。MOGA、AMO 等方法在优化后都会给出 Pareto Front，而备选设计就产生于其中。

GDO 框架使用决策支持过程（Decision Support Process）作为优化的最后步骤，该过程是基于优化目标满足程度的加权综合排序技术。实际上，决策支持过程可以被看作是一个对于优化过程形成的 Pareto 前沿点（MOGA 或 AMO）或最佳备选设计（NLPQL、MISQP、ASO）的后处理操作。在决策排序过程中，DX 允许用不同的重要程度来区分多个约束或目标，重要性级别"Higher""Default"及"Lower"分别被赋予权重 1.000、0.666 以及 0.333。评价备选设计时，会依据参数范围划分为 6 个区域，按距离最佳值的远近对备选设计进行评级，从最差（3 个红色的×）到最佳（3 个黄色的☆）。

12.3 DX 优化分析实例

本节给出一个基于 APDL 命令文件在 ANSYS DX 中进行参数优化的例题。

图 12-18 所示的三杆超静定钢桁架，弹性模量为 200GPa，左右两个斜杆截面相同，桁架下端承受的载荷为水平力 20kN，竖向力 30kN，已经标在图中。如果各杆件的容许拉应力为 $[\sigma]_+ = 200\,MPa$，容许压应力为 $[\sigma]_- = -120\,MPa$，加载节点的合位移不超过 5mm。各杆件截面面积的取值范围不小于 $0.5cm^2$，且不超过 $5\,cm^2$，试选择各杆件的合理截面面积，使得总的用钢量最低。

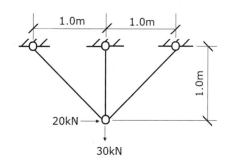

图 12-18 三杆桁架结构

本例采用 APDL 参数化建模计算，并在 Workbench 中导入 APDL 命令文件，识别参数后再进行优化分析。

首先对问题进行分析。此问题实际上为满足抗拉、抗压强度以及位移限制条件下使桁架结构最轻的截面参数优化设计问题，此优化问题可以表述如下：

（1）设计变量。A1、A2（斜杆及竖杆件的截面积），满足 $0.5cm^2 \leqslant Ai \leqslant 5cm^2$。

（2）约束条件。受拉杆件应力 $0 \leqslant \sigma \leqslant 200MPa$；受压杆件应力 $-120MPa \leqslant \sigma < 0$；自由节点的位移 $u \leqslant 5mm$。

（3）目标函数。结构的总体积 V→min。

由于模型中有拉杆也有压杆，为了简化约束条件，对各杆件应力进行规格化处理。对于拉杆，其应力除以 200MPa 后的值保存为应力比变量；对于压杆，其应力除以-120MPa 后的值保存为应力比变量，这样强度约束条件转化为各杆件的应力强度比不超过 1。

通过如下的 APDL 命令流文件（文件名 Truss_opt.inp）进行参数化的结构建模分析并提取相关的参数。

```
/Prep7
ET,1,LINK180
*set,A1,1.0e-4
*set,A2,1.0e-4
sectype,1,link
```

```
secdata,A1
sectype,2,link
secdata,A2
MP,EX,1,7e10
n,1,
n,2,-1.0,1.0,0.0
n,3,0.0,1.0,0.0
n,4,1.0,1.0,0.0
secnum,1
e,1,2
e,1,4
secnum,2
e,1,3
/ESHAPE,1.0
eplot
fini
/sol
d,2,UX,,,4,1,UY,
d,ALL,UZ
F,1,FX,2.0e4
F,1,FY,-3.0e4
solve
fini
/post1
SET,1
ETABLE, ,LS, 1
*DIM,sts,ARRAY,3
*VGET,sts,ELEM, ,ETAB,LS1
sa1=sts(1)
*if,sa1,ge,0.0,then
sa1=sa1/(200e6)
*else
sa1=sa1/(-120e6)
*endif
sa2=sts(2)
*if,sa2,ge,0.0,then
sa2=sa2/(200e6)
*else
sa2=sa2/(-120e6)
*endif
sa3=sts(3)
*if,sa3,ge,0.0,then
sa3=sa3/(200e6)
*else
sa3=sa3/(-120e6)
*endif
srmax=max(sa1,sa2,sa3)
```

```
*GET,USUM1,node,1,U,SUM
ETABLE,evolume,VOLU,
SSUM
*GET,volume,SSUM, ,ITEM,EVOLUME
```

下面在 Workbench 中导入以上文件并进行优化分析，具体操作过程如下。

1. 参数分析初始化

首先在 Project Schematic 中添加一个 Mechanical APDL 组件，在其 Analysis 单元格右键菜单中选择 Add Input File，如图 12-19 所示。选择上述文件，然后在其右键菜单中选择 update 完成分析初始化。

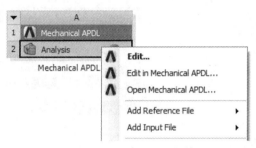

图 12-19　添加 Input 文件

2. 解析 APDL 文件

双击 Analysis 单元格，进入其 Outline 视图，选择"Process truss_opt.inp"识别 APDL 命令定义的参数。在下方的参数列表中选择 A1、A2 为"Input"（勾选 C 列），选择 SRMAX、USUM1、VOLUME 为"Output"（勾选 D 列），如图 12-20 所示。

3. 确认参数

返回 Workbench 窗口，这时在 Mechanical APDL 系统下方出现了 Parameter Set 条，双击 Parameter Set 条进入参数管理界面，在此界面下，可以看到已经定义的 Input 和 Output 参数列表，如图 12-21 所示。确认此参数设置后，返回 Workbench。

Outline of Schematic A2 : Mechanical APDL

	A	B
1		Step
2	Launch ANSYS	1
3	Process "truss_opt.inp"	2

Properties: No data

	A	B	C	D
1	APDL Parameter	Initial Value	Input	Output
2	A1	0.0001	☑	☐
3	A2	0.0001	☑	☐
4	STS	0	☐	☐
5	SA1	0	☐	☐
6	SA2	0	☐	☐
7	SA3	0	☐	☐
8	SRMAX		☐	☑
9	USUM1		☐	☑
10	VOLUME		☐	☑

图 12-20　解析并指定参数

Outline of All Parameters

	A	B	C
1	ID	Parameter Name	Value
2	⊟ Input Parameters		
3	⊟ Mechanical APDL (A1)		
4	P1	A1	0.0001
5	P2	A2	0.0001
*	New input parameter	New name	New expression
7	⊟ Output Parameters		
8	⊟ Mechanical APDL (A1)		
9	P3	SRMAX	⚡
10	P4	USUM1	⚡
11	P5	VOLUME	⚡
*	New output parameter		New expression
13	Charts		

图 12-21　Parameter Set 中的参数

4. 添加优化系统

在 Workbench 左侧工具箱中选择 Design Exploration 下的 "Direct Optimization" 系统，添加至右方项目图解窗口的 "Parameter Set" 下方，如图 12-22 所示。

5. 选择优化算法

在项目图解中，双击 "Optimization" 单元格进入 Outline 界面，选择 Optimization 处理节点，在其属性中设置优化方法为 ASO，其余参数保持缺省设置，如图 12-23 所示。

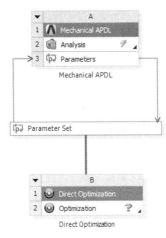

Properties of Outline A2: Method		
	A	B
1	Property	Value
2	Design Points	
3	Preserve Design Points After DX Run	☐
4	Failed Design Points Management	
5	Number of Retries	0
6	Optimization	
7	Method Name	Adaptive Single-Objective
8	Number of Initial Samples	6
9	Maximum Number of Evaluations	60
10	Convergence Tolerance	1E-06
11	Maximum Number of Candidates	3

图 12-22　直接优化系统　　　　　　　图 12-23　优化方法设置

6. 设置约束条件和优化目标

在 Outline 界面中选择 Objectives and Constraints 节点，在右侧的表中指定参数 P3、P4 的约束条件，指定参数 P5 的优化目标为 "Minimize"，如图 12-24 所示。

	A	B	C	D	E	F	G
1			Objective		Constraint		
2	Name	Parameter	Type	Target	Type	Lower Bound	Upper Bound
3	P3 <= 1	P3 - SRMAX	No Objective		Values <= Upper Bound		1
4	P4 <= 0.005	P4 - USUM1	No Objective		Values <= Upper Bound		0.005
5	Minimize P5	P5 - VOLUME	Minimize		No Constraint		
*		Select a Parameter					

图 12-24　设置约束条件和优化目标

7. 设置优化域

在 Outline 界面中选择 Domain 节点设置优化域，在其下方属性或右边表格中对设计优化参数 P1、P2 的取值范围进行设置，如图 12-25 所示。

8. 优化求解

设置完成后，单击工具栏上的 "Update" 按钮进行优化求解。

9. 查看迭代过程

计算过程中，在 Optimization 界面中可监控各个设计变量、约束变量及目标函数变量在优化过程的迭代曲线。其中，约束变量的约束条件在 C 列以黑色虚线标出，满足约束条件的设计点为绿色，不满足的为红色；对于设计变量和目标函数变量则用黑色曲线缩略图显示迭代历程，如图 12-26 所示。

Table of Schematic B2: Optimization				
	A	B	C	D
1	⊟　Input Parameters			
2	Name	Lower Bound	Upper Bound	
3	P1 - A1	5E-05	0.0005	
4	P2 - A2	5E-05	0.0005	
5	⊟　Parameter Relationships			
6	Name	Left Expression	Operator	Right Expression

图 12-25　设置优化域

Outline of Schematic B2: Optimization			
	A	B	C
1		Enabled	Monitoring
2	⊟　✓　Optimization		
3	⊟　Objectives and Constraints		
4	◉　P3 <= 1		
5	◉　P4 <= 0.005		
6	◉　Minimize P5		
7	⊟　Domain		
8	⊟　▲　Mechanical APDL (A1)		
9	℗　P1 - A1	☑	
10	℗　P2 - A2	☑	

图 12-26　迭代历程监控

优化分析完成后，可以选择每一个变量分别观察其迭代时间历程曲线。图 12-27 及图 12-28 为设计变量 P1 和 P2 在迭代过程中的变化历程曲线。

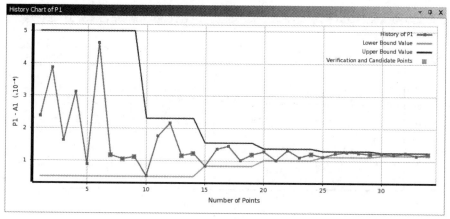

图 12-27　P1 迭代历程曲线

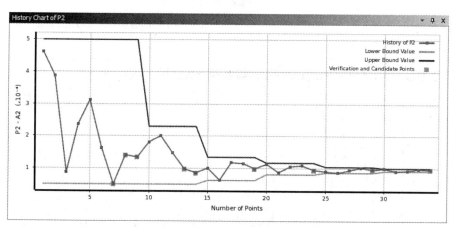

图 12-28　P2 迭代历程曲线

图 12-29 为约束变量 P3（杆件的最大等效应力强度比）随迭代过程的变化曲线，可以看到随着优化迭代的进行，此变量的值趋近于 1.0，表示随着逐步优化截面，最后结果趋向于杆件截面强度充分利用。

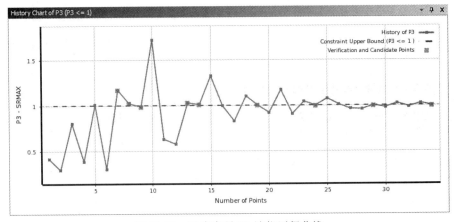

图 12-29 约束变量 P3 迭代历程曲线

图 12-30 为约束变量 P4（最大位移）随迭代过程的变化历程曲线。

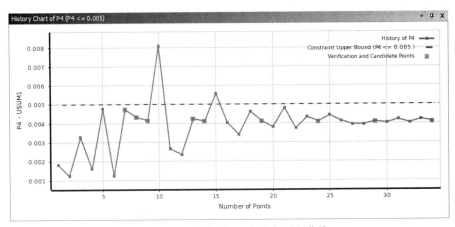

图 12-30 约束变量 P4 的迭代历程曲线

图 12-31 为优化的目标函数结构总体积的迭代过程曲线，随着迭代的进行逐步降低并趋向于稳定的最优解。

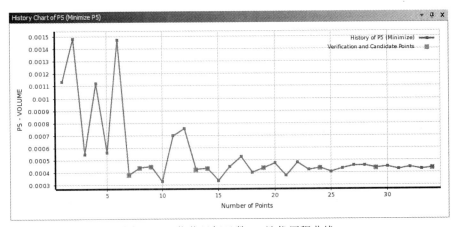

图 12-31 优化目标函数 P5 迭代历程曲线

10. 查看结果

经过优化求解，在 Results 节点的 Candidate Points 部分选出了 3 个 Candidate Point，即备选设计方案，如图 12-32 所示。其中 Candidate Point 1 的结构总体积最小，且满足强度和刚度要求，为最佳备选设计方案。

Candidate Points	Candidate Point 1	Candidate Point 2	Candidate Point 3
P1 - A1	0.00012072	0.0001625	0.00017573
P2 - A2	9.5698E-05	8.75E-05	0.00020046
P3 - SRMAX	⭐⭐ 1	⭐⭐ 0.80569	⭐⭐ 0.63334
P4 - USUM1	⭐⭐ 0.0040996	⭐⭐ 0.0032659	⭐⭐ 0.0026511
P5 - VOLUME	⭐⭐ 0.00043713	⭐⭐ 0.00054712	⭐ 0.00069751

图 12-32　3 个 Candidate Point

如图 12-33 所示，Candidate Point 2 和 Candidate Point 3 分别比 Candidate Point 1 的用钢量多出大约 25.16% 以及 59.57%；等效应力强度比则仅有约 0.80 和 0.63，远小于 1，说明其材料强度未能充分发挥。

	A	B	C	D	E	F	G	H	I	J
1	Reference	Name	P1 - A1	P2 - A2	P3 - SRMAX		P4 - USUM1		P5 - VOLUME	
2					Parameter Value	Variation from Reference	Parameter Value	Variation from Reference	Parameter Value	Variation from Reference
3	◉	Candidate Point 1	0.00012072	9.5698E-05	⭐ 1	0.00%	⭐ 0.00409	0.00%	⭐⭐ 0.00043713	0.00%
4	○	Candidate Point 2	0.0001625	8.75E-05	⭐ 0.80569	-19.43%	⭐ 0.00326	-20.34%	⭐⭐ 0.00054712	25.16%
5	○	Candidate Point 3	0.00017573	0.00020046	⭐ 0.6333	-36.67%	⭐ 0.00265	-35.33%	⭐ 0.00069751	59.57%
*		New Custom Candidate Point	0.000275	0.000275						

图 12-33　3 个 Candidate Point 的比较

在 Results 节点的 Tradeoff 部分，可以查看各种权衡图，图 12-34 所示为参数 P3 和 P5 的权衡图，可以看到最佳 Pareto 前沿点位于应力比接近 1 的位置。

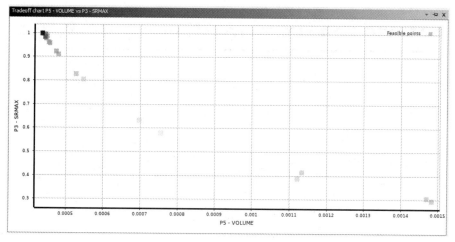

图 12-34　Tradeoff 图

在 Results 节点的 Samples 部分，可以观察优化过程形成的全部样本点、所有 Pareto 前沿点以及 3 个候选点 Candidate Point 的 Y 向参数平行图，分别如图 12-35 至图 12-37 所示。

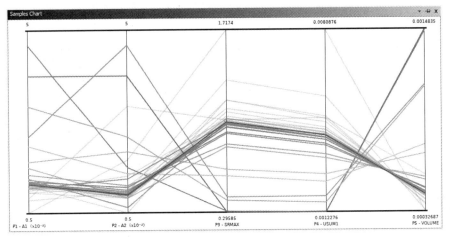

图 12-35　全部优化样本点 Y 向参数平行图

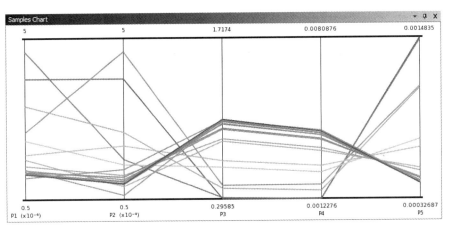

图 12-36　Pareto 前沿点的参数平行图

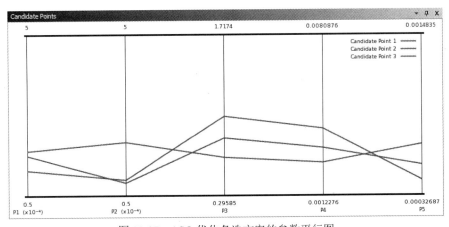

图 12-37　ASO 优化备选方案的参数平行图

附录 A
Workbench 采用的 ANSYS 单元类型说明

ANSYS Workbench 中的 Mechanical 组件会根据分析类型和几何体类型，自动选择合适的 ANSYS 单元类型，有限元模型的相关信息会在求解前写到输入文件中。本附录通过一系列简单模型的测试，向读者说明在常见情况下 Workbench 实际采用的 ANSYS 单元类型。

A.1　结构分析的单元类型

1. 实体单元及表面效应单元

如图 A-1（a）所示的实体模型，上表面作用有与表面法向成 45°角方向的压力，划分六面体单元，如图 A-1（b）所示。查看该模型对应的 dat 文件，可以看到涉及两种不同的单元类型，体积划分采用了 20 节点的实体单元 SOLID186，如图 A-1（c）所示，由于是线性分析，SOLID186 单元采用了全积分算法。另外采用了三维表面效应单元 Surf154 单元，如图 A-1（d）所示，此单元类型是为了施加与表面成 45°角的分布载荷。

```
et, 1, 186            et, 2, 154
keyo, 1, 2, 1         eblock, 10, , , 16
eblock, 19, solid, , 64   (15i9)
```

（a）测视图　　　（b）等轴测视图　　　（c）实体单元类型　　　（d）表面效应单元类型

图 A-1　实体结构六面体网格模型及单元类型

如果在 Mesh 分支下添加 Method 对象，指定划分方法为 Tetrahedrons，则划分为四面体网格，如图 A-2（a）所示，在 dat 文件中看到形成的单元类型为 SOLID187，如图 A-2（b）所示，同时也形成了 Surf154 单元用于加载，如图 A-2（c）所示。

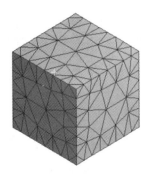

（a）四面体单元

et, 1, 187
eblock, 19, solid, , 500
(19i9)

（b）实体单元类型

et, 2, 154
eblock, 10, , , 54
(15i9)

（c）表面效应单元类型

图 A-2　实体结构四面体网格模型及单元类型

2. 二维单元

如图 A-3（a）所示的平面实体模型，Geometry 分支下的 2D Behavior 属性缺省为 Plane Stress，划分单元后，在 dat 文件中可以看到形成的是 PLANE183 单元，如图 A-3（b）所示。

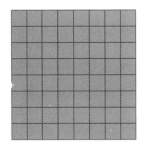

（a）2D 实体模型

et, 1, 183
keyo, 1, 3, 3

（b）2D 实体单元类型

图 A-3　2D 实体模型及其单元类型

3. 壳单元及厚壳单元

如图 A-4（a）所示的薄板面体模型，其网格如图 A-4（b）所示。在 dat 文件中可以看到形成的是 Shell181 单元，如图 A-4（c）所示。

（a）薄板几何模型

（b）薄板网格

et, 1, 181
keyo, 1, 3, 2

（c）薄板单元类型

图 A-4　薄板结构及其单元类型

如图 A-5（a）所示的厚板实体模型，如果在 Mesh 分支下添加 Method 控制，选择 Method 为 Sweep 并指定为 Automatic Thin 选项，在 Element Options 中选择 Solid Shell 选项，如图 A-5（b）所示，后续在 dat 文件中看到形成的单元为 SOLID SHELL 190 单元，如图 A-5（c）所示。如果选择 Element Option 为 Solid 选项，扫掠划分情况下得到的单元类型为实体单元 SOLID186。

（a）厚板几何模型   （b）厚板网格划分设置选项

```
et, 1, 190
eblock, 19, solid, , 225
```

（c）厚板单元类型

图 A-5　厚板结构及其单元类型

4．线单元

如图 A-6 所示的线框模型，如果在 Geometry 分支下面 Line Body 分支的 Details 中，Model Type 选项为缺省的 Beam，如图 A-7（a）所示，随后在 dat 文件可以看到显示形成的单元为 Beam188，如图 A-7（b）所示。

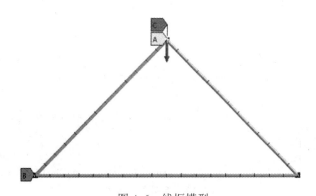

图 A-6　线框模型

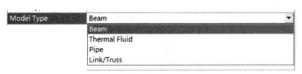

```
et, 1, 188
keyo, 1, 3, 2
```

（a）Beam 选项   （b）采用的梁单元及选项

图 A-7　梁单元类型

如果上述 Model Type 选项选择了 Pipe，则在 dat 文件中可以看到形成的单元为 Pipe288 单元，如图 A-8 所示。

如果上述 Model Type 选项选择了 Link/Truss，则在 dat 文件中可以看到形成的单元为 Link180 单元，如图 A-9 所示。这种情况下需要注意，一根线段只能划分为一个单元，否则会形成机动可变体系。

```
et, 1, 288
keyo, 1, 3, 2
```

图 A-8 管单元类型

```
et, 1, 180
eblock, 19, solid, , 3
```

图 A-9 桁架杆单元类型

5. 动力特性单元

如图 A-10 所示的悬臂梁－质量－弹簧振动系统，在 dat 文件中可以查看到形成的单元类型除了梁单元以外，还包括 Mass21 以及 Combin14 单元，如图 A-11 以及图 A-12 所示。由于 Point Mass 和 Spring 都属于 Remote Point 类型的对象，因此在梁的右端点处分别形成了与定义质量点和弹簧端点的远程点目标单元 Target170，分别如图 A-13 以及图 A-14 所示。

质量点

梁

弹簧

图 A-10 质量弹簧系统

```
et, _tid, 21              ! MASS21 element
type, _tid
mat , _tid
real, _tid
keyo, _tid, 3, 2          ! 3d mass without rotary inertia
```

图 A-11 质量单元类型

```
et, _sid, 14              ! Combin14, Spring-Damper Element
mat, _sid
real, _sid
type, _sid
keyo, _sid, 3, 0          ! longitudinal  spring/damper
```

图 A-12 弹簧单元类型

```
et, 3, 170                      et, 2, 170
type, 3                         type, 2
real, 3                         real, 2
mat, 3                          mat, 2
keyo, 3, 2, 1                   keyo, 2, 2, 1
keyo, 3, 4, 111111              keyo, 2, 4, 111111
```

图 A-13 质量点 Remote Point 目标单元   图 A-14 弹簧端点 Remote Point 目标单元

A.2 热分析的单元类型

1. 二维单元

图 A-15（a）所示为方板的二维热传导问题的计算模型，由 dat 文件可知，网格划分形成的热分析单元类型为 PLANE77 单元，如图 A-15（b）所示。PLANE77 单元为一个 8 节点的四边形热分析平面单元。

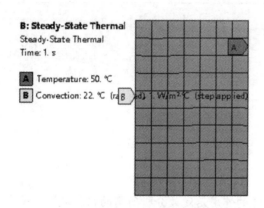

B: Steady-State Thermal
Steady-State Thermal
Time: 1. s

A Temperature: 50. ℃

B Convection: 22. ℃ (ra ed) W/m² ℃ (step applied)

```
et, 1, 77
keyo, 1, 3, 3
```

（a）二维热传导分析模型　　　　　　　（b）二维热传导问题的单元类型

图 A-15　二维热传导分析模型及其单元类型

2. 三维单元

图 A-16（a）所示为三维热传导问题的计算模型，由 dat 文件可知，网格划分形成的热分析单元类型为 SOLID90 单元，如图 A-16（b）所示。SOLID90 为一个 20 节点的六面体热分析实体单元。

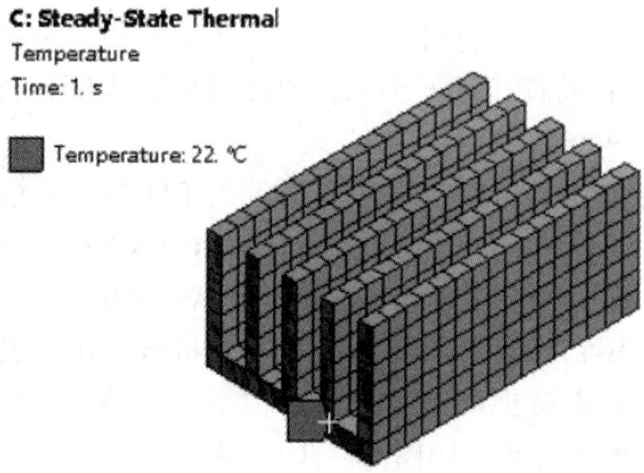

C: Steady-State Thermal
Temperature
Time: 1. s

Temperature: 22. ℃

```
et, 1, 90
eblock, 19, solid, , 672
```

（a）三维热传导问题示意图　　　　　　（b）三维热传导分析的单元类型

图 A-16　三维热传导分析模型及其单元类型

附录 B

Engineering Data 自定义
材料及材料库

在 Workbench 中，Engineering Data 组件的作用是定义分析所需的材料数据，用户可以调用材料库中的材料或者自定义材料。Engineering Data 还支持用户自定义材料库。本附录介绍在 Engineering Data 中自定义材料和自定义材料库的实现方法。

B.1 自定义材料

首先，在 ED 界面下，用户可以调用软件自带的材料库中的材料数据。按下其工具栏上的 Engineering Data Source 按钮█，在 Engineering Data Source 面板中列出 Workbench 自带材料库，每个库中都包含一系列预先定义好的材料。选择一个材料库，在其 Outline 面板中单击列表中某个材料名称右方的█按钮，在此材料所在的行即出现一个书状的标识◆，表明该材料已被成功添加到此分析系统中。

在 ED 界面下，更常用的材料定义方法是自定义材料特性及数据。在 ED 中缺省情况下仅仅包含"Structural Steel"一种材料类型，在此类型下面一行有提示"Click here to add a new material"，如图 B-1（a）所示。在此处输入新的材料名称，如"NEW_MAT"，单击 Enter 键，新材料即出现在材料列表中，如图 B-1（b）所示。选择这个新材料，在左侧的材料特性列表中，选择所需的材料特性，用鼠标左键拖动至新材料名称上，新增材料类型的 Properties 列表中就出现相关的材料特性及参数列表，如图 B-1（c）所示。在图中高亮度显示的区域输入相应的材料数据后，在右侧即可显示出相关数据的列表（Table）以及数据曲线（Chart）。

在材料类型列表中选择某一个特定材料后，还可以通过 ED 的菜单操作 File→Export Engineering Data 导出材料数据文件，在后续的分析项目中，通过 ED 菜单 File→Import Engineering Data 可导入之前导出的用户自定义材料数据。

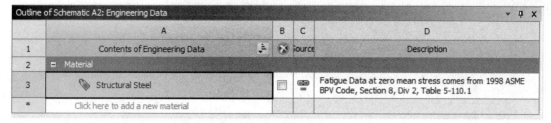

（a）

（b）

	A	B	C	D	E
	Property	Value	Unit		
1					
2	? Isotropic Elasticity				
3	Derive from	Young's Modulu...			
4	Young's Modulus		Pa		
5	Poisson's Ratio				
6	Bulk Modulus		Pa		
7	Shear Modulus		Pa		
8	? Bilinear Kinematic Hardening				
9	Yield Strength		Pa		
10	Tangent Modulus		Pa		

（c）

图 B-1　在 ED 中的用户自定义材料

B.2　自定义材料库

除了支持用户自定义材料以外，ED 还支持用户自定义材料库。具体方法是，单击工具栏上的 Engineering Data Source 按钮，Engineering Data Source 列表的最下面一行出现 "Click here to add a new library" 字样，如图 B-2（a）所示，在此区域输入要定义的材料库名称，比如 mat-lib，在随后弹出的对话框中保存 xml 文件，这时一个新的材料库出现在 Engineering Data Source 列表中，如图 B-2（b）所示。在图中 Outline of mat-lib 的下方出现 Click here to add a new material，按照前面介绍的自定义材料方法操作，即可在新的材料库中添加定义新的材料。材料定义好之后，取消新材料库名称右侧编辑列复选框的 √，单击材料名称右方的 按钮，即可将此材料添加到当前分析项目中。

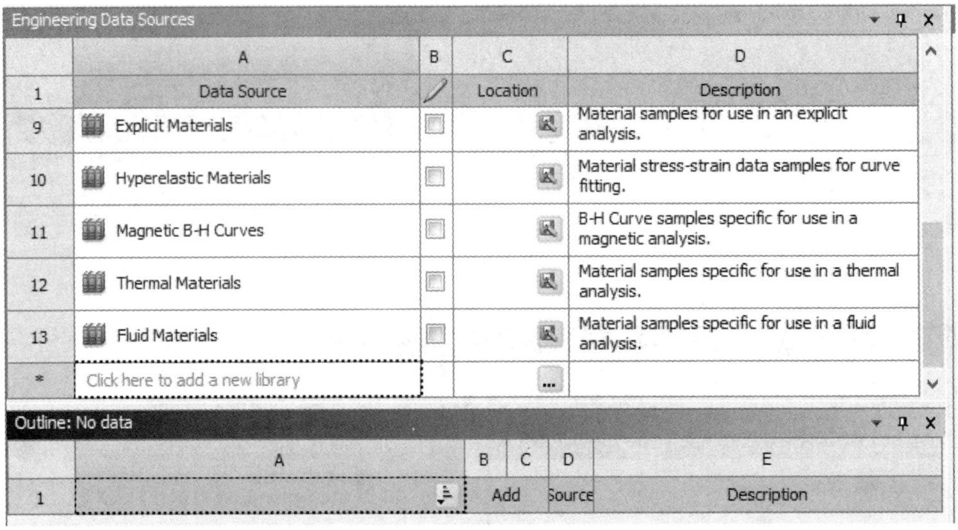

Engineering Data Sources ▾ ⊟ ✕

		A	B	C	D	
1		Data Source	✎	Location	Description	
9	📖	Explicit Materials	☐	🖾	Material samples for use in an explicit analysis.	
10	📖	Hyperelastic Materials	☐	🖾	Material stress-strain data samples for curve fitting.	
11	📖	Magnetic B-H Curves	☐	🖾	B-H Curve samples specific for use in a magnetic analysis.	
12	📖	Thermal Materials	☐	🖾	Material samples specific for use in a thermal analysis.	
13	📖	Fluid Materials	☐	🖾	Material samples specific for use in a fluid analysis.	
*		Click here to add a new library		...		

Outline: No data ▾ ⊟ ✕

	A	B	C	D	E
1		Add	Source		Description

（a）

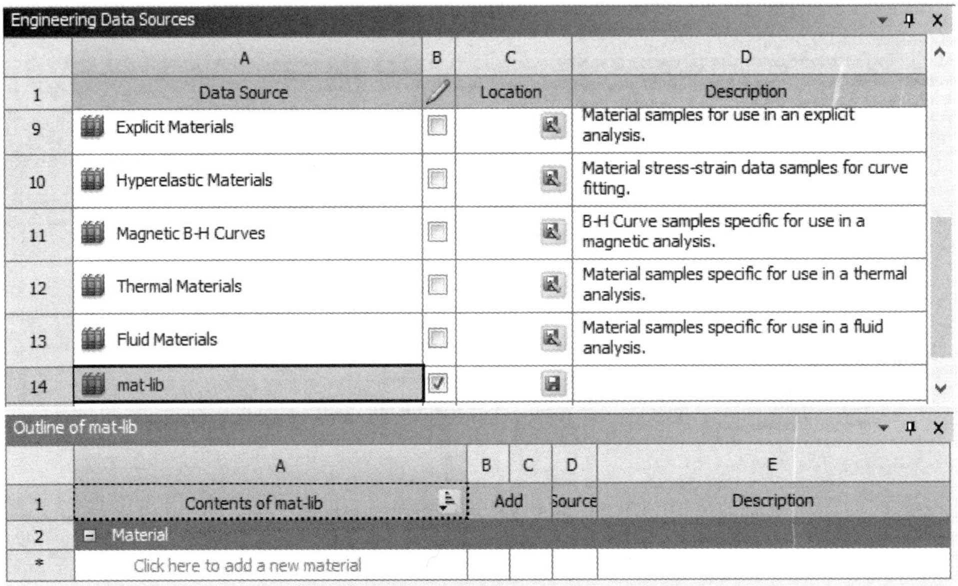

Engineering Data Sources ▾ ⊟ ✕

		A	B	C	D	
1		Data Source	✎	Location	Description	
9	📖	Explicit Materials	☐	🖾	Material samples for use in an explicit analysis.	
10	📖	Hyperelastic Materials	☐	🖾	Material stress-strain data samples for curve fitting.	
11	📖	Magnetic B-H Curves	☐	🖾	B-H Curve samples specific for use in a magnetic analysis.	
12	📖	Thermal Materials	☐	🖾	Material samples specific for use in a thermal analysis.	
13	📖	Fluid Materials	☐	🖾	Material samples specific for use in a fluid analysis.	
14	📖	mat-lib	☑	💾		

Outline of mat-lib ▾ ⊟ ✕

	A	B	C	D	E
1	Contents of mat-lib		Add	Source	Description
2	⊟ Material				
*	Click here to add a new material				

（b）

图 B-2 自定义材料库并添加新材料

附录 C

高级几何处理工具 ANSYS SCDM 简介

SCDM 是 Space Claim Direct Modeler 的简称，是 ANSYS Mechanical 推荐的几何建模及模型编辑处理工具。SCDM 采用直接建模技术，具备强大的模型修改及修复能力，可以显著提高有限元分析中几何模型的准备效率。本附录介绍 SCDM 的基本操作方法。

C.1 SCDM 的启动方法与建模环境

1. SCDM 的启动方法

用户可以独立启动 SCDM，也可通过 Workbench 的 Geometry 组件启动 SCDM。

（1）独立启动 SCDM。通过系统开始菜单→ANSYS 程序组→SCDM 菜单项，直接启动 ANSYS SCDM，这时 SCDM 独立运行。

（2）通过 Workbench 几何组件启动 SCDM。在 ANSYS Workbench 的 Project Schematic 中创建包含 Geometry 组件的 Analysis System 或 Component System，在 Geometry 组件单元格的右键菜单中选择 New SpaceClaim Geometry 即可启动 SCDM，图 C-1 所示分别为通过 Workbench 的模态分析系统和 Geometry 组件启动 SCDM。

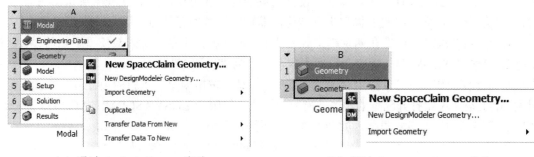

（a）通过 Analysis System 启动   （b）通过 Component System 启动

图 C-1 通过 Workbench 组件启动 SCDM

2. SCDM 操作界面简介

ANSYS SCDM 在启动后的界面如图 C-2 所示，这个界面由菜单、标签工具栏、结构/图层/选择/群组/视图综合面板、选项面板、属性面板、状态栏、设计窗口等组成。设计窗口用于显示用户创建的模型。如果处于草图或剖面模式，则设计窗口包含草图栅格以显示用户使用的二维平面。所选工具的工具向导显示在设计窗口的右侧，光标也会变化，以指示所选的工具向导。光标附近会出现一个微型工具栏，上面有常用选项和操作。在底部的状态栏中显示与当前设计的操作有关的提示信息和进度信息。

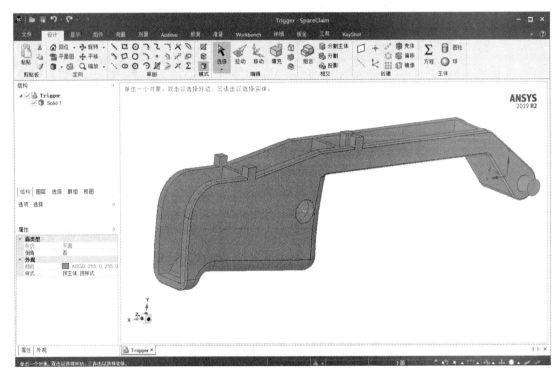

图 C-2   ANSYS SCDM 图形界面

3. 模型的导入与导出

ANSYS SCDM 所具备的丰富的几何接口使得它可以对不同来源（格式）的模型进行操作。从设计角度来说，设计工程师可以自由引用不同格式的模型，在 ANSYS SCDM 中对其组合、修改，从而形成新的设计，大大增强了设计的灵活性；从仿真角度来说，避免了 CAE 工程师对设计部门提供的各种格式的模型进行转化，缩短了模型处理时间，提升了前处理的效率。

在 ANSYS SCDM 中存在两种模型导入情况，直接打开模型和导入新模型至当前设计。初次打开 ANSYS SCDM 时，程序会自动生成一个名为"设计 1"的空白设计，用户可以在其中直接进行建模工作；也可以利用文件菜单下的"新建"按钮创建一个新的设计或工程图；还可以利用"打开"按钮打开已有的模型，模型的格式不仅限于 ANSYS SCDM 的自有格式.scdoc，程序还支持多种导入格式类型，如图 C-3（a）所示。

利用文件菜单下的"另存为"按钮，用户可以对当前的设计内容进行保存。ANSYS SCDM 支持多种导出格式，用户可根据需要自行选择，这些格式类型如图 C-3（b）所示。

SpaceClaim 文件 (*.scdoc)
ACIS files (*.sat;*.sab)
AMF files (*.amf)
AutoCAD files (*.dwg;*.dxf)
CATIA V4 files (*.model;*.exp)
CATIA V5 files (*.CATPart;*.CATProduct;*.cgr)
DesignSpark Files (*.rsdoc)
ECAD files (*.idf;*.idb;*.emn)
IGES files (*.igs;*.iges)
Inventor files (*.ipt;*.iam)
NX files (*.prt)
OBJ files (*.obj)
Parasolid files (*.x_t;*.xmt_txt;*.x_b;*.xmt_bin)
Pro/ENGINEER files (*.prt*;*.xpr*;*.asm*;*.xas*)
Rhino files (*.3dm)
SketchUp files (*.skp)
Solid Edge files (*.par;*.psm;*.asm)
SolidWorks files (*.sldprt;*.sldasm)
SpaceClaim Template Files (*.scdot)
STEP files (*.stp;*.step)
STL files (*.stl)
VDA files (*.vda)

SpaceClaim 文件 (*.scdoc)
ACIS binary files (*.sab)
ACIS text files (*.sat)
AMF files (*.amf)
AutoCAD files (*.dwg)
AutoCAD files (*.dxf)
CATIA V5 Assembly files (*.CATProduct)
CATIA V5 Part files (*.CATPart)
IGES files (*.igs;*.iges)
Luxion KeyShot files (*.bip)
OBJ files (*.obj)
Parasolid binary files (*.x_b;*.xmt_bin)
Parasolid text files (*.x_t;*.xmt_txt)
PDF Facets (*.pdf)
POV-Ray files (*.pov)
Rhino files (*.3dm)
SketchUp files (*.skp)
SpaceClaim Template Files (*.scdot)
STEP files (*.stp;*.step)
STL files (*.stl)
VDA files (*.vda)
VRML files (*.wrl)
XAML files (*.xaml)
Bitmap (*.bmp)
GIF (*.gif)
JPEG (*.jpg)
PNG (*.png)
TIFF (*.tif)

（a）导入格式　　　　　　　　　　（b）导出格式

图 C-3　ANSYS SCDM 支持的导入、导出文件格式类型

C.2　工作面板的使用

本节介绍 SCDM 界面左侧的各功能面板的作用和使用方法，包括结构/图层/选择/群组/视图综合面板、选项面板、属性面板。

1. 结构面板

Project 树位于"结构"面板中，它列出了设计中的每个对象，如图 C-4 所示。用户可以使用对象名称旁边的复选框快速显示或隐藏对象，还可以展开或折叠 Project 树的节点，重命名对象，创建、修改、替换和删除对象以及使用部件。

图 C-4　Project 树

当设计窗口中的实体或曲面（或其他对象）被选中时，该对象将在 Project 树中高亮显示。用户可以在 Project 树中按住 Ctrl+单击或 Shift+单击多个对象以同时选择多个对象。

2. 图层面板

ANSYS SCDM 的图层是一种视觉特性的分组机制，这些视觉特性包括可见性、颜色、线型及线宽等，这点与常用二维 CAD 软件中图层的概念类似，如图 C-5 所示。用户可在"图层"面板中管理图层，在"显示"标签的"样式"工具栏组的"图层"工具中访问和修改图层。

图 C-5　图层

3. 选择面板

ANSYS SCDM 提供一种功能强大的选择方法，在选中某一对象后，用户可利用选择面板选中与当前所选对象相关的对象，如图 C-6 所示。

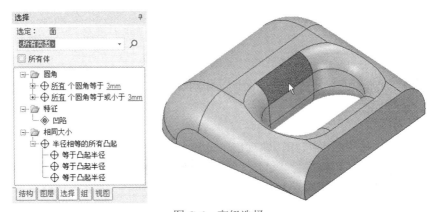

图 C-6　高级选择

4. 群组面板

在群组面板中，用户可以创建任何所选对象集合的组。可以通过创建 NS 和参数来创建新组。新建的参数被放置在驱动尺寸目录下，而新建的 NS 则被放置在指定的选择目录下，如图 C-7 所示。在操作过程中单击尺寸设置框旁边的 P 按钮，也可在群组中自动创建驱动尺寸组，如图中所示的倒角半径。指定的选择目录下的群组在导入 Mechanical 后将会成为命名选择集合。

5. 视图面板

在视图面板中，用户可以修改已有视图的快捷键、添加新的视图等，如图 C-8 所示。

6. 选项面板

在 ANSYS SCDM 中，不同工具被激活时都会启动与其对应的选项面板，在该面板中用户可对其选项进行设置以完成建模操作，从图 C-9 中可以看到拉动及移动选项面板包含的选项设置。

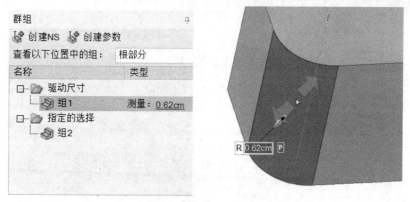

图 C-7　驱动尺寸群组示意

图 C-8　视图面板

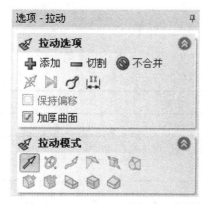

图 C-9　拉动及移动选项面板

7. 属性面板

当部件、曲面或实体被选中后，其属性将会在属性面板中显示出来，用户可以查看和修改当前选中对象的相关属性信息、创建自定义属性及为部件创建或指定材料等，如图 C-10 所示。

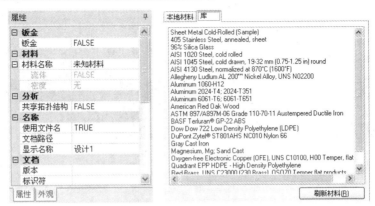

图 C-10　属性面板及库材料

C.3　设计工具栏的应用

SCDM 是基于直接建模技术的几何工具，因此在 SCDM 中模型的创建和编辑之间的界线是模糊的。SCDM 可以对任何可选择的对象进行编辑操作，通过几种工具即可完成大多数的设计工作。由于没有结构特征树，因此设计时的自由度非常大，比如通过拉动矩形区域可创建一个立方体，通过拉动立方体的一个表面可编辑其大小，绘制一个矩形草图即创建了一个可拉动的区域，在表面上绘制一个矩形即可创建新表面。与 SCDM 建模相关的工具都集中在设计工具栏上，下面对 SCDM 中的设计工具进行介绍。

C.3.1　视图定向

设计过程中，用户可以通过鼠标操作的方式对视图角度进行调整，通过鼠标中键可进行视图旋转、通过 Shift+鼠标中键可进行视图缩放、通过 Ctrl+鼠标中键可进行视图平移。除鼠标和键盘的组合方式外，还可通过设计标签工具栏下面的定向工具栏用于视角角度调整，如图 C-11 所示，此工具栏包含的按钮的功能列于表 C-1 中。

图 C-11　定向工具栏

表 C-1　定向工具栏包含的按钮的功能

按钮	功能
🏠	回位工具，快捷键为"H"，将图形视角恢复至默认的正三轴测视图，用户可以自定义原始视角
▦	平面图工具，快捷键为"V"，正视草图栅格或所选平面
🪐	转动工具，旋转视角以从任意角度查看设计
✋	平移工具，在设计窗口内移动设计
🔍	缩放工具，在设计窗口中放大或缩小设计
📦	视图工具，显示设计的正三轴测、等轴测、上、下、左、右、前、后各面主视图
🗘	对齐视图工具，单击以正视表面或单击表面后移动鼠标至窗口上、下、左、右方向后释放鼠标以使所选表面法线指向相应方向

当单击转动、平移和缩放工具后，会一直保持启用状态，直至再次单击它们、按 ESC 键或单击其他工具。另外，用户还可以使用状态栏上的上一个视图和下一个视图工具 ↙ ↗ 或键盘左、右方向键来撤销和重做视图。

C.3.2　设计模式

SCDM 为用户提供了 3 种设计模式：草图模式（快捷键 K）、剖面模式（快捷键 X）和三维模式（快捷键 D）。3 种模式可以通过单击如图 C-12 所示的模式工具栏中的相应模式工具或使用快捷键进行切换。

在 3 种不同的操作模式下，用户可分别进行不同的操作。

1. 草图模式

该模式会显示草图栅格，用户可以使用草图工具绘制草图。

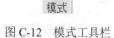

图 C-12　模式工具栏

2. 剖面模式

该模式允许用户通过对横截面中实体和曲面的边和顶点进行操作来编辑实体和曲面，对实体来说，拉动直线相当于拉动表面，拉动顶点则相当于拉动边。

3. 三维模式

该模式允许用户直接编辑或处理三维空间中的对象。3 种模式的工作场景如图 C-13 所示。

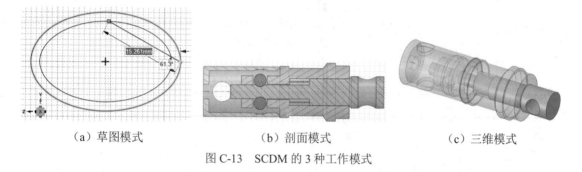

（a）草图模式　　　　　　　　（b）剖面模式　　　　　　　　（c）三维模式

图 C-13　SCDM 的 3 种工作模式

C.3.3　草图工具

当需要创建一个可以被拉动形成三维结构的区域时，用户可以利用 SCDM 的草图工具进行绘制。草图工具栏集成在"设计"标签下，如图 C-14 所示，其中左侧工具为草图创建工具，右侧部分为草图编辑工具。

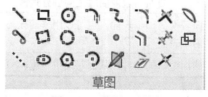

图 C-14　草图工具栏

进行草绘时，用户需要选择草图工具（自动进入草图模式），然后选择要草绘的位置（草图栅格平面），再利用草图工具进行绘制，直到绘制完成。草绘时，设计窗口中会出现草绘微型工具栏供用户使用，利用这些工具用户可快速进行表 C-2 所列的操作。

表 C-2　草绘微型工具栏

按钮	功能
⬛	返回三维模式，切换为拉动工具并将草图拉伸为三维结构，所有封闭的环将形成曲面或表面，相交的直线将会分割表面
🖉	选择新草图平面，选择一个新的表面并在其上进行草绘
⬓	移动栅格，使用移动手柄来移动或旋转当前草图栅格
▦	平面图，正视草图栅格

C.3.4　编辑工具

ANSYS SCDM 中的编辑工具位于工具栏的"设计"标签下，如图 C-15 所示。编辑工具组包含了 7 种编辑工具，其基本功能列于表 C-3。利用这些工具，用户可以完成模型创建及编辑的大部分工作，下面对这些工具进行介绍。

图 C-15　编辑工具栏

表 C-3　编辑工具的基本功能

按钮	功能
选择	选择工具用于选择设计中的二维或三维对象，快捷键为"S"
拉动	拉动工具可以偏置、拉伸、旋转、扫掠、拔模和过渡表面，以及将边角转化为圆角、倒直角或拉伸边，快捷键为"P"
移动	移动工具可以移动任何单个的表面、曲面、实体或部件，快捷键为"M"
填充	填充工具可以利用周围的曲面或实体填充所选区域，快捷键为"F"
融合	融合工具可以在所选的表面、曲面、边或曲线之间创建过渡
替换	替换工具可以将一个表面替换另一个表面，也可以用来简化与圆柱体非常类似的样条曲线表面，或对齐一组已接近对齐的平表面
调整	调整面工具可打开执行曲面编辑的控件，从而对面进行编辑

1. 选择工具

用户可以利用选择工具选择三维的顶点、边、平面、轴、表面、曲面、圆角、实体和部件，选择二维模式中的点和线；也可以选择圆心和椭圆圆心、直线和边的中点以及样条曲线的中间点和端点；还可以在 Project 树中选择组件和其他对象或利用选择面板选择与所选对象相关的对象。用户进行选择时，可以使用 Ctrl+单击和 Shift+单击添加或删除项目，Alt+单击创建第二个选择几何，滚动滚轮选择被遮挡的对象，并使用下面所列举的几种选择模式。用户还可以在界面底部的状态栏中修改选择过滤器和选择模式，或查看当前的对象选择信息。

（1）默认选择模式。单击选择对象，双击选择环边（再次双击循环选择下一组环边），三连击选择实体，如图 C-16 所示。

（a）单击曲边　　　（b）第一次双击曲边　　　（c）第二次双击曲边　　　（d）第三次双击曲边

图 C-16　单、双击选择边及环边

（2）方框选择模式。在设计窗口中框选待选择的对象。从左至右框选时，仅仅被完全框中的对象才被选中；从右至左框选时，与方框接触及框内的对象都会被选中。

（3）套索选择模式。单击并拖动鼠标绘制任意形状，被完全包括的对象将被选中，如图 C-17 所示。

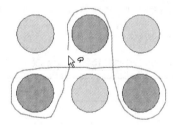

图 C-17　使用套索选择

（4）使用多边形。单击并拖动鼠标绘制多边形，多边形内的对象将被选中。

（5）使用画笔。选择一个对象，单击并拖动鼠标划过相邻的其他对象，释放鼠标完成选择。

（6）使用边界。选择一组面定义边界，然后单击区域内的一个面以选择所有面，如图 C-18 所示。

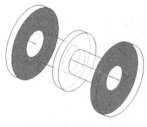 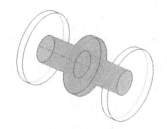

（a）选择边界　　　　　　　　　　（b）选择区域内对象

图 C-18　使用边界选择

（7）全选。选中全部对象。

（8）选择组件。仅对组件进行选择。

2. 拉动工具

拉动是 SCDM 最为常用的建模工具之一，用户可以利用拉动工具进行偏置、拉伸、旋转、扫掠、拔模、过渡表面以及将边角转化为圆角、倒直角或拉伸边等操作。进行拉动操作时，可使用的拉动工具及拉动选项与具体的操作对象密切相关。通常情况下，程序会根据所选对象推断出下一步操作，如若不合适，用户可以在设计窗口中自行选择要使用的工具。可使用多个工具向导指定拉动工具的行为，这些工具向导及功能列于表 C-4 中。

表 C-4　拉动工具的功能

按钮	功能
	选择工具向导，默认情况下处于活动状态
	方向工具向导，选择直线、边、轴、参考坐标系轴、平面或平表面以设置拉动方向
	旋转工具向导，进行旋转操作，定义旋转轴
	拔模工具向导，定义拔模参考平面、平表面或边
	扫掠工具向导，定义扫掠路径
	缩放工具向导，定义锚点，缩放模型
	直到工具向导，指定延伸目标对象

一旦选择了要拉动的边或表面后，则需要从拉动选项面板中或微型工具栏中设定相关选项，相关的拉动工具选项列于表 C-5 中。

表 C-5　拉动工具选项

按钮	功能	按钮	功能
添加	仅添加材料		倒直角
切割	仅删除材料		倒圆角
不合并	不与其他对象合并，即使发生接触		拉伸边形成面
	双向拉动		复制边
	完全拉动		旋转边
	测量工具,可通过更改对象属性(比如面积)更改模型尺寸或创建属性组	加厚曲面	允许拉动形成实体，否则仅发生偏置
	创建标尺尺寸	保持偏移	拉动过程保持偏置关系

下面对拉动工具向导及拉动选项的基本功能进行介绍。

（1）偏置或拉伸表面。图 C-19 给出了一个偏置或拉伸表面实例。其中，（a）图表示原始实体；（b）图表示采用拉动工具拉动侧面，模型向其自然偏置方向偏置表面；（c）图表示拉动侧面及侧面周边，创建拉伸实体；在（c）图的基础上利用定向工具指定拉伸方向，创建的实体如（d）图所示。

（2）延伸或拉伸曲面边。拉动工具可以延伸或拉伸任何曲面的边。当延伸边时，拉动会延伸相邻的面而不创建新边。拉伸边会创建边。延伸或拉伸曲面边实例如图 C-20 所示。

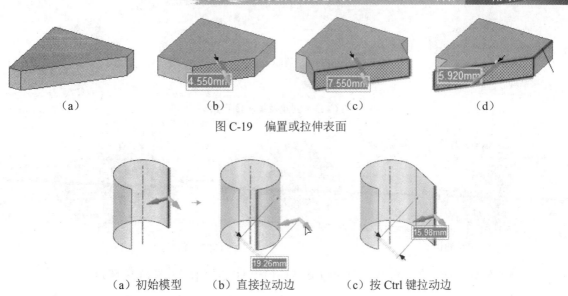

图 C-19　偏置或拉伸表面

（a）初始模型　　（b）直接拉动边　　（c）按 Ctrl 键拉动边

图 C-20　延伸或拉伸曲面边

（3）倒圆角。通过选择拉动工具的"倒圆角"选项可以对任意实体的边进行倒圆角。用户可以选择边或面来创建倒圆角，且支持对已有圆角边进行拉动进而对圆角进行编辑，如图 C-21 所示。

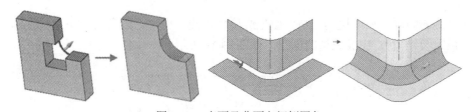

图 C-21　编辑圆角

（4）在表面和曲面之间创建倒圆。通过两个表面或曲面之间的间隙创建倒圆角，如图 C-22 所示。

图 C-22　表面及曲面之间倒圆角

（5）倒直角。通过选择拉动工具的"倒直角"选项可以对任何实体的边进行倒直角操作。对于已有直角，其边或面都可以作为选择对象被重新编辑。倒直角及倒直角编辑实例如图 C-23 所示。

（6）拉伸边。通过选择拉动工具的"拉伸边"选项可以拉伸任何实体的边，如图 C-24 所示。另外，还可以利用该选项延伸和拉伸曲面边。

（7）旋转边。使用拉动工具的"旋转边"选项可以旋转任何实体的边，如图 C-25 所示。

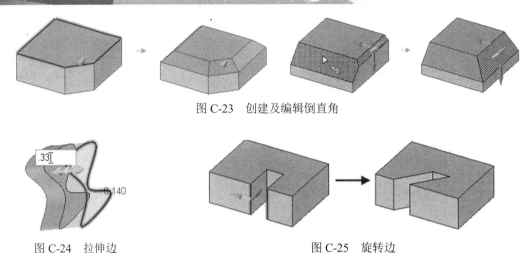

图 C-23　创建及编辑倒直角

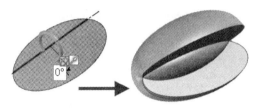

图 C-24　拉伸边　　　　　　　　　　　　　　图 C-25　旋转边

（8）旋转表面。使用拉动工具可以旋转任何表面或曲面，如图 C-26 所示。

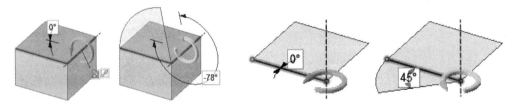

图 C-26　旋转表面

（9）旋转边。使用拉动工具可以旋转实体或曲面的边以形成曲面，如图 C-27 所示。

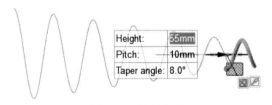

图 C-27　旋转边

（10）旋转螺旋。使用拉动工具可以生成旋转螺旋。用户可以利用 Tab 键切换输入内容（高度、螺距及锥角），完成螺旋的创建，如图 C-28 所示。

图 C-28　旋转螺旋

（11）扫掠表面。使用拉动工具可将表面、边、曲面、3D 曲线或其他对象沿着轨线进行扫掠。绕封闭的路径扫掠表面时将会创建一个环体。一些典型的扫掠实例如图 C-29 所示。

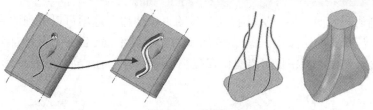

图 C-29　扫掠

（12）拔模表面。使用拉动工具，可绕一个平面、另一个表面、边或曲面来拔模表面，如图 C-30 所示。

图 C-30　拔模表面

（13）过渡。使用拉动工具可以在两个表面之间生成过渡面或体，两条边之间生成过渡面，两点之间创建连接曲线，如图 C-31 所示。

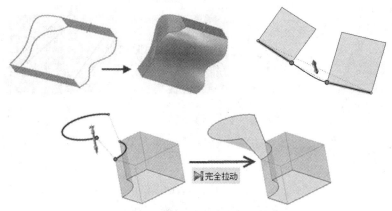

图 C-31　过渡

（14）创建槽。使用拉动工具，可以利用孔来创建槽，还可以对槽进行编辑，槽与各面之间的关系保持不变。当孔周边包含倒圆角或倒直角时，创建槽时将会保留这些特征。一些创建槽的典型实例如图 C-32 所示。

图 C-32　创建槽

（15）缩放。使用拉动工具可以缩放实体和曲面，允许对不同部件中的多个对象进行缩放。

（16）复制边和表面。通过选择拉动工具的"拉伸边"选项可以复制边和表面，当然也可以使用移动工具来实现该操作。图 C-33 所示为复制圆环边至圆锥台其他部分，然后再拉动圆锥台上部改变其直径，从中也可以看出在复制边时，边会基于实体的几何形状进行调整。

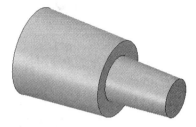

图 C-33　复制边

（17）模型编辑修改。在使用拉动工具时，借助于测量工具，用户可以通过修改对象的测量结果（比如长度、面积、体积等）实现对模型的修改，具体操作步骤如下：

1）激活拉动工具，选中拉动对象。

2）激活测量工具，测量对象。

3）修改测量值，模型基于新值自动更新。

图 C-34 所示是通过修改六棱台顶面面积的方式自动调整棱锥高度的实例。

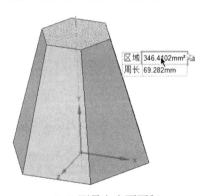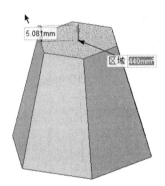

（a）拉动上表面　　　　　（b）测量上表面面积　　　　　（c）更改面积值

图 C-34　六棱台建模与编辑

3. 移动工具

使用移动工具可移动任何 2D 和 3D 对象，包括图纸视图。移动工具的行为基于所选内容而变化，进行移动时窗口右侧的移动工具向导与拉动工具向导类似。选中对象并激活移动工具后，图形显示窗口中会出现一个移动手柄以指示用户操作，该手柄包含 3 个平移指示箭头、3个转动指示箭头和中心点。手柄中心点的位置由程序依据所选对象自动推测而出，使用窗口右侧的定位向导工具用户可以移动手柄中心点至所需位置，选中某个箭头即可对对象进行平移或转动操作，如果同时按住 Ctrl 键将对所选对象进行复制操作。

在图 C-35 中，选中底板右侧所有圆柱凸起，拖动移动图标中向左的平移箭头至左侧凸台上，程序自动对模型进行布尔操作。

如图 C-36 所示，选中底板右侧所有圆柱凸起，拖动移动图标中顺时针的旋转箭头至合适角度，程序自动对模型进行布尔操作。

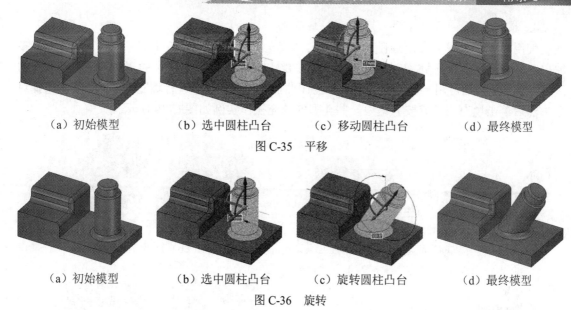

（a）初始模型　　（b）选中圆柱凸台　　（c）移动圆柱凸台　　（d）最终模型

图 C-35　平移

（a）初始模型　　（b）选中圆柱凸台　　（c）旋转圆柱凸台　　（d）最终模型

图 C-36　旋转

　　除了基本的平移及转动功能外，利用移动工具还可以实现创建阵列及分解装配体等操作。使用移动工具可以创建凸起或凹陷（包括槽）、点或部件的阵列。也可以对混合类型的对象创建阵列，例如 SCDM 中的孔（表面）和螺栓（导入的部件）的阵列，任意阵列成员创建后均可用于修改该阵列。利用移动工具创建阵列时必须在移动选项面板中勾选上创建阵列复选框。程序支持的阵列类型包括线性阵列、矩形阵列、径向阵列、径向圆阵列、点阵列、阵列的阵列等。对于已有阵列，用户可以执行编辑阵列属性、移动阵列、调整线性阵列间距、从阵列中移除对象等操作。图 C-37 给出了部分类型的阵列实例。利用工具向导中的支点工具可以实现装配体的分解，如图 C-38 所示。

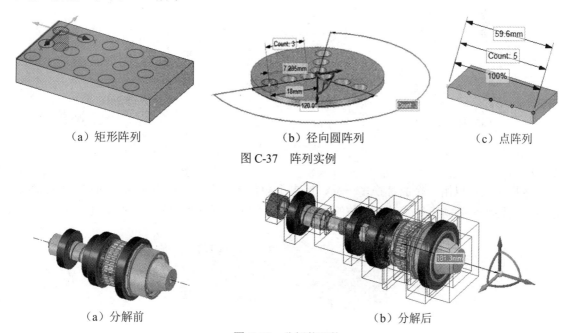

（a）矩形阵列　　　　　　（b）径向圆阵列　　　　　　（c）点阵列

图 C-37　阵列实例

（a）分解前　　　　　　　　　　（b）分解后

图 C-38　分解装配体

4. 填充工具

使用填充工具可以使用周围的曲面或实体填充所选区域。填充可以"缝合"几何的许多缺口，例如倒直角和圆角、旋转切除、凸起、凹陷以及通过组合工具中的删除区域工具删除的区域。填充工具还可用于简化曲面边缘和封闭曲面以形成实体。进行填充操作时，首先选择对象，然后单击填充工具或按 F 键。一些典型的填充操作实例如图 C-39 所示。

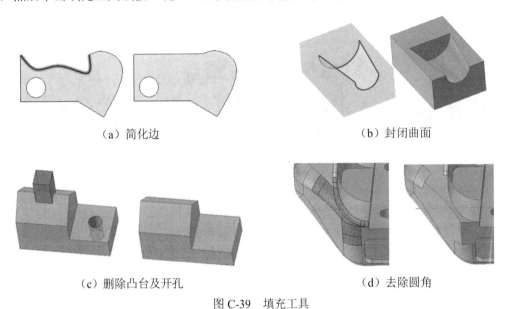

（a）简化边　　　　　　　　　　　　　（b）封闭曲面

（c）删除凸台及开孔　　　　　　　　　（d）去除圆角

图 C-39　填充工具

5. 融合工具

融合工具可以在所选的表面、曲面、边或曲线之间创建过渡，如图 C-40 所示。

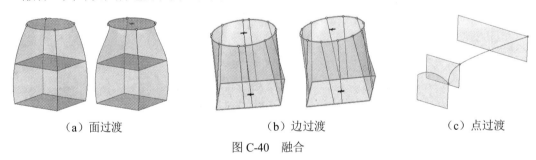

（a）面过渡　　　　　　　　（b）边过渡　　　　　　　　（c）点过渡

图 C-40　融合

6. 替换工具

替换工具可以用一个面替换多个面，用多个面代替一个面，或者用多个面代替多个面。替换工具还允许手动简化或对齐复杂的面和曲线到平面、圆锥和圆柱，如图 C-41 所示。

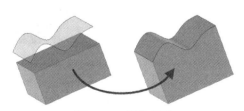

图 C-41　替换表面

7. 调整面工具

激活调整面工具可打开执行曲面编辑的控件，如图 C-42 所示。

图 C-42　曲面工具

曲面编辑控件中包括控制点、控制曲线、过渡曲线、扫略曲线 4 种编辑方法。选中某曲面后，采用不同的曲面编辑方法并结合其他工具可完成对曲面的调整及编辑，如图 3-43 所示。

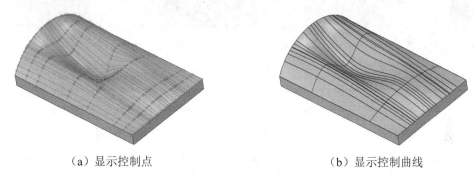

（a）显示控制点　　　　　　　　　　（b）显示控制曲线

图 C-43　曲面上的控制点和控制线

C.3.5　相交工具

相交工具可以将设计中的实体或曲面与其他实体或曲面进行合并和分割，也使用一个表面分割实体以及使用另一个表面来分割表面，还可以投影表面的边到设计中的其他实体和曲面。SCDM 的相交功能包括整套的相关功能，所有操作均通过一个主要工具（组合）和两个次要工具（分割实体和分割表面）进行。组合操作需要两个或两个以上的对象。分割工具则是对一个对象进行操作，并且是在定义切割器或投影表面时自动选择该对象。相交工具栏如图 C-44 所示。相交工具栏包含的工具列于表 C-6 中。

图 C-44　相交工具栏

表 C-6　相交工具及功能

按钮	功能
	组合工具：合并和分割实体及曲面
	拆分主体工具：通过实体的一个或多个表面或边来分割实体
	拆分面工具：对表面或曲面进行分割以形成边
	投影工具：通过延伸其他实体或曲面的边在实体的表面上创建边

1. 组合工具

使用组合工具可以合并和分割实体及曲面，对应的快捷键为"I"，执行的操作被称为布尔操作。

（1）合并。进行合并操作时，首先需要通过鼠标单击或按 I 键激活组合工具，然后单击第一个实体或曲面，最后按住 Ctrl 键（或利用窗口右侧的工具向导）并单击其他实体或曲面完成合并操作。利用组合工具的合并功能可以执行两个或多个实体的合并、合并曲面实体、合并有共用边的两个曲面、使用平面来封闭曲面等操作，如图 C-45 所示。

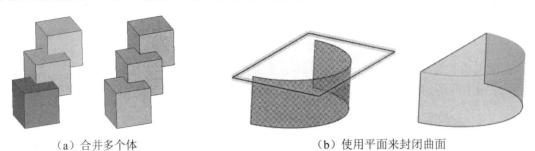

（a）合并多个体 （b）使用平面来封闭曲面

图 C-45　合并

（2）分割。进行分割时，首先需要通过鼠标单击或按 I 键激活组合工具，然后选择要切割的实体或曲面，此时将会激活选择刀具工具向导，再单击要用于切割实体的对象，最后单击要删除的区域，完成分割操作。利用组合工具的分割功能可以执行使用曲面或平面分割实体、使用实体分割实体、使用实体或平面分割曲面、使用曲面分割曲面、使用曲面去除材料以形成实体凹陷、从实体中删除封闭的体等操作，如图 C-46 所示。

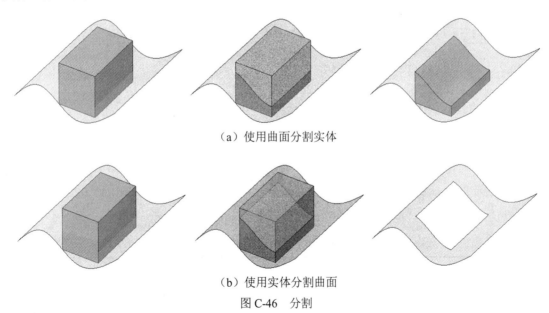

（a）使用曲面分割实体

（b）使用实体分割曲面

图 C-46　分割

2. 拆分主体工具

拆分主体工具可通过实体的一个或多个表面或边来分割实体，然后选择一个或多个区域进行删除。拆分主体工具与组合工具中分割的部分功能有些相似。

3. 拆分面工具

拆分面工具可通过其他对象对表面或曲面进行分割以创建一条边。通过使用工具向导中的不同工具可以进行以下几种类型的拆分：在表面上创建一条边、使用另一个表面分割表面、使用边上的一点分割表面、使用两个点分割表面及使用过边上一点的垂线分割表面等。

4. 投影工具

投影工具通过延伸其他实体、曲面、草图或注释文本的边在实体的表面上创建边，如图 C-47 所示。

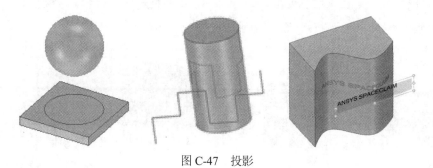

图 C-47　投影

C.3.6　创建工具

ANSYS SCDM 的创建工具栏位于设计标签下，利用其中的工具可以实现某些特征的快速创建，如图 C-48 所示。创建工具栏中各个工具的基本信息列于表 C-7 中。

图 C-48　创建工具栏

表 C-7　创建工具栏中工具列表及功能

按钮	功能	按钮	功能
▱	平面：根据所选对象创建一个平面，或者创建一个包含草图元素的布局	◌	圆形阵列：创建一维或二维圆形阵列
╲	轴：根据所选对象创建一个轴	▦	填充阵列：创建一个阵列，使用阵列成员填充区域
✦	点：在指定位置创建一个点	壳体	壳体：删除实体的一个表面，创建指定厚度的壳体
⌐	坐标系：在选定对象中心或可放置移动工具的位置创建坐标系	偏移	偏移：建立两个表面之间的偏移关系，使其在进行其他二维、三维编辑时的相对位置保持不变
∴	线性阵列：创建线性一维或二维阵列	镜像	镜像：创建一个对象的镜像

C.4　部件的装配

本节首先介绍 SCDM 的对象与组件的概念及基本的组件操作，然后介绍组件装配方法。

1. 对象

ANSYS SCDM 可以识别的任何内容都可作为它的操作对象，二维对象包括点和线；三维对象包括顶点、边、表面、曲面、实体、布局、平面、轴和参考轴系等。部分对象类型示例如图 C-49 所示。

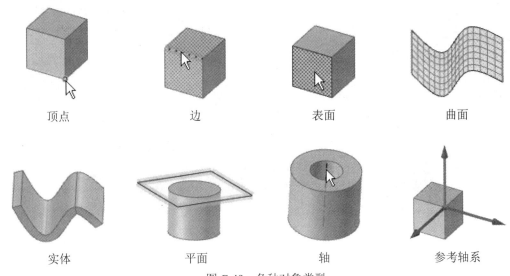

顶点	边	表面	曲面
实体	平面	轴	参考轴系

图 C-49　各种对象类型

2. 组件

在 ANSYS SCDM 中，通常所说的体是指实体或曲线，多个体可以组成一个组件，也可以称为"零件"，每个组件中还可以包含任意数目的子组件，组件和子组件的这种分层结构可以视为一个"装配体"。组件在结构面板中的 Project 树中显示，Project 树中的所有对象都包括在一个保存设计时由程序自动创建的上级组件中，如图 C-50 中的"设计 1"。子组件需要用户创建，且一旦创建后，上级组件的图标将会发生改变以表明其为装配体。

下面将就使用组件时的相关问题进行介绍。

（1）创建组件。ANSYS SCDM 提供了 3 种方法用于创建组件。

1）右键单击任意组件，在快捷菜单中选择"新建组件"，即可创建包含于该组件的新组件。

2）右键单击一个对象，在快捷菜单中选择"移到新部件"，即可在当前激活组件中创建一个新组件，并将对象放进这个新组件。

3）Ctrl+多个对象，在右键快捷菜单中选择"将这二者全部移到新部件中"，即可在当前激活组件中创建多个新组件，并将对象分别放入相应的新组件中，如图 C-51 所示。

图 C-50　装配 Project 树　　　　　　　图 C-51　创建组件

（2）内、外部组件。内部组件对象包含在 SCDM 的 scdoc 文件中，在 Project 树中新创建的组件缺省情况下均为内部组件。外部组件对象不包含在 scdoc 文件中。用户可以利用右键快捷菜单"源"下面的菜单将内部组件转换为外部组件，也可以将外部组件内在化，或者创建外部组件的内部副本进而进行修改、使用。

（3）独立、非独立组件。当设计中包含实例对象（比如阵列、复制对象）时，各对象是彼此关联的，修改其中一个对象，其他对象将发生相同的改变，这种对象构成的组件为非独立组件。用户可以利用右键快捷菜单中的"使其独立"，将组件变成独立组件，解除组件间的关联关系，分别修改模型。

（4）轻量化组件。利用"组件"工具栏插入外部文件至设计中时，如果启用了"对导入的文档使用轻量化装配体"文件选项，则只加载组件的图形信息以节省内存，使用视角查看工具可快速查看该组件，当准备在 SCDM 中进行模型操作时，可以再次加载模型的几何信息。

（5）激活组件。当组件处于激活状态时才允许对该组件内的对象进行操作，且任何新对象均会创建在激活的组件内。在 Project 树中右键单击某组件，在弹出的快捷菜单中选择激活组件，如图 C-52 所示。如果待激活组件为轻量化组件，该组件将会先被加载。

3. 组件的装配

在 ANSYS SCDM 中，各组件由若干个对象（如实体和曲面）组成，它可以被视为一个"零件"。组件中还可以包含任意数目的子组件。组件和子组件的这种分层结构可以视为一个"装配体"。

设计标签下装配体工具的操作对象为组件，只有选中不同组件中的两个对象时这些工具才会被启用，装配工具栏如图 C-53 所示。对组件进行操作时，用户可以指定它们彼此对齐的方式，即创建配合条件。已创建的配合条件会在 Project 树中显示。

用户可以为组件创建多个配合条件以达到预期设计要求。如果组件没有按预期方式装配在一起，用户可以单击 Project 树中配合条件旁边的复选框来关闭配合条件。无法实现的配合条件在 Project 树中会以不同的图标表征，用户可以在 Project 树中切换该配合条件或将其删除。

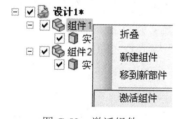

图 C-52　激活组件

图 C-53　装配工具栏

下面将对装配工具栏中的工具进行简要介绍。

（1）相切。该工具可以使所选面相切，有效的面包括平面与平面、圆柱面与平面、球与平面、圆柱与圆柱以及球与球等，图 C-54 给出了圆柱、圆筒及底板的相切实例。

（a）未包含装配关系

（b）小圆柱与圆筒内切

（c）圆筒与平板相切

图 C-54　相切

（2）对齐。该工具可以利用所选的轴、点、平面或这些对象的组合对齐组件，图 C-55 所示为圆柱与圆筒的对齐实例。

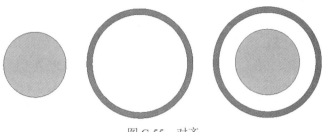

图 C-55　对齐

（3）定向。该工具可以使所选对象的朝向相同，图 C-56 所示为利用定向工具使得上方柱体与下方柱体侧面方向一致。

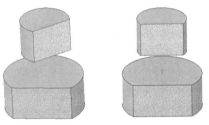

图 C-56　定向

（4）刚性。该工具用于锁定两个或两个以上组件之间的相对方向和位置。

（5）齿轮。该工具可以在两个对象之间建立齿轮约束，当其中一个对象旋转时，另一个对象将绕其旋转。可以施加齿轮约束的对象有两个圆柱体、两个圆锥体、一个圆柱体和平面、一个圆锥体和平面等。图 C-57 所示模型已定义两个圆柱与圆筒之间的齿轮装配关系，利用移动工具转动圆筒或圆柱其他部件将自动调整位置。

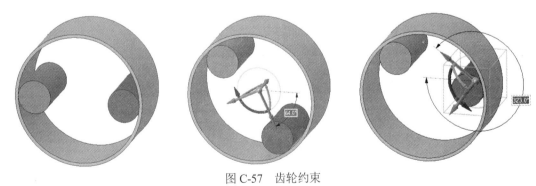

图 C-57　齿轮约束

（6）定位。该工具可以通过选择组件中的一条边、一个面或 Project 树中的组件来施加定位约束，以固定某个组件在 3D 空间中的位置。施加完该约束后的组件在进行移动操作时，其移动手柄呈现灰色，为不可使用状态。

图 C-58 所示为利用 ANSYS SCDM 各种装配工具建立装配关系后的模型，调整任意部件，剩余部件将依据预先定义的装配关系自动更新至其最新的位置。

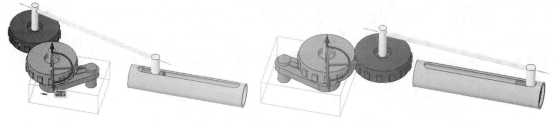

图 C-58　建立装配关系后的模型

C.5　测量工具栏

测量标签工具栏中包含的工具主要用于模型的检查、显示干涉域和质量分析等操作，如图 C-59 所示。

图 C-59　测量工具栏

1.　检查

检查包括测量、质量属性、检查几何体及间隙等工具，下面将对这些工具进行简要介绍。

（1）测量。当鼠标选中设计中的单个或成对的对象时，状态栏中会给出其基本测量信息，测量单位与总体设置一致，这被称为快速测量，利用该方式可获得以下信息：两个对象的间距，边或线的长度，环形边、柱面及球面的半径，两个对象的夹角，两个平行对象间的偏移距离，点在全局坐标系中的坐标值等内容。通过检查下的测量工具可获得快速测量能够及不能够测得的更多信息，且测量结果会自动存入剪贴板以待其他文档所用，在进行拉动或移动过程中激活测量工具，允许通过改变测量结果的方式改变模型，利用测量工具对一条曲线及两条平行直线进行测量可得到如图 C-60 所示的结果。

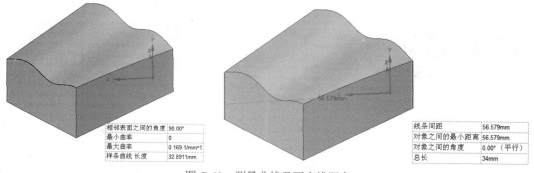

图 C-60　测量曲线及两直线距离

（2）质量属性。质量属性工具主要用于显示设计中实体和曲面的体积信息，且自动将测量结果存入剪贴板，当测量对象为多个时，程序将给出总值。在进行拉动或移动过程中激活质量工具，允许通过改变质量测量结果的方式改变模型。利用质量工具可以完成以下 4 类对象的测量：测量实体的质量属性、测量曲面的总表面积、测量某对象的投影面积、测量所选平面的相关属性。图 C-61 所示为利用质量属性工具测量实体的质量及投影面积。

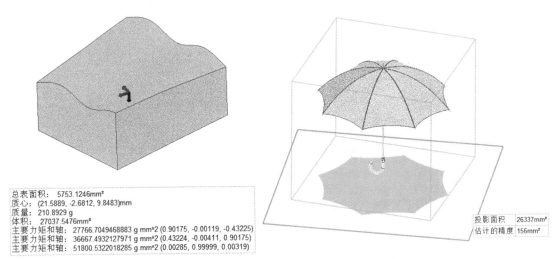

总表面积：	5753.1246mm²
质心：	(21.5889, -2.6812, 9.8483)mm
质量：	210.8929 g
体积：	27037.5476mm³
主要力矩和轴：	27766.7049468883 g mm^2 (0.90175, -0.00119, -0.43225)
主要力矩和轴：	36667.4932127971 g mm^2 (0.43224, -0.00411, 0.90175)
主要力矩和轴：	51800.5322018285 g mm^2 (0.00285, 0.99999, 0.00319)

投影面积	26337mm²
估计的精度	156mm²

图 C-61　质量属性工具测量实体质量及投影面积

（3）检查几何体。该工具可对实体和表面几何中存在的所有 ACIS 错误进行检查并给出检查结果信息，用户可以选中错误或警告信息并在设计窗口中快速定位关联几何。

（4）间隙。间隙工具可快速定位表面之间的微小间隙，然后由用户决定是否对模型进行调整。在图 C-62 中，激活间隙工具后程序自动捕捉到薄壁件与底座之间的小间隙，利用先前讲到的测量工具测得薄壁件底面与底座顶面之间的距离为 0.2mm。

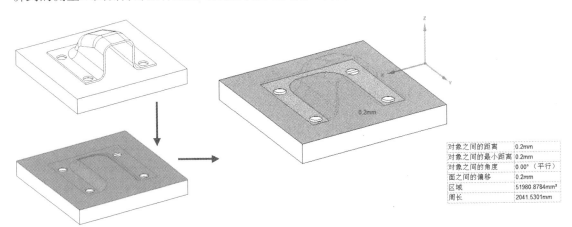

对象之间的距离	0.2mm
对象之间的最小距离	0.2mm
对象之间的角度	0.00°（平行）
面之间的偏移	0.2mm
区域	51980.8784mm²
周长	2041.5301mm

图 C-62　间隙检查及测量

2．干涉

干涉包括曲线及体积两个工具。激活曲线或体积工具后，利用 Ctrl 键选中发生干涉的对象，图形显示窗口中将绘制出干涉曲线或绘出干涉域并给出干涉体的相关信息。此外，在激活体积工具后，还可以选择向导工具栏中的"创建体积"工具，生成干涉域模型。图 C-63 所示为使用干涉曲线及体积工具的测量效果，其中干涉曲线工具仅仅显示出了圆柱体与六面体之间的干涉曲线，而干涉体积工具不仅显示出圆柱体与六面体之间的干涉体积，还给出了干涉体积的具体信息。

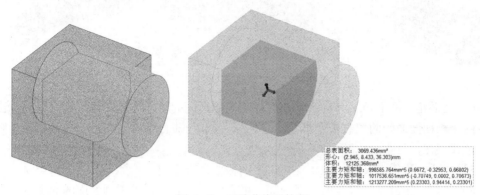

图 C-63　干涉曲线及体积

3. 质量

质量中包括法线、栅格、曲率、两面角、拔模、条纹及偏差等工具，下面将对这些工具进行简要介绍。

（1）法线。法线工具用来显示模型中表面或曲面的法向，包括箭头及颜色两种显示方式，如图 C-64 所示。当存在不正确的法向时，可以右键单击相应表面或曲面然后选择"反转面的法线"调整法向。

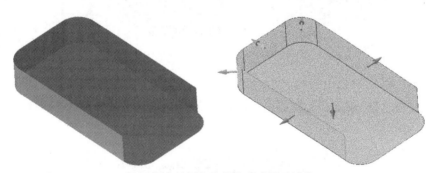

图 C-64　以颜色及箭头方式显示法线

（2）栅格。栅格工具用于显示定义模型表面或曲面的曲线，通过可视化的图形来判断表面质量的优劣。栅格显示有 3 种方式，用户可在其选项面板中进行设定，如图 C-65 所示。

图 C-65　栅格的 3 种显示方式

（3）曲率。曲率工具可以显示出沿面或边的曲率值，利用该工具可以判断曲面或曲边的曲率变化程度。面的颜色或指示线过渡平缓、光滑通常对应着连续的曲率变化，而面颜色或指示线长短的突变通常意味着不连续的曲率。图 C-66 中给出了曲边及曲面上的曲率变化。

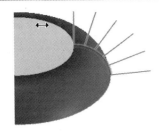
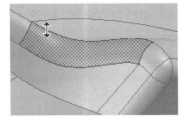

图 C-66　曲边及曲面上的曲率显示

（4）两面角。两面角工具用于判断两相邻表面之间的相切程度并通过指示线显示出来。当选中两个相切面之间的边时不会显示出任何指示线，而非相切面之间由于夹角大于 0 则必定会有指示线存在，且指示线越长、面面夹角越大。

（5）拔模。拔模工具用于识别任何表面的拔模量及方向。

（6）条纹。条纹工具可反射出所选面上的无限条纹面，可用于判断面的光滑性，也可用于检查相邻面之间的相切性和曲率连续性，如图 C-67 所示。

图 C-67　显示面条纹

（7）偏差。偏差工具可以显示出源/参考体与所选体之间的距离，利用此项功能可以查看两个几何体之间的接近程度。比如在逆向工程中，利用该工具可以查看基于网格数据拟合而得的几何体与初始网格之间的匹配程度，如图 C-68 所示。

图 C-68　逆向工程中拟合模型与初始网格之间的偏差检查

C.6　修复工具栏

修复工具栏提供了多种工具对模型进行修复和清理工作。修复工具主要包括固化、修复、拟合曲线和调整 4 种类型，下面分别对其进行介绍。

1. 固化

固化包括拼接、间距及缺失的表面固化 3 种具体的固化工具，如图 C-69 所示。

图 C-69　固化

（1）拼接。拼接工具可以将相互接触的曲面在其边线处进行合并。如果合并后的曲面形成了一个闭合面，程序将基于该闭合面自动创建一个实体，如图 C-70 所示。

图 C-70　拼接

（2）间距。间距工具可以自动检测并去除曲面之间的间隙，如图 C-71 所示。

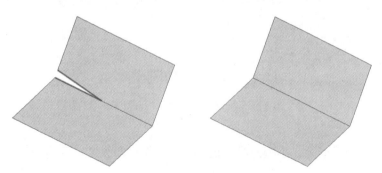

图 C-71　间距

（3）缺失的表面固化。缺失的表面固化工具可以自动检测并修复对象上的缺失表面，比如开孔，如图 C-72 所示。

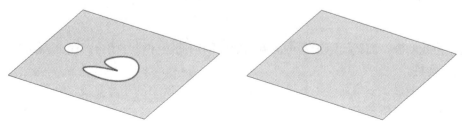

图 C-72　修复缺失表面

2. 修复

修复包括分割边、非精确边、重复及额外边 4 种具体的工具，如图 C-73 所示。

（1）分割边。分割边工具可以探测并合并多段边线，如图 C-74 所示。

图 C-73　修复　　　　　　　　　　　　　　　　图 C-74　修复分割边

（2）非精确边。非精确边工具可探测并修复两个表面相交处定义不精确的边，这种类型的边通常在导入其他 CAD 系统的文件时出现，特别是一些概念建模系统。

（3）重复。重复工具可以探测并修复重复的曲面。执行该操作时，程序会高亮显示出重复的曲面并将其删除，用户也可以自行指定要删除的对象。

（4）额外边。额外边工具和合并曲面的功能类似，但其操作的对象为边。该工具通过选择并去除曲面间的边来合并曲面，如图 C-75 所示。

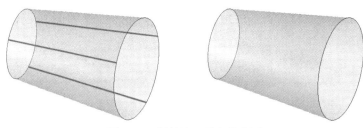

图 C-75　额外边工具合并曲面

3. 拟合曲线

拟合曲线包括曲线间隙、小型曲线、重复曲线和拟合曲线 4 个工具，如图 C-76 所示。

图 C-76　拟合曲线

（1）曲线间隙。曲线间隙工具可探测出曲线间的间隙并将其闭合，闭合方式有延伸曲线和移动曲线两种。

（2）小型曲线。小型曲线工具可以探测到比定义长度小的任意曲线，删除小型曲线，弥补间隙，如图 C-77 所示。

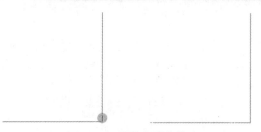

图 C-77　删除小型曲线

（3）重复曲线。重复曲线工具可检测并删除重复的额外曲线。

（4）拟合曲线。拟合曲线工具将尝试通过创建数量更少和质量更好的曲线（比如直线、弧、样条曲线等）来代替所选的不连续或相切的曲线。

4. 调整

调整包括合并表面、小型表面、相切、简化、放松和正直度 6 个工具，如图 C-78 所示。

图 C-78　调整

（1）合并表面。合并表面工具可利用一个新的表面替换两个或多个相邻的表面。利用该工具对模型进行简化，可以使得导入分析的模型在离散时划分成更为平滑的网格。

（2）小型表面。小型表面工具可探测并删除模型中的小型或狭长表面。当模型中的此类表面对分析精度影响较小却大大制约求解速度时可以考虑利用该工具对模型进行修复处理。

（3）相切。相切工具可探测出近似相切的表面并对其调整使其相切。

（4）简化。简化工具可对设计进行检查并将复杂的曲面或曲线转化成规则的平面、锥面、圆柱面、直线、弧线等。

（5）放松。放松工具可搜寻具有太多控制点的曲面并减少定义曲面的控制点的数目。

（6）正直度。正直度工具用于搜寻并摆正小于指定倾斜角度范围内的孔面积平面，如图 C-79 所示。

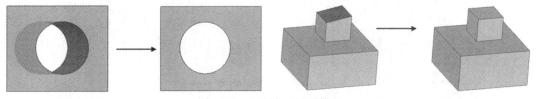

图 C-79　正直度工具调整面

C.7　准备工具栏

准备工具栏为有限元分析所需的几何模型提供了一系列准备工具，这些工具被分为分析、删除、横梁等几大类，下面对其进行介绍。

1. 分析

分析中包括体积抽取、中间面、点焊、外壳、按平面分割、延伸及压印 7 种工具，如图 C-80 所示。

图 C-80　分析

（1）体积抽取。体积抽取工具与 DM 中 Fill 工具的功能类似，可基于已有模型获得其内流场域实体模型。进行该操作时程序提供了两种定义抽取边界的方式，分别为封闭面和边。图 C-81 所示为通过多个封闭边的方式抽取内部流体域。

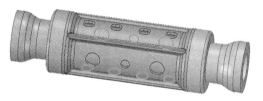

图 C-81　体积抽取

（2）中间面。中间面工具与 DM 中 Mid-Surface 工具的功能一致。进行中间面抽取时，用户可以手动逐一选择面对，也可以在中间面选项面板中指定最小、最大厚度，然后由程序自行探测面对并进行抽取。中间面抽取时程序会自动延伸或修剪相邻的曲面，并且储存厚度。抽取完成后程序会自动将先前的三维模型隐藏，图形显示窗口中仅绘制出中间面模型。下面给出一个某设备底座的中间面抽取实例，左侧图为三维模型，右侧图为抽取后的中间面模型，如图 C-82 所示。

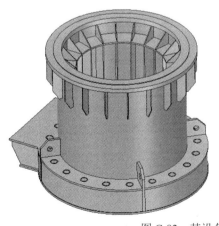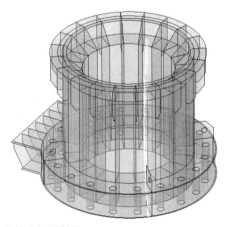

图 C-82　某设备底座的中间面抽取

（3）点焊。点焊工具可在两个面之间创建焊点，每组点焊包括两个分别位于两个面上的焊点。定义点焊时，用户可以调整焊点的起点偏移量、边偏移量、终点偏移量、焊点数目及增量等。点焊应用实例如图 C-83 所示。

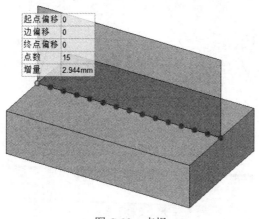

图 C-83　点焊

（4）外壳。外壳工具与 DM 中的 Enclosure 工具的功能类似，用于包围场的创建，外壳可以为箱型体、圆柱体、球体以及自定义实体，如图 C-84 所示。

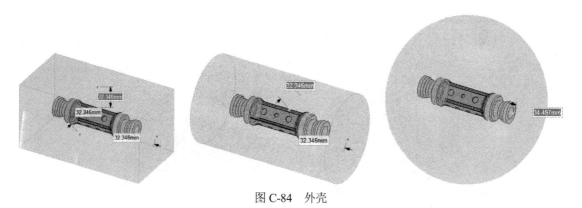

图 C-84　外壳

（5）按平面分割。按平面分割工具可以基于一个平面分割对象。该工具和拆分主体功能类似，但其支持通过选择轴线、点或边来定义分割平面，便于对称结构的分割，如图 C-85 所示。

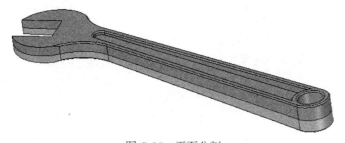

图 C-85　平面分割

（6）延伸。延伸工具可将曲面边或草图曲线延伸至相交的体，程序可以在指定的距离范围内探测并高亮显示出待延伸区域，用户可以选择全部延伸或逐个延伸。

（7）压印。压印工具可探测重合面并将一个面的边压印到另一个面上。通过该操作，两个表面接触区域形状相同，这利于在接触面与目标面上施加网格划分控制方法，可保证离散后的网格质量，也便于施加载荷，如图 C-86 所示。

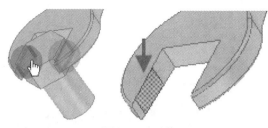

图 C-86　压印

2. 删除

删除中包括圆角、面和干涉 3 个工具，如图 C-87 所示。

图 C-87　删除

（1）圆角。圆角工具可以快速方便地删除圆角，其功能与填充工具类似，但其仅限于圆角的删除，如图 C-88 所示。

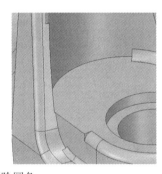

图 C-88　删除圆角

（2）面。面工具用于快速删除设计中的面，利用该工具可以删除诸如圆孔、凸台等特征。

（3）干涉。干涉工具可以探测并去除发生干涉的体，去除对象为具有较多面的干涉体，如图 C-89 所示。该工具的探测对象为所有可见的体，并不包括隐藏体。

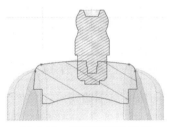

图 C-89　干涉探测及修复

3. 横梁

梁是一种具有特定截面的细长结构。在分析时，梁通常被简化为二维模型并赋予一定的截面属性，而不必建出梁的三维实体模型，以降低几何建模及分析成本。利用 ANSYS SCDM 的横梁工具，用户可以直接创建二维梁或对实体梁进行抽取，从而得到包含截面属性二维梁模型。横梁中包括轮廓、创建、抽取、定向及显示等工具，如图 C-90 所示。

图 C-90　横梁

（1）轮廓。轮廓工具中包含了程序自带的、用户自定义以及抽取所得的各种梁截面类型。一旦梁被创建（或抽取），Project 树中会自动生成一个名为横梁轮廓的隐藏分支，鼠标右键单击该分支中的某一截面，然后选择编辑横梁轮廓就可以进入该截面的编辑窗口，用户可以修改组标签下的各驱动尺寸值以对梁截面进行修改，如图 C-91 所示。

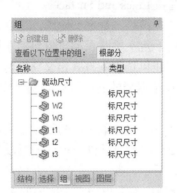

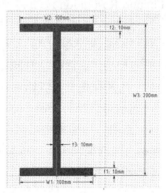

图 C-91　横梁 Project 树及截面信息

创建自定义轮廓。在 ANSYS SCDM 中，新轮廓有两个来源：一是直接创建一个新的轮廓；二是抽取实体梁所得的轮廓，下面将就这两种创建自定义轮廓的方式进行简要介绍。

1）直接创建新轮廓的基本步骤如下：

a. 在 ANSYS SCDM 中绘制轮廓草图。

b. 利用拉动工具将该草图拉伸成实体，拉伸距离可取任意值。

c. 将待作为梁轮廓的表面的颜色改成与其他面不一致的任意颜色，如图 C-92 所示。

d. 利用设计标签下创建中的原点工具，插入一个新的坐标轴。

e. 保存模型为.scdoc 格式的文件。

在下次创建横梁定义轮廓时，在轮廓工具中单击"更多轮廓"选项，打开已存格式为.scdoc 的文件，接下来创建的横梁将以此作为其横梁轮廓，如图 C-93 所示。

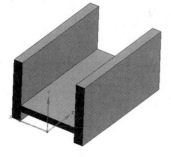

图 C-92　修改轮廓表面颜色及插入坐标轴

图 C-93　以自定义轮廓创建的横梁

2）利用抽取轮廓创建新轮廓的基本步骤如下：

a．利用抽取工具对实体梁进行抽取。

b．在 Project 树中找到该梁抽取后对应的横梁轮廓，鼠标右键单击该轮廓选择保存横梁轮廓。

c．设定路径，输入名称，保存为.scdoc 格式的文件。

在 ANSYS SCDM 中创建的横梁（包括梁截面属性、梁的长度及材料等）可被传递至 ANSYS 中进行后续分析。当模型中包括面体和横梁时，通过设置共享拓扑选项可以使得导入至 ANSYS 的模型在离散时网格连续，但还需注意：横梁及面体必须在同一个组件中，且组件属性中的共享拓扑选项选择共享。进入 Workbench 后，Geometry 单元格的 Properties 表格下的 Mixed Import Resolution 选项必须选择 Lines and Surfaces。

（2）创建。创建梁有两个主要步骤：一是定义轮廓，这可以在轮廓工具中指定；二是定义梁的路径，ANSYS SCDM 中可用于定义梁路径的对象包括草图曲线、实体或面的边线以及模型中的点或中点。需要注意的是，在以选点的方式定义路径时有"选择点链"和"选择点对"两种方式，其区别在于前者始终在连续选择的两个点之间创建梁，而后者则是选择两个点创建一条梁，然后再选择另外两个点创建另一条梁。

（3）抽取。当模型中已经存在 3D 实体梁时，利用该工具用户可以将其抽取成梁，如图 C-94 所示。完成梁抽取后，Project 树中会自动创建抽取的梁及横梁轮廓分支，横梁轮廓中储存了实体梁的截面信息，如图 C-95 所示。当抽取的梁包含多个相同的截面时，程序可自动将相同的截面合并，也就是说 Project 树中不会出现多个相同的梁轮廓。

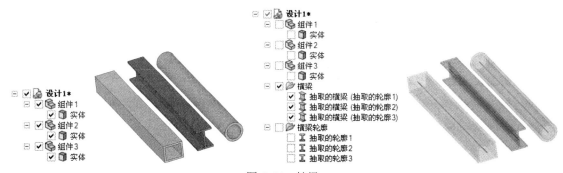

图 C-94　抽梁

横梁剖面	
属性已修改	FALSE
Ixx	773.333mm^4
Ixy	0
Iyy	573.333mm^4
剪切中心 X	0
剪切中心 Y	0
扭力常数	1033.037mm^4
翘曲常数	131.935mm^6
区域	40mm²
质心 X	0
质心 Y	0

图 C-95　梁截面信息

（4）定向。定向工具主要用于梁截面方向的定义及偏置。激活定向工具且选定梁后，梁的一端出现定向工具图标，用户可以直接通过拖动相应箭头进行截面定向或偏置，也可以选择已有的面、边或轴来指定截面朝向，如图 C-96 所示。

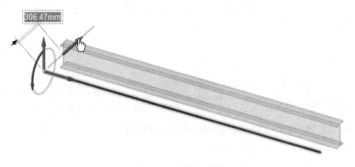

图 C-96　梁的定向

（5）显示。显示工具用于控制梁的显示效果，包括线型横梁和实体横梁两种显示模式。

参考文献

[1] 王勖成. 有限单元法[M]. 2 版. 北京：清华大学出版社，2003.

[2] Anil K. Chopra. 结构动力学[M]. 2 版（英文影印版）. 北京：清华大学出版社，2005.

[3] 谢怡权，何福保. 弹性和塑性力学中的有限单元法[M]. 北京：机械工业出版社，1981.

[4] ANSYS Mechanical User's Guide, Release 2019R2, ANSYS, Inc., 2019.

[5] Mechanical APDL Theory Reference, Release 2019R2, ANSYS, Inc., 2019.

[6] Mechanical APDL Advanced Analysis Guide, Release 2019R2, ANSYS, Inc., 2019.

[7] ANSYS Parametric Design Language Guide, Release 2019R2, ANSYS, Inc., 2019.

[8] Mechanical APDL Basic Analysis Guide, Release 2019R2, ANSYS, Inc., 2019.

[9] Mechanical APDL Contact Technology Guide, Release 2019R2, ANSYS, Inc., 2019.

[10] Design Exploration User's Guide, Release 2019R2, ANSYS, Inc., 2019.

[11] System Coupling User's Guide, Release 2019R2, ANSYS, Inc., 2019.

[12] Fluent in Workbench User's Guide, Release 2019R2, ANSYS, Inc., 2019.

[13] Meshing User's Guide, Release 2019R2, ANSYS, Inc., 2019.

[14] Mechanical APDL Structural Analysis Guide, Release 2019R2, ANSYS, Inc., 2019.

[15] Mechanical APDL Thermal Analysis Guide, Release 2019R2, ANSYS, Inc., 2019.

[16] Mechanical APDL Modeling and Meshing Guide, Release 2019R2, ANSYS, Inc., 2019.

[17] Workbench Verification Manual, Release 2019R2, ANSYS, Inc., 2019.

[18] ANSYS Space Claim User's Guide, Release 2019R2, ANSYS, Inc., 2019.

[19] 尚晓江，邱峰等. ANSYS 结构有限元高级分析方法与范例应用[M]. 3 版. 北京：中国水利水电出版社，2015.

[20] 柴山、尚晓江、刚宪约. 工程结构优化设计方法与应用[M]. 北京：中国铁道出版社，2015.